Prof. Dr. Klaus Henselmann

Jahresabschluss nach IFRS und HGB

Prof. Dr. Klaus Henselmann

Friedrich-Alexander-Universität
Erlangen-Nürnberg

Jahresabschluss nach IFRS und HGB

2. Auflage

Bibliografische Informationen der Deutschen Nationalbibliothek
Die Deutsche Nationalbibliothek verzeichnet diese Publikation in der Deutschen Nationalbibliografie; detaillierte bibliografische Daten sind im Internet über http://dnb.d-nb.de abrufbar.

Herstellung und Verlag: Books on Demand GmbH, Norderstedt

ISBN: 978-3-837046-19-9

Inhaltsverzeichnis

Abbildungsverzeichnis

Tabellenverzeichnis

1 Grundlagen der Rechnungslegung

Lernziele

Sie lernen die Zwecke und mögliche Konzepte der Rechnungslegung kennen, sowie die Probleme bei der Abbildung der Vermögens- und Erfolgslage. Außerdem werden die rechtlichen Regelungen der HGB- und IAS/IFRS-Rechnungslegung dargestellt. Hierzu zählen insbesondere:

- die Einsatzgebiete der Rechnungslegung
- die Problematik der Gewinnermittlung anhand von Zahlungen
- das Dilemma des richtigen Vermögens- oder Erfolgsausweises
- das Dilemma der Angabe von verlässlichen oder relevanten Informationen
- die Pflicht zur Buchführung und Bilanzierung
- die gesetzlichen Regelungen zur Rechnungslegung nach HGB
- die Grundsätze ordnungsmäßiger Buchführung
- die Erleichterungen für kleine und mittlere Kapitalgesellschaften
- die Regelungen zur Rechnungslegung nach IAS/IFRS
- die Entstehung, die Anwendung in Deutschland und der Aufbau der IFRS
- die Bestandteile der Rechnungslegung nach HGB und IAS/IFRS

1.1. Ökonomische Konzepte

1.1.1 Einsatzgebiete der Rechnungslegung

Die Rechnungslegung hat vielfältige Einsatzgebiete und Interessenten. Einen ersten Überblick verschafft die folgende Abbildung:

(a) Information der Aktionäre über Lage und Aussichten

(b) Unterlagen für Kreditrating durch Gläubiger bereitstellen

(c) Unternehmensleitung einen Gesamtüberblick zu Vermögenswerten und Verpflichtungen geben

d) Zuverlässigkeit als dauerhafte Geschäftspartner für Kunden

e) Abschätzung der Wettbewerbsstärke durch Konkurrenten

(f) KSt-Zahlungen für Fiskus

(g) gewinnabhängige Prämienzahlungen an Mitarbeiter

(i) im Krisenfall Eigentümerversammlung einberufen

(h) Obergrenze zulässiger Entnahmen

(j) Geschäfte von Banken und Versicherungen begrenzen

Abbildung 1: Einsatzgebiete der Rechnungslegung

Konventionalisierte Informationen für außenstehende Dritte

Die Eigentümer/Aktionäre nutzen die Daten zu Kauf- und Verkaufsentscheidungen, zu Entscheidungen über die weitere Geschäftspolitik sowie zur Leistungsbeurteilung der Manager. Bei Gläubigern werden Kreditwürdigkeitsprüfungen durch Banken gem. § 18 KWG durchgeführt und es gibt Anleihenratings durch entsprechende Agenturen. Die Geschäftspartner sind an der Solidität und Erfolgslage des Unternehmens interessiert.

Grenzen der Informationsvermittlung bestehen darin, dass konkurrierenden Unternehmen (und Geschäftspartnern) möglichst keine Einblicke in einem Umfang gewährt werden sollen, der die Wettbewerbssituation des rechnungslegenden Unternehmens schwächt.

Informationen für eigene Entscheidungen des Managements

Durch die Rechnungslegung besteht mindestens einmal jährlich ein Zwang zur Selbstinformation durch das Management. Die Bilanzbesprechung dient zur Beurteilung der Unternehmenslage, es erfolgt dabei eine Integration mit dem internen Rechnungswesen/Controlling. Abgeleitet kann daraus in gewissem Maße auch die Beurteilung durch außenstehende Dritte antizipiert werden.

Zahlungsfolgen

Aus den gewonnenen Informationen ergeben sich die Bemessungsgrundlagen zur Ermittlung der Einkommensteuer, der Körperschaftsteuer, der Gewerbesteuer und bei Anteilen an Unternehmen zur Ermittlung der Erbschaft- und Schenkungsteuer sowie u. U. der Substanzsteuern. Darüber hinaus können die Gewinnansprüche von Gesellschaftern, der maximal bei Haftungsbeschränkung zur Ausschüttung stehende Betrag sowie die gewinnabhängigen Vergütungen von Managern und Mitarbeitern ermittelt werden.

Handlungsfolgen und Handlungsgrenzen

Gewisse Erkenntnisse aus der Rechnungslegung können zur Einberufung der Hauptversammlung bei einer AG bzw. der Gesellschafterversammlung bei einer GmbH führen sowie Anlässe für Überschuldungsprüfungen begründen. Bei Kreditinstituten und Versicherungen steht die Erhaltung von Mindest-Eigenkapitalhöhen im Vordergrund, um ein Eingreifen der Aufsichtsbehörden zu vermeiden.

1.1.2 Wunsch und Realität der Rechnungslegung

Die verschiedenen Personengruppen haben Interesse an einer Rechenschaftslegung über das Unternehmensgeschehen mit folgenden Merkmalen:

- Wünschenswert wäre eine **umfassende** Rechenschaft über monetäre, ökologische und soziale Wirkungen des Unternehmens. In der Realität beschränkt man sich im Kern „nur" auf eine finanzielle (monetäre) Rechenschaftslegung = Rechnungslegung.
- Von Vorteil wäre ferner für viele Zwecke eine **prospektive** Rechnung, die den Blick in die Zukunft des Unternehmens richtet. Die gesetzlich vorgeschriebene Rechenschaftslegung dient jedoch zunächst „nur" der retrospektiven Beurteilung des in der Vergangenheit Erreichten. Sie kann aber auch die Grundlage für die prospektive Einschätzung der weiteren Entwicklung bilden und so Entscheidungen indirekt unterstützen.
- Im Idealfall wird eine Rechnungslegung **bei Bedarf jederzeit** während der gesamten Lebensdauer des Unternehmens (bis hin zur Liquidation) erstellt. Realität ist „nur" eine Abrechnung in regelmäßigen Zeitabständen. Das heißt i.d.R. jährlich, wobei gegebenenfalls unterjährige Zusatzinformationen erfolgen. Bestimmte Sonderanlässe lösen auch sog. Sonderbilanzen aus (z.B. Verschmelzung zweier Unternehmen).
- Rechenschaftslegung hat sich an den Informationsbedürfnissen **externer Adressaten** auszurichten, die – im Gegensatz z.B. zur Unternehmensleitung – keinen direkten Zugriff auf Daten des Unternehmens haben. Dennoch wertet auch die Geschäftsleitung die Rechnungslegung aus und benutzt die Buchhaltung als Datenquelle für das interne Rechnungswesen und Controlling.
- Die Verpflichtung zur Durchführung und zum Inhalt einer Rechenschaftslegung ergibt sich primär aus **gesetzlichen Vorgaben** bzw. hiermit verpflichtend gemachten Rechnungslegungsstandards. Diese Rechtsnormen werden in der Realität jedoch u.U. durch vertragliche Vereinbarungen ergänzt. Hierbei handelt es sich beispielsweise um einen Gesellschaftsvertrag zwischen den Gesellschaftern, einen Kreditvertrag gegenüber einem Kreditgeber oder um die privatrechtlichen Zulassungsbedingungen einer Börse.

1.1.3 Mögliche Rechnungslegungskonzepte

Gewinnermittlung mit Zahlungen

Eine absolut sichere finanzielle Rechenschaft über wirtschaftliches Handeln ist grundsätzlich nur möglich, wenn die Handlungen vollständig abgeschlossen sind, wenn der „Geld-Ware-Mehrgeld-Prozess“ beendet ist.

Ausgangspunkt aller theoretisch denkbaren Rechnungen ist in jedem Fall die Erfassung und Dokumentation der Ein- und Auszahlungen des Unternehmens. Hierbei ist zu unterscheiden zwischen:

- Zahlungen an die bzw. von den Eigentümern (Eignerzahlungen) und
- Zahlungen gegenüber Absatz- und Beschaffungsmärkten (Marktzahlungen).

Der Gewinn des Unternehmens über die Totalperiode – also insgesamt während der gesamten Lebensdauer des Unternehmens von seiner Gründung bis hin zur Liquidation – kann verstanden werden als die Summe der auf allen Märkten erwirtschafteten Zahlungsüberschüsse. Er ist identisch mit den Beträgen, die an die Eigentümer ausbezahlt werden konnten. Siehe hierzu das folgende Beispiel „Obsthändler am Markt“ mit einer Zahlungsrechnung.

Probleme der Gewinnermittlung mit Zahlungen:

- Die sichere Kenntnis des Totalerfolgs ist nur in seltenen Fällen bereits ausreichend, da man für fast alle Aufgaben des Jahresabschlusses nicht bis zur Liquidation warten kann.
- Notwendig oder erwünscht sind Zwischenabrechnungen, meist über abgegrenzte Zeitabschnitte (Perioden).

Lösung:

Neben dem angefallenen Marktzahlungsüberschuss (= Änderung des Kassenvermögens) werden zur Gewinnermittlung die in der Periode erfolgten Änderungen (Erhöhungen oder Minderungen) des sonstigen Vermögens einbezogen. Es gilt: Gewinn = Marktzahlungsüberschuss ± sonstige Vermögensänderungen.

Ereignis (Geschäftsvorfall)	Zahlungen aus Unternehmenssicht		Kassenbestand Unternehmen
	gegenüber Eignern	gegenüber Markt	
1. Woche (Gründung)			
Anfangsbestand			0
Einlage Bargeld 400 € vom Eigentümer	+400		400
Kauf neue Waage zu 100 €		-100	300
Kauf 100 kg Äpfel zu je 3 €		-300	0
2. Woche			
Verkauf 50 kg Äpfel zu je 5 €		+250	250
Entnahme 30 € für Kino	-30		220
3. Woche			
Verkauf 30 kg Äpfel zu je 4 €		+120	340
20 kg Rest der Äpfel erfriert (weggeworfen)		[0]	340
4. Woche (Liquidation)			
Waage wird gebraucht verkauft für 80 €		+80	420
Entnahme des restlichen Bargeldes aus der Kasse	-420		0
Summen der Zahlungen	**-50**	**+50**	

Tabelle 1: Zahlungsrechnung

Ereignis (Geschäftsvorfall)	Zahlung= Δ Kasse		Δ Vermögen (sonstiges)	Erfolg	Eigenkapital
	Eigner	Markt			
1. Woche (Gründung)					
Anfangsbestand					0
Einlage Bargeld 400 € vom Eigentümer	+400				400
Kauf neue Waage zu 100 €		-100	+100	0	400
Kauf 100 kg Äpfel zu je 3 €		-300	+300	0	400
2. Woche					
Verkauf 50 kg Äpfel zu je 5 €		+250	-150	+100	500
Entnahme 30 € für Kino	-30				
3. Woche					
Verkauf 30 kg Äpfel zu je 4 €		+120	-90	+30	500
20 kg Rest der Äpfel erfriert (weggeworfen)		0	-60	-60	440
4.Woche (Liquidation)					
Waage wird gebraucht verkauft für 80 €		+80	-100	-20	420
Entnahme des restlichen Bargeldes aus der Kasse	-420				0
Summen	**-50**	**+50**	**[0]**	**+50**	

Tabelle 2: Ertragsrechnung

Zur Gewinnermittlung als „Ertragsrechnung“ bedarf es also eines Reinvermögensvergleichs und – vorgelagert – einer Messung des Vermögens zu Beginn und am Ende der Rechnungsperiode.

Kongruenzprinzip – Clean Surplus Accounting

Gilt das sog. Kongruenzprinzip (engl. Clean Surplus Accounting), so speichert die Bilanz lediglich zeitliche Verschiebungen

- zwischen dem Zeitpunkt von Markteinzahlungen und Erträgen bzw.
- zwischen dem Zeitpunkt von Marktauszahlungen und Aufwendungen.

Stillschweigende Annahme: Sacheinlagen werden gedanklich in Geldeinlagen mit anschließendem Kauf von Sachgütern zerlegt; entsprechend finden auch nur Geldentnahmen statt.

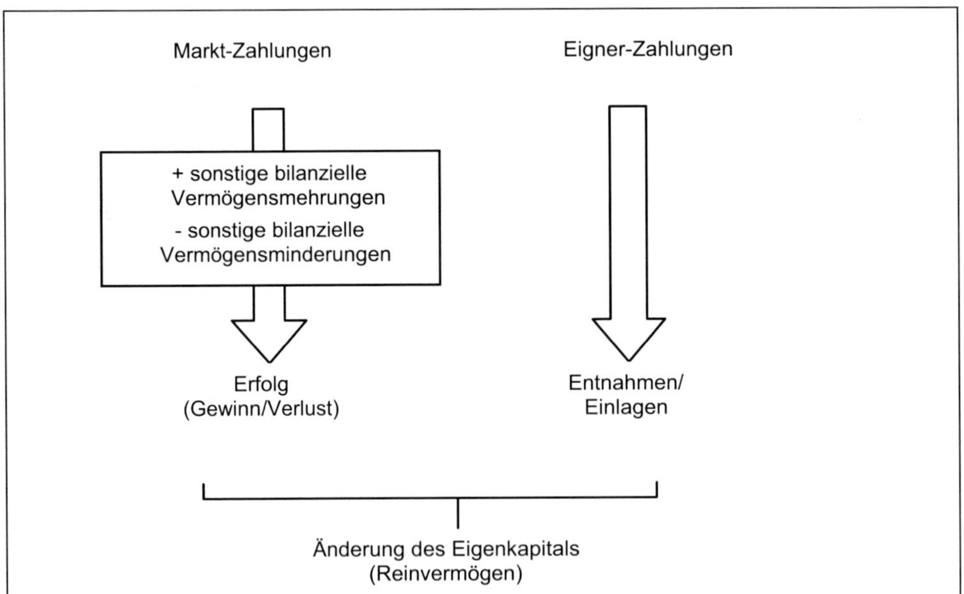

Abbildung 2: Bedeutung der Vermögensmessung für Perioden- und Totalerfolg

Die Bewertung des Vermögens hat somit unmittelbare Bedeutung für die Verteilung des (konstanten) Totalgewinns auf die einzelnen Abrechnungsperioden. Selbst innerhalb der im externen Rechnungswesen üblichen Einzelvermögensvergleiche treffen HGB, Steuerbilanz, IAS/IFRS oder US-GAAP verschiedene Festlegungen.

Im Beispiel des Obsthändlers sind Bilanzierungsentscheidungen zu treffen:

- hinsichtlich der Wertminderung von Gebrauchsgegenständen (Waage)
- hinsichtlich der Bewertung von Vorräten (Äpfel)

Der entscheidende Vorteil, wenn das Kongruenzprinzip gilt, besteht darin, dass eine unterschiedliche Bilanzierung des Vermögens „nur“ den Periodengewinn verändert. Der Totalgewinn bleibt immer gleich.

Das Kongruenzprinzip begrenzt damit die Bilanzpolitik, denn man kann zwar Gewinne/Verluste zwischen den Jahren „verschieben“, aber nicht insgesamt vermehren oder vermindern.

1.1.4 Alternativen der bilanziellen Vermögensmessung

Soll die Rechnungslegung mit Hilfe einer Erfolgsrechnung vorgenommen werden, so schließt sich unmittelbar folgende Frage an:

Wie sollte in der Bilanz das Vermögen gemessen werden, damit die in den einzelnen Jahren ausgewiesenen

- Vermögenswerte und
- Periodengewinne

möglichst **aussagekräftig** sind?

Hierauf gibt es keine eindeutige Antwort, weil für die Bilanzierung ein Abwägen zwischen unvereinbaren Zielen nötig ist. Das erste Dilemma besteht in einem Abwägen zwischen Vermögens- und Erfolgsmessung. Das zweite Dilemma bildet der Konflikt zwischen Relevanz und Verlässlichkeit.

Erstes Dilemma: Vermögen versus Erfolg

Fall:

Tom Tüchtig möchte sich mit einer Spedition selbständig machen. Sein Startkapital von 200.000 deckt gerade den Kauf eines neuen Lastwagens.

Pro Jahr rechnet er mit einem Überschuss der laufenden Einnahmen (Umsatzerlöse 100.000) über die laufenden Ausgaben (betriebliche Aufwendungen 40.000).

Tom Tüchtig will den Wagen 4 Jahre nutzen, weil er danach größere Reparaturen befürchtet. Der Restwert des Wagens sinkt nach seriösen Schätzungen wie folgt:

nach Jahr	Restwert
01	135.000
02	90.000
03	60.000
04	44.000

Berechnen Sie das Reinvermögen und den Gewinn von Tom Tüchtig für die 4 Jahre! (Zinsen und Opportunitätskosten sollen keine Rolle spielen)

Lösung a)

nach Jahr	Reinvermögen = Eigenkapital			Umsatz	lfd. Aufwand	Wertminderung	Erfolg
	Wagen	Bank	gesamt				
vorher	200	0	200	/	/	/	/
01	135	60	195	100	-40	-65	-5
02	90	120	210	100	-40	-45	15
03	60	180	240	100	-40	-30	30
04	44	240	284	100	-40	-16	44

Wird der tatsächliche Zeitwert des Wagens angesetzt, so resultieren hieraus im Zeitablauf sinkende Aufwendungen für Wertminderung und deshalb wenig aussagekräftige - irreführende - Jahreserfolge. Beispielsweise legt ein Verlust von 5 im Jahr 1 fälschlicherweise nahe, dass das Unternehmen erfolglos ist.

Lösung b)

nach Jahr	Reinvermögen = Eigenkapital			Umsatz	lfd. Aufwand	Wertminderung	Erfolg
	Wagen	Bank	gesamt				
vorher	200	0	200	/	/	/	/
01	161	60	221	100	-40	-39	21
02	122	120	242	100	-40	-39	21
03	83	180	263	100	-40	-39	21
04	44	240	284	100	-40	-39	21

Wird jährlich die durchschnittliche Wertminderung von 39 angesetzt, so resultiert ein „falscher" Vermögensausweis des Wagens. Zum Beispiel bei einer Insolvenz nach 2 Jahren könnte man tatsächlich nur noch 90 erzielen. In der Bilanz steht aber 122, also 32 zu viel!

Fazit: Vermögen versus Erfolg

„Wer den Erfolg richtig ermitteln will, muss das Vermögen falsch ermitteln!"

Welche Lösung der Gesetzgeber/Standardsetter wählt, hängt davon ab, was wichtiger erscheint:

- aussagekräftiges Vermögen = sog. **„statische"** Bilanzierung oder
- aussagekräftiger Erfolg = sog. **„dynamische"** Bilanzierung

Die konkreten Regeln von HGB und IAS/IFRS enthalten sowohl dynamische als auch statische Elemente.

Gibt es einen Ausweg aus diesem Dilemma?

- Ein **einfacher Ausweg** besteht darin, Bilanzpositionen, die im Krisenfall nicht werthaltig sind, getrennt auszuweisen (z.B. Aktiver Rechnungsabgrenzungsposten (ARAP)/Deferred Charges).
- Ein **komplexer Ausweg** eröffnet sich nur nach IFRS, nicht nach HGB. Werterhöhungen am Vermögen müssen nämlich nicht (sofort) zu einem Ertrag führen. Als Beispiel hierfür ist die Neubewertung von Sachanlagen zu nennen. Problematisch erweist

sich hierbei die Tatsache, dass es zumindest zu einer temporären Durchbrechung des Kongruenzprinzips kommt.

Zweites Dilemma: Verlässlichkeit versus Relevanz

Anzustreben wäre, dass sich jede tatsächliche Änderung des Unternehmensvermögens (Unternehmenswerts) auch in der Rechnungslegung niederschlägt. Dies würde eine möglichst umfassende Definition des Bilanzvermögens bedingen, weil die Rechnungslegung dem Leser dann **relevante** Informationen zeigt.

Jedoch setzt die Verlässlichkeit der Informationen diesem Wunsch Grenzen. Je weiter und damit zukunftsbezogener die Vermögensmessung erfolgt, desto niedriger liegt deren **Verlässlichkeit**.

Zur Messung des „Vermögens“ können unterschiedliche Ermittlungsmodelle Anwendung finden. Die denkbaren Konzepte sind:

- Eine **reine Zahlungsrechnung**, bei der nur der Kassenbestand Vermögen darstellt.
    - Vorteil: Das Geldvermögen kann sehr zuverlässig und objektiv ermittelt werden.
    - Nachteil: Der Geldbestand ist ein extrem enger Vermögensbegriff. Änderungen des Geldvermögens haben deshalb nur sehr geringe Aussagekraft über die wirtschaftliche Situation des Unternehmens.
- Eine **vollständige Gesamtvermögensrechnung** auf der Basis diskontierter künftiger Zahlungen (Unternehmensbewertung, DCF-Ertragswert, Shareholder Value).
    - Vorteil: Veränderungen des Unternehmenswerts geben die wirtschaftliche Situation umfassend wieder.
    - Nachteil: Die Unternehmensbewertung verlangt eine vollständige Prognose des künftigen Unternehmensgeschehens. Da niemand die Zukunft vorhersehen kann, existieren große Schätzprobleme und Ermessensspielräume. Dies macht die Bewertung für Zwecke einer externen Rechnungslegung extrem unsicher.
- **Bilanzielle Einzelvermögensrechnungen** in zahlreichen Varianten. Hier wird das Vermögen additiv als Summe einzelner Vermögenswerte/ Vermögensgegenstände (z.B. Grundstücke, Maschinen, Handelswaren, Forderungen, Kasse usw.) berechnet,

von der man noch die Summe der Schulden (z.B. Bankkredit, Verbindlichkeiten bei Kunden, Rückstellungen für Steuern) subtrahiert.

Bilanzielle Einzelvermögensrechnungen stellen einen **Kompromiss** dar. Je nachdem, welche Sachverhalte man noch als Vermögenswert bzw. Schuld einbezieht, ist die Vermögensermittlung mehr oder weniger vollständig. Kaum vermeidbare Lücken (im Vergleich zur Unternehmensbewertung) sind jedoch Faktoren wie Stammkunden, Know-how, engagierte Mitarbeiter, der gute Ruf in der Öffentlichkeit und so weiter. Auch die Bilanzierung einzelner Vermögenswerte und Schulden macht Schätzungen notwendig. Beispiele sind die Nutzungsdauer von Sachanlagen oder der notwendige Betrag für die Erfüllung einer Rückstellung. Jedoch existieren häufig objektive Anhaltspunkte für die Schätzungen.

1.2. Rechtliche Rahmenbedingungen

1.2.1 Buchführungs- und Bilanzierungspflicht

Grundlage der Buchführungs- und Bilanzierungspflicht in Deutschland ist die Eintragung als „Kaufmann" in das Handelsregister.

Beispiel:

Fritz Maier hat sich nach bestandener Meisterprüfung mit einem Elektroinstallationsgeschäft selbständig gemacht. Wird er ins Handelsregister eingetragen?

Der Elektroinstallateur Fritz Maier gehört als Handwerker zu den Gewerbetreibenden. Er wird als Kaufmann „kraft gewerblicher Betätigung" nach § 1 I HGB zwingend in das Handelsregister eingetragen.

Eine Ausnahme gilt gemäß § 1 II HGB lediglich, wenn das Unternehmen des Fritz Maier so klein ist, dass es keinen in kaufmännischer Weise eingerichteten Geschäftsbetrieb erfordert. Man spricht hier von einem so genannten „Kleingewerbe". Fritz Maier kann sich aber als Kleingewerbetreibender freiwillig in das Handelsregister eintragen lassen (§ 2 HGB).

Kapitalgesellschaften wie die Stein und Bau GmbH sind als Handelsgesellschaften stets Kaufmann (§ 6 HGB). Die Rechtsformen OHG (§ 105 HGB) und die KG (§ 161 HGB) werden ebenfalls stets eingetragen. Nicht alle Unternehmen kommen für den Eintrag ins Handelsregister in Frage.

Beispiel:

Der Augenarzt Dr. Sonnenschein ist ein Freiberufler. Für ihn ist keine Eintragung ins Handelsregister möglich.

Folge:

Grundsätzlich sind alle ins Handelsregister eingetragenen Kaufleute nach deutschem Recht zur Buchführung (§ 238 HGB) und damit verbunden zur Bilanzierung nach handelsrechtlichen Vorschriften (§ 242 HGB) verpflichtet. Einzelkaufleute werden von der Pflicht zur Buchführung, Inventar- und Abschlusserstellung befreit, wenn diese an zwei aufeinander folgenden Geschäftsjahren nicht mehr als 500.000 € Umsatzerlöse **und** nicht mehr als 50.000 € Jahresüberschuss erzielen. Dies gilt nicht bei Kapitalmarktorientierung (§§ 241a, 242 IV HGB).

Die internationalen Rechnungslegungsstandards IFRS begründen selbst keine eigenständige Pflicht zur Bilanzierung nach IFRS. Diese muss an anderer Stelle geregelt werden. Die IFRS enthalten lediglich Regelungen zur Art und Weise der Bilanzierung, wenn ein solcher Abschluss aufgestellt werden soll.

Ausblick: Geplante Befreiung für Kleinstunternehmen

Am 26.2.2009 hat die Europäische Kommission einen Richtlinienvorschlag zur Erleichterung der Rechnungslegungsanforderungen für Gesellschaften bestimmter Rechtsformen (GmbH, AG, KGaA und GmbH & Co. KG) vorgelegt, der am 10.03.2010 vom Europäischen Parlament gebilligt wurde. In diesem sind die Aufhebung der Bilanzierungspflicht (§§ 264 ff. HGB) und der Publizitätspflicht (§§ 325 ff. HGB) für sogenannte Kleinstunternehmen (mirco entities) geplant. Ein Kleinstunternehmen liegt vor, wenn an **zwei aufeinanderfolgenden** Bilanzstichtagen **zwei der drei** folgenden Schwellenwerte nicht überschritten werden:

Maßgrößen	Schwellenwerte
-Bilanzsumme (T. €)	≤ 500
-Umsatz (T. €)	≤ 1.000
-Arbeitnehmer (im Jahresdurchschnitt)	≤ 10

Tabelle 3: Geplante Schwellenwerte für Kleinstunternehmen

Die Befreiung umfasst nicht die Pflicht Bücher zu führen, aus denen der Geschäftsverkehr und die finanzielle Lage des Unternehmens ersichtlich sein müssen. Zudem empfiehlt sich die Erstellung eines Jahresabschlusses, wenn das Unternehmen einen Kredit bei einer Bank beantragt, da dieser ein zentrales Dokument bei der Kreditentscheidung darstellt. Inwieweit diese Richtlinie in deutsches Recht umgesetzt wird und inwiefern Kleinstunternehmen (z.B. kleine Handwerkerbetriebe) dann tatsächlich von dieser Regelung profitieren, bleibt abzuwarten.

1.2.2 Rechnungslegungsvorschriften nach HGB

Der Kern der deutschen Vorschriften zur Rechnungslegung findet sich in den §§ 238-261 HGB für alle Kaufleute. Hinzu kommen Erweiterungen und/oder Modifikationen für bestimmte Anwendungsgebiete, insbesondere:

- Verschärfungen der Rechnungslegung für Kapitalgesellschaften (z.B. AG) und für Personengesellschaften ohne mindestens eine natürliche Person als persönlich haftender Gesellschafter – z.B. GmbH & Co KG – (§§ 264-289, 315-329 HGB)
- Sondervorschriften für Großunternehmen, die keine Kapitalgesellschaften sind (PublG)
- Sondervorschriften für bestimmte Rechtsformen (GmbHG, AktG, §§ 336-339 HGB für e.G.)

- Sondervorschriften für bestimmte Branchen (§§ 340-341p HGB), ergänzt im KWG und VAG zur Berechnung des „haftenden Eigenkapitals“ und der „Solvabilitätsspanne“
- Sondervorschriften für Unternehmen mit börsengehandeltem Eigen- oder Fremdkapital (BörsG, BörsZulVO, § 297 I S. 2 HGB, WpHG)
- Sondervorschriften für Konzerne (§§ 290-315a HGB)

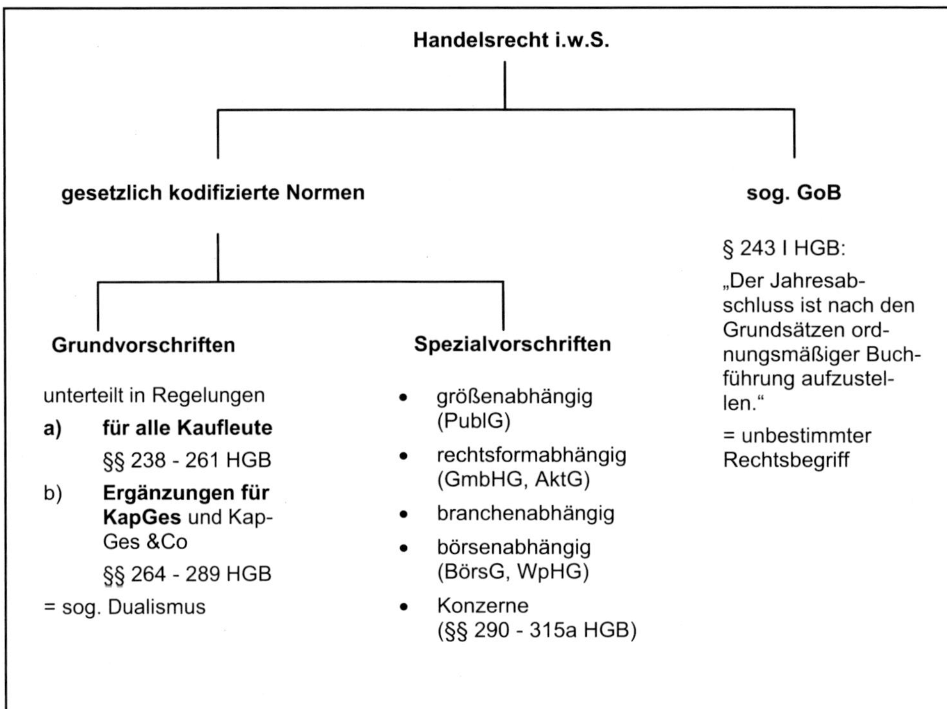

Abbildung 3: Rechnungslegungsvorschriften nach HGB

Neben die ausdrücklich formulierten Gesetzestexte treten als weitere Rechtsquelle des Handelsrechts die sog. „Grundsätze ordnungsmäßiger Buchführung“ (GoB). Ihnen kommt im deutschen Recht besondere Bedeutung zu, weil die wenigen und kurzen Gesetzestexte (im Kern ca. 40 Seiten – zum Vergleich IAS/IFRS ca. 2000 Seiten) für viele praktische Detailprobleme noch ausgelegt werden müssen.

Grundsätze ordnungsmäßiger Buchführung

Das Handelsrecht verweist an mehreren Stellen auf die (das kodifizierte Recht ergänzenden) handelsrechtlichen Grundsätze ordnungsmäßiger Buchführung (GoB), ohne eine Definition des Begriffs zu geben oder dessen Inhalt im Einzelnen festzulegen. Die GoB stellen daher einen unbestimmten Rechtsbegriff dar.

Einzelne GoB finden sich zumindest als Begriff im HGB:

- Klarheit und Übersichtlichkeit (§ 243 II HGB)
- Vollständigkeit von Vermögensgegenständen, Schulden, etc. (§ 246 I S. 1 HGB)
- Vorsicht (§ 252 I Nr. 4 HGB)
- Unternehmensfortführung (§ 252 I Nr. 3 HGB)

Andere GoB werden vom HGB nicht einmal erwähnt:

- Richtigkeit
- Willkürfreiheit

Ein gewisses Pendant zu den GoB findet sich nach IAS/IFRS im sog. „Rahmenkonzept" (Framework).

Der Geltungsbereich der GoB ist nach herrschender Meinung umfassend. So wird überwiegend davon ausgegangen, dass die GoB unabhängig von der Rechtsform oder Branche der Unternehmung generelle Geltung haben.

Ferner schließen sie entgegen ihrem engeren Wortsinn nicht nur die Ordnungsmäßigkeit der Buchführung, sondern auch der Inventur, Bilanz und Erfolgsrechnung ein.

Interpretationen von GoB

Um herauszufinden, wie man bestimmte GoB interpretieren sollte, gibt es verschiedene Möglichkeiten:

- **induktive Ermittlung** aus dem Verhalten ehrbarer Kaufleute („good business practice")

- Ermittlung durch teleologische Auslegung des Gesetzestextes mit Hilfe der Rechtshermeneutik, insbesondere **deduktive Ableitung** aus den Jahresabschlusszwecken

Nach der in Deutschland herrschenden Auffassung können Anregungen für GoB aus beiden Quellen gewonnen werden, ihre Anerkennung als GoB ist indes zwingend durch Auslegung der gesetzlichen Jahresabschlusszwecke abzuleiten. Innerhalb dieses Rahmens gibt es folgende Quellen von GoB:

Unmittelbar im Rahmen des Handelsrechts

- Rechtsprechung der OLG und des BGH
- Standards des DRSC zu „Grundsätzen der Konzernrechnungslegung" (beachte § 342 HGB: Privates Rechnungslegungsgremium, das vom Bundesministerium der Justiz anerkannt wurde)
- Standards/Stellungnahmen des IDW, von Branchenverbänden u.a.
- wissenschaftliche Fachliteratur (Kommentare zur handelsrechtlichen Bilanzierung, Monografien, Fachzeitschriften)

Mittelbar durch Rückwirkung aus dem Steuerrecht

(„Betriebsvermögen, das nach den handelsrechtlichen Grundsätzen ordnungsmäßiger Buchführung auszuweisen ist"; § 5 I S. 1 EStG)

- Rechtsprechung der FG und des BFH
- Anweisungen Finanzverwaltung (EStR, BMF-Schreiben u.a.)
- wissenschaftliche Fachliteratur

International

- Anregungen (Vergleich mit den in anderen Ländern oder international bestehenden Regeln zur Rechnungslegung)
- Interpretationen der EU-Richtlinien durch den EuGH

Abbildung 4: Quellen von GoB

Dualismus der Rechnungslegung

Das Handelsgesetzbuch (HGB) legt zunächst für alle Kaufleute (§§ 238-261 HGB) eine liberale Grundsatzregelung fest, für Kapitalgesellschaften (§§ 264-335b HGB) gelten „ergänzende“ Vorschriften, die sonst bestehende Wahlrechte einschränken und Pflichten erweitern.

Regelungsbereich	allgemeine Rechnungslegung	Rechnungslegung bei Kapitalgesellschaften
Bestandteile des Jahresabschlusses	Bilanz und GuV (§ 242 HGB)	zusätzlich Anhang (und Lagebericht neben dem Jahresabschluss i.e.S.) (§ 264 HGB)
Gliederung von Bilanz und GuV	nur wenige Vorgaben (klar und übersichtlich, keine Saldierung; §§ 243, 246 HGB)	genaue Vorgabe aller Positionen (Gliederungsschema gemäß §§ 266, 275 HGB)
Vorschriften materieller Art zur Bilanzierung (Ansatz und Bewertung)	§§ 238 – 256a HGB	zusätzlich §§ 270 - 272 HGB
Prüfungspflicht	nein	ja (§§ 316 I, 317 HGB) (Ausnahme kleine Kapitalgesellschaften)
Publizitätspflicht (Handelsregister)	nein	ja (§ 325 HGB)
Generalklausel	„nach den GoB“ (§§ 242 I, 243 I HGB)	„unter Beachtung der GoB ein den tatsächlichen Verhältnissen entsprechendes Bild“ (§ 264 II HGB)

Tabelle 4: Überblick zum handelsrechtlichen Dualismus

Die Regelungen für Kapitalgesellschaften werden gem. §§ 264a bis 264c HGB auch bei Personengesellschaften angewandt, deren persönlich haftende Gesellschafter ausschließlich Kapitalgesellschaften sind, den sog. **„Kapitalgesellschaften & Co“** (Umsetzung der EU-Richtlinie 90/605/EWG).

Auch **Großunternehmen** (Bilanzsumme > 65 Mio. €, Umsatzerlöse > 130 Mio. €, Arbeitnehmer > 5.000; relevant sind zwei von drei Merkmalen), die Einzelunternehmen oder Personengesellschaften sind, müssen gemäß Publizitätsgesetz (PublG) die Vorschriften für Kapitalgesellschaften anwenden.

Größenabhängige Vorschriften für Kapitalgesellschaften

In Abweichung von den Grundregeln für „große" Kapitalgesellschaften werden für „mittlere" und „kleine" Kapitalgesellschaften gewisse Erleichterungen als Wahlrecht gewährt:

Maßgrößen nach § 267 HGB	Größenklasse		
	klein	mittel	groß
-Bilanzsumme (Mio. €)	BS ≤ 4,840	4,840 < BS ≤ 19,250	BS > 19,25
-Umsatz (Mio. €)	U ≤ 9,68	9,68 < U ≤ 38,50	U > 38,50
-Arbeitnehmer (im Jahresdurchschnitt)	A ≤ 50	50 < A ≤ 250	A > 250

Tabelle 5: Größenklassen bei Kapitalgesellschaften

Die Größenklasseneinteilung bestimmt sich danach, ob an den Abschlussstichtagen von **zwei aufeinander folgenden Geschäftsjahren mindestens zwei** der Größenmerkmale über- oder unterschritten werden. Eine Kapitalgesellschaft gilt stets als große, wenn sie für Aktien oder andere von ihr ausgegebene Wertpapiere einen organisierten Markt (Börse) i.S.v. § 2 V WpHG in Anspruch nimmt oder die Zulassung beantragt ist. Eine Übersicht der Erleichterungen zeigt die nachfolgende Tabelle:

Art der Erleichterung (als Wahlrecht)	kleine KapGes	mittelgroße KapGes
Auf bis 6 Monate verlängerte Aufstellungsfrist des JA (§ 264 I S. 4 2. HS HGB)	X	
Keine Prüfung des Jahresabschlusses (§ 316 I S. 1 HGB)	X	
Kein Lagebericht (§ 264 I S. 4 1. HS HGB)	X	
Weniger detaillierte Bilanzgliederung (§ 266 I S. 3 HGB)	X	
Verzicht auf Anlagespiegel (§ 274a Nr. 1 HGB)	X	
Verzicht auf die Erläuterung von Forderungen und Verbindlichkeiten, die rechtlich noch nicht entstanden sind, im Anhang (§ 274a Nr. 2, 3 HGB)	X	
Verzicht auf getrennten Ausweis des Disagios unter dem ARAP (§ 274a Nr. 4 HGB)	X	
Verzicht auf Ausweis latenter Steuern (§ 274a Nr. 5 HGB)	X	
In der GuV Saldierung von Umsatz, Bestandsveränderungen, sonstigen betrieblichen Erträgen und Materialaufwand zum „Rohergebnis" (§ 276 S. 1 HGB)	X	X
Verzicht auf die Erläuterung von außerordentlichen Aufwendungen und Erträgen (§ 276 S. 2 HGB)	X	
Bestimmte Anhangsangaben (§ 288 I HGB)	X	
Bestimmte Anhangsangaben (§ 288 II HGB)		X
Verzicht auf Offenlegung sowohl der GuV sowie auf die Anhangsangaben zur GuV (§ 326 HGB)	X	
bei der Offenlegung Weglassen bestimmter Gliederungsunterpositionen der erstellten Bilanz (§ 327 HGB)	X	X

Tabelle 6: Arten der Erleichterung nach HGB

1.2.3 Handelsbilanz und Besteuerung

Das Verhältnis von Handelsbilanz und Steuerbilanz wird prägnant mit dem Begriff der **„Maßgeblichkeit"** der Handelsbilanz für die Steuerbilanz gekennzeichnet. Rechtsgrundlage bildet § 5 I S. 1 EStG. Danach ist bei buchführenden Gewerbetreibenden für den Schluss des Wirtschaftsjahres das Betriebsvermögen anzusetzen, das nach den handelsrechtlichen Grundsätzen ordnungsmäßiger Buchführung (GoB) auszuweisen ist, außer wenn bei der Ausübung eines steuerlichen Wahlrechts ein anderer Ansatz möglich ist. Der Grundsatz der Maßgeblichkeit statuiert keine Identität von Handels- und Steuerbilanz. Vielmehr behält sich das geltende Steuerrecht **abweichende Sonderregelungen** vor, wobei diese partiell gesetzlich formuliert (offene Bilanzvorbehalte) und partiell von der Rechtsprechung entwickelt worden sind (verdeckte Bilanzvorbehalte).

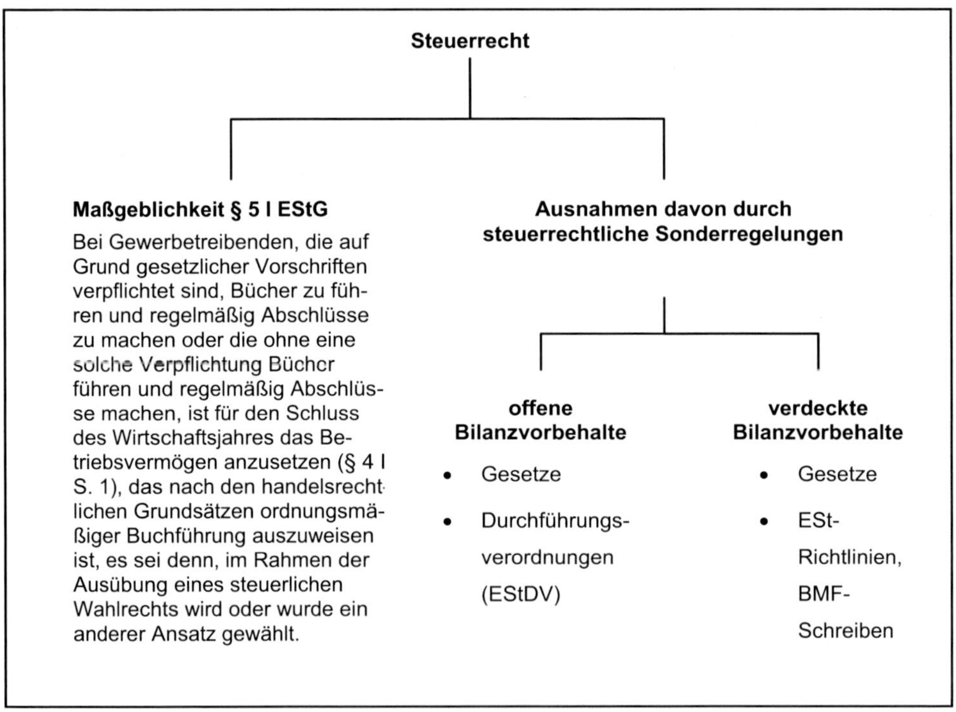

Abbildung 5: Steuerrechtliche Vorschriften zur Rechnungslegung

1.2.4 Rechnungslegungsvorschriften nach IAS/IFRS

Die International Accounting Standards (IAS) bzw. International Financial Reporting Standards (IFRS) gelten als ein wesentliches Instrument der weltweiten Harmonisierung der Rechnungslegung. Sie werden vom IASB (International Accounting Standards Board) herausgegeben, einer internationalen Fachorganisation der mit Rechnungslegungsfragen befassten Berufsverbände.

In Deutschland stellt sich die Frage, ob anstelle einer Rechnungslegung nach HGB auch die Anwendung der IAS/IFRS möglich oder sogar verpflichtend vorgeschrieben ist.

IFRS-Verordnung der EU

Für die Mitgliedsstaaten der EU, zu denen auch Deutschland gehört, gilt das EU-Gemeinschaftsrecht. Am 19.7.2002 wurde die Verordnung Nr. 1606/2002 „betreffend die Anwendung internationaler Rechnungslegungsstandards" erlassen. Sie wird auch kurz als IAS-Verordnung oder IFRS-Verordnung bezeichnet.

Eine EU-Verordnung stellt vorrangiges und unmittelbar geltendes Recht dar. Sie bindet alle Mitgliedsstaaten und ihre Unternehmen.

Nach Art. 4 der IFRS-Verordnung müssen bestimmte Firmen ihren Konzernabschluss zwingend nach den Vorschriften der IFRS aufstellen. Art. 4 erfasst alle Unternehmen, die einen organisierten und staatlich regulierten Kapitalmarkt in Anspruch nehmen. Man nennt sie auch „kapitalmarktorientierte Unternehmen". Hierzu zählen Aktiengesellschaften mit börsennotierten Aktien oder Unternehmen mit börsengehandelten Anleihen. In der EU sind insgesamt ca. 7000 Unternehmen betroffen.

Beispiel:

Muss die Volkswagen AG für ihren Konzernabschluss IFRS anwenden?

Die Volkswagen AG hat börsennotierte Stammaktien und Vorzugsaktien. Sie ist unter anderem an der Frankfurter Wertpapierbörse am amtlichen Markt eingeführt. Die Volkswagen AG stellt ein kapitalmarktorientiertes Unternehmen im Sinne der IFRS-Verordnung dar. Für den Konzernabschluss müssen die IFRS beachtet werden.

Mitgliedsstaatenwahlrecht der IFRS-Verordnung

Nicht alle Unternehmen, die einen Konzernabschluss erstellen, sind kapitalmarktorientiert. Ebenfalls betrifft Art. 4 der IFRS-Verordnung nicht den Einzelabschluss. Art. 5 enthält aber Wahlrechte für die Mitgliedsstaaten der EU:

- Jeder Staat kann im eigenen Land gestatten oder vorschreiben, dass kapitalmarktorientierte Unternehmen auch ihren Einzeljahresabschluss nach IFRS aufstellen.
- Ferner kann jeder Mitgliedsstaat für weitere Gesellschaften entweder zwingend vorschreiben oder zumindest erlauben, dass sie ihre Konzernabschlüsse und/oder Einzelabschlüsse gemäß IAS/IFRS erstellen.

Anwendungsbereiche von IFRS in Deutschland

Der deutsche Gesetzgeber hat die IFRS-Verordnung der EU in den Vorschriften des Handelsgesetzbuchs umgesetzt:

- § 315a I und II HGB verweisen auf die Pflicht-Anwendung der IFRS für den Konzernabschluss kapitalmarktorientierter Unternehmen.
- Auch nicht kapitalmarktorientierte Unternehmen dürfen gemäß § 315a III HGB ihren Konzernabschluss nach IAS/IFRS erstellen. Ein HGB-Konzernabschluss ist dann nicht mehr notwendig (Der HGB-Einzelabschluss bleibt allerdings verpflichtend).
- Gemäß § 325 IIa HGB können große Kapitalgesellschaften für Zwecke der Information einen IAS/IFRS-Einzelabschluss offen legen. Die Publizierung eines HGB-Einzelabschlusses entfällt damit. Wird dieses Wahlrecht in Anspruch genommen, so hat das Unternehmen aber weiterhin einen HGB-Einzelabschluss aufzustellen. Dieser dient insbesondere gesellschaftsrechtlichen und steuerrechtlichen Zwecken.

Endorsement in der EU

Für die Gültigkeit von IFRS zur Rechnungslegung in der EU sind aber Besonderheiten zu beachten. Die IFRS-Verordnung der EU erkennt nämlich nicht automatisch die aktuell gültigen Standards des IASB an.

Vielmehr muss die Europäische Kommission ausdrücklich über die Anwendbarkeit der einzelnen internationalen Rechnungslegungsstandards in der EU beschließen (Art. 3 der IFRS-Verordnung).

Beispielsweise dürfen Standards europäischen Prinzipien der Rechnungslegung nicht zuwiderlaufen und sie müssen dem europäischen öffentlichen Interesse entsprechen. Die Anerkennung der IFRS wird als „Endorsement" bezeichnet. Fachlich wird die Europäische Kommission durch einen „Regelungsausschuss für Rechnungslegung" unterstützt (Art. 6 der IFRS-Verordnung). Die Vorgehensweise wird auch als Komitologieverfahren bezeichnet.

Nach erfolgter Anerkennung werden die Standards als EU-Verordnung im Amtsblatt der EU in den verschiedenen Amtssprachen veröffentlicht. Mit dieser Verordnung werden die Standards zu europäischem und letztendlich zu nationalem Recht. Damit sind in der EU neben dem Englischen auch die Textfassungen in den anderen Amtssprachen gleichberechtigt verbindlich.

Das ausdrückliche Anerkennungsverfahren wurde von der EU für notwendig gehalten. Man hielt es weder für politisch sinnvoll noch rechtlich zulässig, eine private Organisation wie das IASB ohne Vorbehalt mit der Verabschiedung von verbindlichen Rechnungslegungsnormen zu beauftragen.

Entstehung von IFRS

Die International Financial Reporting Standards (IFRS) werden vom International Accounting Standards Board (IASB) mit Sitz in London entwickelt. Das IASB hat als Mitglieder 15 Personen[1] mit einer Amtszeit von 5 Jahren, wobei eine zweite Amtszeit zulässig ist. Zur Verabschiedung neuer Standards ist eine Mehrheit von 9 Stimmen erforderlich. Finanziert werden das IASB und die zugehörige Organisation durch die International Accounting Standards Committee Foundation (IASCF). Dies ist eine Stiftung privaten Rechts mit Sitz in Delaware in den USA. Die Einhaltung der Aufgaben der Stiftung und der Arbeit des IASB überwachen 22 Treuhänder. Sie stammen aus verschie-

[1] Bis 2012 soll diese Zahl auf 16 erhöht werden.

denen Kontinenten und sollen unterschiedliche berufliche Hintergründe haben. Die Geldmittel stammen letztlich zum größten Teil aus Spenden. Wichtigster Geldgeber sind die großen Wirtschaftsprüfungsgesellschaften.

Daneben tragen aber auch viele kleine Organisationen und Unternehmen zur Finanzierung bei.

Zur Entwicklung neuer Standards folgt das IASB einem bestimmten Ablaufplan, dem sog. „due process“ (standard setting process). Der Ablauf soll sicherstellen, dass alle Fachleute Gelegenheit haben, ihre Meinung einzubringen und so den Inhalt der Standards zu beeinflussen.

Der gesamte Prozess dauert insgesamt in der Regel mehrere Jahre. Wichtige Stufen sind:

- Sammlung von Ideen über Probleme bei der Rechnungslegung
- Entscheidung des IASB, ein bestimmtes Projekt in sein Arbeitsprogramm aufzunehmen und Einsetzung einer Arbeitsgruppe
- Verabschiedung und Veröffentlichung eines Diskussionspapiers (discussion document)
- die Öffentlichkeit gibt innerhalb der Kommentierungsfrist Stellungnahmen zum Diskussionspapier ab
- Auswertung der Stellungnahmen
- Verabschiedung und Veröffentlichung eines Entwurfs für den Standard (exposure draft, Abkürzung: ED)
- die Öffentlichkeit gibt innerhalb der Kommentierungsfrist Stellungnahmen zum Standardentwurf ab
- Auswertung der Stellungnahmen
- unter Umständen Durchführung öffentlicher Anhörungen
- Verabschiedung und Veröffentlichung des neuen International Financial Reporting Standards

Damit wird der neue Standard Bestandteil der IFRS-Rechnungslegung und muss von allen Anwendern beachtet werden. Verbindlich ist ausschließlich der Text der IFRS in englischer Originalsprache.

Normengefüge im IFRS-System

Die Rechnungslegung nach IFRS besteht aus verschiedenen Rechtsnormen. Zu unterscheiden sind:

a) Standards

b) Erläuterungen

c) Rahmenkonzept

zu a) Standards

Die neuen Rechnungslegungsstandards heißen „International Financial Reporting Standards" oder kurz IFRS. Bis 2001 wurden Standards noch als „International Accounting Standards" oder IAS bezeichnet. Die Nummerierung und Bezeichnung der alten IAS hat man beibehalten. Die Zählung der IFRS begann jedoch wieder mit der Nummer 1.

Beispiel:

IAS 2 ist ein älterer Standard zur Bilanzierung von Vorräten, der heute noch gilt. Inzwischen wurde zusätzlich IFRS 2 erlassen, der sich mit der erfolgsabhängigen Vergütung von Mitarbeitern beschäftigt.

Die Standards stellen das Herzstück der Rechtsquellen dar. Ihre Aufgabe ist meist die Regelung von konkreten Einzelfragen eines bestimmten Sachgebiets. Sie enthalten die hierfür nötigen Vorschriften zu Ansatz, Bewertung und Ausweis. Sie sind grundsätzlich für alle betroffenen Unternehmen verbindlich, unabhängig von deren Größe und Rechtsform.

Beispiel:

IAS 2 „Vorräte“,
IAS 16 „Sachanlagen“,
IAS 38 „Immaterielle Vermögenswerte“,
IFRS 3 „Unternehmenszusammenschlüsse“

Wenige Standards beschäftigen sich mit Sonderfragen bestimmter Branchen.

Beispiel:

IAS 41 „Landwirtschaft“

Die sachbezogene Einteilung der IAS/IFRS führt natürlich dazu, dass der Text insgesamt zahlreiche Wiederholungen aufweist. Dies ist im Vergleich zum deutschen HGB gewöhnungsbedürftig. Beispielsweise enthält § 255 II HGB eine generelle Definition von Herstellungskosten. Sie gilt dann für Fertigerzeugnisse, Maschinen, Gebäude usw. Die internationalen Rechnungslegungsstandards müssen hingegen Begriffe immer wieder neu definieren.

Beispiel:

Eine Definition von Herstellungskosten geben:

IAS 2.10-18 für Vorräte
IAS 16.15-28 für Sachanlagen
IAS 38.65-67 für immaterielle Vermögenswerte
IAS 40.17-24 für Immobilien, die als Geldanlage betrachtet werden

Der Aufbau der einzelnen Standards folgt grundsätzlich einer bestimmten Gliederung:

- Einführung (Introduction (IN))
  Sie umfasst eine Inhaltsangabe und weist bei Bedarf auf Änderungen gegenüber der früheren Rechtslage hin.
- Zielsetzung (Objective)
  Der Zweck, der mit dem Standard erreicht werden soll.

- Anwendungsbereich (Scope)
  Manchmal überschneiden sich mehrere Standards. Beispielsweise besitzen landwirtschaftliche Betriebe auch Vorräte. Es kommt also zu einer Überschneidung von IAS 2 und IAS 41. Der Anwendungsbereich beschreibt, welcher Standard Vorrang hat.
- Eigentlicher Text des Standards
  Der Text wird häufig nach den Vorschriften zum Ansatz, zur Bewertung und zum Ausweis gegliedert. Die Absätze des Texts sind fortlaufend nummeriert. Sie werden als „Paragraphen" bezeichnet.
- In-Kraft-Treten (Effective Date)
  Geregelt wird der Termin der erstmaligen Anwendung.
- ggf. Übergangsvorschriften (Transitional Provisions)
  Übergangsvorschriften können sich mit der vorläufigen Weitergeltung des alten Rechts beschäftigen.
- Anhang mit Definitionen (Definitions)
  Bei IFRS sind Definitionen wichtiger verwendeter Begriffe im Anhang enthalten. Bei den alten IAS stehen die Definitionen schon zu Beginn des Standards und nicht im Anhang. Die Definitionen sind verbindlicher Bestandteil des Standards.
- Anhang mit Anwendungsleitlinien (Application Guidance (AG))
  Ein komplizierter Standard kann im Anhang Anwendungsleitlinien enthalten, die dann der Erläuterung schwieriger und häufig auftretender Probleme dienen. Die Anwendungsleitlinien gehören zum Standard.

Zu den weiteren möglichen Texten im Anhang, die aber nicht selbst Bestandteil des Standards sind, zählen:

- Grundlagen der Entscheidung (Basis for Conclusion (BC))
  Der historische Prozess der Entwicklung des Standards und Gründe für die gewählten Vorschriften werden aufgezeigt.
- Minderheitsmeinungen (Dissenting Opinion (DO))
  Wenn bei der Verabschiedung eines Standard eine Minderheit der Mitglieder des

IASB überstimmt wurde, so kann deren abweichende Meinung hier dargestellt werden.

- Erläuternde Beispiele (Illustrative Examples (IE))
  Konkrete Fallbeispiele und Berechnungen sollen die Vorschriften des Standards verdeutlichen.
- Umsetzungshilfen (Implementation Guidance (IG))
  Manche Standards beschäftigen sich mit sehr abstrakten und schwierigen Sachverhalten. Ein Beispiel ist IAS 39 „Finanzinstrumente: Ansatz und Bewertung“. Die Anwendungshilfen IAS 39 IG greifen in Frageform typische Probleme der Praxis auf. Sie geben auf diese Fragen eine begründete Antwort.

Anhänge, die nicht zum Standard gehören, sind nicht Gegenstand des Anerkennungsverfahrens - Endorsement - der EU. Als Folge hiervon gibt es auch keine offizielle Übersetzung ins Deutsche als Amtssprache der EU, sowie keine Veröffentlichung als EU-Verordnung im Amtsblatt der EU.

zu b) Erläuterungen

Die Erläuterungen oder „Interpretations“ beschäftigen sich mit Detailfragen, die im Standard nicht geklärt sind. Sie sind selbstständige Dokumente mit eigener Bezeichnung und Nummerierung. Man bezeichnet sie heute als IFRIC, weil sie vom International Financial Reporting Interpretations Committee erarbeitet werden. Früher hießen sie SIC nach dem Standing Interpretations Committee. Erläuterungen sind für die Unternehmen verbindlich.

Beispiele:
SIC 12 „Konsolidierung - Zweckgesellschaft“
SIC 32 „Immaterielle Vermögenswerte - Websitekosten“
IFRIC 1 „Änderungen bestehender Rückstellungen für Entsorgungs-, Wiederherstellungs- und ähnliche Verpflichtungen“

Zu c) Rahmenkonzept

Das Rahmenkonzept oder „Framework“ stellt allgemeine konzeptionelle Grundlagen und Ziele der Standards dar. Es ist jedoch selbst kein IAS/IFRS. Konkrete Einzelvorschriften der Standards gehen dem Rahmenkonzept vor (RK 2-3).

Es hat jedoch eine gewisse Bedeutung zur Auslegung der Standards sowie zur Schließung von Regelungslücken. Darunter versteht man Bilanzierungsfragen, deren Behandlung nicht ausdrücklich in den Standards geregelt ist.

Nach IAS 8.11-12 sollen zur Schließung von Regelungslücken folgende Quellen herangezogen werden:

- Als erstes solche Standards und Interpretationen, die ähnliche und verwandte Fragen beantworten.
- Als zweites die im Rahmenkonzept enthaltenen einzelnen Definitionen, Erfassungskriterien und Bewertungskonzepte für Vermögenswerte, Schulden, Erträge und Aufwendungen.
- Als drittes jüngere Verlautbarungen anderer Standardsetter (z.B. US-GAAP), Literaturmeinungen, sowie anerkannte Branchenpraktiken.

1.2.5 Bestandteile der Rechnungslegung

Ein Abschluss nach **IFRS** weist unabhängig von Rechtsform und Größe des Unternehmens stets mindestens folgende Bestandteile auf:

- Bilanz (Balance Sheet)
- Gesamtergebnisrechnung (Income Statement)
- Eigenkapitalveränderungsrechnung (Statement of Changes in Equity)
- Kapitalflussrechnung (Cash Flow Statement)
- Anhang (Notes)

Damit unterscheiden sich die IFRS vom Einzeljahresabschluss nach **HGB**. Hier besteht der Jahresabschluss für Kaufleute nur aus Bilanz sowie Gewinn- und Verlustrechnung (§ 242 HGB).

Für Kapitalgesellschaften wird der Einzelabschluss nach HGB noch um den Anhang erweitert, sowie um einen Lagebericht ergänzt (§ 264 I S.1 HGB), wobei für kleine und mittlere Kapitalgesellschaften gemäß § 267 HGB gewisse Erleichterungen bestehen. Kapitalmarktorientierte Kapitalgesellschaften (§ 264d HGB), die keinen Konzernabschluss aufstellen müssen, stellen zusätzlich noch eine Kapitalflussrechnung, einen Eigenkapitalspiegel und wahlweise noch eine Segmentberichterstattung auf (§ 264 I S.2 HGB).

Momentan verpflichten die IFRS nicht zu einem Bericht über den Geschäftsverlauf und die Lage des Unternehmens, über bestehende Chancen und Risiken sowie über die voraussichtliche künftige Entwicklung. Es gibt also keine Entsprechung zum Lagebericht im Sinne von § 289 I HGB und § 315 I HGB.

Für deutsche Unternehmen regeln jedoch die § 315a I und § 325 IIa S. 4 HGB, dass der HGB-Lagebericht zusätzlich weiter erstellt werden muss, auch wenn der sonstige Abschluss den IFRS entspricht.

Das IASB hat außerdem im Oktober 2005 ein Diskussionspapier „Management Commentary“ veröffentlicht (Siehe Abschnitt 7.2.8 Lageberichterstattung/Management Commentary). Es wurden weltweit Stellungnahmen der Öffentlichkeit gesammelt. Die Verpflichtung zur Berichterstattung über die Unternehmenslage wird daher in einigen Jahren ebenfalls zu einem IFRS-Standard werden.

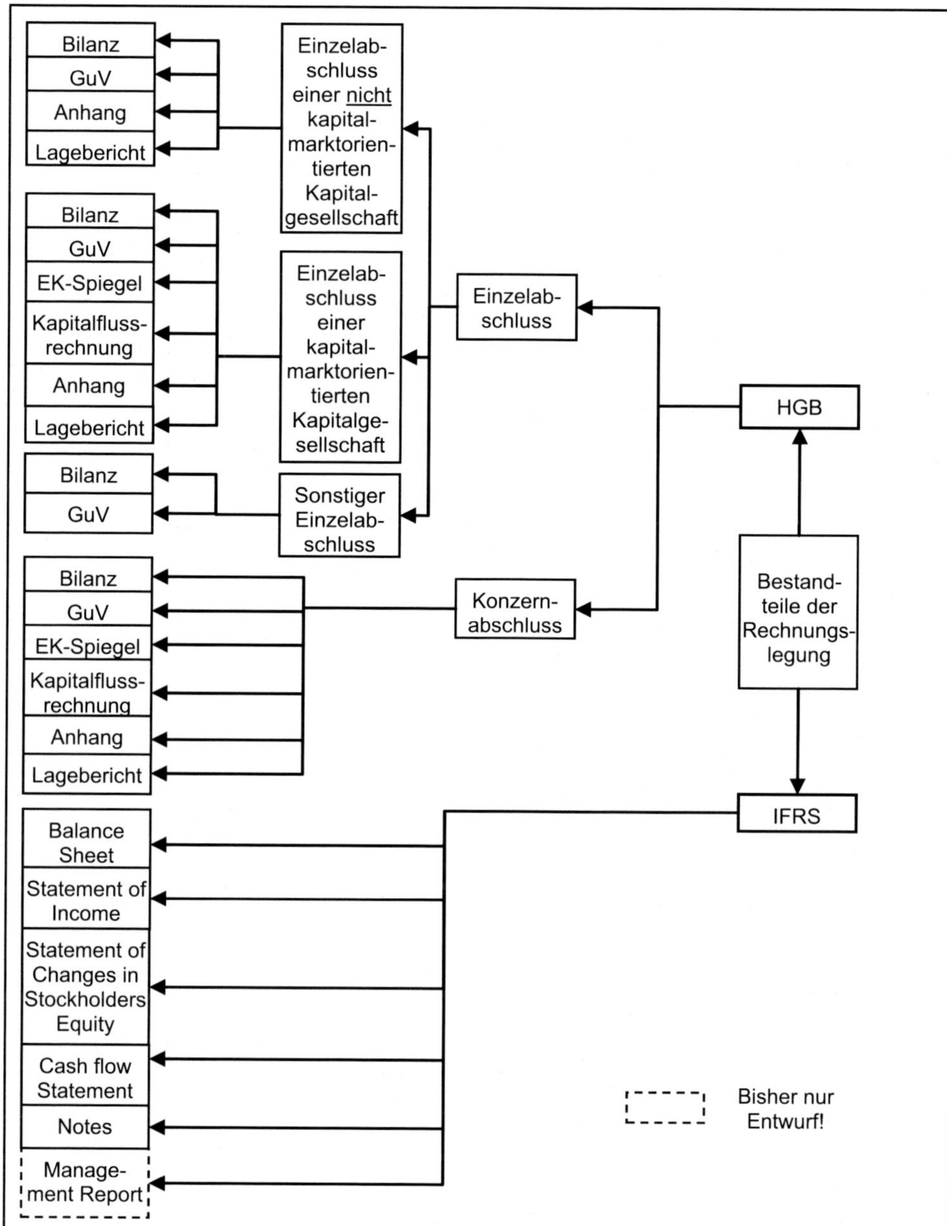

Abbildung 6: Bestandteile der Rechnungslegung nach IFRS und HGB

Exkurs: Bedeutung des DRSC

Gemäß § 342 HGB kann das Bundesministerium der Justiz (BMJ) ein privatrechtliches Rechnungslegungsgremium ernennen. Das daraufhin geschaffene und durch Vertrag anerkannte Deutsche Rechnungslegung Standards Committee (DRSC) hat verschiedene Aufgaben. Hierzu gehört zunächst die Entwicklung von Empfehlungen zur Anwendung der Grundsätze der Konzernrechnungslegung, den so genannten **„Deutschen Rechnungslegungs Standards“ (DRS)**. Die verabschiedeten Standards werden vom BMJ veröffentlicht.

- Hält sich ein Unternehmen an die Vorgaben der verlautbarten DRS, so wird zu seinen Gunsten die Beachtung der, die Konzernrechnungslegung betreffenden GoB vermutet.
- jedoch bedeutet eine Nicht-Beachtung keinen Verstoß, lediglich liegt die Beweislast dann beim Unternehmen.

Die verabschiedeten Empfehlungen sollten sich auf die Konzernrechnungslegung beschränken; jedoch nimmt das DRSC auch zu anderen Fragen Stellung und es ist davon auszugehen, dass die DRS eine Ausstrahlungswirkung auf den Einzelabschluss haben, da die Rechnungslegung auf einzelgesellschaftlicher Ebene nicht zuletzt stets mit der Konzernrechnungslegungsebene verknüpft ist. Zudem wird eine entsprechende Anwendung in einigen Standards für den Einzelabschluss empfohlen, so beispielsweise in DRS 15.5 zu den Anforderungen an die Lageberichterstattung.

Ferner berät das DRSC das **BMJ bei Gesetzgebungsvorhaben** zur Rechnungslegung, z.B. bei der Auslegung von Mitgliedsstaatenwahlrechten bei der nationalen Umsetzung von EU-Richtlinien.

Als dritte Aufgabe gilt die **Vertretung der Bundesrepublik Deutschland** in internationalen Standardisierungsgremien (z.B. IASB).

1.2.6 Exkurs: US-amerikanische Rechungslegung

Die US-amerikanische Rechungslegung ist keine internationale Rechnungslegung. Sie stellt rein nationales Recht dar. Innerhalb der USA hängt sie von der Inanspruchnahme öffentlicher Kapitalmärkte ab. Nur Unternehmen, deren Aktien, Anleihen oder sonstigen

Wertpapiere börsengehandelt sind, unterliegen dem weitgehend bundeseinheitlichen Kapitalmarktrecht. Für dessen Einhaltung ist die amerikanische Börsenaufsichtsbehörde, die Securities and Exchange Commission (SEC), verantwortlich.

Die Rechnungslegung kapitalmarktorientierter Unternehmen ist Teil dieses Kapitalmarktrechts. Die SEC hat somit die grundsätzliche Kompetenz zur Regulierung der Rechnungslegung für börsenbezogene Unternehmen, den sog. Generally Accepted Accounting Principles (US-GAAP). Allerdings hat sie die Arbeit heute weitgehend an das Financial Accounting Standards Board (FASB) delegiert. Der Arbeitsprozess bei neuen US-Standards entspricht grundsätzlich dem „due process" für neue IFRS.

Das Normensystem der US-GAAP ist im Laufe vieler Jahrzehnte historisch gewachsen. Die für seine Entwicklung zuständigen Organisationen und die Bezeichnungen ihrer Verlautbarungen haben sich mehrfach geändert. Sie gelten aber teilweise heute noch weiter. Dadurch sind die Vorschriften inzwischen extrem ungeordnet und unübersichtlich.

Die heute vom FASB erlassenen Standards nennen sich „Statements of Financial Accounting Standards" oder kurz SFAS. Teilweise kürzt man sie auch mit FAS ab. Hinzu kommen FASB Interpretations, abgekürzt mit FIN. Diese hauptsächlichen Rechtsvorschriften werden durch zahlreiche weitere Dokumente mit verschiedener Bezeichnung ergänzt. Beispiele sind: FASB Statements of Accounting Concepts - kurz CON, FASB Technical Bulletins - kurz FTB.

Alle anderen Unternehmen müssen nur das Gesellschaftsrecht des jeweiligen US-Bundesstaates beachten. Es enthält nur wenige und meist sehr allgemeine Pflichten. Möglicherweise möchte das Unternehmen aber seinen Abschluss von einem Wirtschaftsprüfer testieren lassen. Dies kann freiwillig oder aufgrund einer vertraglichen Verpflichtung in einem Kredit- oder Gesellschaftsvertrag geschehen. Die Berufsorganisation der Wirtschaftsprüfer „American Institute of Certified Public Accountants" (AICPA) hat für diesen Fall verfügt, dass ein uneingeschränktes Testat nur bei Beachtung der US-GAAP erteilt werden darf. Eine allgemeine gesetzliche Prüfungspflicht gibt es nicht.

Beachte:

Die US-GAAP sind daher nicht so weit verbreitet, wie es die Bezeichnung „generally accepted" glauben lässt!

Da der US-amerikanische Kapitalmarkt sehr groß ist, haben die US-GAAP jedoch auch Bedeutung für z.B. deutsche Unternehmen, die diese Finanzierungsquelle nutzen möchten. Weltweit haben sich jedoch mittlerweile die IFRS als internationale Standards durchgesetzt.

Vor diesem Hintergrund kam es im Oktober 2002 zum sog. „Norwalk Agreement“. In diesem vereinbarten der US-amerikanische Standardsetter, das Financial Accounting Standards Board (FASB), und der Standardsetter der IFRS, das International Accounting Standards Board (IASB) eine Zusammenarbeit. Unterschiede zwischen beiden Standards sollen im Laufe der Zeit beseitigt werden („Konvergenzprojekt“ IAS/IFRS und US-GAAP).

Am 15. November 2007 hat deswegen die SEC erklärt, dass für die Börsennotierung in den USA nicht mehr zwingend ein Abschluss nach US-GAAP verlangt wird. Die Unternehmen brauchen auch keine Überleitungsrechnung nach US-GAAP aufstellen. Es reicht ein normaler IFRS-konformer Abschluss. Diese Positionen wurden bereits am 27.2.2006 in einem „Memorandum of Understanding“ zwischen FASB und IASB bekräftigt. Am 24.02.2010 hat das SEC einen Work Plan zugestimmt, nach dem in 2011 endgültig entschieden werden soll, ob und wie die IFRS in den USA übernommen werden sollen. Eine Anwendung der IFRS von US-Unternehmen wird dabei jedoch voraussichtlich nicht von 2015 stattfinden. Die Bedeutung der US-GAAP außerhalb der USA wird daher künftig weiter zurückgehen. In der EU können kapitalmarktorientierte Unternehmen seit 2007 nicht mehr auf IFRS verzichten.

	HGB	IFRS
Vorrangiges Ziel	Schutz der Gläubiger	Lieferung entscheidungsnützlicher Informationen
Auswirkungen auf die Bilanzierung	Vorsichtig bilanzieren	Bilanzierung so, dass die aktuelle Unternehmenslage gut eingeschätzt werden kann

Abbildung 7: Vergleich zwischen HGB und IFRS

2 Regelungsfragen und Bilanzierungsgrundsätze

Lernziele

Sie lernen, welche Fragen sich bei der Aufstellung der Finanz-, Bilanz- und Erfolgsrechnung ergeben und wie sie gelöst werden können.

- Ansatz
- Ausweis
- Bewertung

Weiterhin werden die Bilanzierungsgrundsätze vorgestellt. Hierzu zählen insbesondere:

- die Periodenabgrenzung
- das Stichtagsprinzip
- der Grundsatz der Unternehmensfortführung
- der Grundsatz der Verständlichkeit
- die Relevanz, Wesentlichkeit und die Abwägung von Kosten und Nutzen
- die Neutralität
- die wirtschaftliche Betrachtungsweise
- der Grundsatz der Vorsicht
- der Grundsatz der Vollständigkeit, das Saldierungsverbot und der Grundsatz der Einzelbewertung
- die Vergleichbarkeit und Stetigkeit
- die Zeitnähe

2.1. Zu klärende Regelungsfragen

2.1.1 Zusammenhänge von Finanz-, Bilanz- und Erfolgsrechnung

Die Zahlungen in der **Finanzrechnung** (Kapitalflussrechnung) sind nach Ablauf des Berichtsjahres gegeben. Soll hierüber in der Rechnungslegung berichtet werden, so sind nur noch Entscheidungen über den Ausweis zu treffen.

Der **Periodenerfolg** wird unter Berücksichtigung von Entnahmen und Einlagen aus der Gegenüberstellung des Reinvermögens am Ende und zu Beginn der Rechnungsperiode errechnet.

Bestandteile des Abschlusses	Was muss der Gesetzgeber/Standardsetter regeln?
Zahlung in der Finanzrechnung	Anfall und Höhe der Ein-/Auszahlungen sind **gegeben** nur zu regeln = Ausweis? (d.h. wie gliedern und bezeichnen)
Reinvermögen in der Bilanz	Zentrale Regelungsfrage: Was soll in der Bilanz stehen? zu regeln = Ansatz? (Recognition) zu regeln = Bewertung? (Measurement) zu regeln = Ausweis? (Disclosure)
Gewinn/Verlust in der Erfolgsrechnung	Anfall und Höhe der Erträge und Aufwendungen **ergeben sich direkt** aus Zahlungen $\pm\Delta$ Reinvermögen nur zu regeln = Ausweis?

Abbildung 8: Bestandteile des Abschlusses und Regelungsfragen

Mit der Wahl des Einzelvermögensvergleichs stellen sich als Grundfragen:

- was als einzelner Vermögenswert/Vermögensgegenstand oder einzelne Schuld anzusehen ist **(Problem des Bilanzansatzes)**
- welchen Teilbeständen der Aktiv- bzw. Passivseite der Bilanz ein Vermögenswert/Vermögensgegenstand bzw. eine Schuld zuzuordnen ist **(Problem des Bilanzausweises)** und

- wie diese Vermögenswerte/Vermögensgegenstände und Schulden zu bewerten sind **(Problem der Bilanzbewertung)**.

Das zweite Problem ist i.d.R. gegenüber den anderen beiden Grundfragen von geringerer Bedeutung. Es bestehen jedoch Wechselwirkungen mit diesen Punkten, da

- manche Ansatzvorschriften (z.B. Erlösrealisation von Fertigungsaufträgen IAS 11.22) und
- manche Bewertungsvorschriften (z.B. Bewertungsvereinfachungen § 256 HGB, planmäßige Abschreibungen im Anlagevermögen § 253 III HGB, Bewertung von Finanzinstrumenten, die als zur Veräußerung verfügbar gelten IAS 39.9)

nur für bestimmte Abschlusspositionen gelten.

Außerdem sind nicht nur die Gesamthöhe des bilanziellen Vermögens, sondern auch die Vermögensstruktur, sowie entsprechend nicht nur der Gesamtgewinn, sondern auch dessen einzelne Gewinnkomponenten von Bedeutung für die Bilanzadressaten.

2.1.2 Beispiel

Ein bilanzierungspflichtiger Handwerksbetrieb kauft am 01. Juli 01 ein Fahrzeug. Kann das Fahrzeug in der Bilanz angesetzt werden und falls ja, wo genau in der Bilanz und mit welchem Wert ist das Fahrzeug zu erfassen?

Ansatz

- Zunächst stellt sich die Frage, ob die **abstrakte Bilanzierungsfähigkeit** gegeben ist und somit das Fahrzeug als Vermögenswert (IFRS) bzw. Vermögensgegenstand (HGB) überhaupt bilanziell erfasst werden kann.
    - Hier kann der PKW grundsätzlich bilanziert werden, da die Bilanzierungsfähigkeit gegeben ist.
- Darüber hinaus ist zu klären, **wann** der PKW **erstmalig** in der Bilanz **zu erfassen** ist. Im Beispiel erfolgte die Bestellung am 01. Juli 01, die Auslieferung am 01. November 01 und die Bezahlung am 01. Februar 02.

- Relevant für die bilanzielle Erfassung ist der Zeitpunkt der Verschaffung der Verfügungsmacht über das Fahrzeug, also das Datum der Auslieferung (01. November 01).

- Grundsätzlich liegt bis zur vollständigen Bezahlung (01. Februar 02) ein **Eigentumsvorbehalt des Händlers** vor. Könnte daran die Bilanzierung im Jahr 01 scheitern?
  - Nein. Der Eigentumsvorbehalt spielt keine Rolle, da für die Bilanzierung der Zeitpunkt der Entstehung des wirtschaftlichen Eigentums durch den Käufer zählt. Dieses wurde am 01. November 01 (Auslieferung) erlangt.
- Der **Anteil der privaten Nutzung** des Fahrzeugs liegt bei 40%. Könnte dieser Sachverhalt der Bilanzierung entgegenstehen?
  - Nein. Da der PKW überwiegend betrieblich genutzt wird (60%), ist das Fahrzeug voll dem Betriebsvermögen zuzurechnen und zu bilanzieren.

Ausweis

- Nachdem die grundsätzliche Ansatzfähigkeit geklärt wurde, stellt sich nun die Frage, ob das Fahrzeug dem **Anlagevermögen** oder dem **Umlaufvermögen** (§ 247 II HGB) zuzuordnen bzw. als **langfristiger** oder **kurzfristiger Vermögenswert** (IAS 1.60 ff.) zu klassifizieren ist.
  - Das Fahrzeug ist dem Anlagevermögen (HGB) zuzuordnen bzw. als langfristiger Vermögenswert (IFRS) einzustufen.
- Steht die grobe Zuordnung fest, muss als nächstes geklärt werden, unter welcher **genaueren Positionsbezeichnung** das Fahrzeug in der Bilanz zu erfassen ist.
  - Nach IFRS ist das Fahrzeug unter „Sachanlagen: Fahrzeuge" (oder anders, z.B. wie nach HGB) zu erfassen. (IAS 1.54(a), IAS 1.78(a), IAS 1.57)
  - Nach dem Gliederungsschema des § 266 HGB ist das Fahrzeug unter „II. Sachanlagen: 3. Andere Anlagen, Betriebs- und Geschäftsausstattung" zu erfassen.

Bewertung

Steht der Bilanzausweis fest, stellt sich die Frage, mit welchem **Wert** das Fahrzeug **erstmalig** (01. November 01) **in** die **Bilanz** aufgenommen wird.

Der Preis des Fahrzeugs beträgt 20.000 € netto, USt 19%, der Lieferant gewährt 10% Rabatt und berechnet Überführungskosten in Höhe von 400 Euro. Wie hoch sind die **Anschaffungskosten** am 01. November 01?

- Gemäß IAS 16.16 ff. bzw. § 255 I HGB errechnen sich folgende Anschaffungskosten: 20.000 € - 2.000 € + 400 € = 18.400 €

Das Fahrzeug unterliegt einer Abnutzung. Daher ist zu klären, mit welchem **Wert** das Fahrzeug zum **Abschlussstichtag** am 31.12.01 in der Bilanz auszuweisen ist.

- Die Regelungen hierzu treffen die IAS 16.30, 16.43 ff. bzw. § 253 III HGB: Aufgrund der 2-monatigen Nutzung (01.11.-31.12.) sind von den Anschaffungskosten „planmäßige Abschreibungen" abzuziehen. Der Abschreibungsbetrag bestimmt sich dabei nach der Methode (z.B. linear nach Zeit, degressiv nach Zeit, nach Leistung) und der Nutzungsdauer bzw. den Nutzungseinheiten des Fahrzeugs.

Am 2. Januar 02 wird das Fahrzeug durch einen Unfall beschädigt, der Schaden beläuft sich auf 7.000 €. Hat dieser Sachverhalt Einfluss auf den Bilanzwert am 31.12.01?

- Nein. Der Sachverhalt wird nicht mehr in der Bilanz des Jahres 01 erfasst. Hier greift das Stichtagsprinzip (31.12.) bzw. IAS 10, nach welchem Tatsachen nach dem Bilanzstichtag zumindest in der Bilanz unberücksichtigt bleiben.

2.2. Bilanzierungsgrundsätze

2.2.1 Überblick

Bilanzierungsgrundsätze treffen allgemeine Festlegungen oder Annahmen, die bei der Rechnungslegung beachtet werden sollen.

Im **HGB** stellen die sog. „Grundsätze ordnungsmäßiger Buchführung" (GoB) eine Rechtsquelle des Handelsrechts dar. Sie treten neben die ausdrücklich formulierten Gesetzestexte. Die GoB sind im deutschen Recht besonders wichtig, weil die etwa 40 Seiten Gesetzestext für viele praktische Detailprobleme noch ausgelegt werden müssen.

Das Handelsrecht verweist beispielsweise in § 243 I HGB auf die GoB, ohne eine Definition des Begriffs zu geben oder dessen Inhalt im Einzelnen festzulegen.

Der Jahresabschluss ist nach den Grundsätzen ordnungsmäßiger Buchführung aufzustellen.

Die GoB stellen daher einen sog. **unbestimmten Rechtsbegriff** dar.

Mehrere allgemein anerkannte GoB wie „Richtigkeit" oder „Willkürfreiheit" werden vom Gesetzestext des HGB nicht einmal dem Namen nach erwähnt. Andere GoB finden sich zumindest als Begriff im HGB:

- Klarheit und Übersichtlichkeit (§ 243 II HGB)
- Vollständigkeit („sämtliche" gemäß § 246 I S. 1 HGB)
- Vorsicht (§ 252 I Nr. 4 HGB)
- Unternehmensfortführung (§ 252 I Nr. 2 HGB)

Obwohl die **IFRS-Normen** inzwischen über 2000 Seiten umfassen, kommen sie auch nicht ohne Bilanzierungsgrundsätze aus. Sie finden sich insbesondere in IAS 1.25-46, sowie im RK.22-46.

Die Grundsätze nach IFRS und HGB sind sich logischerweise sehr ähnlich, weil auf der ganzen Welt im Prinzip die gleichen Wünsche an eine Rechnungslegung gestellt werden und dieselben Probleme auftreten.

Beispiel:

Die Adressaten der Abschlüsse möchten gerne aussagekräftige Informationen über die Unternehmenslage bekommen.
Bei unvermeidbaren Unsicherheiten soll die Situation im Zweifel lieber vorsichtig dargestellt werden.

Damit sind aber Konflikte zwischen manchen Grundsätzen vorprogrammiert. Eine vorsichtige Bewertung von Rückstellungen kann zu deutlich höheren Beträgen führen, als man im Durchschnitt für die Rückstellung erwartet.

Das Rahmenkonzept der IFRS RK.45 führt hierzu aus:

Abwägung der qualitativen Anforderungen an den Abschluss

45. In der Praxis ist häufig ein Abwägen der qualitativen Anforderungen notwendig. In der Regel wird eine angemessene Ausgewogenheit zwischen den Anforderungen angestrebt, damit die Zielsetzung des Abschlusses erreicht wird. Die relative Bedeutung der Anforderungen in den einzelnen Fällen ist eine Frage fachkundiger Beurteilung.

Unterschiede zwischen HGB und IFRS zeigen sich hauptsächlich in der relativen Bedeutung der Bilanzierungsgrundsätze, sowie in der ausdrücklichen Erläuterung der IFRS-Grundsätze in den Standards und im Rahmenkonzept.

Beispiel:

IFRS kennt das Vorsichtsprinzip wie das HGB. Es ist jedoch von weitaus geringerer Wichtigkeit.

Zu den Bilanzierungsgrundsätzen nach IFRS gehören:

- Periodenabgrenzung
- Stichtagsprinzip
- Unternehmensfortführung
- Verständlichkeit
- Relevanz, Wesentlichkeit und Abwägen von Kosten und Nutzen
- glaubwürdige Darstellung und den tatsächlichen Verhältnissen entsprechendes Bild
- Neutralität
- wirtschaftliche Betrachtungsweise
- Vorsicht
- Vollständigkeit und Saldierungsverbot
- Vergleichbarkeit und Stetigkeit
- Zeitnähe

2.2.2 Periodenabgrenzung

Der Grundsatz der Periodenabgrenzung besagt, dass nicht der Zeitpunkt der Zahlungen über die Entstehung von Gewinn und Verlust entscheidet, sondern die mit Hilfe der Bilanz aus Zahlungen abgeleiteten Aufwendungen und Erträge.

Beispiel:

Ein Kunde kauft im Dezember eine Ware für 2.000 EUR. Auch wenn er die Rechnung erst im Januar begleicht, sind beim Verkäufer die Umsatzerlöse und damit der Ertrag durch den Verkauf bereits im Dezember entstanden. Seine Bilanz am 31.12. weist eine Forderung aus Lieferungen und Leistungen auf. Wenn der Kunde im Januar zahlt, wird die Forderung ausgebucht und der Geldbetrag eingebucht. Der Zahlungsvorgang selbst ist erfolgsneutral.

Eine Gewinnermittlung durch Bilanzierung ist nicht selbstverständlich. Die steuerliche Einnahmen-Überschuss-Rechnung nach § 4 III EStG würde z.B. die Betriebseinnahmen erst mit der Zahlung des Kunden im Januar erfassen. Der steuerpflichtige Gewinn entsteht hier erst im Folgejahr.

Nach **HGB** sind Aufwendungen und Erträge des Geschäftsjahres unabhängig von den Zeitpunkten der Zahlung im Jahresabschluss zu berücksichtigen (§ 252 I Nr. 5 HGB).

Für **IFRS** wird der gleiche Grundsatz der Periodenabgrenzung durch IAS 1.27 f. und RK.22 sichergestellt.

Konzept der Periodenabgrenzung

27. Ein Unternehmen hat seinen Abschluss, mit Ausnahme der Kapitalflussrechnung, nach dem Konzept der Periodenabgrenzung aufzustellen.

28. Wird der Abschluss nach dem Konzept der Periodenabgrenzung erstellt, werden Posten als Vermögenswerte, Schulden, Eigenkapital, Erträge und Aufwendungen (die Bestandteile des Abschlusses) dann erfasst, wenn sie die im Rahmenkonzept für die betreffenden Elemente enthaltenen Definitionen und Erfassungskriterien erfüllen.

Im Rahmenkonzept RK 22 findet sich als nähere Erläuterung:

Periodenabgrenzung

22. Damit die Abschlüsse ihren Zielen gerecht werden, werden sie nach dem Konzept der Periodenabgrenzung aufgestellt. Gemäß diesem Konzept werden die Auswirkungen von Geschäftsvorfällen und anderen Ereignissen erfasst, wenn sie auftreten (und nicht wenn ein Zahlungsmittel oder ein Zahlungsmitteläquivalent eingeht oder bezahlt wird). Sie werden in der Periode in der Buchhaltung erfasst und im Abschluss der Periode ausgewiesen, der sie zuzurechnen sind. Abschlüsse, die nach dem Konzept der Periodenabgrenzung erstellt sind, bieten den Adressaten nicht nur Informationen über vergangene Geschäftsvorfälle einschließlich geleisteter und erhaltener Zahlungen, sondern sie informieren auch über künftige Zahlungsverpflichtungen, sowie Ressourcen, die in der Zukunft zu Zahlungsmittelzuflüssen führen. Somit liefern sie die Art von Informationen über zurückliegende Geschäftsvorfälle und andere Ereignisse, die für die Adressaten bei deren wirtschaftlichen Entscheidungen besonders nützlich sind.

Zu den erwähnten „Ressourcen, die in der Zukunft zu Zahlungsmittelzuflüssen führen", gehören beispielsweise die aktivierten Forderungen aus Lieferungen und Leistungen von 2.000 € an den Kunden.

Man spricht davon, dass die Gewinnermittlung durch „Accruals Accounting" erfolgt und nicht durch „Cash Accounting".

2.2.3 Stichtagsprinzip

Jahresabschlüsse sind auf das Ende des Wirtschaftsjahres aufzustellen, z.B. auf den 31.12. Die tatsächliche Arbeit der Abschlusserstellung kann aber erst später fertig abgeschlossen werden, z.B. am 23.3. des Folgejahres. Hierdurch ergeben sich Probleme, die mit Hilfe des Stichtagsprinzips gelöst werden.

Für Informationen zwischen dem 31.12. und dem 23.3. unterscheidet man nach HGB zwischen wertbeeinflussenden und wertaufhellenden Tatsachen.

Als **wertbeeinflussende Tatsachen** bezeichnet man Ereignisse, die erst nach dem Bilanzstichtag eintreten.

Beispiele:

Der Unfall eines betriebseigenen LKWs, der Brand einer Lagerhalle u.a. m..

Solche Tatsachen, bei denen die Ursachen nach dem Bilanzstichtag gesetzt sind, dürfen im Rahmen der Bilanzierung und Bewertung auf den 31.12. nicht berücksichtigt werden. Jedoch müssen Kapitalgesellschaften bei Ereignissen nach dem Bilanzstichtag in wesentlichen Fällen Angaben außerhalb der Bilanz machen. Für das Unternehmen bedeutsame Ereignisse sind gegebenenfalls im Lagebericht zu erwähnen (§ 289 II Nr. 1 HGB) oder noch nach dessen Aufstellung in der Haupt- bzw. Gesellschafterversammlung mündlich zu berichten.

Wertaufhellende Tatsachen, die am Stichtag bereits vorhanden sind, dem Bilanzierenden aber erst danach bekannt werden, **müssen** demgegenüber berücksichtigt werden (§ 252 I Nr. 4 HGB).

Beispiel:

Zum Bilanzstichtag bestehende zweifelhafte Forderungen, deren Notleiden erst nach dem Stichtag bekannt wird.

Auch IFRS kennt die gleiche Unterscheidung zwischen wertaufhellenden und wertbegründenden Tatsachen. Grundlage ist IAS 10 „Ereignisse nach dem Bilanzstichtag“.

Unter Definitionen heißt es in IAS 10.3:

Ereignisse nach dem Abschlussstichtag sind vorteilhafte oder nachteilige Ereignisse, die zwischen dem Bilanzstichtag und dem Tag eintreten, an dem der Abschluss zur Veröffentlichung freigegeben wird. Es wird dabei zwischen zwei Arten von Ereignissen unterschieden:

(a) Ereignisse, die weitere substanzielle Hinweise zu Gegebenheiten liefern, die bereits am Abschlussstichtag vorgelegen haben (berücksichtigungspflichtige Ereignisse nach dem Abschlussstichtag); und

(b) Ereignisse, die Gegebenheiten anzeigen, die nach dem Abschlussstichtag eingetreten sind (nicht zu berücksichtigende Ereignisse).

Den späteren wertbeeinflussenden Tatsachen nach HGB entsprechen somit den „nicht zu berücksichtigenden Ereignisse“ in der Sprache des IAS 10. Die wertaufhellenden Tatsachen nach HGB bezeichnet IAS 10 als „berücksichtigungspflichtige Ereignisse nach dem Abschlussstichtag“.

Beispiel:

Ereignisse, die im vorherigen Abschluss berücksichtigt werden müssen, können nach IAS 10.9 sein:

- die Beilegung eines gerichtlichen Verfahrens, weil dies belegt, dass schon am Bilanzstichtag eine ungewisse Verbindlichkeit bestand
- der Verkauf von Vorräten nach dem Bilanzstichtag zu gesunkenen Werten gegenüber den Anschaffungs- oder Herstellungskosten, wenn der Wert sich nach dem Stichtag nicht mehr verändert hat
- die Zahlung von erfolgsabhängigen Vergütungen an Arbeitnehmer

Keine Anpassung des Abschlusses erfolgt, wenn die Veränderungen erst nach dem Bilanzstichtag stattgefunden haben.

Beispiel:

Der Börsenkurs von Geldanlagen sinkt erst nach dem Bilanzstichtag (IAS 10.11).

Aber auch im Falle von Vorgängen nach dem Bilanzstichtag erkennt IFRS an, dass die Leser des Abschlusses über wichtige spätere Entwicklungen zumindest informiert werden sollten.

Mögliche solche Situationen sind:

- ein umfangreicher Unternehmenszusammenschluss
- der Verkauf einer großen Tochtergesellschaft
- große Brandschäden
- Ankündigung umfassender Restrukturierungsmaßnahmen
- ungewöhnlich hohe Wertveränderungen des Vermögens

IAS 10.21 besagt:

Nicht zu berücksichtigende Ereignisse nach dem Bilanzstichtag

Sind nicht zu berücksichtigende Ereignisse nach dem Abschlussstichtag wesentlich, könnte deren unterlassene Angabe die auf der Grundlage des Abschlusses getroffenen wirtschaftlichen Entscheidungen der Adressaten beeinflussen. Demzufolge hat ein Unternehmen folgende Informationen über jede bedeutende Art von nicht zu berücksichtigenden Ereignissen nach dem Bilanzstichtag anzugeben:

(a) die Art des Ereignisses; und

(b) eine Schätzung der finanziellen Auswirkungen oder eine Aussage darüber, dass eine solche Schätzung nicht vorgenommen werden kann.

Damit entspricht die Regelung nach IFRS im Prinzip der Vorschrift für den Lagebericht gemäß § 289 II Nr. 1 HGB. Jedoch verlangt IAS 10 ausdrücklich auch eine Angabe der monetären Konsequenzen.

2.2.4 Unternehmensfortführung

Das Prinzip der Bewertung unter der Annahme der Fortführung der Unternehmenstätigkeit wird häufig auch mit dem angelsächsischen Begriff des „Going-concern-Prinzip“ belegt. Es ist als Bilanzierungsprinzip allgemein anerkannt.

Man geht nach HGB davon aus, dass das Unternehmen fortgeführt wird, sofern dem nichts entgegen steht (§ 252 I Nr. 2 HGB). Widerlegungsgründe können z.B. sein

- eine geplante freiwillige Liquidation
- der wirtschaftliche Zwang zur Liquidation
- eine (unfreiwillige) Insolvenz
- auslaufende staatliche Genehmigungen, ohne die das Geschäft nicht weiter betrieben werden darf

Nach IFRS gilt grundsätzlich nichts anderes. IAS 1.25-26 besagt:

Unternehmensfortführung

25. Bei der Aufstellung eines Abschlusses hat das Management die Fähigkeit des Unternehmens, den Geschäftsbetrieb fortzuführen, einzuschätzen. Ein Abschluss ist solange auf der Grundlage der Annahme der Unternehmensfortführung aufzustellen, bis das Management entweder beabsichtigt, das Unternehmen aufzulösen oder das Geschäft einzustellen oder keine realistische Alternative mehr hat, als so zu handeln. Wenn dem Management bei seiner Einschätzung wesentliche Unsicherheiten in Verbindung mit Ereignissen und Bedingungen bekannt sind, die erhebliche Zweifel an der Fortführungsfähigkeit des Unternehmens aufwerfen, sind diese Unsicherheiten anzugeben. Wird der Abschluss nicht auf der Grundlage der Annahme der Unternehmensfortführung aufgestellt, ist diese Tatsache gemeinsam mit den Grundlagen, auf denen der Abschluss basiert, und dem Grund, warum von einer Fortführung des Unternehmens nicht ausgegangen wird, anzugeben.

26. Bei der Einschätzung, ob die Annahme der Unternehmensfortführung angemessen ist, zieht das Management sämtliche verfügbaren Informationen über die Zukunft in Betracht, die mindestens zwölf Monate nach dem Abschlussstichtag umfasst, aber nicht auf diesen Zeitraum beschränkt ist. Der Umfang der Berücksichtigung ist von den Gegebenheiten jedes einzelnen Sachverhalts abhängig. Verfügte ein Unternehmen in der Vergangenheit über einen rentablen Geschäftsbetrieb und hat es schnellen Zugriff auf Finanzquellen, kann es ohne eine detaillierte Analyse die Schlussfolgerung ziehen, dass die Annahme der Unternehmensfortführung als Grundlage der Rechnungslegung angemessen ist. In anderen Fällen wird das Management zahlreiche Faktoren im Zusammenhang mit der derzeitigen und künftigen Rentabilität, Schuldentilgungsplänen und potenziellen Refinanzierungsquellen in Betracht ziehen müssen, bevor es selbst überzeugt ist, dass die Annahme der Unternehmensfortführung angemessen ist.

Fazit:

Generell geht man zuerst einmal von der Fortführung aus. Dies gilt insbesondere bei gewinnbringenden Unternehmen ohne Finanzierungsprobleme.

Die aus dem Handelsrecht bekannten Widerlegungsgründe gelten gleichermaßen für die IFRS. Dabei ist ein Prognosehorizont von mindestens einem Jahr anzuwenden. Dies entspricht der Zeitspanne bis zum Ende des kommenden Geschäftsjahres.

Ähnliche Aussagen enthalten IAS 10.14-16 und RK.23.

Folgen bei fehlender Fortführung

Solange das Going-concern-Prinzip gilt, sind die Vermögensgegenstände primär zu ihren Anschaffungs- oder Herstellungskosten anzusetzen. Im Falle abnutzbarer Vermögensgegenstände werden planmäßige Abschreibungen entsprechend der voraussichtlichen Nutzungsdauer berücksichtigt (sog. fortgeführte Anschaffungs- oder Herstellungskosten).

Wenn die Going-concern-Annahme nicht mehr zutrifft und eine Einzelveräußerung oder Gesamtliquidation unmittelbar bevorsteht, sind hingegen die Veräußerungs- oder Liquidationswerte anzusetzen. IAS 10.15 führt dazu aus:

> 15. ... Ist die Annahme der Unternehmensfortführung nicht länger angemessen, wirkt sich dies so entscheidend aus, dass dieser Standard eine fundamentale Änderung der grundlegenden Rechnungslegungsprämisse fordert und nicht nur die Anpassung der im Rahmen der ursprünglich unterstellten Prämisse der Rechnungslegung erfassten Beträge.

2.2.5 Verständlichkeit

Nach § 243 II HGB gilt, dass der Jahresabschluss klar und übersichtlich sein muss. Klarheit und Übersichtlichkeit bezwecken, dass der Bilanzleser die enthaltenen Informationen leicht erfassen und gut verstehen kann.

Allerdings ist es nicht in jedem Fall möglich, alles einfach auszudrücken. Häufig sind betriebswirtschaftliche Sachverhalte sehr komplex. Für einen wirtschaftlichen Laien sind sie nur schwer zu verstehen.

Beispiel:

Die Automobil AG zahlt ihren Vorständen und leitenden Angestellten neben dem Festgehalt auch Vergütungen, die vom Erfolg abhängen. Hierbei handelt es sich teilweise um umsatz- oder gewinnabhängige Prämien. Manchen Führungskräften wurden auch Aktienoptionen eingeräumt. Deren Ausübung hängt von verschiedenen Bedingungen und Fristen ab.

Für den Fall eines Konflikts zwischen komplexer Realität und Verständlichkeit besagt RK.25 der internationalen Rechnungslegung:

Verständlichkeit

25. Es ist für die Qualität der im Abschluss erteilten Informationen wesentlich, dass diese für die Adressaten leicht verständlich sind. Zu diesem Zweck wird bei den Adressaten vorausgesetzt, dass sie eine angemessene Kenntnis geschäftlicher und wirtschaftlicher Tätigkeiten und der Rechnungslegung sowie die Bereitschaft besitzen, die Informationen mit entsprechender Sorgfalt zu lesen. Informationen zu komplexen Themen, die auf Grund ihrer Relevanz für wirtschaftliche Entscheidungen der Adressaten im Abschluss enthalten sein müssen, dürfen jedoch nicht allein deswegen weggelassen werden, weil sie für bestimmte Adressaten zu schwer verständlich sein könnten.

Verständlichkeit bei der IFRS-Rechnungslegung ist also ebenfalls nur relativ zu sehen. Man setzt einen fachlich vorgebildeten und motivierten Leser voraus. Außerdem müssen wichtige Sachverhalte in den Abschluss aufgenommen werden, auch wenn sie der Sache nach schwierig zu verstehen sind.

2.2.6 Relevanz, Wesentlichkeit, Abwägen von Kosten und Nutzen

Die Regeln der Rechnungslegung sind kein Selbstzweck. Sie dienen nach HGB der Zahlungsbemessung sowie nach HGB und IFRS der Information von Aktionären, Kreditgebern usw. über die Situation des Unternehmens.

Eine sinnvolle Rechnungslegung wägt den Nutzen für die Empfänger gegen die Kosten für das Unternehmen ab.

Auf Angaben in der Rechnungslegung kann ohne Einbußen verzichtet werden, wenn es sich um unwesentliche Dinge - „Kleinkram" - handelt.

Beispiel:

Die Versicherungsprämien für die Haftpflichtversicherung eines Firmenwagens beziehen sich auf das Kalenderjahr 1.1. bis 31.12. Die Firma weist jedoch ein abweichendes Wirtschaftsjahr vom 1.12. bis 30.11 auf. Vor der Versicherungszahlung am 2.1 in Höhe von 1200 EUR beziehen sich nur 1100 EUR auf diesen Zeitraum. 100 EUR wurden bereits im Vorjahr bezahlt. Eigentlich müsste jährlich ein aktiver Rechnungsabgrenzungsposten von 100 gebildet und wieder aufgelöst werden. Es handelt sich aber um einen unwesentlichen Betrag, der sich zudem jährlich wiederholt.

Verzichtbar sind auch Angaben, die aus Sicht des Bilanzlesers uninteressant sind, weil sie seine Entscheidungen nicht verändern würden. In der Praxis weiß man das natürlich nie mit Sicherheit, weil die zu treffenden Entscheidungen und die Ziele sehr verschieden sein können. Man muss also von einem fiktiven, typischen Leser des Abschlusses ausgehen.

Beispiel:

Der Gewinn der „Licht im Auto" AG ist im vergangenen Jahr gestiegen. Grund hierfür waren Veräußerungsgewinne beim Ersatz von Produktionsanlagen. Die alten Anlagen waren bereits bis auf den Erinnerungswert abgeschrieben, konnten aber noch zu einem guten Preis verkauft werden. Würde die Kenntnis dieser Tatsache die Kauf- oder Verkaufsentscheidungen von Aktionären verändern? Eine eindeutige Antwort hierauf ist nicht möglich.

Der Wesentlichkeitsgrundsatz wird nicht ausdrücklich im Text des HGB erwähnt.

- Beispielsweise sind aber nach § 252 II HGB begründete Abweichungen von den Bewertungsgrundsätzen möglich. Kostenersparnisse und nur geringe Informationseinbußen bei Kleinbeträgen können ein Grund sein.
- Auch ohne explizite Kodifizierung stellt „Wesentlichkeit" einen anerkannten GoB (§ 243 I HGB) dar. Er gilt generell, nicht nur für die Bewertung.

IAS 1.30 und 8.5 definieren Wesentlichkeit folgendermaßen:

Wesentlich:

Auslassungen oder fehlerhafte Darstellungen von Posten sind wesentlich, wenn sie einzeln oder insgesamt die auf der Basis des Abschlusses getroffenen wirtschaftlichen Entscheidungen der Adressaten beeinflussen könnten. ...

Eine exakte Quantifizierung nehmen IFRS genauso wenig wie das HGB vor. In der Praxis spielt die relative Größe im Verhältnis zur Bilanzsumme, zum Eigenkapital, zu den Umsatzerlösen und insbesondere zum Jahresgewinn eine Rolle.

Bis 2002 enthielten alle IAS in der Einleitung den Hinweis, dass „International Accounting Standards“ nicht auf unwesentliche Sachverhalte angewendet werden brauchen. Heute besagt IAS 8.8 generell:

Die IFRS legen Bilanzierungs- und Bewertungsmethoden fest ... . Diese Methoden müssen nicht angewandt werden, wenn die Auswirkung ihrer Anwendung unwesentlich ist. ...

Daneben sprechen viele Einzelvorschriften der IFRS den Wesentlichkeitsgrundsatz oder die Frage der Relevanz ausdrücklich an.

Beispiel:

- IAS 1.29: gesonderte Darstellung aller wesentlichen Bilanzposten und GuV-Posten, unwesentliche Posten können zusammengefasst werden
- IAS 1.55: zusätzliche Bilanzposten bei Relevanz
- IAS 1.85: zusätzliche GuV-Posten bei Relevanz
- IAS 2.14: Herstellungskosten bei Kuppelproduktion
- IAS 8.16 (b): erstmalige Geschäftsvorfälle
- IAS 8.41: Fehler
- IAS 10.21: Ereignisse nach dem Bilanzstichtag
- IAS 16.53: Restwert und Abschreibungsvolumen
- IAS 17.8: Finanzierungsleasing

- IAS 36.15: Durchführung eines Niederstwerttests
- IAS 37.46: Abzinsung von Rückstellungen

Das IFRS-Rahmenkonzept enthält zu Relevanz (RK.26), Wesentlichkeit (RK.29 f.) und Abwägung von Nutzen und Kosten (RK.44) nähere Erläuterungen.

Relevanz

26. Um nützlich zu sein, müssen die Informationen für die wirtschaftlichen Entscheidungen der Adressaten relevant sein. Informationen gelten dann als relevant, wenn sie die wirtschaftlichen Entscheidungen der Adressaten beeinflussen, indem sie ihnen bei der Beurteilung vergangener, derzeitiger oder zukünftiger Ereignisse helfen oder ihre Beurteilungen aus der Vergangenheit bestätigen oder korrigieren.

Wesentlichkeit

29. Die Relevanz einer Information wird durch ihre Art und Wesentlichkeit bedingt. In einigen Fällen reicht allein die Art der Information für die Bestimmung ihrer Relevanz aus. So kann beispielsweise die Berichterstattung über ein neues Segment die Beurteilung der Risiken und Chancen für das Unternehmen beeinflussen, und zwar unabhängig von der Wesentlichkeit der vom neuen Segment in der Berichtsperiode erzielten Ergebnisse. In anderen Fällen sind sowohl Art als auch Wesentlichkeit von Bedeutung, beispielsweise bei Vorräten in jeder der Hauptkategorien, die für das Geschäft angemessen sind.

30. Informationen sind wesentlich, wenn ihr Weglassen oder ihre fehlerhafte Darstellung die auf der Basis des Abschlusses getroffenen wirtschaftlichen Entscheidungen der Adressaten beeinflussen könnten. Die Wesentlichkeit ist von der Größe des Postens oder des Fehlers abhängig, die sich nach den besonderen Umständen des Weglassens oder der fehlerhaften Darstellung ergibt. Somit ist die Wesentlichkeit eher eine Schwelle oder ein Grenzwert und weniger eine primäre qualitative Anforderung, die eine Information haben muss, um nützlich zu sein.

Abwägung von Nutzen und Kosten

44. Die Abwägung von Nutzen und Kosten ist weniger eine qualitative Anforderung als vielmehr ein vorherrschender Sachzwang. Der aus einer Information abzuleitende Nutzen muss höher sein als die Kosten für die Bereitstellung der Information. Die Abschätzung von Nutzen und Kosten ist jedoch im Wesentlichen eine Ermessensfrage. Darüber hinaus sind die Kosten nicht notwendigerweise von den Adressaten zu tragen, die in den Genuss des Nutzens kommen. Nutzen kann auch anderen zugute kommen als den Adressaten, für die die Informationen bereitgestellt werden. Beispielsweise kann die Bereitstellung zusätzlicher Informationen für Kreditgeber die Fremdkapitalkosten eines Unternehmens senken. Aus diesen Gründen ist es schwierig, in jedem besonderen Fall einen Kosten-Nutzen-Test durchzuführen. Dennoch müssen die Standardsetter und die Personen, die die Abschlüsse aufstellen, sowie deren Adressaten sich dieses Sachzwanges bewusst sein.

2.2.7 Tatsächlichen Verhältnissen entsprechendes Bild und glaubwürdige Darstellung

Das HGB und die IFRS enthalten beide eine sog. Generalnorm:

- Nach § 264 II HGB muss der Jahresabschluss einer Kapitalgesellschaft unter Beachtung der Grundsätze ordnungsmäßiger Buchführung ein den **tatsächlichen Verhältnissen entsprechendes Bild der Vermögens-, Finanz- und Ertragslage** der Gesellschaft vermitteln.
- Auch IAS 1.15 fordert, dass die Abschlüsse die **Vermögens-, Finanz- und Ertragslage sowie die Cashflows** eines Unternehmens **den tatsächlichen Verhältnissen entsprechend** darzustellen haben.

Diese Vorschriften verlangen im Prinzip das Gleiche.

Normalerweise sorgen die Einzelvorschriften des HGB bzw. der IFRS dafür, dass der Jahresabschluss des Unternehmens die tatsächlichen Verhältnisse des Unternehmens wiedergibt.

Denkbar sind jedoch besondere Situationen, in denen die buchstabengetreue Befolgung des Gesetzes bzw. der Standards zu Ergebnissen führt, die den Bilanzleser möglicherweise irreführen. Solche besonderen Umstände (§ 264 II S. 2 1. Halbsatz HGB) dürften jedoch nach IFRS eine extrem seltene Ausnahme sein (IAS 1.19).

Beispiel:

Ein Großanlagenbauer bilanziert nach HGB. Die Gewinnrealisation erfolgt erst bei Fertigstellung und Abnahme durch den Kunden. Wenn die Baufirma nur wenige Großaufträge bearbeitet, kann es zu starken Sprüngen im Gewinnausweis kommen. Dies erschwert die Beurteilung der wirtschaftlichen Lage des Unternehmens. Nach IFRS würde schon während der Bauzeit ein Teil des voraussichtlichen Gesamtauftragsgewinns ausgewiesen.

Was geschieht nun, wenn eine Ausnahmesituation vorliegt, in der die wörtliche Befolgung der einzelnen Bilanzierungsregeln irreführend wäre. Im Prinzip sind 2 Alternativen möglich:

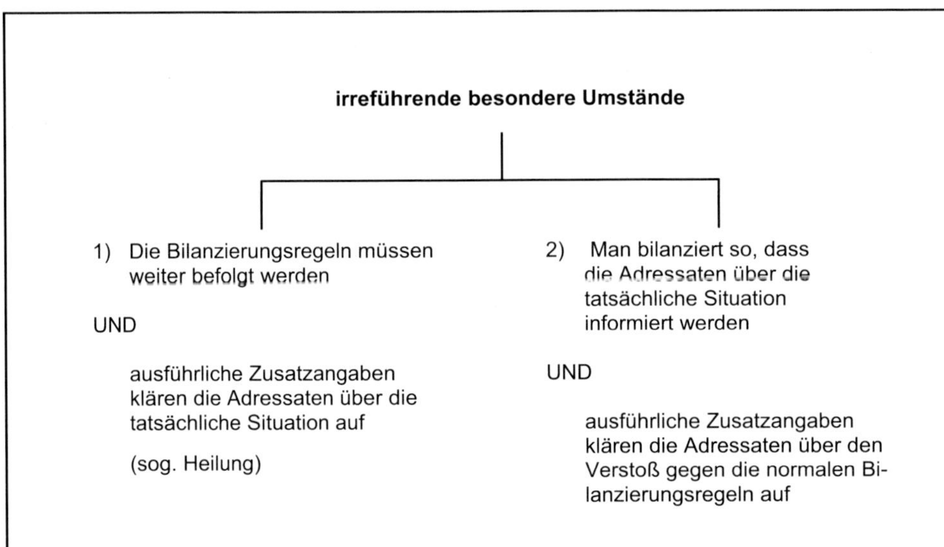

Abbildung 9: Bilanzierungsmöglichkeiten in Ausnahmesituationen

zu 1): Nach HGB kommt die erste Methode zum Tragen. Es bleibt immer bei der Befolgung der ausdrücklichen, einzelnen Bilanzierungsregeln. Nach § 264 II S. 2 HGB sind im

Anhang zusätzliche Angaben zu machen. Diese können über die wahren Umstände aufklären.

Beispiel:

Der Großanlagenbauer informiert im Anhang, dass ein Großauftrag kurz vor der Fertigstellung steht. Die Bauleistung wurde schon zu 95% erbracht. Der insgesamt erwartete Auftragsgewinn beläuft sich auf 100 Mio. €.

zu 2): IFRS folgt hingegen grundsätzlich der zweiten Methode:

Bei Nichterfüllung der Generalnorm wird vom Standard abgewichen. Die Generalnorm stellt ein sog. „overriding principle“ dar.

IAS 1.19 lautet:

In den äußerst seltenen Fällen, in denen das Management zu dem Ergebnis gelangt, dass die Einhaltung einer in einem IFRS enthaltenen Anforderung so irreführend wäre, dass sie zu einem Konflikt mit dem im Rahmenkonzept dargestellten Zweck führen würde, hat ein Unternehmen von dieser Anforderung ... abzuweichen, sofern die geltenden gesetzlichen Rahmenbedingungen eine solche Abweichung erfordern oder ansonsten nicht untersagen.

Zur neuen Bilanzierung sind allerdings umfangreiche Informationen zu geben. IAS 1.20 verlangt folgende Angaben:

- die Zusicherung des Managements, dass der Abschluss ein den tatsächlichen Verhältnissen entsprechendes Bild vermittelt
- die Versicherung, dass die Standards bis auf die spezifizierte Ausnahme eingehalten wurden
- zur Ausnahme die Bezeichnung des nicht befolgten Standards, die Art der nicht befolgten Bilanzierung, die Gründe für die Abweichung, die ersatzweise angewandte Bilanzierungsweise
- die monetären Auswirkungen der Abweichung auf alle betroffenen Abschlusspositionen

Ausnahmsweise kennt auch IFRS die erste Möglichkeit, die dem HGB entspricht. Sie darf aber nur dann angewandt werden, wenn aus rechtlichen Gründen - beispielsweise durch das Gesellschaftsrecht eines Landes - ein Abweichen von den Standards verboten ist (IAS 1.23).

Der Grundsatz einer den tatsächlichen Verhältnissen entsprechendes Bildes wird zusätzlich in RK.46 beschrieben. Das IFRS-Rahmenkonzept kennt ergänzend noch das Prinzip der glaubwürdigen Darstellung.

RK.33 lautet:

Glaubwürdige Darstellung

33. Um verlässlich zu sein, müssen Informationen die Geschäftsvorfälle und andere Ereignisse glaubwürdig darstellen, die sie zum Inhalt haben oder die sie entweder vorgeben darzustellen oder von denen vernünftigerweise erwartet werden kann, dass sie sie darstellen. ...

Abschlusspositionen dürfen also keinen anderen Inhalt besitzen, als man normalerweise von dieser Position erwartet. Etwas anderes wäre auch nach HGB mit den GoB der „Bilanzwahrheit" und „Bilanzklarheit" unvereinbar.

2.2.8 Neutralität

Die Geschäftsleitung von Unternehmen hat häufig Eigeninteressen. Sie können den Interessen der Aktionäre und anderer Abschlussadressaten zuwider laufen.

Beispiel:

Der Vorstand der Hoch- und Tiefbau AG weiß, dass im aktuellen Geschäftsjahr der Gewinn stark einbrechen wird. Ursachen sind die nachlassende private und öffentliche Bautätigkeit sowie gefallene Preise im Baugeschäft.

Allerdings erhält der Vorstand Tantiemen, die vom Jahresüberschuss abhängen. Ihm wäre deshalb daran gelegen, einen höheren Gewinn auszuweisen, selbst wenn dies bedeutet, dass die Hoch- und Tiefbau AG dann mehr Gewerbe- und Körperschaftsteuer zahlen muss.

Eine direkte Bilanzfälschung wäre rechtswidrig. Der Vorstand würde sich strafbar machen und er wäre auch gegenüber der Gesellschaft schadensersatzpflichtig (§ 93 AktG).

Es gibt jedoch auch Möglichkeiten der Bilanzpolitik mit legalen Maßnahmen. Hierzu zählen beispielsweise die Ausübung von Ansatz-, Bewertungs-, Methoden- und Ausweiswahlrechten. Außerdem gibt es an vielen Stellen die Notwendigkeit von Schätzungen.

Beispiel:

Der Vorstand schätzt bei neuen Sachanlagen die voraussichtliche betriebsgewöhnliche Nutzungsdauer mit 10 Jahren ein. Das liegt am oberen Rand dessen, was aufgrund bisheriger Erwartungen vertretbar ist (6 bis 10 Jahre). Die jährliche planmäßige Abschreibung wird damit möglichst gering.

Im deutschen **Handelsbilanzrecht** wird die Ausnutzung legaler bilanzpolitischer Spielräume im Prinzip anerkannt. Grenzen setzen allerdings die Grundsätze ordnungsmäßiger Buchführung. Das „Willkürverbot“ gilt als ungeschriebener GoB. Es verbietet einen sachlich grundlosen Wechsel von Wahlrechten. Ebenso bildet der Grundsatz der „Bilanzwahrheit“ eine Grenze für die Ermessensausübung.

Die Rechnungslegung nach **IFRS** geht mit der Forderung nach „Neutralität“ im RK.36 noch weiter:

Neutralität

36. Damit die im Abschluss enthaltenen Informationen verlässlich sind, müssen sie neutral, also frei von verzerrenden Einflüssen sein. Abschlüsse sind nicht neutral, wenn sie durch Auswahl oder Darstellung der Informationen eine Entscheidung oder Beurteilung beeinflussen, um so ein vorher festgelegtes Resultat oder Ergebnis zu erzielen.

Streng genommen verbietet RK.36 damit jede Bilanzpolitik, mit der die Entscheidungen von Aktionären, Kreditgebern und anderen Bilanzlesern beeinflusst werden soll. Die Erfahrungen in der Praxis zeigen jedoch, dass eine solche Forderung äußert blauäugig ist. Selbstverständlich werden auch die Geschäftsführer von IFRS-Unternehmen Bilanzpolitik betreiben.

Die Forderung nach Neutralität im Sinne von „frei von verzerrenden Einflüssen“ findet sich auch in IAS 8.10(b) (iii).

IAS 8.8 verbietet zusätzlich, dass der Wesentlichkeitsgrundsatz bewusst missbraucht wird. Vereinfachungen der Bilanzierungs- und Bewertungsmethoden dürfen z.B. nicht mit dem Ziel erfolgen, dadurch die Ertragslage des Unternehmens zu schönen.

8. ... Es ist jedoch nicht angemessen, unwesentliche Abweichungen von den IFRS vorzunehmen oder unberichtigt zu lassen, um eine bestimmte Darstellung der Vermögens-, Finanz- und Ertragslage oder Cashflows eines Unternehmens zu erzielen.

Insgesamt stellt der IFRS-Grundsatz der Neutralität eher einen zahnlosen Papiertiger dar.

2.2.9 Wirtschaftliche Betrachtungsweise

Der Grundsatz der wirtschaftlichen Betrachtungsweise besagt, dass nicht die äußere juristische Form, sondern der tatsächliche wirtschaftliche Gehalt entscheidend für die bilanzielle Behandlung ist. Dies ist z.B. bei Eigentumsvorbehalt, Sicherungsübereignung, unechtem Factoring und bestimmten Leasingverhältnissen der Fall. Auf Englisch bezeichnet man ihn als „substance over form“.

Der Grundsatz der wirtschaftlichen Betrachtungsweise ist in § 246 I S. 2 2. Halbsatz HGB enthalten:

Ist ein Vermögensgegenstand nicht dem Eigentümer, sondern einem anderen wirtschaftlich zuzurechnen, hat dieser ihn in seiner Bilanz auszuweisen.

Der Grundsatz findet sich ebenfalls in RK.35 und ähnlich in RK.51:

Wirtschaftliche Betrachtungsweise

35. Wenn die Informationen die Geschäftsvorfälle ... glaubwürdig darstellen sollen, müssen sie gemäß ihrem tatsächlichen wirtschaftlichen Gehalt und nicht allein gemäß der rechtlichen Gestaltung bilanziert und dargestellt werden. ...

Nach RK.57 ist zur Aktivierung eines Vermögenswerts durch das Unternehmen kein juristisches Eigentum zwingend.

2.2.10 Vorsicht

Sowohl HGB als auch IFRS kennen das Vorsichtsprinzip.

Grundlage der Vorsicht ist folgende Idee:

In einer unsicheren Welt ist es besser, wenn man vom pessimistischen Fall ausgeht und später positiv überrascht wird, als wenn man zu optimistisch rechnet und später die geweckten Erwartungen nach unten korrigieren muss. (Das Sicherheitsäquivalent einer unsicheren Ergebnisverteilung liegt bei risikoscheuen Investoren unterhalb des mathematischen Erwartungswerts.)

Für das HGB spielt zusätzlich noch der Gläubigerschutz eine Rolle. Der Gewinn soll nicht zu hoch ausgewiesen werden, damit den Gläubigern nicht ein geringes Vermögen als Sicherheit für ihre Forderungen zur Verfügung steht.

Das Vorsichtsprinzip wird bei der Rechnungslegung an drei Stellen angewandt:

- bei Ermessens- und Schätzspielräumen
- im Zeitpunkt des Entstehens von Gewinn und Verlust
- im Ansatz

Vorsichtsprinzip bei Ermessens- und Schätzspielräumen

Das allgemeine Vorsichtsprinzip sieht vor, dass bei Ermessens- und Schätzfragen im Zweifel ein vorsichtiger Wert zu wählen ist.

Beispiel:

Aktiva, wie schwer verkäufliche „Ladenhüter", sollten eher mit einem niedrig geschätzten Tageswert bewertet werden.

Passiva, wie eine Rückstellung für Schadensersatz, sind eher mit einem höheren Betrag zu bewerten.

Das HGB betont das Vorsichtsprinzip (§ 252 I Nr.4 HGB). Es stellt allerdings trotzdem keinen Freibrief für eine grenzenlose und willkürliche Bildung stiller Reserven dar.

Der Stellenwert des Vorsichtsprinzips bei Schätzungen ist nach IFRS deutlich geringer. RK.37 führt hierzu aus:

Vorsicht

37. ... Vorsicht bedeutet, dass ein gewisses Maß an Sorgfalt bei der Ermessensausübung, die für die erforderlichen Schätzungen unter ungewissen Umständen erforderlich ist, einbezogen wird, so dass Vermögenswerte oder Erträge nicht zu hoch und Schulden oder Aufwendungen nicht zu niedrig angesetzt werden. Allerdings gestattet eine vorsichtige Vorgehensweise beispielsweise nicht, stille Reserven zu legen oder Rückstellungen überzubewerten, den bewusst zu niedrigen Ansatz von Vermögenswerten oder Erträgen oder den bewusst zu hohen Ansatz von Schulden oder Aufwendungen, da der Abschluss dann nicht neutral wäre...

Im Konfliktfall zwischen Vorsicht und Realitätstreue entscheidet sich IFRS somit für eine realistische Darstellung. Das absichtliche Bilden stiller Rücklagen wird verboten.

Zeitpunkt des Entstehens von Gewinn und Verlust

HGB und IFRS unterscheiden sich bei der Frage, wann Wertveränderungen an Vermögenswerten zu Gewinnen oder Verlusten führen.

Beispiel:

Ein unbebautes Grundstück wurde 1990 für 10 Mio. EUR gekauft.

(1) Der Verkehrswert beträgt heute 30 Mio. EUR.

(2) Der Verkehrswert beträgt heute und in der absehbaren Zukunft 4 Mio. EUR.

Das **HGB** behandelt Wertänderungen in der Regel strikt asymmetrisch. Man bezeichnet dies auch als „imparitätisch“:

- Wertsteigerungen am Vermögen wirken sich i.d.R. heute noch nicht aus (§ 253 I S. 1 HGB). Zu einem Gewinn kommt es erst bei der „Realisation“ im Verkaufsfall. Im Fall

(1) bleibt es weiterhin mit den Anschaffungskosten von 10 Mio. EUR bilanziert. Es gibt keinen Gewinn.

- Wertrückgänge am Vermögen werden hingegen als Aufwand/Verlust verbucht, sobald man sie erkennt (§ 253 III, IV HGB). Der Verlust entsteht sofort. Ein späterer Verkaufsverlust wird somit antizipiert. Die Bewertung beträgt 4 Mio. EUR. Aufgrund der außerplanmäßigen Abschreibung entsteht im Fall 2) ein Verlust von 6 Mio. EUR.

IFRS kennt hingegen keine einheitliche Regelung:

- Den Wertrückgang auf 4 Mio. EUR im Fall (2) behandelt man prinzipiell wie im HGB (IAS 16.30, IAS 16.63, IAS 36.59).
- Manche Wertsteigerungen im Fall (1) bleiben wie nach HGB vorläufig ohne Wirkung.

Beispiel:

Das Grundstück kann nach dem Anschaffungskostenmodell bis zum Verkauf mit seinen Anschaffungskosten bewertet bleiben (IAS 16.29-30).

- Möglich ist im Fall (1) ebenso eine erfolgsneutrale Neubewertung nach dem sog. Neubewertungsmodell (IAS 16.29, IAS 16.31).

Beispiel:

Das Grundstück wird in der Bilanz mit 30 Mio. EUR bewertet. Es entsteht hierdurch aber kein Gewinn! Auf der Passivseite bildet man zum Ausgleich der Wertsteigerung eine sog. Neubewertungsrücklage von 20 Mio. EUR (IAS 16.39).

- Würde es sich bei dem Grundstück um eine Büroimmobilie handeln, die fremdvermietet ist und als Geldanlage dient, so greift IAS 40. Eine erfolgswirksame Marktbewertung ist zulässig.

Beispiel:

Nach dem „Modell des beizulegenden Zeitwerts“ wird das Grundstück im Fall (1) in der Bilanz mit 30 Mio. EUR bewertet. Die Werterhöhung stellt bereits heute einen Gewinn in der GuV dar (IAS 40.33, 40.35). Der Gewinn erhöht anschließend das bilanzielle Eigenkapital.

Vorsichtsprinzip im Ansatz

Das HGB kannte bisher aus Vorsichtsgründen ein striktes Bilanzierungsverbot für selbst erstellte immaterielle Vermögensgegenstände des Anlagevermögens. Ab dem 01.01.2010 besteht nur noch das Verbot für den Ansatz der Forschungskosten. Zuverlässig ermittelbare Entwicklungskosten **können** mit den Herstellungskosten in der Bilanz angesetzt werden. Können Forschung und Entwicklung nicht verlässlich voneinander unterschieden werden, dürfen auch die Entwicklungskosten nicht aktiviert werden (§§ 248 II; 255 II, IIa HGB).

Für bestimmte selbst geschaffene immaterielle Werte besteht ein generelles Bilanzierungsverbot. Hierzu zählen u.a. (§ 248 II HGB):

- Markennamen
- Verlagsrechte
- Kundenlisten

Beispiel:

Die Kosten eines selbst erstellten Patents für eine technische Entwicklung dürfen aktiviert werden. Die Kosten für selbst geschaffene Kundenlisten sind Aufwand und dürfen nicht aktiviert werden.

Die internationalen Rechnungslegungsstandards umfassen in IAS 38 differenzierte Regeln. Für bestimmte selbst erzeugte immaterielle Werte existiert ähnlich wie in HGB ein generelles Bilanzierungsverbot (IAS 38.48, 38.54, 38.63).

Entwicklungsaufwendungen müssen hingegen aktiviert werden, wenn die in IAS 38.57 genannten Kriterien kumulativ erfüllt sind.

2.2.11 Vollständigkeit, Saldierungsverbot und Einzelbewertung

HGB

§ 246 I S.1 HGB besagt:

Der Jahresabschluss hat sämtliche Vermögensgegenstände, Schulden, Rechnungsabgrenzungsposten, Aufwendungen und Erträge zu enthalten, soweit gesetzlich nichts anderes bestimmt ist.

§ 246 II S. 1 HGB führt aus:

Posten der Aktivseite dürfen nicht mit Posten der Passivseite, Aufwendungen nicht mit Erträgen, ... verrechnet werden.

Nach dem HGB gelten also hinsichtlich des Bilanzansatzes die Grundsätze der Vollständigkeit und des Saldierungsverbots. Für das Saldierungsverbot besteht allerdings eine Ausnahme bezüglich Pensionsverpflichtungen. Hier ist es Pflicht die Leistungsverpflichtungen mit dem Planvermögen, das dem Zugriff aller übrigen Gläubiger entzogen ist (insolvenzfeste Vermögensgegenstände), zu verrechnen (§ 246 II S. 2-3 HGB).

Zusätzlich legt das Prinzip der Einzelbewertung fest, dass die einzeln erfassten Vermögensgegenstände und Schulden auch grundsätzlich einzeln zu bewerten sind (§ 252 I Nr. 3 HGB). Dies bedeutet, dass z.B. ein Vorratslager nicht als Ganzes bewertet werden darf, sondern dass die einzelnen Vorratsgegenstände für sich getrennt zu erfassen und zu bewerten sind. Von der Einzelbewertung gibt es aber zahlreiche Ausnahmen, wie z. B: die Fest- oder Gruppenbewertung oder bestimmte Verbrauchsfolgeverfahren (§ 240 III, IV HGB). Auch eine Bildung von Bewertungseinheiten bei der Bilanzierung von Sicherungsgeschäften unter der Voraussetzung des § 254 HGB durchbricht den Grundsatz der Einzelbewertung.

IFRS

Die IFRS unterscheiden sich beim Grundsatz der Vollständigkeit und dem Saldierungsverbot nicht vom HGB. RK.38 hält fest:

Vollständigkeit

38. Damit die im Abschluss enthaltenen Informationen verlässlich sind, müssen sie in den Grenzen von Wesentlichkeit und Kosten vollständig sein. ...

Gemäß RK.82 sind alle Sachverhalte, die die Kriterien für die Erfassung erfüllen, in die Bilanz bzw. Gewinn- und Verlustrechnung aufzunehmen.

IAS 1.32 schreibt vor:

Saldierung von Posten

Ein Unternehmen darf Vermögenswerte und Schulden sowie Erträge und Aufwendungen nicht miteinander saldieren, sofern nicht die Saldierung von einem IFRS vorgeschrieben oder gestattet wird.

Nach IFRS lässt sich der **Grundsatz der Einzelbewertung** aus dem Rahmenkonzept und einzelnen Standards (z.B. IAS 2.23) ableiten. Im Bereich der Vorratsbewertung, der Forderungsbewertung sowie der Bewertung von Erwartungswerten bei Rückstellungen sind auch hier aus Vereinfachungsgründen Abweichungen von der Einzelbewertung zulässig.

2.2.12 Vergleichbarkeit, Stetigkeit

Aus Sicht der Adressaten wie Banken oder Aktionären ist es wünschenswert, dass der aktuelle Abschluss des Unternehmens leicht mit den früheren Abschlusszahlen verglichen werden kann. Dies formulieren auch RK.39, RK.40 und IAS 1.38. Ebenso sind aus Gründen der Vergleichbarkeit nach § 265 II HGB in der Bilanz und GuV die Beträge des vorhergehenden Geschäftsjahres anzugeben. Sind die Beträge nicht vergleichbar, oder wurde der Vorjahresbetrag angepasst, so ist dies im Anhang anzugeben.

Beispiel:

Der Gewinn der Selber Porzellan GmbH betrug 37 Mio. EUR. Ist dies ein gutes oder schlechtes Ergebnis?

Ohne Vergleichsmaßstab kann man keine Antwort auf diese Frage geben. Wenn der Gewinn im letzten Jahr nur 22 Mio. EUR betragen hat, stellt es jedenfalls eine deutliche Verbesserung dar. Für eine relative Beurteilung könnte man zudem den Umsatz oder das eingesetzte Kapital heranziehen.

Die zeitliche Vergleichbarkeit wird durch folgende Probleme erschwert:

- Änderungen der Bilanzierungs- und Bewertungsmethoden
- Korrektur von Fehlern
- Änderungen von Schätzungen bei der Bilanzierung und Bewertung

Änderungen der Bilanzierungs- und Bewertungsmethoden

Weder die Rechnungslegung nach HGB noch die nach IFRS sind frei von Wahlrechten. Eine veränderte Ausübung von Wahlrechten bei Bilanzierungs- und Bewertungsmethoden erschwert den Vergleich mit Vorjahren. Unterschiede zwischen Firmen erschweren zudem den Betriebsvergleich.

Beispielsweise zählen zu den Bewertungsmethoden:

- Abgrenzung der Bestandteile der Herstellungskosten
- Methoden zur Bewertungsvereinfachung
- Abschreibungsmethoden der planmäßigen Abschreibung
- Abschreibungsdauer der planmäßigen Abschreibung
- Methoden zur Berechnung von Pensionsrückstellungen

Beispiel:

Die Münchner Turbotec AG ändert das Bewertungsverfahren für ihre unfertigen und fertigen Erzeugnisse im aktuellen Geschäftsjahr von der zuvor genutzten Durchschnittswertmethode auf die Fifo-Methode, da diese dem in der Branche üblichen Verfahren entspricht und die Vermögens- Finanz und Ertragslage zutreffender darstellt. Durch diese Methodenänderung kam es zu einer Erhöhung der Bestände an unfertigen und fertigen Erzeugnissen von 10 Mio. EUR. Die Bestände wären sonst gleich geblieben.

Erste Einschränkung: Bedingungen

Um Verzerrungen der Abschlusskennzahlen wegen Änderungen der Bilanzierungs- und Bewertungsmethoden einzuschränken, sind Änderungen nur unter bestimmten Bedingungen zulässig.

Nach HGB sind stetig beizubehalten:

- die Ansatz- und Bewertungsmethoden (§§ 246 III; 252 I Nr. 6 HGB)
- bei Kapitalgesellschaften zusätzlich die Gliederung von Bilanz und GuV (§ 265 I HGB)
- die Konsolidierungsmethoden bei Konzernabschlüssen (§ 297 III HGB)

Ein Abweichen von der bisherigen Vorgehensweise ist aber möglich, wenn ein „begründeter Ausnahmefall“ vorliegt.

Das handelsrechtliche Stetigkeitsgebot erstreckt sich aber nicht auf alle Bereiche des Abschlusses. Keine Stetigkeit ist bei Ansatzwahlrechten (z.B. Bilanzierungshilfen) erforderlich.

Auch nach IFRS gilt der Stetigkeitsgrundsatz (IAS 8.13 ff.) Nach IFRS darf die Geschäftsleitung eine freiwillige Änderung von Bilanzierungs- und Bewertungsmethoden nur dann vornehmen, wenn der Abschluss dann „zuverlässige und relevantere Informationen vermittelt“ (IAS 8.14):

Änderungen von Bilanzierungs- und Bewertungsmethoden

14. Ein Unternehmen darf eine Bilanzierungs- und Bewertungsmethode nur dann ändern, wenn die Änderung:

(a) aufgrund eines Standards oder einer Interpretation erforderlich ist; oder

(b) dazu führt, dass der Abschluss zuverlässige und relevantere Informationen über die Auswirkungen von Geschäftsvorfällen, sonstigen Ereignissen oder Bedingungen auf die Vermögens-, Finanz- oder Ertragslage oder Cashflows des Unternehmens vermittelt.

Zusätzlich verlangt IAS 1.45 grundsätzlich die Beibehaltung der Darstellung und des Ausweises der Posten im Abschluss. Die Stetigkeit umfasst damit alle Bereiche des Abschlusses. Eine neue Bilanzierungsweise muss außerdem im Prinzip besser sein als die bisherige. Bei dieser Beurteilung gibt es natürlich einen großen Ermessensspielraum. IFRS ist insgesamt strenger als HGB.

Zweite Einschränkung: Folgen

Um die negativen Folgen einer Bilanzierungsänderung für die Aussagekraft des Abschlusses zu heilen, sind Zusatzangaben im Anhang zu machen.

§ 284 II Nr. 3 HGB verlangt die Angabe der Abweichungen von Bilanzierungs- und Bewertungsmethoden, ihre Begründung sowie die gesonderte Darstellung des Einflusses auf die Vermögens-, Finanz- und Ertragslage.

Zu den Auswirkungen auf die Ertragslage gehört insbesondere auch die Veränderung des Jahresüberschusses.

Beispiel:

Die Bestände der Turbotec AG an unfertigen und fertigen Erzeugnissen haben sich nur aufgrund der Bewertung von 60 Mio. EUR um +10 Mio. EUR auf 70 Mio. EUR erhöht.

Die Gewinn- und Verlustrechnung lautet:

Umsatzerlöse	300
Bestandserhöhungen	+10
Gesamtleistung	310
diverse Aufwendungen	300
Jahresüberschuss	10

Die Bilanz zeigt folgendes Bild:

Aktiva			Passiva
Vorräte UE und FE	70	Stammkapital	50
sonstiges Vermögen	130	Jahresüberschuss	10
		Fremdkapital	140

Ohne die Methodenänderung würden die Vorräte nur 60 betragen, es gäbe keine Bestandserhöhungen in der GuV und keinen Jahresüberschuss.

Die Anhangangaben nach IAS 8.29 sind umfassender und detaillierter als nach HGB:

29. Sofern eine freiwillige Änderung der Bilanzierungs- und Bewertungsmethoden Auswirkungen auf die Berichtsperiode oder irgendeine frühere Periode hat oder derartige Auswirkungen haben könnte ... oder hätte eventuell Auswirkungen auf zukünftige Perioden, hat das Unternehmen Folgendes anzugeben:

(a) die Art der Änderung der Rechnungslegungsmethoden;

(b) die Gründe, weswegen die Anwendung der neuen Rechnungslegungsmethode zuverlässige und relevantere Informationen vermittelt;

(c) den Korrekturbetrag für die Berichtsperiode sowie, soweit durchführbar, für jede frühere dargestellte Periode ... für jeden einzelnen betroffenen Posten des Abschlusses; ...

(d) den Korrekturbetrag, sofern durchführbar, im Hinblick auf Perioden vor denjenigen, die ausgewiesen werden; ...

Es müssen also auch die exakten zahlenmäßigen Konsequenzen in jeder Position der Bilanz und GuV genannt werden.

Als entscheidender Unterschied zum HGB ist nach IFRS grundsätzlich eine sog. retrospektive Anpassung des Jahresabschlusses vorzunehmen. Das bedeutet: Der Abschluss wird so aufgestellt, wie wenn - Fiktion! - die neu gewählte Methode in der Vergangenheit schon immer angewandt worden wäre (IAS 8.19(b)).

Damit kommt es durch die Umstellung nicht zu einer Veränderung des Gewinns.

Beispiel:

Im IFRS-Fall würde die Gewinn- und Verlustrechnung der Turbotec AG lauten:

Umsatzerlöse	300
Bestandserhöhungen	0
Gesamtleistung	300
diverse Aufwendungen	300
Jahresüberschuss	0

Die Bilanz würde folgendes Bild zeigen:

Aktiva			Passiva
Vorräte UE und FE	70	Stammkapital	50
sonstiges Vermögen	130	Gewinnrücklagen	10
		Jahresüberschuss	0
		Fremdkapital	140

Wenn für die Bewertung der unfertigen und fertigen Erzeugnisse schon immer die Fifo-Methode angewandt worden wären, so hätte sich der Bestand schon früher erhöht. Damit wäre der Jahresüberschuss schon in den Vorjahren entstanden. Im aktuellen Abschluss machen sich diese früheren Jahresüberschüsse als Gewinnrücklagen bemerkbar.

Im Ergebnis bucht man die Konsequenzen der Änderung von Bilanzierungs- und Bewertungsmethoden erfolgsneutral gegen Eigenkapital.

Diese Vorgehensweise ist nach HGB unzulässig. Es gilt der Grundsatz der Bilanzidentität (§ 252 I Nr. 1 HGB). Nach diesem muss die Eröffnungsbilanz des Geschäftsjahres mit der Schlussbilanz des Vorjahres übereinstimmen. Damit wird im HGB-Einzelabschluss das Kongruenzprinzip gesichert.

Rückwirkende Anwendung

8.22. Wenn gemäß Paragraph 23 eine Rechnungslegungsmethode in Übereinstimmung mit Paragraph 19(a) oder (b) rückwirkend geändert wird, hat das Unternehmen den

Eröffnungsbilanzwert ... des Eigenkapitals für die früheste dargestellte Periode sowie die sonstigen vergleichenden Beträge für jede frühere dargestellte Periode so anzupassen, als ob die neue Rechnungslegungsmethode stets angewandt worden wäre.

Manchmal können im Nachhinein die Konsequenzen einer Bilanzierungsänderung für frühere Abschlüsse nicht mehr festgestellt werden. Dann gibt es ein Problem. Wenn es „undurchführbar" ist eine rückwirkende Anpassung für alle betroffenen Jahre vorzunehmen, erlaubt IAS 8.24 f. Erleichterungen:

- Die rückwirkenden Anpassungen brauchen nur soweit erfolgen, wie es praktisch durchführbar ist.
- Unter Umständen scheitert jede Rückwirkung. Dann wird die neue Bilanzierungsweise einfach nur für die Zukunft angewandt.

Im Extremfall kommt es somit nur zu einer prospektiven Anpassung.

Korrektur von Fehlern

Bei der Erstellung eines Abschlusses können Fehler vorkommen, die weder dem erstellenden Unternehmen noch dem Wirtschaftsprüfer auffallen. Wird ein Fehler erst später entdeckt, so stellt sich die Frage, wie damit umgegangen werden soll.

Das HGB kennt keine ausdrücklichen Regeln zur Korrektur von Fehlern aus Vorjahren. DRS 13.25 verlangt die Berichtigung von Fehlern. Die Auswirkungen der Fehlerberichtigung sind in der Regel im Ergebnis der aktuellen Berichtsperiode zu berücksichtigen. Es handelt sich dann um eine erfolgswirksame prospektive Anpassung.

Besonders gravierende Fehler machen unter Umständen gesellschaftsrechtlich eine Änderung und erneute Feststellung früherer Abschlüsse erforderlich. Nach IDW RS HFA 6 ist hier eine erfolgsneutrale oder erfolgswirksame Korrektur des Fehlers zulässig. Wenn ein früherer Fehler die Darstellung der Vermögens-, Finanz- und Ertragslage beeinträchtigt, fordert DRS 13.26 die Änderung aller veröffentlichten Abschlüsse.

IFRS unterscheidet zwischen wesentlichen und nicht wesentlichen Fehlern (IAS 8.5). Wesentliche Fehler sind rückwirkend zu korrigieren, d.h. so als wäre der Fehler in einer früheren Periode nie aufgetreten.

IAS 8.42 besagt:

42. Gemäß Paragraph 43 hat ein Unternehmen wesentliche Fehler aus früheren Perioden im ersten vollständigen Abschluss, der zur Veröffentlichung nach der Entdeckung der Fehler genehmigt wurde, rückwirkend zu korrigieren, indem:

(a) die vergleichenden Beträge für die früher dargestellten Perioden, in denen der Fehler auftrat, angepasst werden; oder

(b) wenn der Fehler vor der frühesten dargestellten Periode aufgetreten ist, die Eröffnungssalden von Vermögenswerten, Schulden und Eigenkapital für die früheste dargestellte Periode angepasst werden.

Die Korrektur von Fehlern verändert also nicht den Gewinn des Jahres, in dem er aufgedeckt wurde. Sie ist insofern erfolgsneutral (IAS 8.46):

46. Die Korrektur eines Fehlers aus einer früheren Periode ist für die Periode, in der er entdeckt wurde, ergebnisneutral zu erfassen. Jede Information, die sich auf frühere Perioden bezieht, wie beispielsweise Zeitreihen von Kennzahlen, wird so weit zurück angepasst, wie dies durchführbar ist.

Sind retrospektive Anpassungen undurchführbar, so werden sie zum frühestmöglichen Zeitpunkt vorgenommen (IAS 8.44). Im Extremfall kommt es nur zu einer prospektiven Korrektur (IAS 8.45).

Änderungen von Schätzungen

Im jedem Abschluss müssen Werte geschätzt werden.

Beispiel:

- Bewertung einer Rückstellung
- Höhe des Zeitwerts eines Grundstücks
- Wert einer ausfallbedrohten Forderung
- erwarteter Gewinn aus einem Fertigungsauftrag

Später kann sich herausstellen, dass ein anderer Betrag zutreffender ist. Gründe hierfür können z.B. inzwischen gemachte Erfahrungen oder bessere Informationen sein (IAS 8.34).

Das HGB kennt keine ausdrücklichen Vorschriften für die Änderung von Schätzungen. Wurde zum Beispiel ein Rückstellungsbetrag zu hoch geschätzt, so war der Jahresüberschuss in der Vergangenheit zu gering.

DRS 13.20 verlangt die erfolgswirksame, prospektive Anpassung der Rückstellung an die verbesserte Schätzung. Im Jahr der Korrektur kommt es dann zu einem gegenläufigen Fehler: Der Jahresüberschuss ist jetzt vergleichsweise zu hoch.

Die Anpassung von Schätzungen wird von IAS 8.32-40 behandelt.

Anpassungen wirken sich in der Gewinn- und Verlustrechnung ergebniswirksam aus. Dies kann, wie bei der Rückstellung, nur das aktuelle Jahr betreffen. In Fällen wie einer Verlängerung der Restnutzungsdauer einer Maschine treten die Ergebniswirkungen in mehreren Jahren ein. Die Anpassung ist somit wie nach HGB prospektiv.

Im Unterschied zum HGB muss das Unternehmen aber in der Rechnungslegung nähere Angaben zur Änderung einer Schätzung machen. Diese Informationen verbessern die Möglichkeiten der Bilanzanalyse deutlich.

IAS 8.39 verlangt:

39. Ein Unternehmen hat die Art und den Betrag einer Änderung einer rechnungslegungsbezogenen Schätzung anzugeben, die eine Auswirkung in der Berichtsperiode hat oder von der erwartet wird, dass sie Auswirkungen in zukünftigen Perioden hat, es sei denn, dass die Angabe der Schätzung dieser Auswirkung auf zukünftige Perioden undurchführbar ist.

Ist die Prognose der künftigen Auswirkungen undurchführbar, so muss die Gesellschaft auf diesen Umstand zumindest hinweisen (IAS 8.40).

2.2.13 Zeitnähe

Für die Empfänger des Abschlusses ist es wichtig, die Informationen möglichst bald nach dem Bilanzstichtag zu erhalten. Das Streben nach einer kurzen Aufstellungsdauer bezeichnet man auch als „fast close".

Jedoch steigt mit großer Schnelligkeit auch die Anfälligkeit für Fehler.

Für **Kapitalgesellschaften** enthält das HGB klare Fristen:

- Die Aufstellung des Jahresabschlusses muss grundsätzlich innerhalb 3 Monaten erfolgen (§ 264 I S. 3 HGB).
- Bei kleinen Kapitalgesellschaften verlängert sich der Zeitraum auf maximal 6 Monate (§ 264 I S. 4 HGB).
- Der Konzernabschluss ist gemäß § 290 I S.1 HGB nach spätestens 5 Monaten aufzustellen.

Unverzüglich nach der Aufstellung wird der Abschluss den Prüfern vorgelegt (§ 320 I S. 1 HGB). Sie erstellen nach Ihrer Arbeit den Prüfungsbericht (§ 321 HGB) und den Bestätigungsvermerk (§ 322 HGB). Bei Aktiengesellschaften findet zusätzlich eine Prüfung durch den Aufsichtsrat statt (§ 171 AktG).

Erst jetzt kann der Jahresabschluss festgestellt werden (§ 172 AktG, § 173 AktG, § 42a I GmbHG):

- Bei einer GmbH muss dies in der Regel innerhalb von 8 Monaten geschehen (§ 42a II GmbHG). Kleine GmbHs dürfen sich bis zu 11 Monate Zeit lassen.
- Bei Aktiengesellschaften findet die Hauptversammlung ebenfalls in den ersten 8 Monaten des Geschäftsjahrs statt (§ 175 I S. 2 AktG).

Die Offenlegung schließt sich unverzüglich danach an. Sie muss spätestens innerhalb von 12 Monaten erfolgen (§ 325 I S. 2 HGB). In der Praxis werden gerade börsennotierte Gesellschaften deutlich schneller vorgehen. Für sog. kapitalmarktorientierte Unternehmen ist gem. 325 IV HGB eine Frist von maximal 4 Monaten bis zur Veröffentlichung erlaubt.

Sonstige Kaufleute haben den Jahresabschluss nur innerhalb der einem ordnungsmäßigen Geschäftsgang entsprechenden Zeit aufzustellen (§ 243 III HGB). Das muss auf jeden Fall vor dem folgenden Bilanzstichtag sein. Eine Prüfung und Offenlegung erübrigt sich.

Die **IAS/IFRS** beschäftigen sich nicht direkt mit Aufstellungs- und Veröffentlichungsfristen, sondern überlassen das dem nationalen Handels-, Gesellschafts- und Kapitalmarktrecht. Die oben genannten Fristen gelten in Deutschland somit weiter (§ 325 IIa, III HGB).

Allerdings erkennt RK.43 an, dass Bilanzleser an einer zeitnahen Berichterstattung interessiert sind. Das Unternehmen soll abwägen zwischen

- der höheren Relevanz früherer Informationen und
- der geringeren Verlässlichkeit einer schnellen Erstellung.

Zeitnähe

43. Kommt es bei der Berichterstattung zu einer unangemessenen Verzögerung, so können die Informationen ihre Relevanz verlieren. Das Management muss in vielen Fällen die jeweiligen Vorteile einer zeitnahen Berichterstattung und einer Bereitstellung verlässlicher Informationen gegeneinander abwägen. ...

Konkrete Fristen verlangt IFRS selbst nicht

2.3. Ausblick: Geplante Änderung des IFRS-Framework

2.3.1 Exposure Draft "Conceptual Framework"

Das Rahmenkonzept des IASB ist überaltert und teilweise nicht ausreichend ausgearbeitet. Ihre Funktion als Fundament der Entwicklung adäquater Rechnungslegungsstandards können sie somit nicht vollends erfüllen. Das IASB arbeitet derzeit an einem Projekt zur Vereinheitlichung und Verbesserung ihres Rahmenkonzeptes. Eine grundlegende Neukonzeption wird indes nicht verfolgt. Vielmehr wird auf dem bestehenden Rahmenkonzept aufgebaut. Das Projekt zur Erarbeitung eines neuen Rahmenkonzepts erfolgt in erster Linie als Konsolidierung und Aktualisierung des bestehenden Rahmenkonzeptes.

Am 29.5.2008 veröffentlichte das International Accounting Standards Board (IASB) daher einen Entwurf (Exposure Draft) und ein Diskussionspapier (Discussion Paper (DP)) mit ersten Ergebnissen des Projekts zur Überarbeitung des IFRS-Rahmenkonzepts (Conceptual Framework-Project).

Die ersten Ergebnisse dieses Projekts finden sich im Exposure Draft (ED) zur Phase A. Sie lassen sich thesenförmig wie folgt zusammenfassen:

- Den primären Adressatenkreis der Finanzberichterstattung bilden künftig die Kapitalgeber einer Unternehmung.
- Die Vermittlung entscheidungsnützlicher Informationen bleibt weiterhin das oberste Ziel der Finanzberichterstattung.
- Die qualitativen Merkmale von Rechnungslegungsinformationen werden zum Teil neu geordnet, anders interpretiert und teilweise reduziert. Relevanz (relevance) und glaubwürdige Darstellung (faithful representation) bilden künftig die primären Rechnungslegungsgrundsätze.

Die Veröffentlichung dieser zwei Dokumente geht auf ein vom IASB gemeinsam mit dem US-amerikanischen Standardsetter, dem Financial Accounting Standards Board (FASB), durchgeführtes Projekt zurück, welches die Weiterentwicklung und Verbesserung der beiden Rahmenkonzepte zum Ziel hat. Im Rahmen dieses **Konvergenzprojekts** sollen beide Rahmenkonzepte von IASB und FASB vereinheitlicht werden und künftig als Deduktionsbasis für konsistent prinzipienbasierte und international konvergente Rechnungslegungsstandards dienen.

2.3.2 Qualitative Anforderungen an Rechnungslegungsinformationen

Um für Kapitalgeber entscheidungsnützlich zu sein, müssen Abschlussinformationen bestimmte qualitative Anforderungen erfüllen. In diesem Rahmen wird weiterhin unterschieden zwischen:

- **primären** (fundamentalen) Grundsätzen

- **sekundären** (förderlichen - "enhancing") Grundsätzen und
- einschränkenden **Nebenbedingungen**

Dennoch sind **markante Neuerungen** zu verzeichnen.

Neben dem Grundsatz der Relevanz (relevance) tritt künftig das Konzept der glaubwürdigen Darstellung (faithful representation) als Primärgrundsatz im Rahmenkonzept auf. Die glaubwürdige Darstellung ersetzt somit das bislang in beiden Rahmenkonzepten kodifizierte Kriterium der Verlässlichkeit (reliability), welches künftig aufgegeben wird. Begründet wird diese Neuordnung damit, dass der Begriff der Verlässlichkeit immer wieder zu Missverständnissen und Auslegungsproblemen führt, die glaubwürdige Darstellung letztlich jedoch dasselbe umschreibe und somit identisch mit dem Begriff der Verlässlichkeit ist. Das Merkmal der glaubwürdigen Darstellung schließt folglich einen Großteil der vormals konkretisierenden Merkmale von Verlässlichkeit mit ein.

Primärgrundsätze

- **Grundsatz der glaubwürdigen Darstellung** (faithful representation)

  Neben dem Grundsatz der Neutralität ist auch der Grundsatz der Vollständigkeit substanziell unverändert übernommen worden und wird nun als konkretisierendes Merkmal einer glaubwürdigen Darstellung interpretiert. Der gegenwärtig ebenfalls unter dem Kriterium der Verlässlichkeit subsumierte Vorsichtsgrundsatz (prudence) wird hingegen als unvereinbar mit der Neutralitätsanforderung angesehen, weshalb er künftig entfallen soll. Auch der Grundsatz der wirtschaftlichen Betrachtungsweise (substance over form) wird nicht länger unter den qualitativen Anforderungen aufgeführt. Nach Meinung des IASB ist sie Bestandteil der Forderung nach glaubwürdiger Darstellung und bedarf somit keiner gesonderten Nennung. Erweitert wird das Merkmal der glaubwürdigen Darstellung indes durch die Notwendigkeit, Abschlussinformationen weitestgehend frei von wesentlichen Fehlern (free from material error) abzubilden. Ferner wird der Sekundärgrundsatz der Nachprüfbarbarkeit (verifiability) als förderlich für eine glaubwürdige Darstellung betrachtet. Hierunter wird ein Konsens von sachkundigen, unabhängigen Dritten verstanden, dass die Finanzberichterstattung frei von wesentlichen Fehlern und systematischen Verzerrungen ist (direkte

Nachprüfbarkeit) und angewandte Bilanzierungs- und Bewertungsmethoden fehlerfrei und unverzerrt angewendet wurden (indirekte Nachprüfbarkeit).

- **Relevanz** (relevance)

  Relevante Rechnungslegungsinformationen führen zu einer Beeinflussung der Entscheidungsfindung der Abschlussadressaten, indem sie direkt die Nutzer solcher Informationen bei Prognosen künftiger Zahlungsströme unterstützen oder indirekt zu einer Bestätigung bzw. Korrektur früherer Prognosen führen. Die Definition von Relevanz weist in der geplanten Neufassung des Rahmenkonzepts indes eine signifikante Abweichung auf. Im ED wird lediglich auf das Potenzial (capability) einer Information zur Beeinflussung solcher Entscheidungen abgestellt. Eine tatsächliche Beeinflussung ist somit nicht mehr ausschlaggebend, um Abschlussinformationen als relevant für ihre Adressaten zu qualifizieren.

Sekundärgrundsätze

Die vormals als Primärgrundsätze klassifizierten Merkmale der **Vergleichbarkeit** (comparability) und **Verständlichkeit** (understandability) von Rechnungslegungsinformationen werden wie das Merkmal der **Nachprüfbarkeit** nunmehr den sekundären Grundsätzen zugeordnet. Die Pflicht einer zeitnahen Berichterstattung (timeliness) ist nicht länger als einschränkendes Merkmal klassifiziert, sondern als ergänzendes Kriterium der Relevanz und glaubwürdigen Darstellung erfasst.

Einschränkende Nebenbedindungen

Die Vermittlung entscheidungsnützlicher Informationen wird weiterhin durch die einschränkende Nebenbedingung der **Kosten/Nutzen-Abwägung** (balance between benefit and cost) limitiert. Des Weiteren wird das Merkmal der **Wesentlichkeit** (materiality), welches bisher als untergeordnetes Merkmal der Relevanz zugeordnet war, als einschränkendes Merkmal klassifiziert. Die bisher unter den einschränkenden Nebenbedingungen kodifizierte Forderung nach einer Ausgewogenheit der qualitativen Kriterien (balance between qualitative characteristics) entfällt.

2.3.3 Rahmenkonzept alt und neu im Vergleich

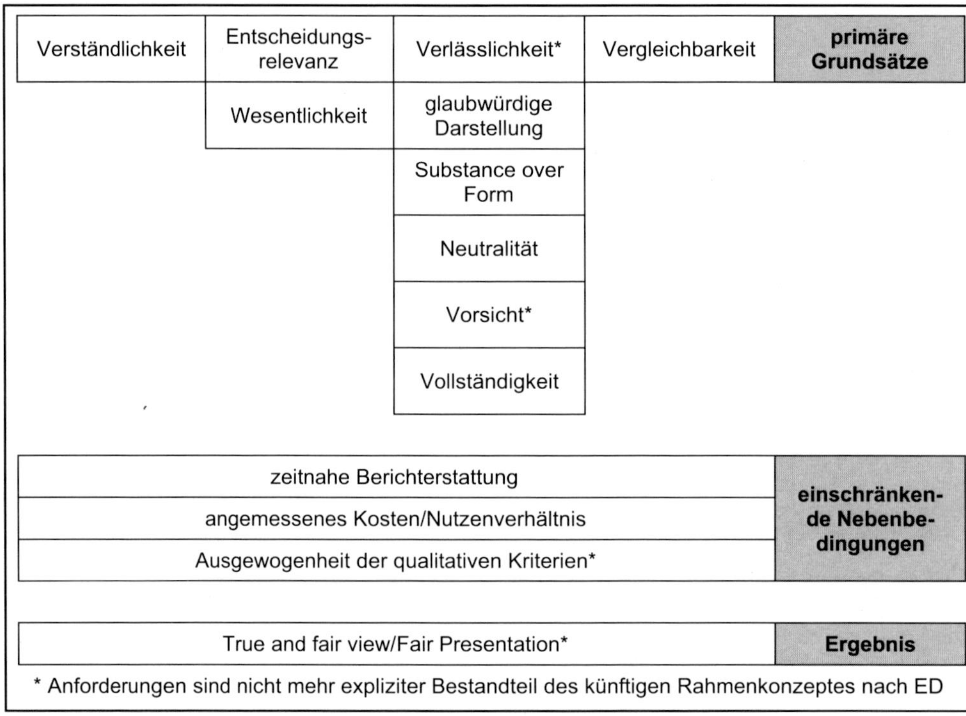

Abbildung 10: aktuelle Anforderungen des Rahmenkonzeptes

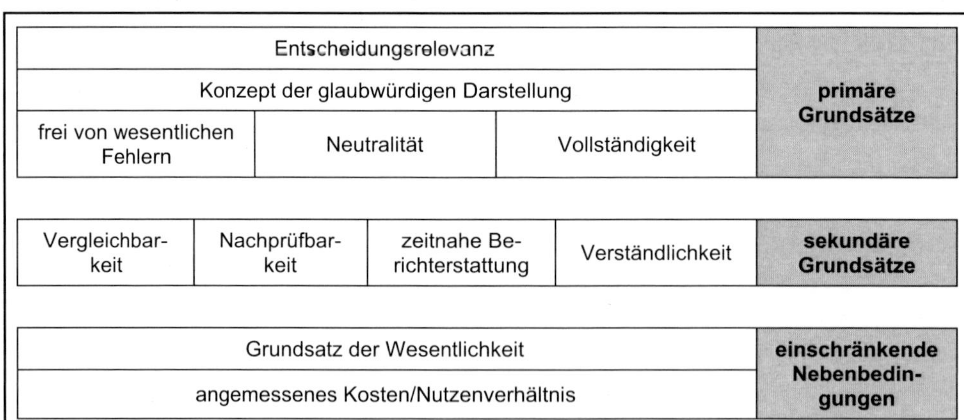

Abbildung 11: künftige Anforderungen des Rahmenkonzeptes

3 Ausweis und Ansatz in der Bilanz

Lernziele

Sie lernen die grundlegenden Definitionen und Abgrenzungsmerkmale für den Ansatz von Bilanzposten sowie ihren Ausweis in der Bilanz kennen. Hierzu gehören unter anderem:

- allgemeine Ausweisvorschriften für die Bilanz
- Mindestpositionen der Bilanzgliederung
- Unterscheidung von Anlage- und Umlaufvermögen nach HGB
- Unterscheidung kurzfristiger und langfristiger Bilanzpositionen nach IFRS
- Begriff des Vermögensgegenstandes bzw. Vermögenswertes (Asset)
- Begriff der Schulden (Liabilities)
- Erfassung von Rechnungsabgrenzungsposten, Bilanzierungshilfen und Sonderposten mit Rücklageanteil
- Abgrenzung des Betriebsvermögens
- wirtschaftliches Eigentum

3.1. Ausweis

3.1.1 Überblick

Bezüglich des **Bilanzausweises** stellt sich die Frage, in welche Teilpositionen die Aktivseite und Passivseite (bei gegebenen Beträgen) der Bilanz unterteilt werden. Dabei ist insbesondere von Interesse, ob es eine bestimmte genaue Bezeichnung und Reihenfolge gibt.

Die Bedeutung des Ausweises liegt darin, dass ein feinerer und standardisierter Ausweis bessere Bilanzanalysen erlaubt.

Beachte:

- Alle geforderten Bilanzangaben passen i.d.R. nicht mehr auf eine Seite.
- Es ist daher üblich, dass die Bilanz selbst Teilsummen zeigt. Detailangaben erfolgen durch Verweise auf den Anhang bzw. die Notes.

Hierauf geben HGB und IFRS völlig unterschiedliche Antworten, die im Folgenden näher untersucht werden sollen.

Von übergeordneter Bedeutung sind dabei **Sprache und Währung**.

Das Handelsrecht legt fest, dass Abschlüsse in deutscher Sprache aufzustellen sind. Die Währungseinheit ist der Euro (§ 244 HGB).

IFRS schreibt keine bestimmte Sprache und Währung vor.

Allerdings müssen deutsche Unternehmen § 315a I HGB beachten. Auch ein Konzernabschluss nach internationalen Rechnungslegungsstandards ist daher auf deutsch und in Euro zu erstellen. Gleiches gilt nach § 325 IIa S. 3 HGB für einen IFRS-Einzelabschluss.

3.1.2 Bilanzgliederung nach HGB

Nach HGB hängen die bilanziellen Ausweisvorschriften sowohl von der Rechtsform als auch (innerhalb der Kapitalgesellschaften) von der Größenklasse ab:

allgemeines Regelschema

(soweit keine branchenspezifischen Sondervorschriften)

für alle Kaufleute

„Grobformat"
(freie Form)
(§ 247 HGB und GoB)

für Kapitalgesellschaften

- große KapGes
  „Großformat"
  (§ 266 II, III HGB)
- mittlere KapGes
  Aufstellung im „Großformat";
  für Offenlegung nur Kleinformat
  + Zusatzangaben
  (§ 327 HGB) = „Mittelformat"
- kleine KapGes
  generell „Kleinformat"
  (§ 266 I S. 3 HGB)

Abbildung 12: Rechtsform- und größenklassenabhängige Gliederungsschemata

Für Personengesellschaften, bei denen nicht wenigstens ein persönlich haftender Gesellschafter eine natürliche Person ist - sog. **Kapitalgesellschaften & Co.** - (§ 264a HGB), gilt grundsätzlich das Format der Kapitalgesellschaften.

Hinsichtlich einiger rechtsformspezifischer Positionen (Ausleihungen, Forderungen und Verbindlichkeiten gegenüber Gesellschaftern, Eigenkapital, nicht geleistete Einlagen, Anteile an Komplementärgesellschaften, Steueraufwand in der GuV) gelten die Sondervorschriften des § 264c HGB.

Branchenspezifische Sonderschemata existieren u.a. für Kreditinstitute und Versicherungen (gem. § 340a II, § 341a II HGB).

Gliederungsvorschriften für alle Kaufleute nach HGB

Die gesetzlichen Gliederungsbestimmungen für alle Kaufleute beschränken sich auf allgemeine und grundsätzliche Anweisungen:

Vollständigkeit: Die Bilanz hat sämtliche Vermögensgegenstände, Schulden und Rechnungsabgrenzungsposten zu enthalten, soweit gesetzlich nichts anderes bestimmt ist (§ 246 I HGB).

Saldierungsverbot: Posten der Aktivseite dürfen nicht mit Posten der Passivseite, Aufwendungen nicht mit Erträgen und Grundstücksrechte nicht mit Grundstückslasten verrechnet werden, außer es greift die bereits angesprochene Ausnahme für Pensionsverpflichtungen (§ 246 II HGB).

Die Bilanz ist nach den GoB aufzustellen und muss **klar und übersichtlich** sein (§ 243 I, II HGB).

- Die Gliederung folgt innerhalb der Aktivseite dem sog. Ablaufprinzip entsprechend dem Wiedergeldwerdungs-Prozess bei Unternehmensfortführung.
- Auf der Passivseite wird nach der rechtlichen Herkunft des Kapitals traditionell in Eigenkapital und Fremdkapital (= Schulden) unterschieden. Schulden werden unterschieden in (feststehende) Verbindlichkeiten und (ungewisse) Rückstellungen.

In der Bilanz sind das Anlage- und das Umlaufvermögen, das Eigenkapital, die Schulden sowie die Rechnungsabgrenzungsposten **gesondert auszuweisen** und hinreichend aufzugliedern (§ 247 I HGB).

Innerhalb dieser Rahmenvorgaben gilt für alle Kaufleute Gliederungsfreiheit. Praktisch orientiert man sich jedoch aus Zweckmäßigkeitsgründen am Gliederungsschema für Kapitalgesellschaften.

Gliederungsvorschriften für Kapitalgesellschaften nach HGB

Für Kapitalgesellschaften bestehen demgegenüber weitere zwingende Gliederungsvorschriften nach §§ 265, 266 HGB:

So existiert ein **verbindliches Gliederungsschema** mit exakter Bezeichnung und Reihenfolge der Positionen (§ 266 HGB). Kleine und mittlere Kapitalgesellschaften dürfen jedoch bestimmte, genau definierte Verkürzungen des Schemas vornehmen. Hinsichtlich verschiedener Angaben besteht außerdem ein Wahlrecht, diese unmittelbar in der Bilanz oder im Anhang vorzunehmen (z.B. Disagio § 268 VI HGB). Als wichtiger Sonderfall ist auch die Auslagerung der arabisch nummerierten Bilanzpositionen in den Anhang zu nennen (§ 265 VII HGB).

Einzelne gesetzliche Vorschriften können gegebenenfalls noch zu **weiteren Bilanzpositionen** führen, die nicht im Schema des § 266 HGB vorgesehen sind (z.B. ausstehende Einlagen, nicht durch Eigenkapital gedeckter Fehlbetrag, vgl. insbesondere §§ 268 - 272 HGB).

Zusätzliche Informationen über die feinere Struktur bestimmter Bilanzpositionen geben sog. **„Davon-Vermerke“** in Bilanz oder Anhang z.B. (§ 268 V und VI HGB): Aktive Rechnungsabgrenzungsposten ..., davon Disagio ...; Verbindlichkeiten ..., davon mit einer Restlaufzeit bis zu einem Jahr… .

Die Form der Darstellung, insbesondere die Gliederung, ist grundsätzlich beizubehalten (§ 265 I HGB). Aus Vergleichsgründen sind Vorjahreszahlen anzugeben (§ 265 II HGB). Bei fehlender Vergleichbarkeit müssen im Anhang Zusatzangaben gemacht werden.

Großformat AKTIVA

A. Anlagevermögen:

I. Immaterielle Vermögensgegenstände
1. Selbst geschaffene gewerbliche Schutzrechte und ähnliche Rechte und Werte
2. entgeltlich erworbene Konzessionen gewerbliche Schutzrechte und ähnliche Rechte und Werte sowie Lizenzen an solchen Rechten und Werten
3. Geschäfts- und Firmenwert
4. geleistete Anzahlungen

II. Sachanlagen
1. Grundstücke, grundstücksgleiche Rechte und Bauten einschließlich der Bauten auf fremden Grundstücken
2. technische Anlagen und Maschinen
3. andere Anlagen, Betriebs- und Geschäftsausstattungen
4. geleistete Anzahlungen und Anlagen im Bau

III. Finanzanlagen
1. Anteile an verbundenen Unternehmen
2. Ausleihungen an verbundene Unternehmen
3. Beteiligungen
4. Ausleihungen an Unternehmen, mit denen ein Beteiligungsverhältnis besteht
5. Wertpapiere des Anlagevermögens
6. sonstige Ausleihungen

B. Umlaufvermögen

I. Vorräte
1. Roh-, Hilfs- und Betriebsstoffe
2. unfertige Erzeugnisse; unfertige Leistungen
3. fertige Erzeugnisse und Waren
4. geleistete Anzahlungen

II. Forderungen und sonstige Vermögensgegenstände
1. Forderungen aus Lieferungen und Leistungen
   - davon mit Restlaufzeit von mehr als 1 Jahr
2. Forderungen gegen verbundene Unternehmen
   - davon mit Restlaufzeit von mehr als 1 Jahr
3. Forderungen gegen Unternehmen, mit denen ein Beteiligungsverhältnis besteht
   - davon mit Restlaufzeit von mehr als 1 Jahr
4. sonstige Vermögensgegenstände

III. Wertpapiere
1. Anteile an verbundenen Unternehmen
2. sonstige Wertpapiere

IV. Kassenbestand, Bundesbankguthaben, Guthaben bei Kreditinstituten und Schecks

C. Rechnungsabgrenzungsposten

D. Aktive latente Steuern

E. Aktiver Unterschiedsbetrag aus der Vermögensverrechnung

Abbildung 13: Mustergliederung Aktiva (HGB)

Großformat PASSIVA

A. Eigenkapital

I. Gezeichnetes Kapital
II. Kapitalrücklage
III. Gewinnrücklagen
1. gesetzliche Rücklage
2. Rücklage für Anteile an einem herrschenden oder mehrheitlich beteiligten Unternehmen
3. satzungsmäßige Rücklagen
4. andere Gewinnrücklagen
IIV. Gewinnvortrag/Verlustvortrag
V. Jahresüberschuss/Jahresfehlbetrag

B. Rückstellungen

1. Rückstellungen für Pensionen und ähnliche Verpflichtungen
2. Steuerrückstellungen
3. sonstige Rückstellungen

C. Verbindlichkeiten

1. Anleihen
   - davon konvertibel;
   - davon mit Restlaufzeit bis zu 1 Jahr
2. Verbindlichkeiten gegenüber Kreditinstituten
   - davon mit Restlaufzeit bis zu 1 Jahr
3. erhaltene Anzahlungen auf Bestellungen
   - davon mit Restlaufzeit bis zu 1 Jahr
4. Verbindlichkeiten aus Lieferungen und Leistungen
   - davon mit Restlaufzeit bis zu 1 Jahr
5. Verbindlichkeiten aus Annahme gezogener Wechsel und der Ausstellung eigener Wechsel
   - davon mit Restlaufzeit bis zu 1 Jahr
6. Verbindlichkeiten gegenüber verbundenen Unternehmen
   - davon mit Restlaufzeit bis zu 1 Jahr
7. Verbindlichkeiten gegenüber Unternehmen, mit denen ein Beteiligungsverhältnis besteht
   - davon mit Restlaufzeit bis zu 1 Jahr
8. sonstige Verbindlichkeiten
   - davon aus Steuern
   - davon im Rahmen der sozialen Sicherheit
   - davon mit Restlaufzeit bis zu 1 Jahr

D. Rechnungsabgrenzungsposten

E. Passive latente Steuern

Abbildung 14: Mustergliederung Passiva (HGB)

Ausweiswahlrechte des HGB im Überblick

Im Rahmen des Ausweises in der Bilanz sind verschiedene Wahlrechte möglich. Zu unterscheiden sind insbesondere:

- Saldierungswahlrechte
  (mit Einfluss auf die „Länge" der Bilanz und somit mittelbar z.B. auf die Eigenkapitalquote)
- Ausweisortwahlrechte zwischen Bilanz und Anhang
  (Detailangaben und Erläuterungen zu bestimmten Bilanzpositionen erfolgen der Übersichtlichkeit halber getrennt von der Bilanz im Anhang)
- Ausweiswahlrechte innerhalb der Bilanz
  (bei Kapitalgesellschaften stark eingeschränkt)

Saldierungswahlrechte

Grundsätzlich herrscht im Jahresabschluss Saldierungsverbot (§ 246 II HGB). In bestimmten Fällen ist aber eine sog. „offene" Saldierung ausdrücklich gestattet. Offen bedeutet, dass nicht nur das Nettoergebnis angegeben wird (z.B. „160"), sondern auch der gesamte Rechenweg (z.B. „200 - 40 = 160").

Beispiel:

Offene Verrechnung der erhaltenen Anzahlungen auf Bestellungen mit Vorräten (§ 268 V HGB) statt Ausweis auf der Passivseite.

Ausweiswahlrechte zwischen Bilanz und Anhang

Für bestimmte wichtige Details besteht bei Kapitalgesellschaften die Möglichkeit (Wahlrecht), diese in den Anhang auszulagern:

Anlagespiegel	§ 268 II S. 1,2 HGB
Gesonderter Ausweis des Unterschiedsbetrages bei Verbindlichkeiten (Disagio) innerhalb der ARAP	§ 268 VI HGB
Angaben zu Verbindlichkeiten über die Restlaufzeiten (mehr als 5 Jahre)	§ 285 Nr. 1 HGB
Aufgliederung der sonstigen Rückstellungen, sofern nicht unerheblicher Umfang	§ 285 Nr. 12 HGB
Bilanzpositionen mit arabischer Nummerierung	§ 265 VII Nr. 2 HGB
Zusatzangaben für Offenlegung bei mittelgroßen KapGes (zusätzlich zur Bilanzgliederung wie bei kleinen KapGes)	§ 327 Nr. 1 HGB
Sonderfragen:	
„Eventualverbindlichkeiten" unter der Bilanz	§ 268 VII HGB
Sonderausweis/Vermerk von Forderungen und Verbindlichkeiten gegenüber GmbH-Gesellschaftern	§ 42 III GmbHG

Tabelle 7: Ausweiswahlrechte zwischen Bilanz und Anhang

Ausweiswahlrechte innerhalb der Bilanz

Unter Umständen besteht auch für Kapitalgesellschaften die Möglichkeit, von den strikten Formvorschriften abzuweichen:

Anpassung der Vorjahreszahl bei fehlender Vergleichbarkeit z.B. bei Fusion	§ 265 II S. 3 HGB
Änderung der Postengliederung und Bezeichnung	§ 265 VI HGB
Mitzugehörigkeitsvermerk in Bilanz oder Anhang	§ 265 III HGB
Weitere Untergliederung von Posten	§ 265 V HGB
Hinzufügung neuer Posten	§ 265 V HGB
Postenzusammenfassung, falls unerheblich	§ 265 VII HGB
Leerpostenverzicht (bei 0 €)	§ 265 VIII HGB
Bilanz vor/nach teilweiser/vollständiger/ Ergebnisverwendung	§ 268 I HGB
Verzicht auf größenabhängige Erleichterungen bei kleinen und mittleren KapGes	

Tabelle 8: Ausweiswahlrechte innerhalb der Bilanz

3.1.3 Bilanzgliederung nach IFRS

Im Gegensatz zum HGB wird im IAS/IFRS-System keine Unterscheidung zwischen Rechtsformen vorgenommen. Demzufolge gibt es auch keine strengeren Anforderungen für Kapitalgesellschaften oder Erleichterungen für Nicht-Kapitalgesellschaften.

IAS 1.54 enthält nur ziemlich allgemein gehaltene Mindestinhalte:

54. In der Bilanz sind zumindest nachfolgende Posten darzustellen:

(a) Sachanlagen;

(b) als Finanzinvestitionen gehaltene Immobilien;

(c) immaterielle Vermögenswerte;

(d) finanzielle Vermögenswerte (ohne die Beträge, die unter (e), (h) und (i) ausgewiesen werden);

(e) nach der Equity-Methode bilanzierte Finanzanlagen;

(f) biologische Vermögenswerte;

(g) Vorräte;

(h) Forderungen aus Lieferungen und Leistungen und sonstige Forderungen;

(i) Zahlungsmittel und Zahlungsmitteläquivalente;

(j) die Summe der Vermögenswerte, die gemäß IFRS 5 zur Veräußerung gehaltene langfristige Vermögenswerte und aufgegebene Geschäftsbereiche als zur Veräußerung gehalten eingestuft werden, und der Vermögenswerte, die zu einer als zur Veräußerung gehalten eingestuften Veräußerungsgruppe gehören;

(k) Verbindlichkeiten aus Lieferungen und Leistungen und sonstige Verbindlichkeiten;

(l) Rückstellungen;

(m) finanzielle Verbindlichkeiten (ohne die Beträge, die unter (k) und (l) ausgewiesen werden);

(n) Steuerschulden und -erstattungsansprüche gemäß IAS 12 Ertragsteuern;

(o) latente Steueransprüche und -schulden gemäß IAS 12;

(p) die Schulden, die den Veräußerungsgruppen zugeordnet sind, die gemäß IFRS 5 als zur Veräußerung eingestuft werden;

(q) Minderheitsanteile die im Eigenkapital dargestellt werden; sowie

(r) gezeichnetes Kapital und Rücklagen, die den Eigentümern der Muttergesellschaft zuzuordnen sind.

IAS/IFRS verzichten auf detaillierte Vorgaben bezüglich der Bilanzbestandteile und Gliederung. Die genannten Positionen müssen aber in keiner fest bestimmten Reihenfolge auftreten (IAS 1.57).

Jedoch findet sich in IAS 1.55 die folgende grundsätzliche Anweisung:

Ein Unternehmen hat in der Bilanz zusätzliche Posten, Überschriften und Zwischensummen darzustellen, wenn eine solche Darstellung für das Verständnis der Vermögens- und Finanzlage des Unternehmens relevant ist.

Damit müssen die Mindestpositionen je nach den individuellen Verhältnissen des Unternehmens noch feiner unterteilt werden (IAS 1.58). Außerdem enthalten die einzelnen IFRS-Standards in der Regel zahlreiche weitere konkrete Vorgaben.

Beispiele:

IAS 2.36 für Vorräte
IAS 16.73 für Sachanlagen
IAS 37.84 für Rückstellungen

Stetige Gliederung

Der Stetigkeitsgrundsatz gilt nach IFRS auch für den Ausweis. IAS 1.45 besagt hierzu näher:

45. Ein Unternehmen hat die Darstellung und den Ausweis von Posten im Abschluss von einer Periode zur nächsten beizubehalten, es sei denn,

(a) aufgrund einer wesentlichen Änderung des Tätigkeitsfeldes des Unternehmens oder eine Überprüfung der Darstellung seines Abschlusses zeigt sich, dass eine Änderung ... unter Berücksichtigung der in IAS 8 enthaltenen Kriterien ... zu einer angemesseneren Darstellungsweise führt; oder

(b) ein IFRS schreibt eine geänderte Darstellung vor.

Vorjahresbeträge

Generell sind die Vorjahresbeträge auszuweisen (IAS 1.38). Probleme stellen sich dann, wenn die Gliederung geändert wurde und daher die ursprünglichen Zahlen im Vorjahr nicht mehr zur neuen Gliederung passen. Hier verlangt IFRS ausführliche Zusatzinformationen (IAS 1.41):

41. Ändert ein Unternehmen die Darstellung oder Gliederung von Posten im Abschluss, hat es, außer wenn undurchführbar, auch die Vergleichsbeträge umzugliedern. Werden die Vergleichsbeträge umgegliedert, sind folgende Angaben zu machen:

(a) Art der Umgliederung;

(b) der Betrag jedes umgegliederten Postens bzw. jeder umgegliederten Postengruppe; sowie

(c) der Grund für die Umgliederung.

Insgesamt existieren jedoch nach IFRS beim Bilanzausweis für das Unternehmen große individuelle Spielräume. Daraus resultiert eine im Vergleich zum HGB schlechte zwischenbetriebliche Vergleichbarkeit.

Kurz- und Langfristigkeit

In der Bilanz müssen kurzfristige und langfristige Vermögenswerte sowie kurzfristige und langfristige Schulden als getrennte Gliederungsgruppen dargestellt werden (IAS 1.60). In Ausnahmefällen wie bei Banken, Versicherungen oder Investmentgesellschaften kann eine Darstellung nach der Liquidität sinnvoller sein (IAS 1.63).

Das Gliederungsschema nach IFRS stimmt somit nicht mit den Hauptgruppen des HGB (§ 247, § 266 HGB) überein:

	HGB	IFRS
Aktiva	Anlagevermögen Umlaufvermögen	langfristige Vermögenswerte kurzfristige Vermögenswerte
Passiva	Eigenkapital Rückstellungen Verbindlichkeiten	Eigenkapital langfristige Schulden kurzfristige Schulden

Abbildung 15: Vergleich Gliederungsschema nach IFRS und HGB

Vermögenswerte

Zur Abgrenzung auf der Aktivseite nennt IAS 1.66 folgende nähere Kriterien:

66. Ein Unternehmen hat einen Vermögenswert in folgenden Fällen als kurzfristig einzustufen:

(a) die Realisierung des Vermögenswerts wird innerhalb des normalen Geschäftszyklus erwartet, oder der Vermögenswert wird zum Verkauf oder Verbrauch innerhalb dieses Zeitraums gehalten;

(b) der Vermögenswert wird primär für Handelszwecke gehalten;

(c) die Realisierung des Vermögenswerts wird innerhalb von zwölf Monaten nach dem Abschlussstichtag erwartet; oder

(d) es handelt sich um Zahlungsmittel oder Zahlungsmitteläquivalente (gemäß der Definition in IAS 7) ...

Alle anderen Vermögenswerte sind als langfristig einzustufen.

Der Geschäftszyklus beginnt mit dem Erwerb von Rohstoffen, Komponenten, Handelswaren usw. und endet mit der Umwandlung der Fertigerzeugnisse oder Waren in Geld. Lässt er sich nicht genau bestimmen, so geht IAS 1.68 von 12 Monaten aus.

Ein Unternehmen kann auch in verschiedenen Branchen oder Geschäftsfeldern tätig sein, bei denen sich die Länge des gewöhnlichen Verlaufs des Geschäftszyklus unterscheidet.

Als **kurzfristige Vermögenswerte** gelten beispielsweise:

- Rohstoffe (Kriterium a)
- Fertigerzeugnisse (Kriterium a)
- Unfertige Erzeugnisse wie Gebäude, mit deren Bauabschluss erst in 18 Monaten zu rechnen ist (Kriterium a)
- Unfertige Erzeugnisse wie Whisky, der in großen Fässern 7 Jahre auf die Reife und den späteren Verkauf wartet (Kriterium a)
- Forderungen aus Lieferungen und Leistungen, die gemäß einem üblichen Geschäftszyklus in der Branche erst mit 15 Monaten Zahlungsziel fällig sind (Kriterium a)
- Handelswaren (Kriterium b)
- festverzinsliche Wertpapiere mit einer Fälligkeit in 10 Monaten (Kriterium c)
- unkündbares Festgeld mit einer Fälligkeit in 5 Monaten (Kriterium c)
- Bargeld und Sichteinlagen (Kriterium d)

Verbindlichkeiten

Verbindlichkeiten im Sinne von IFRS umfassen auch ungewisse Verbindlichkeiten, also Rückstellungen (RK.64, IAS 37.11).

Kurzfristige Verbindlichkeiten definiert IAS 1.69:

69. Ein Unternehmen hat eine Schuld in folgenden Fällen als kurzfristig einzustufen:

(a) die Erfüllung der Schuld wird innerhalb des normalen Geschäftszyklus erwartet;

(b) die Schuld wird primär für Handelszwecke gehalten;

(c) die Erfüllung der Schuld wird innerhalb von zwölf Monaten nach dem Abschlussstichtag erwartet; oder

(d) das Unternehmen hat kein uneingeschränktes Recht, die Erfüllung der Verpflichtung um mindestens zwölf Monate nach dem Abschlussstichtag zu verschieben.

Alle anderen Schulden sind als langfristig einzustufen.

Beispiele für kurzfristige Verbindlichkeiten sind:

- Verbindlichkeiten aus Lieferungen und Leistungen, die nach einem üblichen Geschäftszyklus in der Branche erst mit 18 Monaten Zahlungsziel fällig sind (Kriterium a)
- Rückstellungen für ausstehenden Urlaub (Kriterium a)
- Währungsverbindlichkeiten einer Bank zu Devisenhandelszwecken (Kriterium b)
- in 10 Tagen fällige Dividendenverpflichtungen (Kriterium c)
- in einem Monat fällige Steuerverbindlichkeiten (Kriterium c)
- Rückstellungen für eine in 10 Monaten erwartete Abschlusszahlung für die bereits abgegebene Steuererklärung (Kriterium c)
- ein Kredit mit einer ursprünglichen Laufzeit von 6 Jahren, der noch eine Restlaufzeit von 8 Monaten aufweist (Kriterium c)
- ein demnächst fälliger Kredit, bei dem Verhandlungen über eine übliche Prolongation laufen, aber am Bilanzstichtag noch nicht abgeschlossen sind (Kriterium d)

Die Einteilung nach Kurz- und Langfristigkeit zeichnet sich dadurch aus, dass innerhalb der kurzfristigen Vermögenswerte auch Beträge enthalten sein können, die erst später als nach 12 Monaten zur Zahlung anstehen. Gleiches gilt entsprechend für kurzfristige Verbindlichkeiten.

Um den Bilanzadressaten nähere Informationen über die innerhalb der nächsten 12 Monate fälligen Einzahlungen und Auszahlungen zu geben, verlangt IAS 1.61 Zusatzangaben: Ein Unternehmen hat ...

... für jeden Vermögens- und Schuldposten, der Beträge zusammenfasst, von denen erwartet wird, dass sie:

(a) bis zu zwölf Monate nach dem Abschlussstichtag und

(b) nach mehr als zwölf Monaten nach dem Abschlussstichtag erfüllt werden,

den Betrag anzugeben, von dem erwartet wird, dass er nach mehr als zwölf Monaten realisiert oder erfüllt wird.

Diese Aufteilung wird in der Regel im Anhang erfolgen.

Mustergliederung nach IFRS

Die Mindestangaben nach IAS 1.54 und 1.60 müssen von Fall zu Fall durch weitere in den einzelnen Standards geforderte Angaben ergänzt werden. Außerdem sind sie bei Bedarf durch zusätzliche Positionen zu ergänzen und durch Überschriften und Zwischensummen übersichtlicher zu gestalten (IAS 1.55). Das DRSC hat hieraus ein Beispiel für ein Bilanzgliederungsschema entwickelt:

AKTIVA
Langfristige Vermögenswerte
Immaterielle Vermögenswerte
Biologische Vermögenswerte
Sachanlagen
Als Finanzinvestition gehaltene Immobilien
At-Equity bewertete Beteiligungen
Forderungen aus Lieferungen und Leistungen
Wertpapiere
Sonstige Vermögenswerte
Latente Steueransprüche
Summe langfristige Vermögenswerte
Kurzfristige Vermögenswerte
Vorratsvermögen
Forderungen aus Lieferungen und Leistungen
Wertpapiere
Laufende Ertragsteueransprüche
Zahlungsmittel und Zahlungsmitteläquivalente
Sonstige Vermögenswerte
Zwischensumme kurzfristige Vermögenswerte
Zur Veräußerung gehaltene langfristige Vermögenswerte und Veräußerungsgruppen
Summe kurzfristige Vermögenswerte
BILANZSUMME

Tabelle 9: Beispiel für ein Bilanzgliederungsschema (Aktiva)

PASSIVA
Eigenkapital
Den Gesellschaftern des Mutterunternehmens zurechenbarer Anteil am Eigenkapital
Gezeichnetes Kapital
Rücklagen
Minderheitsanteile
SUMME Eigenkapital
Schulden
Langfristige Schulden
Rückstellungen
Finanzverbindlichkeiten
Verbindlichkeiten aus Lieferungen und Leistungen
Abgegrenzte Zuwendungen der öffentlichen Hand
Sonstige Verbindlichkeiten
Latente Steuerverbindlichkeiten
Zwischensumme langfristige Schulden
Kurzfristige Schulden
Rückstellungen
Laufende Ertragsteuerverbindlichkeiten
Finanzverbindlichkeiten
Verbindlichkeiten aus Lieferungen und Leistungen
Sonstige Verbindlichkeiten
Zwischensumme kurzfristige Schulden
Schulden in direktem Zusammenhang mit zur Veräußerung gehaltenen langfristigen Vermögenswerten
Summe kurzfristige Schulden
SUMME Schulden
BILANZSUMME

Tabelle 10: Beispiel für ein Bilanzgliederungsschema (Passiva)

3.1.4 Ausblick: Geplante Änderung der Bilanzgliederung nach IFRS

Mit dem Konvergenzprojekt „Financial Statement Presentation" des IASB und FASB soll in insgesamt drei Teilschritten (Phase A bis C) eine Angleichung der Standards IAS 1 „Presentation of Financial Statements" und den entsprechenden Regelungen nach US-GAAP erreicht werden. Mit dieser Angleichung geht zugleich eine grundlegende Neuausrichtung der Darstellungsgrundsätze für einen IFRS-Abschluss einher. Phase A, die Überarbeitung von IAS 1, wurde bereits abgeschlossen und in den obigen Ausführungen berücksichtigt. Für die Phasen B und C, siehe Punkt 6.3 Ausblick: Geplante Änderung: Discussion Paper „Preliminary Views on Financial Statement Presentation.

3.2. Ansatz

3.2.1 Überblick

Im Grundsatz sind anzusetzen:

- auf der Aktivseite der Bilanz alle einzelnen Vermögenswerte (RK.49(a)) bzw. Vermögensgegenstände (§ 246 I HGB)
- auf der Passivseite der Bilanz alle einzelnen Schulden (RK.49 (b) bzw. § 246 I HGB)

Hinzu kommen nach HGB noch vereinzelt Sonderpositionen (aktive und passive Rechnungsabgrenzungsposten). Das Eigenkapital (= sog. bilanzielles Reinvermögen) ergibt sich dann als Saldo der Bilanz.

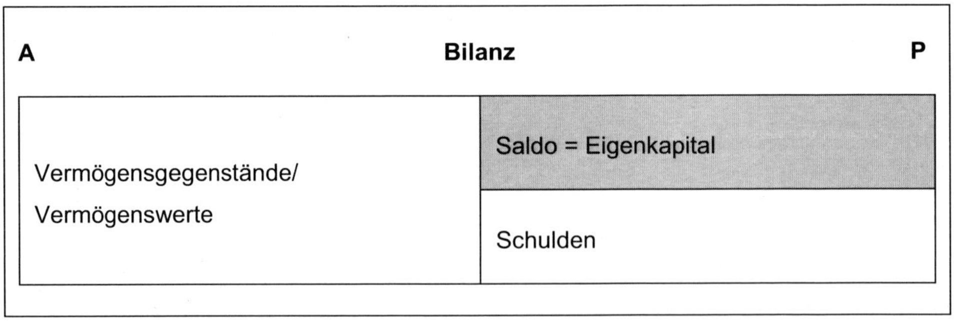

Abbildung 16: Grundinhalt der Bilanz

Bei der Prüfung des Bilanzansatzes stellt sich eine Reihe von Einzelfragen, die systematisch nacheinander abgearbeitet werden müssen:

(1) Abstrakte Bilanzierungsfähigkeit

Was sollte grundsätzlich in die Bilanz aufgenommen werden? Auf der Aktivseite sind dies einzelne Vermögensgegenstände (§ 246 I HGB) oder Vermögenswerte (RK.49), auf der Passivseite einzelne Schulden (§ 246 I HGB bzw. RK 49).

(2) Abweichungen durch gesetzliche Einzelregelungen

Durch Einzelregelungen können sich sowohl zwingende oder mögliche Einschränkungen des grundsätzlichen Bilanzansatzes als auch zwingende oder mögliche Erweiterungen des Bilanzansatzes (z.B. im Handelsrecht Rechnungsabgrenzungsposten) ergeben.

(3) Konkrete Bilanzierungsfähigkeit

Hier handelt es sich um die Überprüfung von Zuordnungsfragen:

- Zugehörigkeit zu Betriebs- oder Privatvermögen?
- Zurechnung nach juristischem oder gegebenenfalls abweichendem wirtschaftlichen Eigentum?
- Zeitpunkt der erstmaligen bzw. letztmaligen bilanziellen Erfassung bei Zugang bzw. Abgang von Wirtschaftsgütern

Im Ergebnis besteht im Handelsrecht für einen Vorgang entweder Bilanzierungspflicht oder ein Bilanzierungswahlrecht oder ein Bilanzierungsverbot.

Hingegen kann für einen Vorgang im IAS/IFRS-Abschluss nur eine Bilanzierungspflicht oder ein Bilanzierungsverbot abgeleitet werden. Allerdings ergeben sich aufgrund verschiedenster Ermessensspielräume oft „faktische Bilanzierungswahlrechte“.

3.2.2 Vermögenswert und Vermögensgegenstand

Im Handelsrecht ist festgelegt, dass der Kaufmann einen das Verhältnis seines Vermögens und seiner Schulden darstellenden Abschluss (Bilanz) aufzustellen hat (§ 242 I HGB), der sämtliche „Vermögensgegenstände, Schulden, Rechnungsabgrenzungsposten ..." enthalten muss (§ 246 I HGB).

Zum Begriff des **Vermögensgegenstands** fehlen nähere Erläuterungen im HGB. Er muss durch Auslegung definiert werden. Das Handelsrecht ist in Deutschland traditionell vom Gedanken des Gläubigerschutzes durch Sicherung des Gläubigerzugriffsvermögens beherrscht. Dies beinhaltet, dass Vermögensgegenstand nur sein kann, was im gegebenen Fall einzeln veräußerbar oder zumindest durch Vermietung, Verpachtung, Lizenzvergabe, Zwangsvollstreckung usw. einzeln verwertbar ist. Es stellt damit für die Gläubiger potenzielles Zugriffsvermögen dar.

Das IFRS-Rahmenkonzept enthält eine allgemeine Beschreibung des Bilanzinhalts. RK.49 führt zu Vermögenswerten aus:

49. Die unmittelbar mit der Ermittlung der Vermögens- und Finanzlage verbundenen Posten sind Vermögenswerte, Schulden und Eigenkapital. Diese werden wie folgt definiert:

(a) Ein Vermögenswert ist eine Ressource, die auf Grund von Ereignissen der Vergangenheit in der Verfügungsmacht des Unternehmens steht, und von der erwartet wird, dass dem Unternehmen aus ihr künftiger wirtschaftlicher Nutzen zufließt. ...

Die Merkmale von Vermögensgegenstand (HGB) und Vermögenswert (IFRS) sind überwiegend gleich, jedoch teilweise auch verschieden.

HGB: Vermögensgegenstand (VG)	IFRS: Vermögenswert (VW)
1) Liegt eine Sache (§ 90 BGB), Recht oder sonstiger künftiger wirtschaftlicher Vorteil vor?	1) Liegt per Definition (RK. 49) ein VW vor? = wirtschaftliche Ressource, über die ein Unternehmen auf Grund von Ereignissen der Vergangenheit gegenwärtig verfügen (herrschen) kann und die einen zukünftigen Nutzenzufluss verspricht (= Zahlungsüberschuss ↑) • Einzahlungen ↑ (z.B. Forderungen, Waren, Fertigerzeugnisse) • Auszahlungen ↓ (z.B. Rohstoffe, Maschinen)
2) Verlässliche Bewertbarkeit gegeben? = durch abgrenzbare Aufwendungen erworben • Kauf: Anschaffungskosten • Erstellen: Herstellungskosten	2) Sind die Ansatzkriterien (RK. 83) erfüllt? RK. 83(a): Wahrscheinlichkeit des Nutzenzuflusses > 50% RK. 83(b): Verlässliche Bewertbarkeit der Anschaffungs- oder Herstellungskosten (wie HGB) oder des Werts des Sachverhalts, die/der zum Nutzenzufluss führen.
3) Separierbarer Einzelwert gegeben? = einzeln veräußerbar oder sonst verwertbar (z.B. Lizenzvergabe an Patenten, Übertragung von Urheberrechten)	

Abbildung 17: Vergleich Vermögensgegenstand und Vermögenswert

zu 1) Künftiger wirtschaftlicher Vorteil bzw. Nutzen

Der wirtschaftliche Nutzen besteht im Prinzip in künftigen Einzahlungen oder vermiedenen Auszahlungen. Er kann dem Unternehmen auf verschiedene Weise zufließen.

Beispiel:

- durch Verkauf des Vermögenswerts
- durch Tausch gegen einen anderen Vermögenswert
- durch Benutzung für die Produktion von anderen Gütern
- durch Vermietung des Vermögenswerts
- durch die Überlassung des Vermögenswerts zur Begleichung einer Schuld

Künftiger Vorteil verlangt nicht, dass eine Nutzungsdauer von mindestens einem Jahr gegeben ist, sondern lediglich, dass der Vorteil noch über den Bilanzstichtag hinausreicht.

Gegenwärtig

Künftige Vorgänge können kein Vermögenswert nach IFRS sein.

Beispiel:

Ein Hersteller von Gemüsekonserven will einen künftigen Produktionsstandort in einem strukturschwachen Gebiet errichten. Damit hätte er einen Anspruch auf die Auszahlung einer Investitionszulage. Die Absicht auf künftige Beantragung einer Subvention stellt noch keinen Vermögenswert dar.

Beherrschung

Das Unternehmen muss die Ressource - Vermögensgegenstand, Vermögenswert - beherrschen. Das bedeutet, dass man selbst den Nutzen aus ihr ziehen kann und umgekehrt Dritte von der Nutzung ausschließen kann. Das Eigentum oder ein sonstiges Recht sind nicht unbedingt erforderlich.

Beispiel:

(1) Die Biochem AG besitzt ein Geheimverfahren zur Herstellung eines besonders hitzefesten Kunststoffs. Es ist nicht patentgeschützt. Sie kann aber das Verfahren zur Herstellung ihrer Erzeugnisse nutzen. Durch die Geheimhaltung werden Dritte an einer Verwendung gehindert.

(2) Die Badische Metallbau GmbH ist für die hervorragende Ausbildung ihrer Lehrlinge und Facharbeiter bekannt. Sie wendet auch viel Zeit und Geld dafür auf. Firmenchef Fritz Schraubnagel bezeichnet immer wieder das Wissen der Mitarbeiter als das größte Kapital der Firma. Die Arbeitnehmer können aber ihre Stelle bei der Badischen Metallbau GmbH jederzeit kündigen. Deshalb beherrscht sie die Ressource „Wissen der Mitarbeiter" nicht.

zu 2) Bewertbarkeit

Für einen Vermögensgegenstand ist es nach HGB erforderlich, dass sich Anschaffungs- oder Herstellungskosten sachlich abgrenzen und dem Vermögensgegenstand zurechnen lassen.

Auch im IAS/IFRS-Abschluss lassen Anschaffungs- oder Herstellungskosten auf das Vorliegen eines Vermögenswertes schließen (RK.89). Allerdings schließt das Fehlen dieser Aufwendungen nicht aus, dass ein Sachverhalt die Definition eines Vermögenswertes erfüllt, solange der Vermögenswert „verlässlich bewertet" werden kann (RK.83 (b)).

Beispielsweise können auch Dinge, die dem Unternehmen geschenkt wurden, die Definition des Vermögenswertes erfüllen (RK. 59). Fraglich ist hier jedoch, ob der Vermögenswert dann verlässlich bewertet werden kann.

Wahrscheinlichkeit

Der Zufluss eines wirtschaftlichen Nutzens nach IFRS an das Unternehmen braucht zwar nicht völlig sicher festzustehen, er muss aber doch wahrscheinlich sein (RK.83 (a)).

Beispiel:

Die Neckar-Rhein AG hat ein technisches Verfahren zur Meerwasserreinigung nach Tankerunfällen weiterentwickelt. Andere Firmen arbeiten an Konkurrenzverfahren. Es ist daher nicht garantiert, dass das Verfahren erfolgreich vermarktet werden kann.

Zu 3) Einzelverwertbarkeit bzw. Identifizierbarkeit als Einzelwert

Ein handelsrechtlicher Vermögensgegenstand erfordert nach der herrschenden Meinung Einzelveräußerbarkeit oder zumindest Einzelverwertbarkeit.

Hingegen wird im Rahmen der IAS/IFRS-Rechnungslegung lediglich das Vorhandensein eines identifizierbaren Einzelwertes gefordert. Vorteile aufgrund vertraglicher oder gesetzlicher Rechte können separat bilanziert werden, auch wenn sie nur gemeinsam mit dem Unternehmen übertragbar sind. Auf eine Einzelveräußerbarkeit kommt es nach IFRS nicht an, nur auf den Nutzenzufluss.

Beispiel:

Die Aquabohr AG hat die Rechte zum Abbau von Ölschlick in den indischen Hoheitsgewässern erworben. Das Recht ist nur persönlich auf die Aquabohr AG bezogen und kann nicht an Dritte verkauft, lizenziert oder auf andere Weise übertragen werden.

Im Vergleich der abstrakten Bilanzierungsfähigkeit zeigt sich:

Der Begriff des „Vermögenswerts“ im Rahmenkonzept der IFRS ist etwas umfassender als der „Vermögensgegenstand“ nach HGB.

Allerdings gehen der Definition des Rahmenkonzepts die Definitionen der einzelnen IAS/IFRS-Standards vor. Vor allem die speziellen Vorschriften zu immateriellen Vermögenswerten in IAS 38 weichen von der allgemeinen Regelung des Rahmenkonzepts ab.

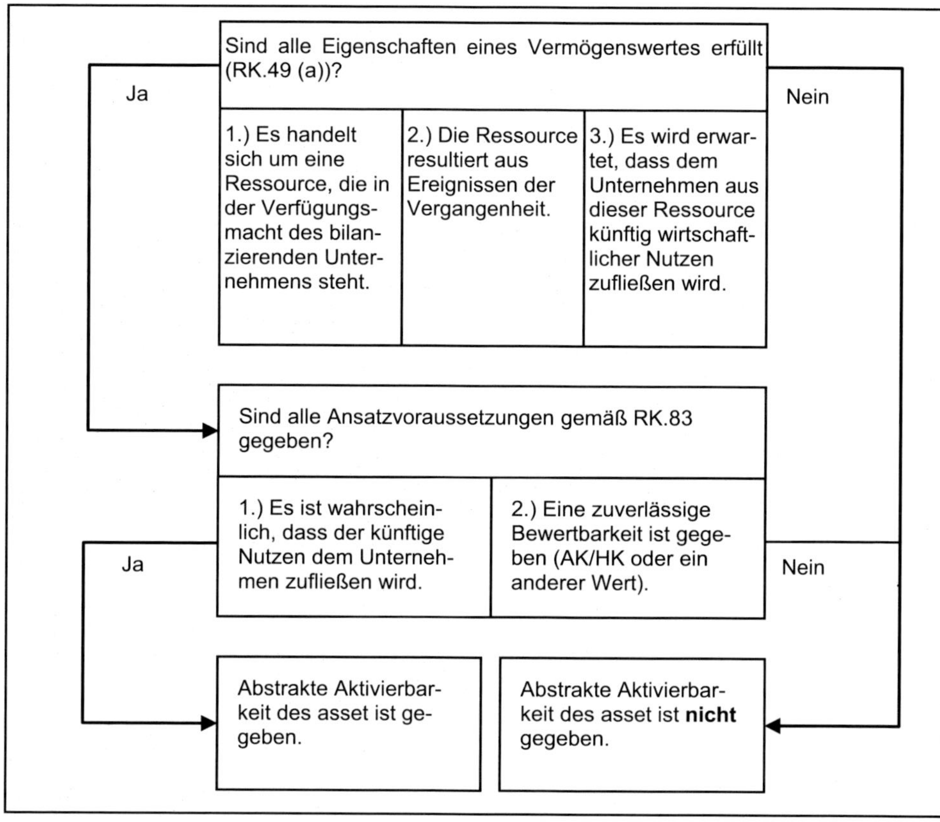

Abbildung 18: Abstrakte Aktivierbarkeit von Vermögensgegenständen nach IFRS

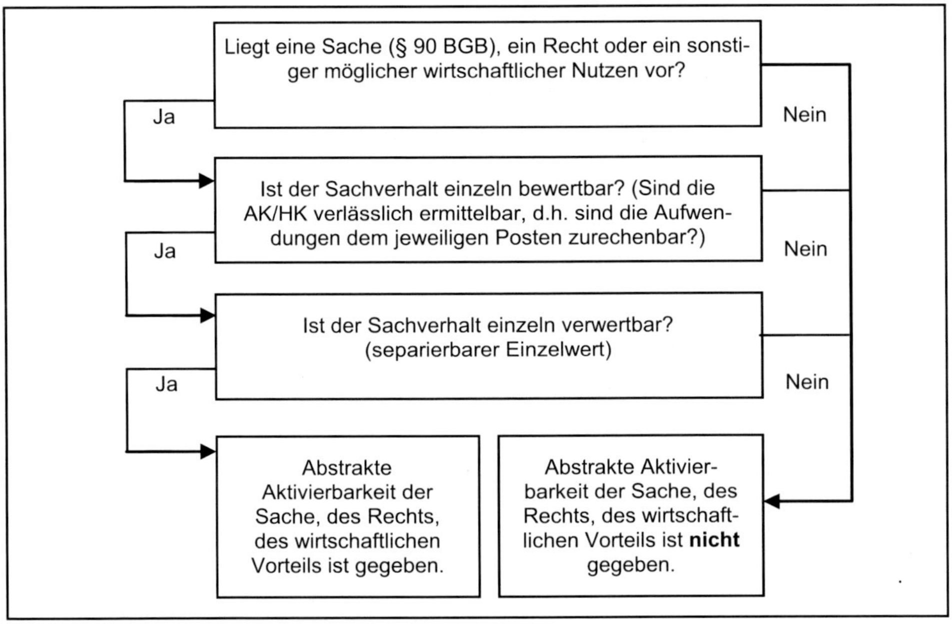

Abbildung 19: Abstrakte Aktivierbarkeit von Vermögensgegenständen nach HGB

3.2.3 Schulden

Im Handelsrecht enthalten weder § 242 I HGB noch § 246 I HGB eine Definition von „Schuld". Schulden führen zu einer Minderung des Reinvermögens. Zu ihnen gehören Verbindlichkeiten und Rückstellungen.

In RK.49 findet sich eine Definition des Begriffs „Schuld":

(b) Eine Schuld ist eine gegenwärtige Verpflichtung des Unternehmens, die aus Ereignissen der Vergangenheit entsteht und deren Erfüllung für das Unternehmen erwartungsgemäß mit einem Abfluss von Ressourcen mit wirtschaftlichem Nutzen verbunden ist.

Ebenso wie auf der Aktivseite finden sich zwischen Schulden (HGB) und Schulden (IFRS) viele Gemeinsamkeiten und einige Unterschiede:

<table>
<tr><th>HGB: Schuld</th><th>IFRS: Schuld</th></tr>
<tr><td colspan="2">1) gegenwärtige Verpflichtung aus Ereignissen der Vergangenheit zu einer Leistung mit künftigen wirtschaftlichen Nachteil = Zahlungsüberschuss ↓
Auszahlungen ↑ (z.B. Steuerzahlungen, Kredittilgung)
negativer (↓) Einzahlungsüberschuss (z.B. „drohender Verlust aus schwebenden Geschäften“)</td></tr>
<tr><td colspan="2">2) Wahrscheinlichkeit und Bewertung des Nutzenabflusses = hinreichend sichere Belastung
• quasi sicher = „Verbindlichkeit“
• unsicher = „Rückstellung“
• („möglich“ => nicht in der Bilanz, u.U. Angabe außerhalb „Eventualschuld“)</td></tr>
<tr><td>3) abgrenzbare Verpflichtung
= ebenso oder Innenverpflichtung
(„ihrer Eigenart nach genau umschriebene, dem Geschäftsjahr oder einem früheren Jahr zuzuordnende Aufwendungen, die am Abschlussstichtag sicher oder wahrscheinlich, aber hinsichtlich Höhe oder Zeitpunkt unbestimmt sind“)</td><td>= Außenverpflichtung
gegenüber Dritten (gesetzlich/vertraglich/faktisch wegen „Kulanz“)</td></tr>
</table>

Tabelle 11: Schuld nach IFRS und HGB

zu 1) Künftiger wirtschaftlicher Nachteil

Gemeinsames Merkmal ist das Vorliegen eines wirtschaftlichen Nachteils, der über den Bilanzstichtag hinausreicht. Damit handelt es sich um künftige Auszahlungen (z.B. Steuerzahlungen, Kredittilgung) oder Auszahlungsüberschüsse (z.B. „drohender Verlust aus schwebenden Geschäften“).

Kein Nachteil ist die Tatsache, dass zur Erzielung künftiger Umsätze auch Aufwendungen (z.B. Materialverbrauch, Arbeitskräfte) anfallen, solange hieraus ein Gewinn zu erwarten ist oder das Geschäft nicht abgeschlossen werden muss. Fest vertraglich vereinbarte, aber noch nicht erfüllte (sog. „schwebende“) Geschäfte, aus denen ein Verlust droht, stellen jedoch einen wirtschaftlichen Nachteil dar.

Nicht bilanzierungsfähig sind Verpflichtungen, die erst aus entstandenem Gewinn aufleben, wie z.B. aufgrund von Besserungsscheinen (sog. Geschäftslasten), solange noch kein Gewinn erzielt wurde.

zu 2) Wahrscheinlich

Künftige Auszahlungserwartungen müssen hinreichend konkretisiert sein. Dabei lassen sich drei Fälle unterscheiden:

- Verbindlichkeiten
- Rückstellungen
- Eventualschulden

Manche Belastungen wie die Tilgung eines Bankkredits sind sicher. Es handelt sich dann um eine Verbindlichkeit.

Auch ungewisse Auszahlungserwartungen - z.B. wegen eines Prozesses um Schadensersatz - können zu berücksichtigen sein. Eine Passivierung setzt voraus, dass wahrscheinlich, also zu mehr als 50%, mit einer Inanspruchnahme zu rechnen ist (RK.83 (a), IAS 37.23). Man bildet dann eine Rückstellung.

Mithin werden Verbindlichkeiten gegenüber Rückstellungen dahingehend abgegrenzt, dass Verbindlichkeiten solche Verpflichtungen darstellen, die nach Fälligkeit, Grund und Höhe (quasi-)sicher sind.

Liegt die Wahrscheinlichkeit unter 50%, so spricht IFRS von einer Eventualschuld. Sie ist (noch) nicht zu passivieren (RK.82, IAS 37.27). Das HGB verwendet hierfür den Begriff Eventualverbindlichkeit. Allerdings müssen Angaben im Anhang gemacht werden (RK.88, IAS 37.28).

Beispiel:

Das Unternehmen hat ein Bürgschaftsversprechen abgegeben. Solange kein Bürgschaftsfall absehbar ist, fehlt es an der erforderlichen Konkretisierung. Es handelt sich um eine Eventualschuld.

Tritt beim Unternehmen, für das gebürgt wurde, eine Krise ein, so muss das Unternehmen mit einer Inanspruchnahme aus der Bürgschaft rechnen. Steigt die Wahrscheinlichkeit über 50%, so muss jetzt eine Rückstellung gebildet werden.

Bewertung

Die künftige Belastung muss quantifiziert, also bewertet werden. Bei sicheren Verpflichtungen - Verbindlichkeiten - gibt es hier keine grundsätzlichen Probleme.

Bei Rückstellungen - ungewissen Belastungen - lassen sich jedoch Schätzungen nicht vermeiden. Diese betreffen sowohl die Frage, ob überhaupt eine Belastung eintritt als auch die Höhe der Belastung. Dies liegt in der Natur der Sache von Rückstellungssachverhalten. Die Notwendigkeit von Schätzungen verhindert nicht grundsätzlich eine Bewertung.

Im Vergleich zum HGB besteht nach IFRS hier ein wichtiger Unterschied. Für die Passivierung einer Schuld ist es nach IFRS zusätzlich erforderlich, dass der Wert des Sachverhalts verlässlich ermittelt werden kann (RK.83 (b), IAS 37.25-26).

Überraschenderweise besagt aber IAS 37.26:

> 26. In äußerst seltenen Fällen kann eine bestehende Schuld nicht angesetzt werden, und zwar dann, wenn keine verlässliche Schätzung möglich ist. Diese Schuld wird dann als Eventualschuld angegeben. ...

Achtung!

Das bedeutet, dass Unternehmen einen großen bilanzpolitischen Ermessensspielraum haben. Wenn sie die Meinung vertreten können, dass alle denkbaren Schätzverfahren unzuverlässig sind, braucht überhaupt kein Betrag passiviert werden!

Beispiel:

Die Pharmafirma Baymed AG wird in den USA von 2.300 Patienten wegen behaupteter Nebenwirkungen eines ihrer Medikamente verklagt. Es lässt sich heute nicht absehen welche Erfolgsaussichten die Klagen haben. Auch im Erfolgsfall kann ein gerichtlich zugesprochener Schadensersatz von wirtschaftlich unbedeutenden Beträgen bis hin zu Existenz vernichtenden Summen gehen.
Weil keine verlässliche Schätzung möglich ist, bildet Baymed überhaupt keine Rückstellung.

Zu 3) Bestehende abgrenzbare Verpflichtung

Einzelne Verpflichtungen, denen sich das Unternehmen nicht entziehen kann, können

- gegenüber Dritten bestehen (Außenverpflichtungen) oder
- aus Sachzwängen innerhalb des Unternehmens (Innenverpflichtungen) resultieren.

Hinsichtlich der Abgrenzbarkeit besteht ein Unterschied zwischen Handelsrecht und IAS/IFRS-Rechnungslegung. Handelsrechtlich ist es möglich, sowohl für Außen- als auch für Innenverpflichtungen eine Passivierung vorzunehmen. Gemäß IAS/IFRS muss es sich bei einer Schuld um eine Verpflichtung gegenüber Dritten (Außenverpflichtung) handeln. Zwar ist dieses Erfordernis nicht unmittelbar aus dem Rahmenkonzept ersichtlich, es lässt sich aber aus den angeführten Beispielen (RK 60 ff.) und IAS 37 ableiten.

Die Verpflichtung kann auf verschiedener Grundlage bestehen:

<table>
<tr><th>Gesetzlich</th><th>Vertraglich</th><th>Wirtschaftlich/Faktisch</th></tr>
<tr><td colspan="2">eine rechtliche Verursachung liegt vor, sobald die Tatbestandsmerkmale, welche die Verpflichtung nach Gesetz oder Vertrag auslösen, alle erfüllt sind</td><td>eine wirtschaftliche Verursachung liegt immer dann vor, wenn Verpflichtungen bereits entstandenen Erträgen zugeordnet werden können</td></tr>
<tr><td>z.B. Steuerzahlungen, Beseitigung von Umweltverschmutzungen</td><td>z.B. Kreditvertrag mit der Verpflichtung zu Tilgungen, Kaufvertrag mit der Verpflichtung zur Zahlung des Kaufpreises</td><td>z.B. Reparatur von fehlerhaften Produkten außerhalb der Garantiefrist, um künftig keine Kunden zu verlieren („Kulanz")</td></tr>
<tr><td colspan="3">wenn die wirtschaftliche und rechtliche Verursachung auseinander fallen, zählt nach Handelsrecht im Regelfall das Kriterium, das früher eintritt.
Beispiel: eine Garantieverpflichtung entsteht bereits dann, wenn diese durch die Realisation von Umsätzen wirtschaftlich entstanden ist und nicht erst, wenn sie durch konkrete Ansprüche rechtlich begründet ist.</td></tr>
</table>

Tabelle 12: Verpflichtungsgrundlagen

Künftige Zahlungspflichten, denen sich das Unternehmen nicht entziehen kann, können auch aus Sachzwängen innerhalb des Unternehmens (Innenverpflichtungen) resultieren. Sie beruhen darauf, dass die bisher durchgeführte Unternehmenstätigkeit zwangsläufig gewisse Aufwendungen mit sich bringt, von denen jedoch manche erst in der Zukunft anfallen.

Beispiel:

Entsorgung von Abfällen, regelmäßige Wartung von Anlagen, Generalüberholung von Triebwerken bei Flugzeugen

Eine Passivierung von **Innenverpflichtungen** ist nur nach Handelsrecht möglich. Für sog. Instandhaltungsrückstellungen, sofern diese innerhalb von drei Monaten im folgenden Geschäftsjahr nachgeholt werden, besteht nach HGB sogar eine ausdrückliche Passivierungspflicht (§ 249 I S. 2 Nr. 1 HGB).

Im IFRS ist eine Passivierung von Aufwandsrückstellungen nicht möglich, denn Aufwandsrückstellungen stellen Eigenverpflichtungen des Unternehmens dar, für die nach IAS 37.20 ein Passivierungsverbot besteht.

Eine gewisse Ausnahme von diesem Grundsatz existiert für Restrukturierungsmaßnahmen. Für diese besteht, wenn sie die Voraussetzungen nach IAS 37.70 ff. erfüllen, eine Passivierungspflicht. Begründet wird dies mit einer faktischen Verpflichtung nach ihrer öffentlichen Ankündigung.

Der Vergleich der abstrakten Bilanzierungsfähigkeit ergibt:

Bilanzierungsfähig sind nur am Abschlussstichtag schon existierende „einzeln greifbare“ Verpflichtungen des Unternehmens. Keine gegenwärtige und einzeln greifbare Verpflichtung stellt die Tatsache dar, dass bei künftigen Geschäften mit Verlusten für das Unternehmen zu rechnen ist, weil die Kosten die Erlöse übersteigen (GoB und IAS 37.63).

- Einzeln greifbar sind jedoch **drohende Verluste** aus schon heute vertraglich fest vereinbarten, aber noch nicht erfüllten - „schwebenden“ - Geschäften.
- Unrentabilität führt aber i.d.R. zu einer Wertminderung – **Abschreibung** - der aktivierten Vermögensgegenstände.

Der Begriff der „Schuld“ im Rahmenkonzept der IFRS ist etwas enger als die „Schuld“ nach HGB.

Die Überlegungen zur abstrakten Bilanzierungsfähigkeit werden aber in der Praxis durch konkrete Einzelvorschriften bei den Rückstellungen in § 249 HGB und IAS 37 überlagert.

Im IAS/IFRS ist eine Passivierung von Aufwandsrückstellungen nicht möglich, denn Aufwandsrückstellungen stellen Eigenverpflichtungen des Unternehmens dar, für die nach IAS 37.20 ein Passivierungsverbot besteht. Eine Ausnahme von diesem Grundsatz existiert für Restrukturierungsmaßnahmen. Für diese bestehen, wenn sie die Voraussetzungen nach IAS 37.70 ff. erfüllen, als „faktische" (Außen-)Verpflichtung eine Passivierungspflicht. Auch handelsrechtlich besteht als Ausnahme für Instandhaltungsrückstellungen bei Nachholung bis März des folgenden Geschäftsjahres eine Passivierungspflicht.

Rückstellungen

Verpflichtungen ggü. Dritten	**Instandhaltungs-rückstellungen**	**Verluste aus schwebenden Geschäften**
rechtlich: Rückstellungen für ungewisse Verbindlichkeiten (§ 249 I S. 1 HGB) Gegenwärtige rechtliche Verpflichtung (IAS 37.14) **wirtschaftlich:** Gewährleistung ohne rechtliche Verpflichtung (§ 249 I S. 2 Nr. 2 HGB)	„(...) im Geschäftsjahr unterlassene Aufwendungen für Instandhaltung, die im folgenden Geschäftsjahr innerhalb von drei Monaten (...) nachgeholt werden" (§ 249 I S. 2 Nr. 1 HGB)	Grundsatz des Nicht-Ausweises von schwebenden Geschäften, aber Vorsichtsprinzip bei absehbaren Verlusten => Rückstellungen für drohende Verluste aus schwebenden Geschäften (§ 249 I S. 1 HGB) Rückstellungen für belastende Verträge (IAS 37.66)

Abbildung 20: Klassifizierung von Rückstellungen nach HGB und IFRS

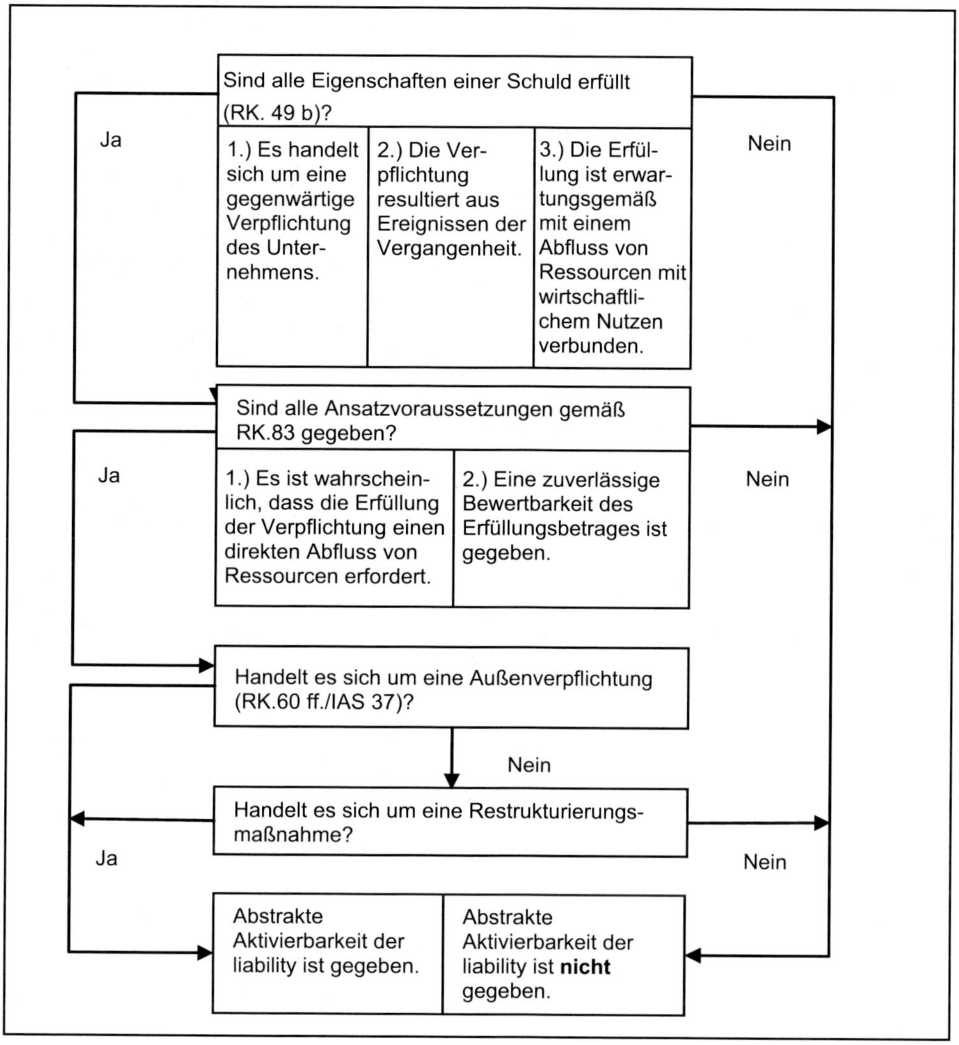

Abbildung 21: Abstrakte Bilanzierungsfähigkeit von Schulden nach IFRS

3.2.4 Erfassung weiterer Elemente

Der oben beschriebene grundsätzliche Bilanzinhalt erfährt aus verschiedenen Gründen sowohl Einschränkungen als auch Erweiterungen. Diese gesetzlichen Einzelregelungen können in Handelsbilanz und IAS/IFRS-Abschluss unterschiedlich aussehen. Die Grundstruktur der Bilanz ändert sich damit wie folgt:

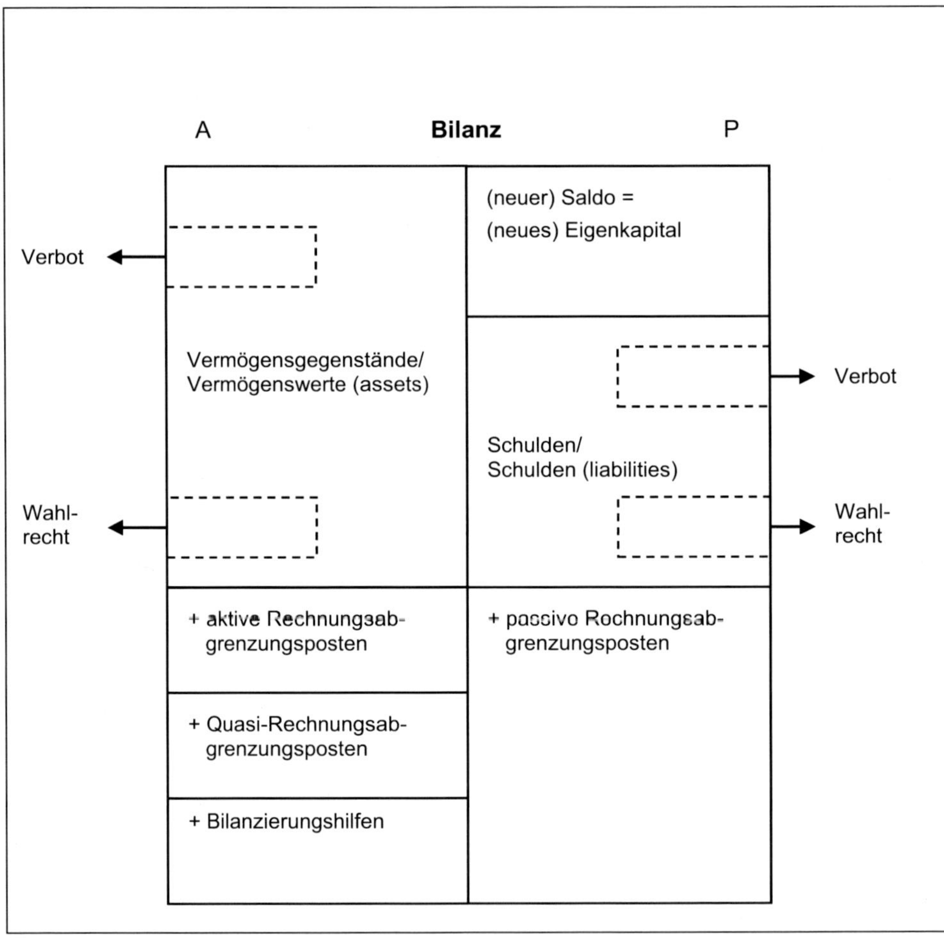

Abbildung 22: Modifikationen des Grundinhalts der Bilanz

Das HGB kennt weitere Bilanzpositionen neben den Vermögensgegenständen und Schulden. Hierbei handelt es sich um:

- aktive und passive Rechnungsabgrenzungsposten
- Bilanzierungshilfen
- früher auch noch den Sonderposten mit Rücklageanteil

Diese Sachverhalte wirken sich teilweise aber auch auf einen IFRS-Abschluss aus.

3.2.5 Rechnungsabgrenzungsposten

Bei den echten handelsrechtlichen Rechnungsabgrenzungsposten findet der Zahlungsvorgang vor dem Leistungsvorgang statt. Man bezeichnet sie auch als transitorische Rechnungsabgrenzungsposten.

Beispiel:

Ein Supermarkt mietet von November bis April eine zusätzliche Lagerhalle. Die ganze Miete ist bereits zu Beginn fällig. Der Mietaufwand für die Monate Januar bis April wird somit bereits im Vorjahr bezahlt.

Hier muss nach § 250 I HGB ein aktiver Rechnungsabgrenzungsposten (ARAP) gebildet werden:

Als Rechnungsabgrenzungsposten sind auf der Aktivseite Ausgaben vor dem Abschlussstichtag auszuweisen, soweit sie Aufwand für eine bestimmte Zeit nach diesem Tag darstellen.

Rechnungsabgrenzungsposten sind im IFRS-Abschluss nicht als eigenständiges Element vorgesehen. Allerdings erfüllt der Sachverhalt bereits die Definition als Vermögenswert: Die vorweg bezahlte Miete stellt eine Ressource dar, deren künftiger Nutzen in der Verfügbarkeit des Lagerraums ohne zusätzliche Auszahlungen besteht.

Es kommt zu diesem Unterschied, weil IFRS bei Vermögenswerten keine Einzelverwertbarkeit verlangt. Der Ausweis kann unter den übrigen Vermögenswerten erfolgen. Man bezeichnet Sachverhalte, die den deutschen ARAP entsprechen, auch als „deferred charges“.

Liegt ein Aufwand vor dem Bilanzstichtag vor, der jedoch erst nach dem Bilanzstichtag zu einer Ausgabe führt, ist die Verbindlichkeit als „sonstige Verbindlichkeit“ unter der Rubrik Verbindlichkeiten (§ 266 III C Nr. 8; § 252 I Nr. 5 HGB) zu verbuchen. Man bezeichnet diese als antizipative Rechnungsabgrenzung. Als klassisches Beispiel wäre zu nennen, dass eine fällige Miete zum Bilanzstichtag noch nicht bezahlt wurde. Die Behandlung dieses Sachverhalts nach IFRS erfolgt analog dem obigen Abschnitt.

Variieren wir die Ausgangssituation:

Beispiel:

Eine Versicherung vermietet von November bis April nicht benötigte Büroräume an einen Dritten. Die ganze Miete ist bereits zu Beginn fällig. Der Mietertrag für die Monate Januar bis April wird somit bereits im Vorjahr vereinnahmt.

Gemäß § 250 II HGB ist hier ein passiver Rechnungsabgrenzungsposten (PRAP) erforderlich:

Auf der Passivseite sind als Rechnungsabgrenzungsposten Einnahmen vor dem Abschlussstichtag auszuweisen, soweit sie Ertrag für eine bestimmte Zeit nach diesem Tag darstellen.

Im IFRS-Abschluss handelt es sich um eine ganz normale Schuld. Sollte die Vermietung im Folgejahr z.B. wegen eines Wasserschadens nicht möglich sein, so könnte der Mieter die Miete kürzen. Der bereits bezahlte Betrag wäre zurückzuerstatten. Der Ausweis wird unter den übrigen Schulden vorgenommen. Man spricht hier auch von sog. „deferred income“.

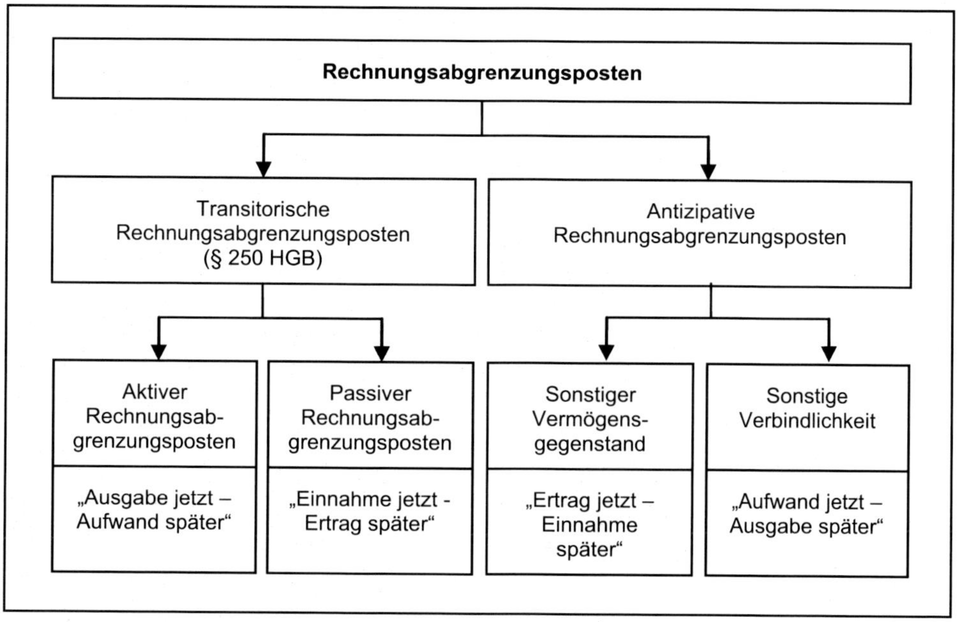

Abbildung 23: Rechnungsabgrenzungsposten nach HGB

Sonderfall: „accruals"

Einen Sonderfall stellen die sog. „accruals" dar, die quasi Zwischenpositionen zwischen Verbindlichkeiten und den Rückstellungen einnehmen. Hierbei liegen am Bilanzstichtag erhaltene Güter oder Dienstleistungen vor, über die der Lieferant noch keine Rechnung ausgestellt hat, die Höhe der Rechnung jedoch einigermaßen verlässlich geschätzt werden kann. Die Unsicherheit hinsichtlich der Höhe ist also wesentlich geringer als bei Rückstellungen, aber noch nicht quasi-sicher wie bei Verbindlichkeiten. Beispielsweise sind das ausstehende Handwerkerrechnungen, bei denen ein Kostenvoranschlag vorliegt oder auch abgegrenzte Urlaubsgelder. Die „accruals" werden regelmäßig unter den sonstigen Verbindlichkeiten oder den Verbindlichkeiten aus Lieferungen und Leistungen verbucht. Die Anwendung der „accruals" ist dem HGB nicht bekannt. Ähnliche Sachverhalte werden unter Ansatz von Verbindlichkeitsrückstellungen geregelt.

Quasi-Rechnungsabgrenzungsposten nach HGB

Hierbei handelt es sich um Sachverhalte, die aus bestimmten Gründen in der Handelsbilanz aktiviert und mit unter den aktiven Rechnungsabgrenzungsposten ausgewiesen werden „dürfen“ (§ 250 III HGB), obwohl die normalen Tatbestandsmerkmale hierfür nicht erfüllt sind. Nach dem BilMoG ist hier nur noch das Disagio übrig geblieben:

Disagio

= Ausgabebetrag eines Kredits < Erfüllungsbetrag

HGB: Wahlrecht (§ 250 III HGB)

IAS/IFRS: kein Ansatz, dafür Passivierung des Darlehens zum Barwert der noch zu leistenden Zahlungen (fortgeführte Anschaffungskosten unter Anwendung der Effektivzinsmethode gemäß IAS 39.47)

Exkurs: Als Aufwand berücksichtigte Zölle und Verbrauchsteuern und als Aufwand berücksichtigte Umsatzsteuer auf Anzahlungen

dürfen aufgrund des BilMoG nicht mehr unter den Rechnungsabgrenzungsposten ausgewiesen werden. Genauso wie die IAS/IFRS enthält das HGB hierzu somit keine Regelung mehr. Es ist folglich keine Aktivierung möglich. Es bleibt beim Aufwand.

3.2.6 Bilanzierungshilfen

Unter den Bilanzierungshilfen nach Handelsrecht sind nach BilMoG allein die aktiven latenten Steuern (§ 274 HGB bei Kapitalgesellschaften) erhalten geblieben.

Zwar ist die Bezeichnung Bilanzierungshilfe im Zusammenhang mit den aktiven latenten Steuern gestrichen worden, sie bleiben aber ein Vermögensgegenstand eigener Art.

Aktive latente Steuern bilden eine absehbar künftig geringere Belastung mit Steuern im Verhältnis zur handelsrechtlichen Bilanzierung ab. Handelsrechtlich gibt es ein Ansatzwahlrecht bei Kapitalgesellschaften (§ 274 I S. 2 HGB).

IFRS verlangt generell eine Ansatzpflicht des latenten Steueranspruchs (deferred taxes) als Vermögenswert (IAS 12.24).

Exkurs: Aufwendungen für die Ingangsetzung und Erweiterung des Geschäftsbetriebs

Vor der Verabschiedung des BilMoG konnten noch Aufwendungen für die Ingangsetzung und Erweiterung des Geschäftsbetriebs (§ 269 HGB-alt bei Kapitalgesellschaften) als Bilanzierungshilfe angesetzt werden. Dies ist nun nicht mehr möglich.

Inhaltlich konnten die **Aufwendungen für die Ingangsetzung** unterschiedliche Sachverhalte umfassen:

Beispiel:

Organisationsberatung, Marktforschungsstudien, Werbung, Beschaffung von Arbeitskräften, Probeläufe von Anlagen, Miete/Personalkosten/Abschreibungen vor Aufnahme der Produktion

Ausgeschlossen waren Kosten der Gründung und Eigenkapitalbeschaffung (§ 248 I HGB).

Die gleichen Aufwendungen konnten auch bei einer wesentliche Erweiterung: der Produktpalette, einer Produktionsstätte, der Errichtung einer neuen Betriebsstätte - z.B. Restaurant in einer Restaurantkette- oder der Erschließung neuer geografischer Märkte anfallen.

§ 269 HGB ermöglichte Kapitalgesellschaften ein Ansatzwahlrecht. In den Folgejahren mussten die aktivierten Aufwendungen abgeschrieben werden. Um das schwierige Problem der Nutzungsdauer zu „lösen“, wurde für jedes Folgejahr pauschal eine Abschreibung von mindestens 25% vorgeschrieben. Durch die Aktivierung stiegen ceteris paribus die Gewinnrücklagen, jedoch durften deswegen keine höheren Ausschüttungen erfolgen (sog. Ausschüttungssperre).

Nach IFRS gibt es keine Sondervorschriften. Weil mit diesen Aufwendungen in der Regel keine bilanzierungsfähigen Vermögenswerte entstehen, dürfen sie nicht aktiviert werden. Nur in Einzelfällen wie bei Entwicklungsaufwendungen kann es eventuell zu einer Aktivierungspflicht als immaterieller Vermögenswert kommen.

Exkurs: entgeltlich erworbene (derivative) Firmenwert

Der entgeltlich erworbene Firmenwert wurde vor der Umsetzung des BilMoG wegen des Ansatzwahlrechtes in § 255 IV HGB-alt oft auch als Bilanzierungshilfe bezeichnet. Dieser wird nun gemäß § 264 I S. 4 HGB per **Fiktion** als Vermögensgegenstand qualifiziert („gilt als zeitlich begrenzter Vermögensgegenstand") und es besteht wie nach IFRS (IFRS 3.51) stets eine **Ansatzpflicht für den derivativen Geschäfts- oder Firmenwert**.

3.2.7 Exkurs HGB-alt: Sonderposten mit Rücklageanteil

Die rein handelsrechtliche Bilanzposition „Sonderposten mit Rücklageanteil" fiel aus steuerlichen Gründen an. Sie konnte zwei Zwecken dienen:

- indirekte Vornahme von steuerlichen Abschreibungen (§ 281 I HGB)
- Speicherung unversteuerter Gewinnrücklagen mit dem Ziel einer Steuerstundung auf Grund besonderer steuerlicher Vorschriften (§ 247 III, § 271 HGB)

Indirekte Vornahme steuerlich zulässiger Wertminderungen (§ 281 I HGB)

Bestimmte Sachverhalte (z.B. Investitionen in Umweltschutz, in Denkmalpflege, in bestimmte Regionen) werden gefördert, indem das Steuerrecht für die Steuerbilanz eine niedrigere Bewertung der Wirtschaftsgüter erlaubt (z.B. steuerliche Sonderabschreibungen bzw. erhöhte Abschreibungen).

- Dieser niedrigere Wert konnte auch in die Handelsbilanz übernommen werden (§ 254 HGB).
  BilMoG: Steuerrechtliche Sonderabschreibungen sind durch die Abschaffung der umgekehrten Maßgeblichkeit in Zukunft nicht mehr möglich.
- Alternativ bestand bei Kapitalgesellschaften ein Ausweiswahlrecht zur indirekten Durchführung der Wertminderung: Die ursprüngliche Bewertung des Vermögensgegenstandes auf der Aktivseite blieb bestehen und zum Ausgleich wurde auf der Passivseite nach § 281 I HGB ein „Sonderposten mit Rücklageanteil" gebildet. **BilMoG**: Der Sonderposten mit Rücklageanteil wird durch die Aufgabe der umgekehrten Maßgeblichkeit abgeschafft (Aufhebung der §§ 247 III, 273 und 281 HGB).

Die zweite Methode führte zu einer verbesserten Transparenz der Bilanz. Bei der ersten Methode waren im Anhang Zusatzangaben zu machen (§ 285 Nr. 5 HGB).

Beispiel:

Der Gewinn der Happyphone AG vor Abzug von Abschreibungen, Zinsen und Steuern (EBITDA) sei 1.000. Die Ertragsteuerbelastung beträgt 40%.

Für eine Investition von 1.000 in einem strukturschwachen Gebiet ermöglicht der Fiskus eine steuerliche Sonderabschreibung von 50%. Sie tritt neben die normale Absetzung für Abnutzung von 20%.

1) Als Bilanzausweis für die Investition ohne Inanspruchnahme der steuerlichen Sonderabschreibung ergibt sich:

Aktiva			Passiva
Sachanlagen		EBITDA	1.000
Anschaffungskosten	1.000	Abschreibung	-200
Abschreibung	-200	Gewinn vor Steuern	800
Buchwert	800	Steueraufwand 40%	-320
		Jahresüberschuss	480
		Steuerverbindlichkeit	320

Bei einer Ertragsteuerbelastung von 40% kam es durch die Sonderabschreibung zu einer Steuerminderung von 500 · 0,40 = 200. Dies stellt letztlich nur eine Steuerstundung dar, weil die Abschreibungen ja nicht doppelt vorgenommen werden dürfen.

2) Der Bilanzausweis bei direkter Vornahme der Sonderabschreibung verändert sich durch einen niedrigeren Buchwert der Sachanlagen, höhere Abschreibungen, einen geringeren Gewinn vor Steuern, einen reduzierten Steueraufwand, einen gesunkenen Jahresüberschuss und geringere Steuerverbindlichkeiten:

Aktiva		Passiva	
Sachanlagen		EBITDA	1.000
Anschaffungskosten	1.000	Abschreibung	-700
Abschreibung	-700	Gewinn vor Steuern	300
Buchwert	300	Steueraufwand 40%	-120
		Jahresüberschuss	180
		Steuerverbindlichkeit	120

Als Ausweisalternative galt nach HGB die Bildung eines Sonderpostens mit Rücklageanteil.

(3) Der Bilanzausweis mit indirekter Sonderabschreibung beinhaltet auf der Passivseite einen Sonderposten mit Rücklageanteil und auf der Aktivseite einen entsprechend höheren Buchwert der Sachanlagen:

Aktiva		Passiva	
Sachanlagen		EBITDA	1.000
Anschaffungskosten	1.000	Abschreibung	-700
Abschreibung	-200	Gewinn vor Steuern	300
Buchwert	800	Steueraufwand 40%	-120
		Jahresüberschuss	180
		Sonderposten mit Rücklageanteil	500
		Steuerverbindlichkeit	120

Wirkungen im IFRS-Abschluss und HGB-Abschluss nach BilMoG?

Sowohl der IFRS-Abschluss, als auch der HGB-Abschluss nach BilMoG weisen keine Verbindung zur Steuerbilanz auf. In einer IFRS-Bilanz und in einer HGB-Bilanz nach BilMoG ist kein „Sonderposten mit Rücklageanteil“ möglich. Der Buchwert der Sachanlagen beläuft sich hier auf 800. Der Gewinn vor Steuern beträgt 1000 – 200 = 800.

Es treten allerdings zumindest **indirekte Wirkungen** ein:

- Wegen des niedrigeren Buchwerts von 300 in der Steuerbilanz erhält man künftig geringere steuerliche Abschreibungen. Daher steigt künftig der steuerliche Gewinn an. Es wird in den Folgejahren relativ zu höheren Steuerzahlungen kommen.
- In der Bilanz ist deshalb eine Rückstellung für „latente Steuern" in Höhe von 200 zu bilden (IAS 12.15, § 274 I HGB). Der zusätzliche latente Steueraufwand geht auch mit 200 in die GuV ein. Dort kompensiert er rechnerisch die heutige tatsächliche Steuerminderung. Gemeinsam mit dem Aufwand für tatsächlich bezahlte Steuern von 120 beträgt der Steueraufwand 200 + 120 = 320. Dies entspricht 40% des IFRS-/Handelsbilanz-Gewinns vor Abzug von Steuern: 320 = 800 · 0,40.

Beispiel:

Die Wirkungen auf die Bilanz nach IFRS/HGB sind somit:

Aktiva			Passiva
Sachanlagen		EBITDA	1.000
Anschaffungskosten	1.000	Abschreibung	-200
Abschreibung	-200	Gewinn vor Steuern	800
Buchwert	800	Aufwand echte Steuer	-120
		Aufwand latente Steuer	-200
		Jahresüberschuss	480
		Rückstellung für latente Steuern	200
		Steuerverbindlichkeit	120

Während der Laufzeit der Abschreibung wird die Rückstellung für latente Steuern aufgelöst. In der Gewinn- und Verlustrechnung entsteht dann ein Steuerertrag.

Speicherung unversteuerter Gewinnrücklagen (§ 247 III HGB)

Die steuerliche Übertragung stiller Reserven ist eine aus bestimmten wirtschaftspolitischen Gründen gewährte Steuererleichterung. Ein Anwendungsfall ist die Ersatzbeschaffungsrücklage nach R 6.6 EStR.

Beispiel:

Eine Lagerhalle mit Buchwert 100 wird durch einen Blitz in Brand gesetzt und zerstört („höhere Gewalt“). Die Versicherung zahlt den Zeitwert der Halle von 1.000 aus. Damit soll ein Wiederaufbau erfolgen.

Die Bilanz 01 würde folgendes Bild zeigen:

Aktiva		Passiva	
~~Halle alt~~	~~100~~	EK alt	100
Bank	1000	**„Gewinn“**	**900**

Grundsätzlich entsteht in Höhe von 1.000 - 100 = 900 ein Gewinn (aufgedeckte stille Reserven). Wird dieser besteuert (z.B. mit einem Steuersatz von 50%), so verhindert die Steuerzahlung von 900 · 0,50 = 450, dass der Wiederaufbau ohne zusätzliche Finanzierung erfolgen kann. Es stehen nur noch 1.000 - 450 = 550 zur Verfügung. Dies wird als unbillig angesehen.

Deshalb ermöglicht es R 6.6 EStR, den „Gewinn“ von 900 heute noch nicht zu versteuern. Die neu errichtete Halle (Herstellungskosten z.B. 1000) muss dann mit einem Betrag bewertet werden, der wieder um die aufgedeckten stillen Reserven von 900 reduziert wurde: 1000 - 900 = 100. Faktisch bleiben die stillen Reserven erhalten; sie wurden von der alten auf die neue Halle übertragen.

Die Bilanz zeigt im Jahr 01 somit folgendes Bild:

Aktiva		Passiva	
~~Halle alt~~	~~100~~	EK alt	100
Bank	1000	~~**„Gewinn“**~~	~~**900**~~
Halle neu	1000		
Abzug	-900		
Buchwert Halle neu	100		

Der Abzug scheitert, wenn die neue Halle noch nicht im Jahr der Zerstörung der alten Halle fertiggestellt wurde. Der „Gewinn“ von 900 wurde in der Bilanz zum Jahresende in eine „steuerfreie Rücklage“ bzw. einen „Sonderposten mit Rücklageanteil“ (§ 247 III

HGB, bei Kapitalgesellschaften ergänzend § 273 HGB) eingestellt. Bei Errichtung der neuen Halle wurde die Rücklage bzw. der Sonderposten aufgelöst und entsprechend dem Buchwert der Halle um 900 reduziert. Dies ist nach BilMoG nicht mehr möglich

Die Bilanz zeigte im Jahr 01 somit folgendes Bild:

Aktiva		Passiva	
~~Halle~~	~~100~~	EK alt	100
Bank	1000	**~~„Gewinn"~~**	**~~900~~**
		steuerfreie Rücklage	
		= SoPo	**900**

Die Bilanz zeigte im Jahr 02 bei Errichtung einer neuen Halle folgendes Bild:

Aktiva		Passiva	
Bank	1000	EK alt	100
		~~steuerfreie Rücklage~~	
Halle neu	1000	**~~= SoPo~~**	**~~900~~**
Abzug (Auflösung SoPo)	-900		
Buchwert Halle neu	100		

Exkurs: Steuerfreie Rücklagen

Eine weitere steuerfreie Rücklagen neben der sog. Ersatzbeschaffungsrücklage (R 6.6 EStR) ist z.B. die Reinvestitionsrücklage (§ 6b EStG). Für ihre Inanspruchnahme muss der Steuerpflichtige jeweils die geltenden Voraussetzungen erfüllen.

	Rücklage nach R 6.6 EStR „Ersatzbeschaffungsrücklage“	**Rücklage nach § 6b EStG „Reinvestitionsrücklage“**
Begünstigte Wirtschaftsgüter	alle ausgeschiedenen Wirtschaftsgüter	Grund- und Boden, land- und forstwirtschaftlicher Aufwuchs, Gebäude
Dauer der Zugehörigkeit der ausgeschiedenen WG		mindestens 6 Jahre zum Anlagevermögen
Ersatzwirtschaftsgüter	funktionsgleiche Ersatzwirtschaftsgüter	nur bestimmte Anlagegüter, auch nicht funktionsgleich
Ausscheidungsursache	zwangsweises Ausscheiden infolge höherer Gewalt oder behördlicher Eingriffe	entgeltliche Veräußerung (z.B. wegen Umzug)
Zeitpunkt des Reservenabzugs	Wirtschaftsjahr der Ersatzbeschaffung	Wirtschaftsjahr der Anschaffung oder Herstellung
Ausmaß der Reservenübertragung	100%	100%
Reinvestitionsabsicht erforderlich	ja	nein
Reinvestitionsfristen	1 Jahr (bewegliche WG) 2 Jahre (Grundstücke und Gebäude), u.U. verlängerbar	4 bzw. 6 Jahre (bei neu hergestellten Gebäuden), nicht verlängerbar
Gewinnzuschlag bei nicht bestimmungsgemäßer Auflösung	kein Zuschlag	6% Gewinnzuschlag p. a.

Tabelle 13: Vergleich Ersatzbeschaffungsrücklage und Reinvestitionsrücklage

3.3. Abgrenzungsfragen

3.3.1 Betriebsvermögen

Bei Kapital- und Personengesellschaften stellt das, diesen Gesellschaften gehörende Vermögen, handelsrechtliches Betriebsvermögen dar.

Im Fall von Einzelunternehmen gibt es Abgrenzungsprobleme wegen:

- der Existenz von willkürfähigem Vermögen wie z.B. Geldanlagen
- der gemischten Nutzung mancher Vermögensgegenstände wie z.B. Immobilien oder Fahrzeuge

In der Praxis orientiert man sich auch für die Handelsbilanz an der Behandlung im deutschen Steuerrecht, das sehr differenzierte Zuordnungsregeln entwickelt hat.

IFRS: Die Normen zur internationalen Rechnungslegung enthalten keinerlei Vorschriften über die Lösung von Abgrenzungsproblemen bei Einzelunternehmen. Daher besteht momentan eine gewisse Rechtsunsicherheit. Allerdings sind praktisch alle IFRS-Bilanzierer Kapitalgesellschaften.

Bei Bedarf hätte die Geschäftsleitung eine Entscheidung über eine sinnvolle Bilanzierungsregel zu treffen. Dabei soll sie bei Fehlen eines Standards die generellen Grundsätze in IAS 8.10-12 beachten.

Exkurs: Steuerrecht

Für das Bilanzsteuerrecht wird diese Zuordnungsautonomie erheblich eingeschränkt. Um zu verhindern, dass verlustbringende Objekte zum Bilanzvermögen und gewinnversprechende Objekte hingegen zum Privatvermögen gezählt werden, wird eine gewisse Zuordnung vorgegeben:

- Zum steuerlichen Betriebsvermögen können nur diejenigen Wirtschaftsgüter zählen, die in einem objektiven wirtschaftlichen oder tatsächlichen Zusammenhang mit dem Betrieb stehen.

- Zum Privatvermögen sind all diejenigen Vermögensgegenstände und Schulden zu rechnen, die nicht der Erzielung von Einkünften, sondern der privaten Lebensführung dienen.
- Vermögensteile, die nicht eindeutig dem Betriebs- oder Privatvermögen zuzuordnen sind, können zum **gewillkürten Betriebs- oder gewillkürten Privatvermögen** gezogen werden.

Für gemischt genutzte Wirtschaftsgüter enthält das Steuerrecht anders als das Handelsrecht dezidierte Zuordnungsregeln zum betrieblichen oder privaten Vermögensbereich.

- Vertretbare bewegliche Wirtschaftsgüter (z.B. Öllieferung) sind unmittelbar in einen betrieblich und einen privat veranlassten Teil aufzuspalten und entsprechend als Betriebs- oder Privatvermögen zu behandeln.
- Nicht vertretbare bewegliche Wirtschaftsgüter (z.B. PKW, Waschmaschine), die sowohl aus betrieblichen wie aus privaten Gründen genutzt werden, können nicht in einen betrieblichen und privaten Nutzungsteil aufgespalten werden. Ihre Zuordnung erfolgt deshalb entweder zum Betriebsvermögen oder zum Privatvermögen. Bei einem betrieblichen Nutzungsanteil x von $10\% \leq x \leq 50\%$ liegt willkürfähiges Vermögen vor.
  Ein Ausgleich für die vollständige Zuordnung zu einem der Vermögensbereiche erfolgt bei der Zuordnung zum Betriebsvermögen durch (Aufwands)Entnahmen, bei Zuordnung zum Privatvermögen durch (Aufwands)Einlagen.
- Unbewegliche Wirtschaftsgüter (Grundstücke, Gebäude) sind entsprechend der Nutzung in mehrere Wirtschaftsgüter aufzuteilen. Ein bebautes Grundstück kann demgemäß aus maximal vier Wirtschaftsgütern bestehen: eigenbetriebliche Nutzung, fremdbetriebliche Nutzung, fremde Wohnzwecke, eigene Wohnzwecke.

Besonderheiten bei Kapitalgesellschaften

Die Kapitalgesellschaft selbst besitzt keine Privatsphäre. Ihr gesamtes Vermögen stellt Betriebsvermögen dar. Von den Gesellschaftern gemietete oder gepachtete Wirtschaftsgüter bleiben den Gesellschaftern steuerlich zugerechnet (Anerkennung der Vertragsbeziehungen).

Besonderheiten bei Personengesellschaften

Das Betriebsvermögen besteht steuerlich zunächst aus dem allen Gesellschaftern gemeinsam gehörenden sog. „Gesamthandsvermögen".

- Hierzu gehören auch teilweise privat genutzte Gegenstände - die Möglichkeit zur Bildung von gewillkürtem Privatvermögen besteht nicht (Berücksichtigung der Privatnutzung über Entnahmen).
- Lediglich Wirtschaftsgüter, die generell der privaten Lebensführung dienen (z.B. von einem Gesellschafter selbst genutztes Einfamilienhaus, wirtschaftlich unsinnige Pferdezucht), gelten als sog. „Liebhaberei" und stellen daher zwingend kein Betriebsvermögen dar.

Wirtschaftsgüter im Alleineigentum der Gesellschafter sind zivilrechtlich deren Privatvermögen. Steuerlich kommt es allerdings zu einer Umqualifikation als sog. Sonderbetriebsvermögen, wenn sie (§ 15 I Nr. 2 EStG)

- der Gesellschaft unmittelbar dienen (z.B. an diese vermietetes Bürogebäude) = Sonderbetriebsvermögen I oder
- der Gesellschaft über eine Begründung oder Stärkung der Beteiligung an der Gesellschaft mittelbar dienen (z.B. Kredit zur Finanzierung des Kaufpreises für einen Kommanditanteil) = Sonderbetriebsvermögen II.

3.3.2 Wirtschaftliches Eigentum

Die Bilanzierung bestimmt sich nicht immer nach dem juristischen Eigentum.

Kann der Vermögensgegenstand jedoch einem anderen wirtschaftlich zugerechnet werden, so bilanziert dieser (§ 246 I S. 2 HGB). Wirtschaftlicher Eigentümer ist derjenige, der - ohne zwingend juristischer Eigentümer zu sein - faktisch die tatsächliche Sachherrschaft über das Gut ausübt.

Auch für den **IFRS-Abschluss** ist gemäß RK.35 und RK.57 das Eigentumsrecht nicht entscheidend. Es gilt der Grundsatz der wirtschaftlichen Betrachtungsweise. Man spricht auch von „substance over form". Es bilanziert ebenfalls der wirtschaftliche Eigentümer.

Neben der allgemeinen Grundsatzregel kennt IFRS auch Spezialvorschriften zum wirtschaftlichen Eigentum (z.B. Erfolgsrealisation und Übergang des wirtschaftlichen Eigentums beim Verkauf von Gütern nach IAS 18, Qualifikation von Leasinggeschäften nach IAS 17).

Wesentliche Fälle abweichenden wirtschaftlichen Eigentums sind:

- **Eigentumsvorbehalt**: Beim Erwerb einer Sache unter Eigentumsvorbehalt des Veräußerers wird das Gut bilanziell dem Erwerber zugerechnet. Der bilanzielle Ansatz erfolgt damit ungeachtet des noch ausstehenden – weil bis zur Bezahlung aufschiebend bedingten – Eigentumsübergangs.
- **Sicherungsübereignung:** Der Sicherungsgeber überträgt dem Sicherungsnehmer zur Sicherung dessen Forderung das juristische Eigentum an der Sache, behält sich aber das – im Innenverhältnis schuldrechtlich eingeschränkte – Nutzungs- und Verfügungsrecht zurück. Bilanzierungspflichtig ist als wirtschaftlicher Eigentümer der Sicherungsgeber.
- **Sicherungsabtretung:** Gleiches gilt bei zu Sicherungszwecken abgetretenen Forderungen.
- **Eigenbesitz**: Der Käufer einer Sache ist nach Übergabe der Sache und vor Übereignung Eigenbesitzer i.S.d. § 872 BGB, da er in Erwartung des Eigentumserwerbs besitzt. Ein bedeutsamer Anwendungsfall ist der Erwerb von Grundeigentum, bei dem die Auflassung im Grundbuch i.d.R. später eintritt als die Erlangung der wirtschaftlichen Verfügungsmacht.
- **Bauten auf fremden Grund und Boden**: Mit dem fremden Grund und Boden fest verbundene Bauten gehen zivilrechtlich in das Eigentum des Grundstückseigentümers über (§§ 93 f. BGB). Der Bauherr schließt jedoch mit dem Grundstückseigentümer einen Vertrag, der ihm für einen längeren Zeitraum die Gebäudenutzung gestattet. Bei Ablauf des Vertrags ist entweder eine Ablösesumme für das Gebäude zu zahlen oder die lange Laufzeit (z.B. 99 Jahre) hinterlässt nur ein Gut mit geringem Restwert. Der juristische Eigentümer kann daher sein Eigentumsrecht am Gebäude nicht wirtschaftlich nutzen. Abweichend vom zivilrechtlichen Eigentum werden daher

Gebäude auf fremden Grund und Boden nicht beim Grundstückseigentümer, sondern beim Nutzungsberechtigten bilanziert.

- **Mieterein-, -um- und –ausbauten:** Ähnliches wie bei Bauten auf fremden Grund und Boden gilt für Mieterein-, -um- und -ausbauten.
- **Treuhandverhältnisse**: Bei Treuhandverhältnissen, die vor allem aus Gründen der Geheimhaltung oder zur Neutralisierung von Interessenskollisionen abgeschlossen werden, geht das juristische Eigentum auf den Treuhänder über; dieser übt das übertragene Recht in eigenem Namen, aber im Interesse des Treugebers aus und ist diesem gegenüber für treuwidriges Verhalten verantwortlich. Die Bilanzgüter sind beim Treugeber zu bilanzieren mit der Folge, dass auch eine aus Geheimhaltungsgründen durchgeführte Treuhand bei der Bilanzierung offen gelegt wird.
- **Unechtes Factoring**: In rechtlicher Hinsicht stellt sich Factoring als Forderungsverkauf durch Abtretung i.S.d. §§ 433, 398 BGB dar. Beim „echten" Factoring übernimmt das Factoring-Institut auch das Inkassorisiko und muss als rechtlicher und wirtschaftlicher Eigentümer die Forderung bilanzieren.
  Beim „unechten" Factoring behält der Forderungsverkäufer das Delkredererisiko der verkauften Forderung; er hat die Forderung auch nach dem Verkauf zu bilanzieren, obwohl das zivilrechtliche Eigentum beim Factor liegt.
  (Anmerkung: Die Notwendigkeit der Neutralisierung des erhaltenen Geldes sowie das verbleibende Risiko führen zum Ausweis einer Verbindlichkeit gegenüber dem Factor. Alternativ wird es bei einer gegenüber dem Schuldner offen gelegten Forderungsabtretung auch für zulässig erachtet, auf den Ausweis der Forderungen und Verbindlichkeiten zu verzichten und eine Eventualverbindlichkeit unter der Bilanz zu vermerken.)
- **Bestimmte Leasing-Geschäfte:** Bei Leasingverträgen bleibt der Leasing-Geber im Regelfall juristischer und wirtschaftlicher Eigentümer und somit bilanzierungspflichtig. Allerdings kann in extremen Fällen das wirtschaftliche Eigentum auf den Leasingnehmer übergehen.

3.3.3 Übersicht Bilanzansatz nach HGB und IFRS

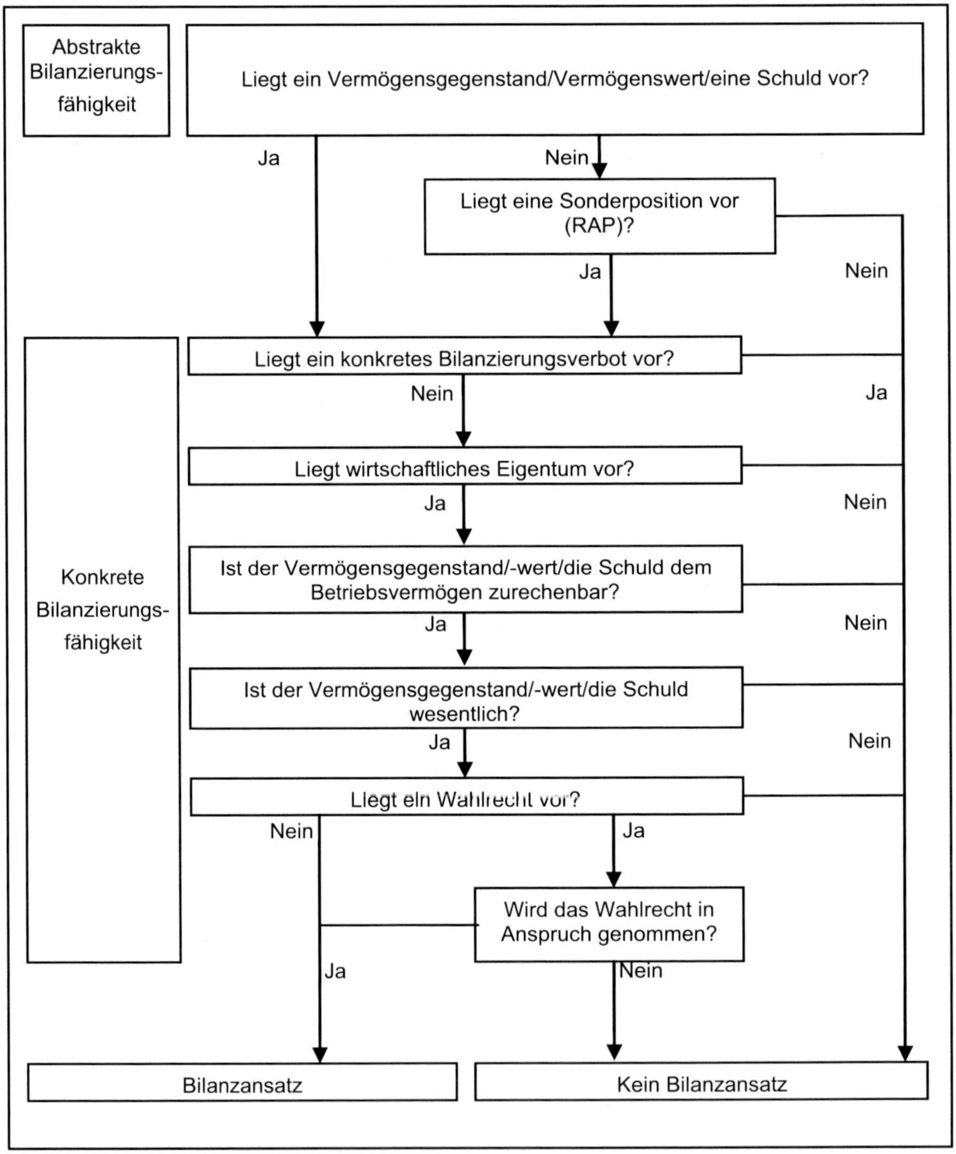

Abbildung 24: Übersicht Bilanzansatz nach HGB und IFRS

4 Bewertung in der Bilanz

Lernziele

In diesem Abschnitt beschäftigen Sie sich mit grundlegenden Fragen der Bewertung nach IFRS. Sie erwerben Kenntnisse über:

- nach IFRS zulässige Wertarten
- HGB-Werte, zu denen es nach Internationalen Rechnungslegungsstandards keine Entsprechung gibt
- Einzelfragen der Anschaffungs- und Herstellungskosten
- Grundsätze der planmäßigen Abschreibung
- mögliche Verfahren zur rechnerischen Ermittlung von heutigen Zeitwerten
- beizulegende Zeitwerte
- beizulegende Zeitwerte abzüglich Veräußerungskosten
- Nutzungswerte
- andere Formen der retrograden Ermittlung von Tageswerten

4.1. Überblick

4.1.1 Grundfragen der Bewertung

Eine Bewertung im Sinne einer Zuordnung von Geldeinheiten zu den Bilanzobjekten kann sich an unterschiedlichen Bezugsgrößen orientieren. Denkbar ist, den Wert aus vergangenen Ausgaben oder Einnahmen zu ermitteln, aus der fiktiven Wiederbeschaffung zum Bilanzstichtag zu schätzen, aus der fiktiven Veräußerung zum Bilanzstichtag rückzurechnen oder aus den künftig erwarteten Ausgaben oder Einnahmen abzuleiten.

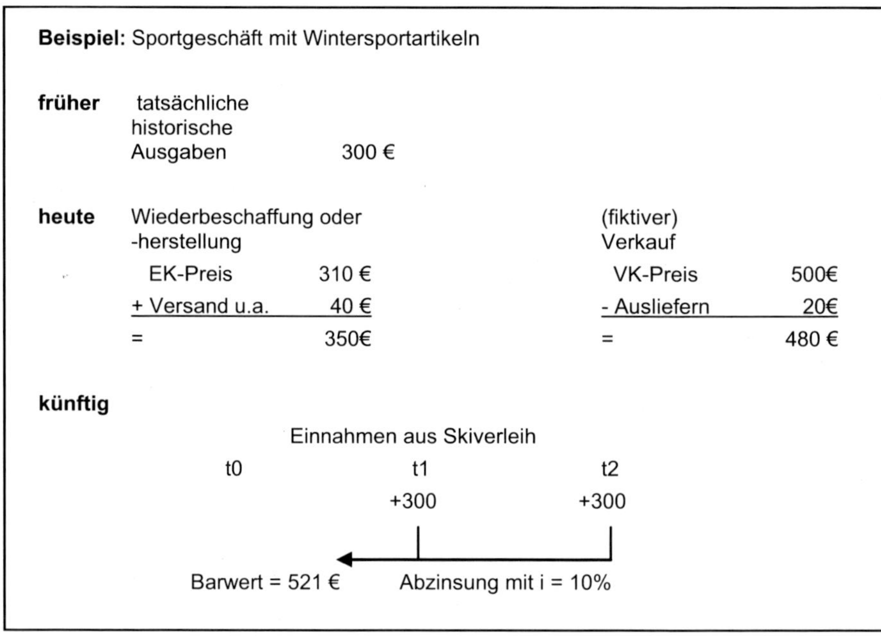

Abbildung 25: Möglichkeiten der Bewertung

4.1.2 Bewertungsprozess

Zulässige Wertmaßstäbe:

Von den gesetzlich möglichen Wertmaßstäben können in einem bestimmten Fall ein oder mehrere Wertmaßstäbe grundsätzlich in Frage kommen. Die Anwendbarkeit richtet sich nach:

- der Bilanzseite bzw. der betroffenen Bilanzposition
- der Art des Erwerbs (Anschaffung, Herstellung)
- der Rechtsform (Sonderregeln bei Kapitalgesellschaften)
- der Bilanz (Handelsbilanz, Steuerbilanz oder internationaler Abschluss für Informationszwecke)

Wertermittlung mit den Bewertungsmethoden/Bewertungsverfahren:

Insbesondere:

- Anschaffungskosten-Schema
- Herstellungskosten-Schema
- Orientierung am Absatz- oder Beschaffungsmarkt bei Tageswerten
- retrograde Abschläge oder progressive Aufschläge
- Bewertungsvereinfachungen (Pauschalbewertung, Festwert, Durchschnitts- und Gruppenbewertung, Verbrauchs- bzw. Veräußerungsfolgeverfahren)

Soweit relevant: planmäßige Abschreibungen auf AK/HK:

- Methode (Leistungsabschreibung, Zeitabschreibung)
- Nutzungsdauer (bzw. Planleistung)
- Beginn der Abschreibung
- Volumen der Abschreibung (Restwert?)
- Wechsel der Abschreibungsmethode

Prüfen: außerplanmäßige Wertänderungen:

- außerplanmäßige Abschreibungen/Wertminderungen auf einen niedrigeren Wert (Pflicht, Wahlrecht, nicht relevant)
- Zuschreibungen
- ggf. auch höhere Tageswerte nach IAS/IFRS (z.B. Neubewertung)

Als **Ergebnis** des Bewertungsprozesses kann stehen:

- genau ein anzusetzender Wert
- die Wahlmöglichkeit zwischen zwei oder mehr (endlich vielen) Werten
- die Wahlmöglichkeit innerhalb eines Wertebereichs von der Untergrenze (mindestens ...) bis zur Obergrenze (höchstens ...)

Beachte die Möglichkeit einer **unterschiedlichen** Behandlung in Handelsbilanz und IAS/IFRS-Abschluss!

4.2. Historische Werte

Aus Objektivierungs- und auch aus Vorsichtsgründen sind als primäre Wertarten die Anschaffungs- oder Herstellungskosten anzusetzen. Dies sind Werte, die aus den festgestellten Ausgaben und Einnahmen der Vergangenheit abgeleitet und daher einer intersubjektiven Überprüfung zugänglich (objektiviert) sind. Darin spiegelt sich also auch die Bewertungshypothese, dass ein Gegenstand für den Kaufmann in einer ersten Überlegung zumindest so viel wert sei, wie er dafür ausgegeben habe, wider. Die Ableitung des Wertes aus vergangenen Zahlungen kann damit zugleich auch als vorsichtige Schätzung der künftig erwartbaren Einnahmen interpretiert werden.

Als primäre Wertart finden auch in den IAS/IFRS zunächst die historischen, im Zuge der Anschaffung oder Herstellung aufgewendeten Beträge Anwendung. Sie gelten allerdings nicht als zwingende Wertobergrenze. Eine Unterscheidung zwischen Anschaffungs- oder Herstellungskosten wird durch die IAS/IFRS nicht vorgenommen.

4.2.1 Anschaffungskosten

Der Begriff der Anschaffungskosten wird in § 255 I HGB definiert.

§ 255 I HGB: **Anschaffungskosten** sind Aufwendungen, die geleistet wurden

- um einen Vermögensgegenstand zu erwerben (d.h. von Dritten)
- und in einen betriebsbereiten Zustand zu versetzen,
- soweit sie dem Vermögensgegenstand einzeln zugeordnet werden können

Das IAS/IFRS-System („costs“) trennt sprachlich nicht zwischen Anschaffungs- oder Herstellungskosten. Im Gegensatz zum HGB wird die Frage der Anschaffungs- und Herstellungskosten nicht in einer eigenständigen Norm (§ 255 I HGB), sondern in postenspezifischen Regelungen geklärt.

Definitionen enthalten beispielsweise:

- Vorräte IAS 2.10-11, 2.17-18
- Sachanlagen IAS 16.11-28
- Immaterielle Vermögenswerte IAS 38.25-32
- Forderungen aus LuL und sonstige finanzielle VW und Schulden IAS 39.43-44
- Immobilien als Finanzinvestition IAS 40.21-24

Hinsichtlich der Bestandteile der Anschaffungskosten nach IFRS ergibt sich kein grundsätzlicher Unterschied zum HGB:

	Anschaffungspreis (z.B. Rechnungspreis, Listenpreis ohne abzugsfähige Vorsteuer, sofern § 15 UStG erfüllt)
-	**Anschaffungspreisminderungen** (z.B. Rabatte, Skonti, Boni, Preisminderungen)
+	**Erwerbsnebenkosten** soweit direkt zurechenbar (Einzelkosten) (z.B. Verpackung, Begutachtung, Transport, Beurkundungsgebühren, Vermittlungsprovisionen, Transportversicherung, Grunderwerbsteuer, Zölle, nicht abzugsfähige Vorsteuer)
+	**anfallende Aufwendungen zur Versetzung in die Betriebsbereitschaft** soweit direkt zurechenbar (Einzelkosten) (z.B. Fundamentierung, Montage, Probeläufe, Abnahme)
+	**Fremdkapitalkosten (nur IFRS**, sofern „qualifizierter Vermögenswert“, ggf. Durchschnittberechnung)
+	**Barwert von Rückbau- und Entsorgungsverpflichtung (nur nach IFRS**)
+	**nachträgliche Erhöhungen der Anschaffungskosten** (z.B. nachträgliche Erschließungskosten, nachträgliche Kaufpreiserhöhung wegen Eintritt bestimmter Klauseln)
-	**nachträgliche Minderungen der Anschaffungskosten**
=	**Anschaffungskosten**

Abbildung 26: Anschaffungskostenschema

Fremdkapitalzinsen

Einziger Unterschied sind eventuell zu aktivierende Fremdkapitalkosten für die Zeit der Anschaffung. Hierfür besteht gemäß IAS 23.8 die Pflicht der Aktivierung, falls der anzuschaffende Vermögenswert die Anforderungen eines „qualifizierten Vermögenswertes"(Qualified Asset (QA)) (IAS 23.5) erfüllt. Nach HGB sind Fremdkapitalkosten nicht zu aktivieren, es besteht ein Aktivierungsverbot.

IAS 23.5 definiert:

Ein qualifizierter Vermögenswert ist ein Vermögenswert, für den ein beträchtlicher Zeitraum erforderlich ist, um ihn in seinen beabsichtigten gebrauchs- oder verkaufsfähigen Zustand zu versetzen.

Bedeutung erlangt diese Möglichkeit vor allem für Branchen mit relativ langfristiger und kapitalintensiver Fertigung wie z.B. Großanlagenbau, Flugzeug- und Schiffsbau, Wohnungsbau. Der Zeitraum für die Versetzung in den betriebsbereiten Zustand muss i.d.R. länger als 6 Monate sein.

Wegen der langen Phase zwischen den Auszahlungen und der späteren Nutzung spielen die Finanzierungskosten eine große Rolle.

Beispiel:

Die Sächsische Supermarkt AG hat bei einer Baufirma den Bau eines neuen Verwaltungsgebäudes in Auftrag gegeben. Vertraglich wurden Abschlagszahlungen nach dem Baufortschritt vereinbart. Die geleisteten Abschlagszahlungen erhöhen sukzessive einen Kredit, den die Sächsische Supermarkt AG bei der örtlichen Sparkasse aufgenommen hat.

Die Kreditzinsen stellen zwar Aufwand dar, die Zinsen bis zur Fertigstellung des Gebäudes sind nach IAS 23.8f. aber als Teil der Anschaffungskosten zu aktivieren.

Subventionen

Nicht selten gewährt der Staat Subventionen als Investitionsfördermaßnahme. Gemäß IAS 20.24ff. existiert bei investitionsbezogenen Zuwendungen ein Ausweiswahlrecht:

- Abzug der empfangenen Subvention von den Anschaffungs- oder Herstellungskosten des Investitionsguts und geringere Abschreibungen während der Nutzungsdauer
- Beibehaltung der Anschaffungs- oder Herstellungskosten, aber Bildung eines passiven Abgrenzungsposten, der über die Nutzungsdauer erfolgswirksam aufgelöst wird.

Beide Alternativen sind auch nach HGB zulässig. Der passive Abgrenzungsposten wäre hier ein Sonderposten für Investitionszuschüsse. Darüber hinaus ist auch die sofortige erfolgswirksame Vereinnahmung möglich.

Spezialfragen

unentgeltlich erworbenes Vermögen

Das **HGB** beinhaltet dafür keine Regelung, allerdings gilt nach der h.M. ein Wahlrecht zur Aktivierung. Der vorsichtig geschätzte Zeitwert bildet dabei die Obergrenze der Bewertung.

Nach **IFRS** gilt eine Pflicht zur Aktivierung, sofern die Ansatzkriterien eines Vermögenswertes erfüllt sind. Die Bewertung erfolgt zum Zeitwert.

Anschaffung durch Tauschgeschäfte

Nach dem HGB unter Berücksichtigung der GoB besteht nach der h.M. ein Wahlrecht den durch Tausch erworbenen Vermögensgegenstand mit dem Buchwert oder Zeitwert des Gutes anzusetzen.

Nach IAS 16.24-26 und IAS 38.45-47 ist der erhaltene Vermögenswert zum Zeitwert des hingegebenen Vermögenswertes anzusetzen, sofern das Tauschgeschäft wirtschaftliche Substanz hat und der beizulegende Zeitwert verlässlich ermittelbar ist.

4.2.2 Herstellungskosten

Herstellungskosten sind gemäß § 255 II HGB Aufwendungen für die

- Herstellung eines Vermögensgegenstandes (d.h. selbst) oder
- Erweiterung eines VG oder
- für die über den ursprünglichen Zustand hinausgehende wesentliche Verbesserung eines Vermögensgegenstandes

Die Bestimmung des Herstellungskostenumfangs wird in **§ 255 II HGB** erschöpfend aufgezählt. Dabei unterscheidet das Gesetz:

- Eine **Aktivierungspflicht** gilt für Materialeinzelkosten, Fertigungseinzelkosten, Sondereinzelkosten der Fertigung, angemessene Teile der notwendigen Materialgemeinkosten, die notwendigen Fertigungsgemeinkosten und für das durch die Fertigung veranlassten Werteverzehrs des Anlagevermögens. Die Einzelkosten bilden den handelsrechtlichen Mindestumfang der Herstellungskosten (§ 255 II S. 2 HGB).
- **Aktivierbar** durch ein positiv formuliertes Wahlrecht („dürfen") sind herstellungsbezogenen Kosten der allgemeinen Verwaltung, Aufwendungen für soziale Einrichtungen, freiwillige soziale Leistungen und Leistungen der betrieblichen Altersversorgung. (Ein identisches Wahlrecht greift im Steuerrecht.)
- Als Ausnahmeregelung **aktivierbar** sind außerdem die Fremdkapitalzinsen, soweit sie auf den Zeitraum der Herstellung des Vermögensgegenstandes entfallen. Man spricht hierbei auch von einer sog. „Bewertungshilfe" (§ 255 III HGB). (Ebenso im Steuerrecht.)

IFRS unterscheidet sich in dieser Hinsicht kaum vom HGB. Es kennt jedoch kein Wahlrecht bei den allgemeinen Verwaltungskosten. Zudem ist der Ansatz von Fremdkapitalzinsen nach IFRS Pflicht, sofern ein qualifizierter Vermögenswert (qualified asset) vorliegt. Im HGB besteht hierfür im Gegensatz zu den Anschaffungskosten nach § 255 III HGB ein Wahlrecht. Diese Vorschriften zu den Herstellungskosten finden sich nach IFRS wieder in verschiedenen postenspezifischen Regelungen.

Beispiele:

- Vorräte IAS 2.12-19
- Sachanlagen IAS 16.11-28
- Immaterielle Vermögenswerte IAS 38.65-67
- Immobilien als Finanzinvestition IAS 40.21-24

Einbeziehungsverbote

Verschiedene Einbeziehungsverbote ergeben sich ausdrücklich aus IAS 2.16 oder im Umkehrschluss aus den vom HGB/dem Standard erwähnten Bestandteilen:

- Unzulässig ist ferner die Berücksichtigung **außerordentlicher** und **nur steuerrechtlich** zulässiger Abschreibungen.
- **Forschungs- und Vertriebskosten** dürfen nicht in die Herstellungskosten einbezogen werden (§ 255 II S. 4 HGB, IAS 2.16 (d)). Das Einbeziehungsverbot der Vertriebskosten bezieht sich sowohl auf die Vertriebsgemeinkosten als auch auf Sondereinzelkosten des Vertriebs. Zu den Vertriebskosten gehören nicht nur Transportkosten oder Transportversicherungsprämien, sondern auch vorher anfallende Aufwendungen für Werbung und Marketing (z.B. Marktuntersuchungen) oder für die Auftragserlangung (z.B. Kundenbesuche).
- Implizit enthält die gesetzliche Formulierung ferner das Verbot des Ansatzes **kalkulatorischer Kosten** (sind keine „Aufwendungen“).
- Ansetzbar sind nur angemessene und notwendige Teile der herstellungsbezogenen Gemeinkosten, soweit sie auf den Zeitraum der Herstellung entfallen. Ausgeschlossen sind damit insbesondere die **Leerkosten der Unterbeschäftigung**, die sich bei der Proportionalisierung der Fixkosten auf die geringere Ausbringungsmenge bei Unterbeschäftigung ergeben. Leerkosten liegen nach HGB nur vor, wenn für eine längere Zeit (mehr als 6 Monate) eine erhebliche Unterbeschäftigung (unter 50 v.H.) besteht. Gemäß IAS 2.13 geht man für die Umlage von Fixkosten von einer sog. „Normalkapazität“ aus.

Kostenbestandteile	IFRS	HGB
Materialeinzelkosten	Pflicht	Pflicht
+ Fertigungseinzelkosten	Pflicht	Pflicht
+ Sondereinzelkosten der Fertigung	Pflicht	Pflicht
+ Materialgemeinkosten	Pflicht	Pflicht
+ Fertigungsgemeinkosten	Pflicht	Pflicht
+ Herstellungsbezogene Verwaltungskosten	Pflicht	Pflicht
+ Werteverzehr des zur Fertigung eingesetzten Anlagevermögens	Pflicht	Pflicht
= Wertuntergrenze nach HGB		
+ Fremdkapitalkosten	Pflicht (bei QA)	Wahlrecht
+ Allgemeine Verwaltungskosten (nicht herstellungsbezogen)	Verbot	Wahlrecht
+ Sondereinzelkosten des Vertriebs	Verbot	Verbot
+ Vertriebskosten	Verbot	Verbot
= Herstellungskosten		

Tabelle 14: Herstellungskostenschema nach IFRS und HGB

Gegenüberstellung der nachträglichen Herstellungskosten und den Erhaltungsaufwendungen

Im HGB existiert keine eigenständige Regelung zur Abgrenzung von Erhaltungsaufwand und nachträglichen Herstellungskoten. Das Handelsrecht lehnt sich daher an die in diesem Bereich recht akribische steuerrechtliche Rechtsprechung des BFH an. Danach sind **nachträgliche Herstellungskosten** immer dann zu aktivieren, wenn

- sich dadurch die Substanz des Vermögensgegenstandes deutlich verbessert oder vermehrt (z.B. durch Erhöhung der Nutzfläche)
- sich die Wesensart erheblich ändert oder
- sich der bisherige Zustand wesentlich verbessert (Gebrauchswert steigt deutlich)

ansonsten liegen sofort als Aufwand zu erfassende **Erhaltungsaufwendungen** vor. Diese Abgrenzung kann dabei im Einzelfall erhebliche Schwierigkeiten bereiten, insbesondere bei der Frage, wann ein Zustand wesentlich verbessert wird.

Nach **IFRS** ist der Erhaltungsaufwand (kleinere Reparaturen, Wartung zum Erhalt des Vermögenswertes) ebenfalls sofort aufwandswirksam zu erfassen (IAS 16.12). Dagegen sind ersetzte Teile als eigenständige Komponente zu aktivieren, sofern sie die Voraussetzung der Aktivierung gemäß IAS 16.7 erfüllen. Ein eventuell vorhandener Restbuchwert der alten Komponente ist auszubuchen (IAS 16.13 i.V.m. IAS 16.67-72).

4.2.3 Planmäßige Abschreibung

Vermögensgegenstände mit **zeitlich begrenzter Nutzung** sind planmäßig abzuschreiben. Zeitlich begrenzte Nutzung bedeutet, dass das Nutzungspotenzial in Abhängigkeit vom Zeitablauf (Alterung, Vertragslaufzeit, technischer Fortschritt) oder von der Leistungsabgabe mehr oder weniger gleichmäßig abnimmt.

Zum sog. abnutzbaren Anlagevermögen rechnen neben den abnutzbaren Sachanlagen (Gebäude, technische Anlagen, Maschinen, Betriebs- und Geschäftsausstattung) auch immaterielle Vermögenswerte (Konzessionen, gewerbliche Schutzrechte und ähnliche Rechte, Lizenzen) mit rechtlich oder wirtschaftlich begrenzter Nutzungsmöglichkeit. Vermögensgegenstände des Umlaufvermögen sind **nicht** planmäßig abzuschreiben (§ 253 IV HGB).

Die **planmäßige Abschreibung** ist in § 253 III S. 1-2 HGB geregelt:

Bei Vermögensgegenständen des Anlagevermögens, deren Nutzung zeitlich begrenzt ist, sind die Anschaffungs- oder Herstellungskosten um planmäßige Abschreibungen zu vermindern.

Der Plan muss die Anschaffungs- oder Herstellungskosten auf die Geschäftsjahre verteilen, in denen der Vermögensgegenstand voraussichtlich genutzt werden kann."

Planmäßigkeit der Abschreibung erfordert einen **Abschreibungsplan**, der folgende Dinge regelt:

- das Abschreibungsvolumen als Differenz von Ausgangswert und Restwert
- die voraussichtliche Nutzungsdauer als Abschreibungszeitraum
- die Abschreibungsmethode

Im Gegensatz zum HGB enthalten die IAS/IFRS keine Generalnorm wie § 253 III HGB zur planmäßigen Abschreibung. Auch diese Frage wird in postenspezifischen Standards beantwortet.

Beispiele:

IAS 16.43-62 regelt die planmäßige Abschreibung bei Sachanlagen

IAS 38.97-106 enthält Vorgaben zur planmäßigen Abschreibung von immateriellen Vermögenswerten.

Abschreibungsvolumen

Ausgangsbasis der planmäßigen Abschreibungen bilden die Anschaffungs- oder Herstellungskosten. Das Abschreibungsvolumen entspricht dem Betrag, der plangemäß auf die voraussichtliche Nutzungsdauer verteilt werden soll. Es entspricht der Abschreibungsbasis, wenn Restwerte nicht berücksichtigt werden:

- Steuerrechtlich ist nach der Rechtsprechung die Berücksichtigung eines Restwerts zwingend geboten, wenn der Veräußerungserlös relativ und absolut ins Gewicht fällt (z.B. bei Schiffen mit bis zu 40 v.H. der Anschaffungskosten).
- Je höher und sicherer der Restwert ist, desto eher wird er auch in der **Handelsbilanz** Berücksichtigung finden müssen.

Eine geplante Veräußerung schon vor Ende der insgesamt möglichen Nutzungsdauer (kürzerer Zeitraum ⇔ höherer erwarteter Veräußerungserlös) ist für die Bemessung der Abschreibung unerheblich.

Nach **IFRS** ergibt sich das Abschreibungsvolumen von Sachanlagen grundsätzlich durch Abzug des voraussichtlichen Restwerts (IAS 16.53 Satz 1). Jedoch betont IAS 16.53 Satz 2, dass der Restwert in der Praxis oft unbedeutend ist und daher für die Berechnung des Abschreibungsvolumens als unwesentlich gilt.

Insofern gibt es keinen grundsätzlichen Unterschied zum HGB. Wenn der Restwert nicht relativ und absolut ins Gewicht fällt, braucht er hier nicht berücksichtigt werden.

Für immaterielle Vermögenswerte mit begrenzter Nutzungsdauer gibt IFRS grundsätzlich einen Restwert von null vor. Ausnahmen bestehen nur in zwei Fällen (IAS 38.100):

Der Restwert eines immateriellen Vermögenswertes mit einer begrenzten Nutzugsdauer ist mit Null anzusetzen, es sei denn, dass:

(a) eine Verpflichtung seitens einer dritten Partei besteht, den Vermögenswert am Ende seiner Nutzungsdauer zu erwerben; oder

(b) ein aktiver Markt für den Vermögenswert besteht, und:

(i) der Restwert unter Bezugnahme auf diesen Markt ermittelt werden kann; und

(ii) es wahrscheinlich ist, dass ein solcher Markt am Ende der Nutzungsdauer des Vermögenswertes bestehen wird.

Abschreibungsdauer

Die Abschreibungsdauer ist durch technische, rechtliche und wirtschaftliche Einflüsse begrenzt. Ausschlaggebend ist der Engpassfaktor.

Die Nutzungsdauer richtet sich sowohl nach **HGB** als auch nach **IFRS** nach den **individuellen** Verhältnissen und Absichten des Unternehmens (IAS 16.57). Nach der Auflistung in IAS 16.56 müssen folgende Faktoren berücksichtigt werden:

- die erwartete Nutzung des Vermögenswerts, z.B. Ausbringungsmenge
- der erwartete physische Verschleiß in Abhängigkeit vom Schichtbetrieb, Reparaturen und Instandhaltung, Wartung und Pflege
- technische Überholung durch Änderungen in der Produktion
- gewerbliche Überholung durch Änderungen in der Marktnachfrage nach den mit dem Vermögenswert produzierten Gütern
- rechtliche Nutzungsbeschränkungen

Innerbetriebliche Gegebenheiten wie besondere betriebliche Anforderungen (Präzision, technische Standards) und Beanspruchungen (Mehrschichtbetrieb, Einfluss von Nässe) sind somit ebenso zu berücksichtigen wie absehbare externe strukturelle oder technologische Entwicklungen.

Die voraussichtliche betriebsindividuelle Nutzungsdauer kann kürzer sein als die wirtschaftliche Nutzungsdauer.

Insgesamt besteht hinsichtlich der Schätzung der betrieblichen Nutzungsdauer ein nicht unerheblicher **Beurteilungsspielraum**. Anhaltspunkte lassen sich aus eigenen Erfahrungen, branchenüblichen Werten oder - bei deutschen Unternehmen - aus den steuerlichen Abschreibungstabellen („**AfA-Tabellen**") gewinnen.

Die Abschreibung **beginnt** mit dem Tag der Betriebsbereitschaft (IAS 16.55, IAS 38.97). Abschreibungen sind deshalb grundsätzlich **zeitanteilig** vorzunehmen. Unter Wesentlichkeitsaspekten dürfte aber eine Rundung auf volle Monate wie nach der HGB-Bilanzierungspraxis (GoB) üblich, zulässig sein.

Die Abschreibung **endet** beim Abgang oder sobald der Vermögenswert in eine andere Kategorie umgebucht wird. Auch auf den Endzeitpunkt ist eine **zeitanteilige** Abschreibung anzuwenden. Nach IFRS kann eine solche Umklassifikation als „zur Veräußerung gehaltene Vermögenswerte" (IFRS 5) erfolgen. Nach HGB erfolgt hier eine Umbuchung in das Umlaufvermögen.

Besonderheiten wie die Bestimmung der Nutzungsdauer bei immateriellen Vermögenswerten und der Komponentenansatz bei Sachanlagen werden weiter unten detaillierter beschrieben.

Abschreibungsmethoden

Als Abschreibungsmethoden kommen grundsätzlich Zeitabschreibungen mit linearem, degressivem oder progressivem Verlauf sowie leistungsabhängige Abschreibungen in Betracht.

- Die **lineare** Abschreibungsmethode verteilt das Abschreibungsvolumen zu gleichen Teilen auf die gesamte Nutzungsdauer. Die lineare Abschreibung gilt allgemein als „Normalabschreibung". Sie erfüllt in besonderer Weise den Wunsch nach einer Glättung des Gewinnausweises.
- **Degressive** Abschreibungsmethoden sind durch fallende Abschreibungsbeträge gekennzeichnet. Hierzu zählen u.a. die geometrisch-degressive Abschreibung, bei der ein unveränderter Abschreibungssatz auf den jeweiligen „Restbuchwert" bezogen wird, und die digitale Abschreibung (arithmetisch-degressiv), bei der die jährlichen Abschreibungsbeträge um gleiche Beträge fallen.

- **Progressive** Abschreibungen weisen steigende Abschreibungsbeträge auf. Eine Form der progressiven Abschreibung ist die umgekehrte digitale Abschreibung, bei der die jährlichen Abschreibungen um konstante Beträge ansteigen.
- **Leistungs(abgabe)abhängige** Abschreibungen verteilen das Abschreibungsvolumen in Abhängigkeit der jährlichen Inanspruchnahme. Sie entsprechen damit in idealer Weise der technischen Entwertung, abstrahieren hingegen von wirtschaftlichen Wertminderungsgründen.

Mit Ausnahme der progressiven Methode, die nur im Ausnahmefall als GoB-konform angesehen wird (z.B. bei Obstplantagen), stehen **handelsrechtlich** grundsätzlich alle Abschreibungsmethoden zur Verfügung. In der Praxis wir sich an der Steuerbilanz orientiert.

IAS 16.60 fordert für Sachanlagen, dass die Abschreibungsmethode dem erwarteten Verlauf des Verbrauchs des künftigen wirtschaftlichen Nutzens des Vermögenswertes durch das Unternehmen zu entsprechen hat.

Dies bedeutet, dass nach IFRS **kein generelles Methodenwahlrecht** besteht. Allerdings bietet die Auslegung dieser Norm erheblichen Ermessensspielraum, so dass daraus ein „faktisches Methodenwahlrecht“ ableitbar ist

Für immaterielle Vermögenswerte mit begrenzter Nutzungsdauer gibt IAS 38.97 die lineare Abschreibungsmethode vor, wenn der erwartete Verlauf des künftigen wirtschaftlichen Nutzens nicht verlässlich bestimmt werden kann.

Exkurs: Bilanzsteuerrechtliche Einschränkungen

Aufgrund der fehlenden Verbindung von Steuerbilanz und Handels- bzw. IAS/IFRS-Bilanz spielen steuerliche Sonderregelungen wie z.B. die Möglichkeit der Sofortabschreibung bei geringwertigen Wirtschaftsgütern oder Sonderabschreibungen bzw. erhöhte Absetzungen bei der planmäßigen Abschreibung keine Rolle.

In der Praxis werden die Entscheidungen in der Handelsbilanz jedoch nicht selten von den steuerlichen Folgen mit beeinflusst:

- Steuerlich bildet bei allen Wirtschaftsgütern die **lineare Abschreibung die Regelabschreibung** (§ 7 I S. 1, 2 EStG).
  Bei Gebäuden im Betriebsvermögen, die nicht Wohnzwecken dienen, beträgt der AfA (Absetzung für Abnutzung)-Satz 3% (entspricht 33 1/3 Jahren), außer die tatsächliche Nutzungsdauer ist geringer (§ 7 IV EStG). Andere Gebäude sind mit 2% bzw. 2,5% abzuschreiben.

- Bei **beweglichen Wirtschaftsgütern des Anlagevermögens** ist von den degressiven Formen zurzeit **allein die geometrisch-degressive** Abschreibungsmethode zulässig (§ 7 II EStG). Die Anwendungserlaubnis und der dann anzuwendende Hundertsatz der geometrisch-degressiven Methode hängt entscheidend vom Zeitpunkt der Anschaffung bzw. Herstellung des Wirtschaftsgutes ab:

Anschaffungs-/Herstellungszeitpunkt des Wirtschaftsguts					
vor. 01.01.01	01.01.01 bis 31.12.05	01.01.06 bis 31.12.07	01.01.08 bis 31.12.08	01.01.09 bis 31.12.10	nach 31.12.10
3 x linearer AfA-Satz, max. 30%	2 x linearer AfA-Satz, max. 20%	3 x linearer AfA-Satz, max. 30%	Verbot der degressiven AfA	2,5 x linearer AfA-Satz, max. 25%	Verbot der degressiven AfA

Tabelle 15: Anwendungserlaubnis/Hundertsatz geometrisch-degressive AfA

  Ein Übergang von der geometrisch-degressiven Abschreibung zur linearen Abschreibung ist zulässig, nicht aber der umgekehrte Wechsel (§ 7 III EStG). Ein Wechsel empfiehlt sich, sobald der der lineare AfA-Satz den degressiven übersteigt.

- Bei **Gebäuden** legt § 7 V EStG abhängig vom Zeitpunkt der Stellung des Bauantrags (Herstellung) oder des rechtswirksamen Abschlusses des obligatorischen Vertrags (Anschaffung bis zum Ende des Jahres der Fertigstellung) **stufenweise degressive Abschreibungsverläufe** mit bestimmten Prozentsätzen, sog. Staffelsätze, fest. Beispielsweise bei der Herstellung eines Gebäudes auf Grund eines vor dem 01.01.1995 gestellten Bauantrags in den ersten 8 Jahren jeweils 5%, in den folgenden 6 Jahren jeweils 2,5%, in den folgenden 36 Jahren jeweils 1,25%.

- Die **Leistungsabschreibung** kann bei beweglichen Wirtschaftsgütern, bei denen es wirtschaftlich begründet ist, vorgenommen werden. Dabei ist der jährliche Leistungsumfang nachzuweisen (§ 7 I S. 6 EStG).
- Ähnlich der Leistungsabschreibung wirkt bei Bergbauunternehmen, Steinbrüchen und anderen substanzverbrauchenden Betrieben die sog. Absetzung für Substanzverringerung (§ 7 VI EStG).
- **Geringwertige Wirtschaftsgüter** mit Anschaffungskosten oder Herstellungskosten bis 410 € (netto) konnten bis 31.12.2007 sofort in voller Höhe abgeschrieben werden (§ 6 II EStG). Mit dem Unternehmenssteuerreformgesetz 2008 wurde diese Regelung modifiziert:
    - Für bewegliche, abnutzbare Wirtschaftsgüter des Anlagevermögens mit einem Zugangswert bis 150 € (netto) findet auch ab 01.01.2008 die bisherige Regelung des § 6 II EStG Anwendung, d.h. diese Wirtschaftsgüter können auch weiterhin sofort in voller Höhe abgeschrieben werden.
    - Für Wirtschaftsgüter, deren Zugangswert über 150 € hinausgeht, jedoch 1.000 € (netto) nicht übersteigt, muss gemäß dem neuen § 6 IIa EStG ein Sammelposten gebildet werden, welcher über fünf Jahre linear in Form einer sog. **Poolabschreibung** aufwandswirksam aufzulösen ist.
    - Seit 01.01.2010 besteht nun wieder nach § 6 II EStG ein Wahlrecht, **Wirtschaftsgüter mit Anschaffungskosten bis 410 €** (netto) sofort abzuschreiben. Die Regelung zum Sammelposten nach § 6 IIa EStG kann dabei alternativ weiterhin angewendet werden. Zu beachten ist, dass pro Wirtschaftsjahr, für jedes Wirtschaftsgut die gleiche Regel anzuwenden ist. Ein unterjähriger Wechsel von der Sofortabschreibung zur Poolabschreibung und umgekehrt ist daher nicht möglich.

Auch nach **IFRS** können geringwertige Wirtschaftsgüter sofort in voller Höhe abgeschrieben werden, hier jedoch aufgrund des Wesentlichkeitsgrundsatzes.

Exkurs: Steuerliche Sonderabschreibungen/erhöhte Absetzungen

Daneben existieren steuerliche Abschreibungsvergünstigungen in großer Zahl. Sprachlich unterscheidet man zwischen erhöhten Absetzungen und Sonderabschreibungen. Erhöhte Absetzungen treten an die Stelle der linearen Abschreibung (diese stellt im Begünstigungszeitraum lediglich die Untergrenze dar; § 7a III EStG). Sonderabschreibungen sind (nur) zusätzlich zur linearen Abschreibung möglich (§ 7a IV EStG; ausdrückliche Ausnahme: § 7g V EStG).

Beispiel:

Ein Wirtschaftsgut mit Anschaffungskosten von 100 kann über die Nutzungsdauer von 8 Jahren linear abgeschrieben werden. Darüber hinaus besteht die Möglichkeit, im ersten Jahr eine zusätzliche Sonderabschreibung von 20% geltend zu machen. Der Steuersatz beträgt 30%.

Jahr	01	02	03	04	05	06	07	08
Steuerliche AfA	12,5	12,5	12,5	12,5	12,5	12,5	~~**12,5**~~ **5**	~~**12,5**~~ **0**
Sonderabschreibung	**20**	0	0	0	0	0	0	0
Abschreibungen gesamt	32,5	12,5	12,5	12,5	12,5	12,5	5	0
Abschreibungen kumuliert	32,5	45	57,5	70	82,5	95	100	
Δ Gewinn	-20	0	0	0	0	0	+7,5	+12,5
Δ Steuerzahlungen (Δ Gewinn x 30%)	+6	0	0	0	0	0	-2,25	-3,75

Tabelle 16: Auswirkungen von steuerlichen Sonderabschreibungen

Wird im Jahr 01 neben der planmäßigen Abschreibung zusätzlich die Sonderabschreibung (20% von AK 100) geltend gemacht, kommt es im Vergleich zur Situation ohne Sonderabschreibung zunächst zu höheren Aufwendungen und dementsprechend zu einem niedrigeren Gewinn (-20). Der Steuerersparnis im ersten Jahr (+6) steht jedoch wegen des künftig höheren Gewinns eine höhere Steuerbelastung in den Folgejahren (ab Jahr 07) gegenüber. Aufgrund dieser im Vergleich zur Handelsbilanz verzerrten Erfolgs- und Vermögenslage ist die Bedeutung der daraus resultierenden latenten Steuern enorm.

Gesetzesnorm	Kurzbeschreibung
§ 7c EStG	Erhöhte Absetzungen für Baumaßnahmen an Gebäuden zur Schaffung neuer Mietwohnungen
§ 7f EStG	Bewertungsfreiheit für abnutzbare Wirtschaftsgüter des Anlagevermögens privater Krankenhäuser
§ 7g EStG	Investitionsabzugsbeiträte und Sonderabschreibungen zur Förderung kleiner und mittlerer Betriebe
§ 7h EStG	Erhöhte Absetzung bei Gebäuden in Sanierungsgebieten und städtebaulichen Entwicklungsgebieten
§ 7i EStG	Erhöhte Absetzung bei Baudenkmalen
§ 7k EStG	Erhöhte Absetzung für Wohnungen mit Sozialbindung

Tabelle 17: Besondere steuerliche Abschreibungsvergünstigungen

4.3. Heutige Tageswerte

4.3.1 Ansatzpunkte für Tageswerte

Die **primären** Wertarten (historische Werte) dienen der Objektivierung der Bewertung. Die **sekundären** Wertarten sollen hingegen eine aktuelle Bewertung gewährleisten. Die Ermittlung von Tageswerten kann nach verschiedenen Methoden erfolgen. Hierbei sind die Alternativen nicht gleichwertig (IFRS 3.B16, IDW RS HFA 16 Tz. 19 ff.).

Es existiert vielmehr grundsätzlich eine Methodenhierarchie:

1) „mark to market"-Methoden (marktpreisorientierte Verfahren)

2) „mark to model"-Methoden (kapitalwertorientierte Verfahren)

3) „mark to cost"-Methoden (kostenorientierte Verfahren)

zu 1) „mark to market"

Bevorzugt nimmt man zur Bewertung die bekannten Marktpreise von Transaktionen.

Am besten ist es, wenn für den zu bewertenden Vermögenswert bereits der künftige Verkaufserlös feststeht. Dieser ergibt sich aus dem Kaufvertrag. Der Gegenstand wurde aber noch nicht geliefert und wird daher noch beim Verkäufer bilanziert (IAS 36.25).

Als nächstes kann man Börsenpreise heranziehen (IAS 36.26). IFRS verlangt jedoch keine formelle Börsennotierung, sondern nur den Preis auf einem sog. „aktiven Markt" (IAS 36.6, 39.8). Aktive Märkte für Vermögenswerte weisen folgende Merkmale auf:

- es werden homogene Güter gehandelt
- es gibt jederzeit Angebot und Nachfrage
- der Preis ist öffentlich bekannt

Beispiel:

Die Preise für Rohöl – verschiedene Qualitäten – bilden sich auf einem aktiven Markt im Sinne der IFRS.

Sind die Merkmale nicht sämtlich erfüllt, so kann man mit Einschränkungen auch die Preise auf weniger vollkommenen Märkten heranziehen. Beispielsweise werden keine homogenen Güter, sondern nur ähnliche Güter gehandelt oder es herrscht nur sporadische Nachfrage (IAS 36.27).

Beispiel:

Der Marktpreis für eine 100 m^2-Eigentumswohnung wird durch Umrechnung aus den Preisen für 90 m^2-Eigentumswohnungen in gleicher Lage bestimmt.

Der schlechtere Zustand einer Eigentumswohnung wird durch Abschläge gegenüber den Preisen gut erhaltener Eigentumswohnungen berücksichtigt.

Als nächstes kann man den Wert eines gesamten Vermögenswertes auch aus den bekannten Werten seiner Teile synthetisch ableiten. Er stellt die Summe der Einzelwerte nach eventuellen Korrekturen dar.

Beispiel:

Ein bebautes Grundstück setzt sich zusammen aus dem Boden und dem Gebäude. Der Wert des Bodens beträgt 200 EUR/m^2 * 5000 m^2 = 1 Mio. EUR. Auch der Wert des Gebäudes sei bekannt und betrage 0,5 Mio. EUR.

Die Summe hiervon ist 1,5 Mio. EUR. Sie muss aber noch um einen Abschlag gekürzt werden, weil durch die vorhandene Bebauung die künftigen Nutzungsmöglichkeiten eingeschränkt werden. Die Flexibilität des Bodens sinkt. Damit reduziert sich der Wert des bebauten Grundstücks im Verhältnis zur Wertsumme aus Boden und Gebäude.

zu 2) „mark to model“

Die zweite grundlegende Bewertungsalternative geht vom Einsatz von Bewertungsmodellen aus. Dabei werden Daten in eine Formel eingesetzt und hieraus der Wert berechnet.

Das bekannteste Bewertungsmodell ist die Diskontierung von künftigen Zahlungsüberschüssen, also die Kapitalwertformel (IAS 36.31). Zu den Bewertungsmodellen zählen aber auch Optionsbewertungsverfahren wie z.B. die Black/Scholes-Formel (IAS 39.48A).

Beispiel:

Ein Sportgeschäft verleiht auch Wintersportausrüstung. Für ein Paar Leihskier wird geschätzt, dass sie für 2 Jahre vermietet werden können und in jedem Jahr einen Zahlungsüberschuss von 300 EUR abwerfen. Der Kalkulationszinssatz beträgt k = 10%.

Die Formel zur Berechnung des Barwerts lautet:

$C0 = ZÜ1 / (1 + k)^1 + ZÜ2 / (1 + k)^2$

Eingesetzt ergibt sich:

$C0 = 300 / (1 + 0,1)^1 + 300 / (1 + 0,1)^2 = 272,73 + 247,93 = 520,66$

zu 3) „mark to cost“

Scheitern alle vorgenannten Möglichkeiten, so muss die Bewertung kostenorientiert erfolgen (Beispiel IFRS 3.B16 (f)). Je nach Situation kann es sich um Wiederbeschaffungskosten – auf dem Beschaffungsmarkt – oder um Wiederherstellungskosten handeln.

Relevant sind die aktuellen Preisverhältnisse. Dadurch unterscheiden sich die Wiederbeschaffungs- und Wiederherstellungskosten von den historischen Anschaffungs- und Herstellungskosten.

4.3.2 Wertarten nach HGB

Niedrigere Tageswerte sind wahlweise oder zwingend anzusetzen, wenn die Tageswerte am Bilanzstichtag unter den bilanzierten Anschaffungs- oder Herstellungskosten liegen. Die niedrigeren Korrekturwerte setzen das Imparitätsprinzip um, wonach unrealisierte Verluste bereits dann auszuweisen sind, wenn sie erkennbar sind.

Konkretisierungen des niedrigeren Tageswerts sind im **Handelsrecht**

- für das Anlagevermögen der niedrigere, am **Abschlussstichtag beizulegende Wert** (§ 253 III S. 3 HGB)
- für das Umlaufvermögen der **niedrigere, am Abschlussstichtag beizulegende Wert** (§ 253 IV S. 2 HGB) und der **niedrigere aus einem Börsen- oder Marktpreis am Abschlussstichtag abzuleitende Wert** (§ 253 IV S. 1 HGB).

Diese Werte werden nach HGB nur verwendet, wenn sie **niedriger** sind als die AK/HK (Imparitätsprinzip). Höhere Tageswerte sind in der Bilanz **grundsätzlich** nicht möglich.

Niedrigerer aus dem Börsen- oder Marktpreis abzuleitender Stichtagswert

Der niedrigere, aus dem Börsen- oder Marktpreis abzuleitende Stichtagswert ist ein vorrangig anzuwendender **Spezialfall** des „beizulegenden Stichtagswerts“ (niedrigere, am Abschlussstichtag beizulegende Wert).

- Der **Börsenpreis** ist der an einer anerkannten Börse amtlich oder im Freiverkehr bei tatsächlichen Umsätzen festgestellte Preis. Welche Börse herangezogen wird, bestimmt sich nach dem mutmaßlichen Handelsplatz. Ob An- oder Verkaufspreise maßgeblich sind, entscheidet sich nach der relevanten Marktorientierung. Da bei Waren und Wertpapieren i.d.R. eine doppelte Marktorientierung angenommen wird, ist bei unterschiedlichem An- und Verkaufskurs der niedrigere Preis heranzuziehen.

- **Marktpreis** ist derjenige Preis, der sich an einem Handelsplatz (Markt) für Güter einer bestimmten Gattung von durchschnittlicher Art und Güte zu einem bestimmten Zeitpunkt im Durchschnitt bildet.

Nicht der Börsen- oder Marktpreis selbst ist anzusetzen, sondern der **aus diesen Preisen abzuleitende** niedrigere Wert. Daher sind

- bei einer **Beschaffungsorientierung** die noch anfallenden Anschaffungsnebenkosten zu addieren (und Anschaffungspreisminderungen abzuziehen)
- bei einer **Absatzmarktorientierung** die bis zum Verkauf noch anfallenden Aufwendungen (und Erlösminderungen) zu subtrahieren

Marktorientierung

Die **Marktorientierung** hängt dabei von Güterart und präsumtiver Beschaffungs- oder Verwertungsabsicht ab:

- Eine **Absatzmarktorientierung** erscheint geboten, wenn die voraussichtliche Verwertung auf dem Absatzmarkt erfolgt. Die Bewertung erfolgt retrograd durch Kostenabschläge (und Gewinnabschläge beim Teilwert) vom vermuteten Verkaufspreis.
- Die **Beschaffungsmarktorientierung** gilt als geboten, wenn für das Unternehmen von einer Wiederbeschaffung auszugehen ist, der Beschaffungsmarkt in Konkurrenz zur Eigenerstellung tritt oder die Bewertung vom Absatzmarkt her nicht praktikabel ist. Der Wert wird progressiv durch Anwendung der zur Bestimmung der Anschaffungs- oder Herstellungskosten vorgegebenen Schrittfolge ermittelt, wobei diese Berechnung auf Vollkostenbasis zu erfolgen hat.
- Bei Wertpapieren und Handelswaren sind sowohl Absatz- als auch Beschaffungsmarkt als relevant anzusehen und **beide Bewertungen** durchzuführen. Der niedrigere von beiden Werten gilt als Tageswert.

<table>
<tr><th></th><th>Wiederbeschaffung
(progressiv)</th><th>Absatz
(retrograd)</th></tr>
<tr><td>Anlagevermögen</td><td></td><td></td></tr>
<tr><td>betriebsnotwendig</td><td>ja</td><td></td></tr>
<tr><td>nicht betriebsnotwendig</td><td></td><td>ja</td></tr>
<tr><td>Fertigerzeugnisse</td><td></td><td>ja</td></tr>
<tr><td>RHB und
unfertige Erzeugnisse</td><td></td><td></td></tr>
<tr><td>Normalbestände</td><td>ja</td><td></td></tr>
<tr><td>Überbestände</td><td></td><td>ja</td></tr>
<tr><td>Waren</td><td colspan="2">Minimum beider Werte!</td></tr>
<tr><td>Wertpapiere</td><td colspan="2">Minimum beider Werte!</td></tr>
<tr><td>Forderungen</td><td></td><td>ja</td></tr>
</table>

Tabelle 18: Marktorientierung beim niedrigeren aus dem Börsen- oder Marktpreis abzuleitenden Stichtagswert

Geht man von einer „verlustfreien Wertermittlung" aus, so bedeutet dies, dass eigentlich stets eine retrograde Wertermittlung vom Absatzmarkt her erfolgen sollte. Eine Orientierung am Beschaffungsmarkt führt nicht selten zu einer „Gewinneinlagerung".

Niedrigerer beizulegender Wert

Der niedrigere am Bilanzstichtag beizulegende Wert (niedrigerer Stichtagswert) findet Anwendung bei Vermögensgegenständen des Anlagevermögens und des Umlaufvermögens.

Offen lässt das Gesetz, ob diese niedrigeren Stichtagswerte

- aus den Wiederbeschaffungskosten
- aus (fiktiven) Veräußerungserlösen oder
- aus dem Ertragswert

abzuleiten sind. Im Prinzip ist dies auch nicht anders als bei IFRS möglich.

Die Orientierung erfolgt bei den Wiederbeschaffungskosten am **Beschaffungsmarkt**, bei den fiktiven Veräußerungserlösen (z.B. Maschine, die nicht mehr genutzt werden kann) oder dem Ertragswert am **Absatzmarkt** (z.B. Beteiligungen, Patente, Lizenzen, vermietetes Anlagevermögen, denen ein selbständiger Ertrag zugerechnet werden kann), wobei der Veräußerungserlös als spezieller (Liquidations-)Ertragswert angesehen werden kann.

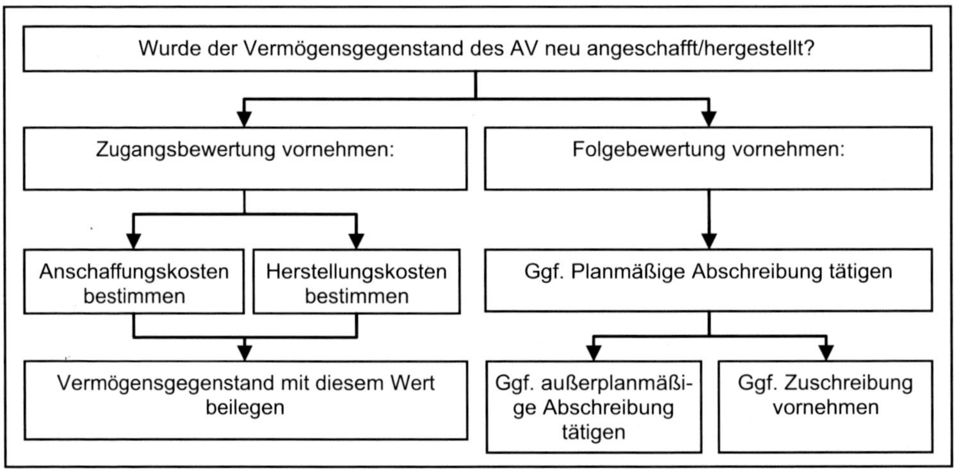

Abbildung 27: Bewertungsschema für das Anlagevermögen nach HGB

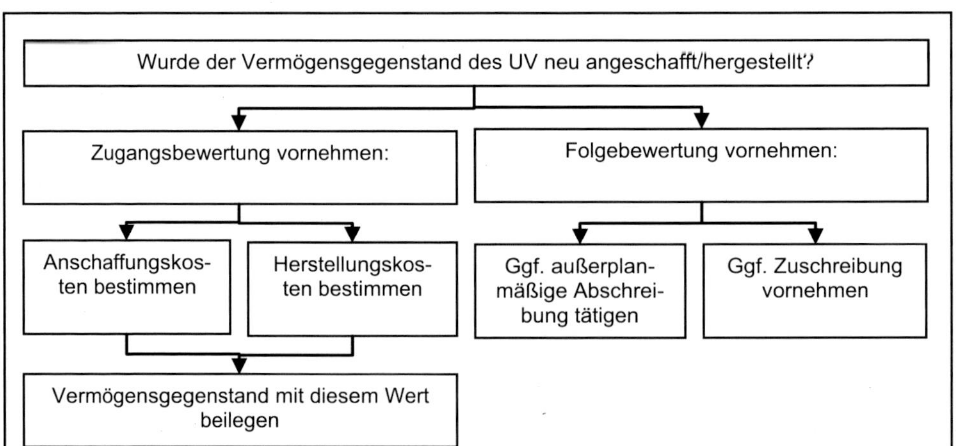

Abbildung 28: Bewertungsschema für das Umlaufvermögen nach HGB

4.3.3 Wertarten nach IFRS

Die Wahl der Wertarten ist bisher noch davon abhängig, welcher Standard zur Bewertung des jeweiligen Vermögenswerts herangezogen werden muss:

- Beizulegender Zeitwert (fair value)
  - z.B. Renditeimmobilien IAS 40.33-35, gewisse finanzielle VW („held-for-trading“ IAS 39.55a; „available-for-sale“ IAS 39.55b; „faire-value-option“ IAS 39.9b); bestimmte finanzielle Verbindlichkeiten IAS. 39.47a
- IAS 36 „Wertminderung“ = erzielbarer Betrag (recoverable amount)
  = kein eigenständiger Wert, sondern der höhere Betrag von
  - beizulegender Zeitwert abzüglich der Verkaufskosten (fair value less costs to sell)
  - Nutzungswert (value in use)
- spezifische Regelungen z.B.
  - Vorräte IAS 2: Nettoveräußerungspreis (net realisable value)
  - Fertigungsaufträge IAS 11: angefallene Kosten abzüglich Verluste (costs incurred less recognized losses)
  - Bestimmte finanzielle Vermögenswerte/Verbindlichkeiten IAS 39.46a, b/IAS 39.47: fortgeführte Anschaffungskosten unter Anwendung der Effektivzinsmethode

Abbildung 29: Überblick zu den Wertarten nach IFRS

Beizulegender Zeitwert (Fair Value)

Der beizulegende Zeitwert ist nach IFRS eine Wertkategorie von zentraler Bedeutung, weil die internationale Rechnungslegung ein stärkeres Gewicht auf eine realistische und zeitnahe Bewertung legt. Beispielsweise definiert IAS 39.9:

Der beizulegende Zeitwert ist der Betrag, zu dem zwischen sachverständigen, vertragswilligen und voneinander unabhängigen Geschäftspartnern ein Vermögenswert getauscht oder eine Schuld beglichen werden könnte.

Es handelt sich somit nicht um einen Wert aus der individuellen Perspektive des Unternehmens. Vielmehr ist ein hypothetischer allgemeiner Wert, im Prinzip der Marktpreis gesucht.

Die Definition verlangt, dass die Unkenntnis einer Partei nicht ausgenutzt wird, um diese „über den Tisch zu ziehen". Außerdem werden Transaktionen unter nahe stehenden Personen wie z.B. Verwandten oder zwischen Mutterunternehmen- und Tochterunternehmen ausgeschlossen.

Der beizulegende Zeitwert wird in vielen Standards verwendet. Er stellt auch die Grundlage anderer Werte dar. Insbesondere werden von ihm oft noch die Veräußerungskosten abgezogen.

Beispiele:

- IAS 32.11: Beizulegender Zeitwert von finanziellen Vermögenswerten und von Schulden
- IAS 40.5: Beizulegender Zeitwert von Immobilien, die zur Geldanlage gehalten werden
- IFRS 3 Anhang A: Beizulegender Zeitwert von Vermögenswerten und Schulden im Rahmen eines Unternehmenszusammenschlusses
- IFRS 5 Anhang A: Beizulegender Zeitwert von zur Veräußerung vorgesehenen Vermogenswerten.

Erzielbarer Betrag (Recoverable Amount)

Den außerplanmäßigen Abschreibungen des HGB stehen begrifflich sog. „Wertminderungsaufwendungen" im IAS/IFRS-System gegenüber.

Eine der seltenen Bilanzpositionen übergreifenden Vorschriften in IFRS stellt zur Bewertung IAS 36 „Wertminderung von Vermögenswerten" dar. IAS 36 regelt die außerplanmäßige Abschreibung, soweit keine Spezialvorschrift vorrangig ist.

Vorrangige Bewertungsregeln enthalten nach IAS 36.2 beispielsweise:

- IAS 2 für Vorräte
- IAS 39 für Finanzinstrumente
- IAS 40 für Immobilien als Finanzinvestitionen
- IFRS 5 für zur Veräußerung vorgesehene langfristige Vermögenswerte

Der zweistufige Wertminderungstest („**Impairment Test**") muss nicht zwingend für alle Vermögenswerte durchgeführt werden, sondern nur dann, wenn Indizien für eine Wertminderung vorliegen. IAS 36.9 besagt:

Ein Unternehmen hat an jedem Abschlussstichtag einzuschätzen, ob irgendein Anhaltspunkt dafür vorliegt, dass ein Vermögenswert wertgemindert sein könnte. Wenn ein solcher Anhaltspunkt vorliegt, hat das Unternehmen den erzielbaren Betrag des Vermögenswertes zu schätzen.

1. Stufe

Anhaltspunkte liefern externe und interne Informationsquellen (IAS 36.12).

Beispiele für **externe Hinweise:** deutlicher Rückgang von Marktwerten, Verschlechterungen auf den Absatzmärkten, nachteilige technische oder gesetzliche Änderungen, steigende Zinsen.

Beispiele für **interne Hinweise**: körperliche Schäden, deutliche Überalterung, Stilllegungen, Veräußerungsabsichten, Restrukturierungen.

2. Stufe

Im Rahmen der Bewertung ist der „erzielbare Betrag" zu ermitteln. Dies ist der höhere Betrag der beiden folgenden Werte (IAS 36.18):

- der „beizulegende Zeitwert abzüglich Veräußerungskosten" (IAS 36.25 ff.)
- der „Nutzungswert" (IAS 36.30 ff.)

Eine Wertminderung muss immer dann verpflichtend stattfinden, wenn der erzielbare Betrag **geringer** als der bisherige Buchwert ist (IAS 36.59).

Beispiel

Ein Lkw einer Mietwagenfirma weist einen Buchwert von 40 TEUR auf.

Er wird nur noch gelegentlich eingesetzt. Der Nutzwert beträgt daher nur 15 TEUR.

Allerdings könnte er zu einem Preis von 30 TEUR verkauft werden, wobei Veräußerungskosten von 2 TEUR entstünden. Der beizulegende Zeitwert abzüglich Veräußerungskosten beläuft sich auf 28 TEUR.

Man erhält einen erzielbaren Betrag von 28 TEUR.

Da der erzielbare Betrag unter dem bisherigen Buchwert liegt, muss eine Wertminderung - außerplanmäßige Abschreibung - um 12 TEUR auf 28 TEUR erfolgen.

Beizulegender Zeitwert abzüglich Veräußerungskosten (Fair value less costs to sell)

Der „beizulegende Zeitwert abzüglich Veräußerungskosten“ wird absatzmarktorientiert als Fair Value nach Abzug der mit dem Verkauf direkt verbundenen Kosten ermittelt (IAS 36.6, IAS 36.25 ff.).

Die Wertfindung basiert somit - im Unterschied zum HGB - stets auf dem Absatzmarkt. Dies gilt unabhängig von der Verwendungsabsicht oder Wiederbeschaffungsnotwendigkeit des Vermögenswertes.

Beispiel:

Nach HGB bewertet man betriebsnotwendige Sachanlagen unter der Fiktion einer Wiederbeschaffung nach den Preisen auf dem Beschaffungsmarkt zuzüglich Nebenkosten.

Nach IFRS gilt auch hier die Fiktion des Verkaufs. Veräußerungskosten zieht man ab.

Nutzungswert (Value in Use)

Unter dem Nutzungswert (IAS 36.6, IAS 36.30 ff.) versteht man den Barwert der erwarteten Netto-Einzahlungsüberschüsse aus der weiteren Nutzung einschließlich des Restverkaufserlöses.

Im HGB findet sich kein direktes Pendant. Allerdings können entsprechende Bewertungen auch im Rahmen des „beizulegenden Wertes“ nach § 253 III S. 3 HGB erfolgen.

Zur Bewertung braucht man somit generell zwei Komponenten (IAS 36.31):

1) eine Schätzung der künftigen Cashflows

2) ein angemessener Abzinsungssatz

zu 1)

Zu den **Cashflows** gehören drei Komponenten (IAS 36.39):

- Einzahlungen aus der Nutzung des Vermögenswerts.

Beispiel:

Ein Reisebus eines Busunternehmens erzeugt Einnahmen durch die Fahrzeugmieten der Kunden.

- Auszahlungen, die notwendigerweise aufgrund der Nutzung des Vermögenswerts entstehen. Hierzu gehören Einzelkosten und anteilige Gemeinkosten, wenn sich letztere auf einer „vernünftigen und stetigen Basis“ dem Vermögenswert zurechnen lassen.

Beispiel:

Durch den Einsatz des Busses entstehen Kosten für Treibstoff, Versicherung, Steuer, Wartung und Reparaturen. Außerdem können dem Fahrzeugeinsatz anteilige Personalkosten für den Fahrer und das Reinigungspersonal zugerechnet werden.

- Zahlungen am Ende der Nutzungsdauer. Es kann sich je nach Situation um einen Einzahlungsüberschuss beim Verkauf des gebrauchten Gegenstandes oder um einen Auszahlungsüberschuss wegen Entsorgungs-, Verschrottungs- oder Rekultivierungskosten handeln.

Beispiel:

Für den Verkauf des Busses nach 6 Jahren gibt es Erfahrungssätze zum noch erzielbaren Restwert.

Zu den relevanten Cashflows gehören auch Auszahlungen, die den wirtschaftlichen Nutzen des Vermögensgegenstands erhalten, sowie Auszahlungen für den Ersatz von Teilen mit einer kürzeren Nutzungsdauer (IAS 36.49).

Beispiel:

Der Betrieb des Busses erfordert in regelmäßigen Abständen den Kauf neuer Reifen. Nach einigen Jahren muss erfahrungsgemäß ebenfalls die Auspuffanlage erneuert werden.

Die Prognose muss vom gegenwärtigen Zustand des Vermögenswertes ausgehen. Mögliche künftige Restrukturierungen oder Maßnahmen zur Verbesserung der Ertragskraft des Vermögenswerts dürfen nicht einbezogen werden (IAS 36.44). Dies würde nämlich „Wunschdenken" bei der Bewertung ermöglichen.

Beispiel:

Der Busunternehmer **plant**, den etwas älteren Reisebus mit einem DVD-Spieler und einer Anzahl von Flachbildschirmen in den Sitzreihen auszurüsten, da er in der letzten Zeit häufiger Anfragen nach so einem Bus erhalten hat. Er verspricht sich davon eine häufigere Vermietung und höhere Preise.

Weder die Auszahlungen für das Videosystem noch die erwarteten höheren Einzahlungen dürfen für die Berechnung des Nutzungswerts nach IFRS einbezogen werden.

Zu den bewertungsrelevanten Zahlungsströmen zählen weder Steuerzahlungen noch Ein- und Auszahlungen aus der Finanzierung (IAS 36.50).

Beispiel:

Die GewSt und KSt des Busunternehmens wird nicht auf die verschiedenen Fahrzeuge umgelegt.

Aus dem ursprünglichen Kredit beim Kauf des Busses ist noch eine Restschuld von 40 TEUR übrig. Hierfür fallen Zins- und Tilgungszahlungen an. Sie werden nicht vom zu diskontierenden Cashflow des Reisebusses abgezogen.

Für die Prognose der Zahlenwerte gelten einige grundlegende Prinzipien (IAS 36.33-38):

- Die Prognosen zur Berechnung des Nutzungswerts dürfen im Prinzip nicht von der internen Unternehmensplanung des Managements abweichen. Eine Ausnahme besteht für geplante Restrukturierungen und Verbesserungen (s.o.).
- Die Planung muss zudem der ehrlichen Überzeugung der Geschäftsleitung entsprechen.
- Die aktuelle Prognose sollte auf den Erfahrungswerten der Vergangenheit basieren, wenn nicht Gründe für zwischenzeitliche Veränderungen vorliegen.
- Der Detailplanungszeitraum der Cashflows beträgt in der Regel maximal 5 Jahre.
- Die Wachstumsrate der Cashflows im Detailplanungszeitraum wird für die weiteren Jahre extrapoliert. In der Regel muss für die fernere Zukunft von gleich bleibenden oder fallenden Wachstumsraten ausgegangen werden.

zu 2)

Die Definition des **Diskontierungssatzes** muss zur Definition der Cashflows passen. Als Diskontierungssatz verwendet man folglich einen Zinssatz vor Steuern. Er enthält neben dem sicheren Zins zusätzlich einen Risikozuschlag für das Risiko der Cashflows des Vermögenswerts (IAS 36.55-57).

Der Risikozuschlag darf aber keine Komponente für die Verschuldung des Unternehmens beinhalten, weil die Cashflows auch keine Zahlungsströme aus Fremdfinanzierung enthalten. Er hängt somit nicht von der Kapitalstruktur des Unternehmens ab.

In der Praxis kann das Unternehmen beispielsweise von den durchschnittlichen gewichteten Kapitalkosten nach dem Capital Asset Pricing Model (CAPM) ausgehen (IAS 36.A17 (a)). Jedoch müssen Anpassungen vorgenommen werden, um die Kapitalkosten in einen Vor-Steuer-Zinssatz umzurechnen (IAS 36.A20).

Exkurs: Zahlungsmittelgenerierende Einheiten

Neben dem Nutzungswert von einzelnen Vermögenswerten kennt IAS 36 auch den Nutzungswert einer sog. „zahlungsmittelgenerierenden Einheit".

Viele Vermögenswerte leiden nämlich darunter, dass sie selbst keine unmittelbaren Einzahlungen und Zahlungsüberschüsse verursachen.

Beispiel:

Ein vermieteter Reisebus generiert zugehörige Einnahmen. Damit lässt sich ein eigener Nutzungswert berechnen.

Eine Maschine, die in der Produktion verwendet wird, erspart zwar Auszahlungen. Sie erwirtschaftet aber keine direkt zurechenbaren Einzahlungen. An der Leistungserstellung der Absatzprodukte sind neben der Maschine auch andere Produktionsanlagen und Gebäude beteiligt. Die Einzahlungen aus dem Verkauf der Absatzprodukte lassen sich nicht einer einzelnen Maschine, sondern nur einer Gesamtheit von Produktionsfaktoren zurechnen.

Der Nutzungswert kann in solchen Fällen nur noch für sog. zahlungsmittelgenerierende Einheiten (ZGE) berechnet werden.

Unter einer zahlungsmittelgenerierenden Einheit (IAS 36.6, 36.65 ff.) versteht man die **kleinste identifizierbare Gruppe von Vermögenswerten, die Mittelzuflüsse erzeugen, die weitestgehend unabhängig von den Mittelzuflüssen anderer Vermögenswerte oder anderer Gruppen von Vermögenswerten sind.**

Beispiel:

Zahlungsmittelgenerierende Einheit kann beispielsweise die Gesamtheit aller Maschinen, Anlagen und Gebäude sein, wenn hierin Produkte erzeugt werden, die auf einem eigenen Absatzmarkt verkauft werden (auch wenn die hergestellten Produkte nur intern genutzt werden, IAS 36.70). Der Überschuss der Umsatzeinnahmen über die gemeinsamen Ausgaben stellt den – gemeinsamen – Cashflow der zahlungsmittelgenerierenden Einheit dar.

Es muss sich um die kleinste mögliche Einheit des Unternehmens handeln, die weitgehend unabhängige Überschüsse generiert.

Beispiel:

In einer Warenhauskette kann ein einzelnes Warenhaus beispielsweise in der Stadt Göttingen die kleinste zahlungsmittelgenerierende Einheit darstellen.

Die Fachabteilungen des Warenhauses in Göttingen – z.B. „Sportartikel" – stellen in der Regel keine zahlungsmittelgenerierende Einheit dar. Die Umsätze der Sportartikel werden nämlich mit dem allgemeinen Besuch des Warenhauses in Göttingen zusammenhängen, insbesondere mit der Abteilung „Kleidung" und „Schuhe".

Für die Vermögenswerte einer ZGE wird die Notwendigkeit einer Wertminderung gemeinsam geprüft (IAS 36.74).

Zum **Buchwert** einer ZGE zählen gemäß IAS 36.76:

- von direkt zugerechneten Vermögenswerten die Buchwerte. Diese korrespondiert mit einer Erfassung der Zahlungen im Cashflow.
- von gemeinsam genutzten Vermögenswerten, die sich jedoch auf einer „vernünftigen und stetigen Basis" anteilig der ZGE zurechnen lassen, ein entsprechender Anteil des Buchwerts. Konsequenterweise werden die zugehörigen Zahlungsströme auch anteilig in den Cashflow der ZGE einbezogen.
- Nicht Bestandteil des Buchwerts der ZGE sind allgemeine Schulden des Unternehmens. Zur ZGE gehören jedoch Schulden in unmittelbaren Zusammenhang mit der Geschäftstätigkeit der ZGE.

Beispiel:

Bei einer Warenhausfiliale in Göttingen als ZGE fallen Bankkredite des Gesamtunternehmens, Steuerverbindlichkeiten und Steuerrückstellungen oder Rückstellungen für Kosten der Abschlussprüfung nicht unter die Schulden der ZGE.

Zu den Schulden der ZGE gehören jedoch Verbindlichkeiten aus Lieferungen und Leistungen für Handwerker bei einem Umbau des Kaufhauses in Göttingen.

Bei einem Unternehmenskauf können im Konzernabschluss bilanzielle Firmenwerte entstehen. Diese bilanziellen Firmenwerte müssen auf diejenigen ZGEs verteilt werden, die aus dem Kauf einen Nutzen ziehen (IAS 36.80).

Beispiel:

Die Nord-Kaufhaus GmbH hat weitere Warenhäuser in Hessen übernommen. Zweck der Übernahme war es, durch größere gemeinsame Einkaufsmengen Kostenvorteile zu erzielen.

Im Konzernabschluss ergibt sich bei der Konsolidierung ein bilanzieller Firmenwert von 50 Mio. EUR. Durch den verbilligten Einkauf profitiert auch die Göttinger Niederlassung. Auf sie als ZGE entfällt anteilig ein Firmenwert von 5 Mio. EUR.

Die Überprüfung auf einen Wertminderungsbedarf erfolgt bei ZGEs für alle Vermögenswerte der ZGE gemeinsam (IAS 36.88-90). Eine Wertminderung liegt nur vor, wenn der Buchwert der ZGE höher ist als ihr erzielbarer Betrag.

Beispiel:

Die ZGE „Kaufhaus Göttingen“ weist einen erzielbaren Betrag in Höhe von 35 Mio. EUR auf. Er ergab sich als Barwert der künftigen Cashflows.

Der Buchwert der ZGE setzt sich folgendermaßen zusammen:

Firmenwert	5 Mio. EUR
Gebäude	15 Mio. EUR
Einrichtung	10 Mio. EUR
Waren	24 Mio. EUR
Kasse	1 Mio. EUR
Gesamt	55 Mio. EUR

Der Wertminderungsbedarf ist insgesamt 20 Mio. EUR.

Für die Bilanzierung muss der gemeinsame Wertminderungsbedarf nach bestimmten Regeln auf die einzelnen Vermögenswerte verteilt werden (IAS 36.104 ff.)

Existiert ein Firmenwert, so wird dieser als erstes abgeschrieben (IAS 36.104 (a)):

Beispiel:

Ursprünglicher Wertminderungsbedarf 20 Mio. EUR.

Firmenwert	5 Mio. EUR
	-5 Mio. EUR
	= 0 Mio. EUR
Gebäude	15 Mio. EUR
Einrichtung	10 Mio. EUR
Waren	24 Mio. EUR
Kasse	1 Mio. EUR
gesamt	55 Mio. EUR

Der Wertminderungsbedarf ist insgesamt 20 Mio. EUR.

Der restliche Wertminderungsbedarf wird grundsätzlich proportional zu den Buchwerten auf die anderen Vermögenswerte der ZGE verteilt (IAS 36.104 (b)):

Beispiel:

Ein restlicher Wertminderungsbedarf von 15 Mio. EUR muss auf 50 Mio. Buchwert umgelegt werden. Dies bedingt eine Abwertung von 15/50 = 30%.

Firmenwert	0 Mio. EUR
Gebäude	15 Mio. EUR
-30%	- 4,5 Mio. EUR
	= 10,5 Mio. EUR
Einrichtung	10 Mio. EUR
-30%	- 3 Mio. EUR
	= 7 Mio. EUR
Waren	24 Mio. EUR
-30%	- 7,2 Mio. EUR
	= 16,8 Mio. EUR
Kasse	1 Mio. EUR
-30%	-0,3 Mio. EUR
	= 0,7 Mio. EUR
neuer Gesamtbuchwert	35 Mio. EUR

Problematisch an einer völlig proportionalen Wertminderung ist, dass dadurch einzelne Vermögenswerte auch niedrigere Buchwerte bekommen könnten, als ihr Wert bei isolierter Bewertung beträgt. Das darf nicht sein.

Beispiel:

Der Wert des Wechselgeldes in der Kasse mit einem Nennbetrag von 1 Mio. EUR kann nicht sinnvoll auf 0,7 Mio. EUR reduziert werden. Sein Wert sollte nach wie vor 1 Mio. EUR betragen.

Wenn durch den Verkauf der Waren nach Abzug aller Kosten 19 Mio. EUR erzielt werden können, so stellt 19 Mio. EUR ebenfalls den Mindestwert der Waren dar.

IAS 36.105 legt Mindestbeträge für die Buchwerte fest. Es handelt sich hierbei um eine Art „Anhaltewert“. Der Buchwert eines einzelnen Vermögenswerts darf nicht unter den höchsten der folgenden Beträge sinken:

- seinen beizulegenden Zeitwert abzüglich der Veräußerungskosten, sofern sich dieser bestimmen lässt;
- seinen Nutzungswert, sofern sich dieser bestimmen lässt;
- null.

Beträge, die man ansonsten abgeschrieben hätte, werden dann proportional auf die verbleibenden anderen Vermögenswerte der ZGE verteilt.

Beispiel:

Die Abschreibung von Waren und Kasse darf nicht weiter als bis zu einem Buchwert von 19 Mio. EUR und 1 Mio. EUR gehen.

Firmenwert	0 Mio. EUR
Gebäude	15 Mio. EUR
Einrichtung	10 Mio. EUR
Waren, minimal:	19 Mio. EUR
Kasse, minimal:	1 Mio. EUR
neuer Gesamtbuchwert	45 Mio. EUR

Der verbleibende Wertminderungsbedarf ist 10 Mio. EUR.

Er kann nur noch auf Gebäude und Einrichtung verteilt werden.

Im Verhältnis zu den Buchwerten von Gebäude und Einrichtung beläuft die notwendige Abschreibung auf 10 / (15 + 10) = 10 / 25 = 40%.

Firmenwert	0 Mio. EUR
Gebäude	15 Mio. EUR
-40%	- 6 Mio. EUR
	= 9 Mio. EUR
Einrichtung	10 Mio. EUR
-40%	-4 Mio. EUR
	= 6 Mio. EUR
Waren	19 Mio. EUR
Kasse	1 Mio. EUR
neuer Gesamtbuchwert nach allen Wertminderungen	35 Mio. EUR

Andere retrograde Tageswerte nach IFRS

Die retrograde Bewertung – vom relevanten Absatzmarkt ausgehend – ist neben IAS 36 auch in anderen Standards enthalten. Wichtige Fälle sind:

- Vorräte nach IAS 2
- Fertigungsaufträge nach IAS 11
- zur Veräußerung vorgesehene langfristige Vermögenswerte nach IFRS 5
- bestimmte finanzielle Vermögenswerte/Verbindlichkeiten nach IAS 39

Vorräte

Bei Vorräten findet nach IAS 2 der sog. „**Nettoveräußerungswert**“ Anwendung. Hierunter versteht IAS 2.6:

Der Nettoveräußerungswert ist der geschätzte, im normalen Geschäftsgang erzielbare Verkaufserlös abzüglich der geschätzten Kosten bis zur Fertigstellung und der geschätzten notwendigen Vertriebskosten.

Fertigungsaufträge

Für Fertigungsaufträge, aus denen ein Verlust erwartet wird, sieht auch IAS 11.36 eine sofortige Verlustantizipation vor. Die Verluste umfassen die Differenz zwischen Auftragskosten und Auftragserlösen. IAS 11.42-43 verlangt eine Bewertung zu Auftragskosten abzüglich der erwarteten Verluste.

Zur Veräußerung vorgesehene langfristige Vermögenswerte nach IFRS 5

Langfristige Vermögenswerte, die das Unternehmen als „zur Veräußerung gehalten" einstuft, werden nach IFRS 5.15 mit dem niedrigeren Betrag von

- (bisherigem) Buchwert und
- beizulegendem Zeitwert abzüglich Veräußerungskosten

angesetzt. Es handelt sich somit um eine Regelung ähnlich dem handelsrechtlichen Niederstwertprinzip.

Bestimmte finanzielle Vermögenswerte/Verbindlichkeiten nach IAS 39

Der Wert für bestimmte finanzielle Verbindlichkeiten sowie für bestimmte finanzielle Vermögenswerte wird über die fortgeführten Anschaffungskosten unter der Anwendung der Effektivzinsmethode ermittelt (IAS 39.9). Unter bestimmten finanziellen Verbindlichkeiten sind Verbindlichkeiten aus Lieferungen und Leistungen wie auch Verbindlichkeiten gegenüber Kreditinstituten zu verstehen (IAS. 39.47). Bestimmte finanzielle Vermögenswerte sind Kredite und Forderungen („loan and receivables" (IAS 39.46(a); IAS 39.58ff.) wie auch bis zur Endfälligkeit gehaltene Vermögenswerte („helt-to-maturity-assets" (IAS 39.46(b); IAS 38.58ff.).

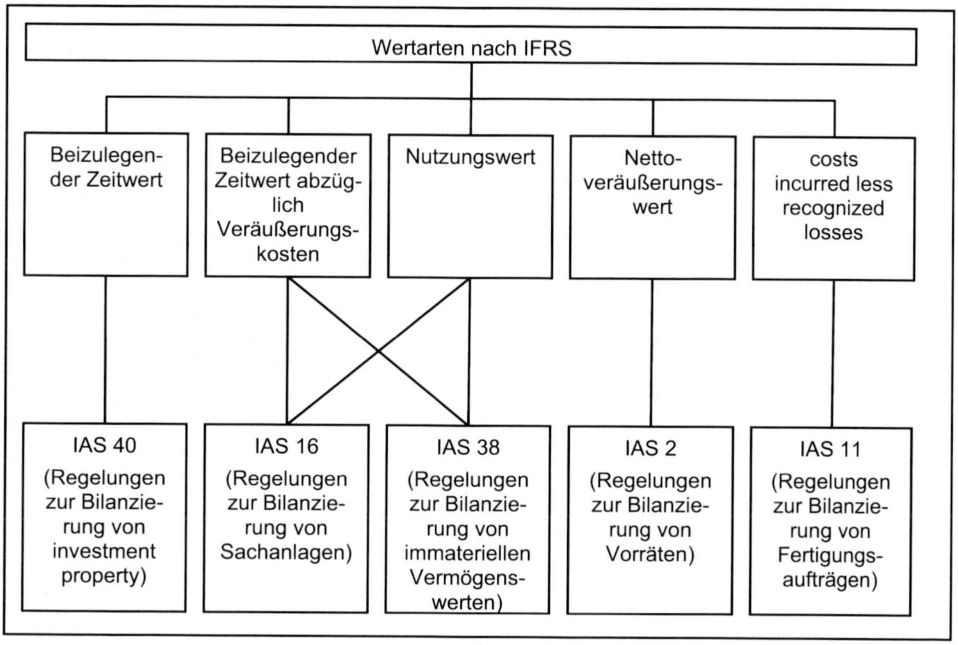

Abbildung 30: (Beispielhafte) Anwendungsbereiche von IFRS-Wertarten

4.3.4 Ausblick: geplante Änderung: Wertermittlung nach IFRS: „Fair Value Measurement"

Mit der Veröffentlichung des Exposure Draft „Fair Value Measurement" (ED/2009/5) will das IASB nun die bestehenden Regelungen zum f**air value** in Form eines eigenständigen Standards konsolidieren. Der Standardsetter folgt somit den Regelungen nach US-GAAP.

Der **fair value** ist demnach

- der im Rahmen einer marktüblichen Transaktion zwischen **Marktteilnehmern** vereinbarte **Preis**,
- welcher im **Bewertungszeitpunkt** beim Verkauf eines Vermögenswerts zu erzielen
- oder bei der Übertragung einer Schuld zu zahlen ist.

Die in dem ED zusammengefassten Regelungen zur fair value-Bewertung beziehen sich auf einzelne und real identifizierbare **Vermögenswerte** und/oder **Schulden** des bilanzierenden Unternehmens. Bei der Bewertung ist von den Charakteristika der konkret betrachteten Vermögenswerte und Schulden und nicht etwa von einer typisierten Betrachtung auszugehen. Zugleich ist somit eine Einschätzung erforderlich, welche Charakteristika überhaupt bewertungsrelevant sind.

Nach dem Willen des IASB ist weiterhin eine marktübliche Transaktion zu unterstellen, in deren Rahmen Vermögenswerte und Schulden zwischen Markteilnehmern übertragen werden und sich der für die Bewertung gesuchte Preis bildet. Hierbei soll stets von einer Transaktion ausgegangen werden, die auf dem für das Unternehmen **vorteilhaftesten Markt** stattfindet. Demnach ist bei der Bestimmung von fair values für Vermögenswerte stets derjenige Markt zugrunde zu legen, der den höchsten Verkaufserlös verspricht. An die Bestimmung des zugrunde zu legenden Markts ist jedoch die Restriktion geknüpft, dass das bilanzierende Unternehmen auch tatsächlich als Marktteilnehmer auf diesem agieren könnte. Spiegelbildlich zeichnet sich der vorteilhafteste Markt für die Übertragung von Schulden durch den niedrigsten aufzuwendenden Preis (= Ablösebetrag) aus.

Die **Marktteilnehmer**, zwischen denen die fiktive Transaktion zustande kommt, sollen

- unabhängig voneinander sein
- alle für den Abschluss der Transaktion notwendigen Information besitzen und insbesondere keinen Informationsnachteil gegenüber dem bilanzierenden Unternehmen haben sowie
- in der Lage und gewillt sein, die Transaktion abzuschließen

Insofern entspricht die Charakterisierung der Marktteilnehmer im Wesentlichen der bestehenden Notation im Rahmen der IFRS.

Schließlich richtet das IASB den Blick auf den **Transaktionspreis**. Hierbei werden für Vermögenswerte, Schulden und Eigenkapitalinstrumente jeweils eigenständige **Bewertungsannahmen** formuliert, denen die Ausrichtung an einem **Veräußerungspreis** (exit price) gemein ist. Dies kann insbesondere im Rahmen der Erstbewertung zum fair value zu Ergebniswirkungen führen, sofern z.B. der Beschaffungspreis eines Vermögenswerts vom fair value i. S. des ED Fair Value Measurement abweicht.

Vermögenswerte

Zentrale Bedeutung hinsichtlich der Preisfindung für Vermögenswerte besitzt deren optimale Verwendung aus Sicht des erwerbenden Marktteilnehmers. Die optimale Verwendung kann aus Sicht des IASB zweierlei Natur sein:

- Einerseits mag die Nutzung des betrachteten Vermögenswerts im Zusammenspiel mit den bestehenden Vermögenswerten und Schulden des erwerbenden Unternehmens im Vordergrund stehen (in-use valuation premise)
- Andererseits kann die optimale Verwendung auch allein im Eigentum am Vermögenswert bestehen (in-exchange valuation premise) und unabhängig von den anderen Vermögenswerten und Schulden des erwerbenden Markteilnehmers sein

Letztere Ausprägung der optimalen Verwendung soll vor allem bei der Bewertung von **finanziellen Vermögenswerten** unterstellt werden.

Schulden

Bei der Ermittlung des Ablösebetrags für eine Schuld ist regelmäßig auf die Perspektive des Gläubigers abzustellen, da nur selten ein beobachtbarer Markt oder beobachtbare Marktpreise für Schulden existieren. Der in Händen des Gläubigers liegende Vermögenswert, welcher der Schuld des bilanzierenden Unternehmens spiegelbildlich gegenübersteht, sowie dessen fair value sollen demnach maßgeblich für die Bewertung der betrachteten Schuld sein.

Eigenkapitalinstrumente

Für die Preisfindung im Zusammenhang mit Eigenkapitalinstrumenten sind Markteilnehmer zu betrachten, welche die Eigenkapitalinstrumente als Vermögenswerte halten.

Bewertungsverfahren

Das IASB unterscheidet im Rahmen des ED grundsätzlich zwischen drei Kategorien von **Bewertungsverfahren**:

- marktbasierte (market approach)
- aufwands- bzw. zahlungsstrombasierte (income approach) und
- kostenbasierte (cost approach)

Bei der **Wahl** des Bewertungsverfahrens ist das bilanzierende Unternehmen frei, muss aber denjenigen Verfahren Vorrang einräumen, für die zum Bewertungsstichtag im Vergleich zu anderen Verfahren mehr beobachtbare Inputfaktoren vorliegen. Hervorzuheben ist die Einführung einer **dreistufigen Hierarchie für Inputfaktoren**, welche in die zuvor genannten Bewertungsverfahren einfließen. Inputfaktoren auf einer übergeordneten Stufe sind zwingend den Inputfaktoren unterer Stufen vorzuziehen.

- Auf der **obersten Stufe** werden bewertungsrelevante Informationen zusammengefasst, die auf Preisnotierungen für identische Vermögenswerte und Schulden eines aktiven Markts basieren. Inputfaktoren der obersten Stufe zeichnen sich demnach durch eine hohe Objektivität aus, da durch die Bedingung der Vergleichbarkeit und der hohen Marktaktivität nahezu keine Anpassungen der Preisnotierungen notwendig werden. Die Inputfaktoren entsprechen vielmehr den fair values.
- Der **mittleren Stufe** sind Inputfaktoren zugeordnet, die zwar beobachtbar sind, aber ein höheres Maß an Anpassungen zur Erreichung des Bewertungszwecks erfordern. Das Maß an Objektivität nimmt folglich ab. Dieser Stufe entsprechen z.B. Preisnotierungen lediglich ähnlicher Vermögenswerte und Schulden oder Preisnotierungen von Märkten, die kein ausreichendes Maß an Aktivität aufweisen.
- Die **unterste Stufe** umfasst schließlich unbeobachtbare (unternehmensinterne) Inputfaktoren, welche aus Sicht des Abschlussadressaten somit die geringste Objektivität aufweisen.

Anhangsangaben

Das IASB sieht zudem umfangreiche **Mindestangaben im Anhang** (Notes) vor, Zum Beispiel:

- zu den verwendeten Bewertungsverfahren und Inputfaktoren
- zu Änderungen hinsichtlich der den Bewertungsverfahren zugrunde liegenden Inputfaktoren
- zur Überleitungsrechnung für die fair value-Änderungen zwischen zwei Stichtagen, soweit der fair value-Änderung Inputfaktoren der untersten Stufe zugrunde lagen

und zwar jeweils pro Klasse von Vermögenswerten und Schulden.

4.3.5 Wertminderungen/außerplanmäßige Abschreibung

Bei Sinken des Tageswerts unter den bisherigen Buchwert ist zu prüfen, ob hier eine sog. „außerplanmäßige Abschreibung“ (HGB) vorgenommen werden kann oder muss. Den außerplanmäßigen Abschreibungen des HGB stehen begrifflich sog. „Wertminderungsaufwendungen“ („impairment loss“) im IAS/IFRS-System gegenüber. Alle außerplanmäßigen Abschreibungen sind nach HGB stets erfolgswirksam zu erfassen.

Handelsbilanz: § 253 III und § 253 IV HGB enthalten ein von den näheren Umständen abhängiges detailliertes Regelungsgeflecht:

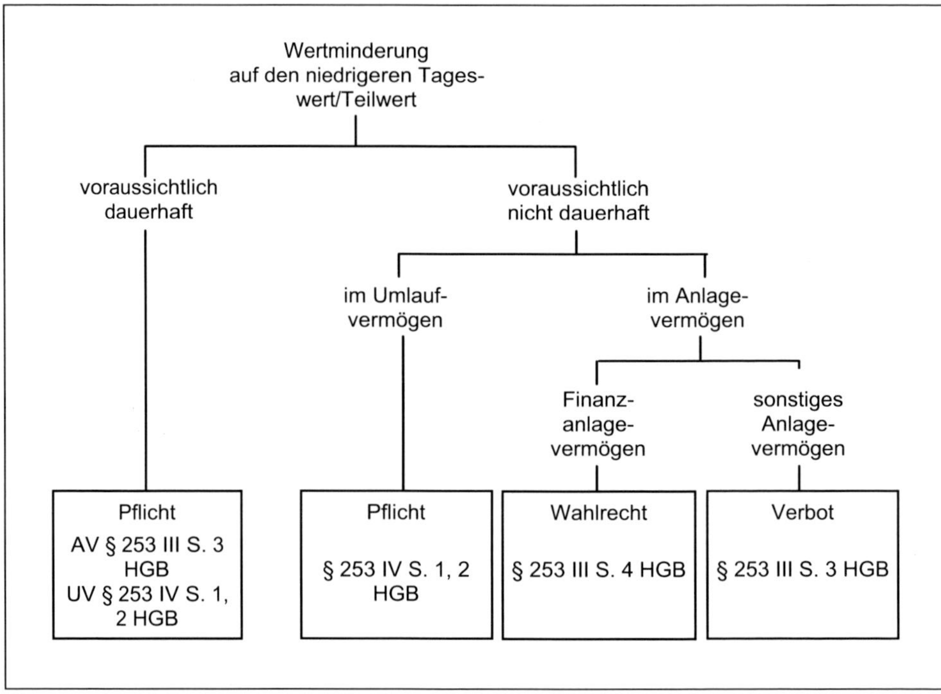

Abbildung 31: Abschreibungspflichten, -wahlrechte und –verbote im Handelsrecht

Internationale Rechnungslegung:

Die „Generalnorm" für Wertminderungen, **IAS 36**, nimmt im Unterschied zum HGB keine Unterteilung in Umlaufvermögen und Anlagevermögen vor. Ebenso erfolgt keine Differenzierung zwischen dauernder und vorübergehender Wertminderung. IAS 36.59 verlangt in allen Fällen eine unbedingte Abschreibungspflicht. Insbesondere findet es Anwendung bei den Sachanlagen (IAS 16.63), immateriellen Vermögenswerten (IAS 38.111) und bestimmte Renditeimmobilien (IAS 40.56).

Das Erfordernis einer außerplanmäßigen Wertminderung ist aber erst dann zu prüfen, wenn ein Anhaltspunkt dafür vorliegt, dass ein Vermögenswert wertgemindert sein kann (IAS 36.9 ff.). Mit dieser Vorschrift enthält IAS 36 ein **faktisches Wahlrecht**, obwohl - im Gegensatz zum HGB – formell keine Wahlmöglichkeiten vorhanden sind. Zumindest kann eine Abschreibung oft für eine gewisse Zeit hinausgezögert werden, bis die Hinweise offensichtlich und unstrittig sind.

Damit bestehen – trotz unterschiedlicher Rechtsgrundlage – in der Praxis Ähnlichkeiten zum gemilderten Niederstwertprinzip nach HGB.

Die Pflicht zur Vornahme außerplanmäßiger Abschreibungen findet sich auch in anderen Standards. IAS 36 wird z.B. für folgende Bilanzpositionen durch **postenspezifische Regelungen** substituiert:

- Vorräte (siehe IAS 2.9 „Vorräte")
- Vermögenswerte, die aus Fertigungsaufträgen entstehen (siehe IAS 11.36 „Fertigungsaufträge")
- latente Steueransprüche (siehe IAS 12.56 „Ertragsteuern")
- finanzielle Vermögenswerte, die in den Anwendungsbereich des IAS 39 „Finanzinstrumente: Ansatz und Bewertung" fallen
- als Finanzinvestition gehaltene Immobilien, die zum beizulegenden Zeitwert bewertet werden (siehe IAS 40 „Als Finanzinvestition gehaltene Immobilien")
- langfristige Vermögenswerte (oder Veräußerungsgruppen), die gemäß IFRS 5.15 als langfristige zur Veräußerung gehaltene Vermögenswerte und aufgegebene Geschäftsbereiche als zur Veräußerung gehalten eingestuft werden.

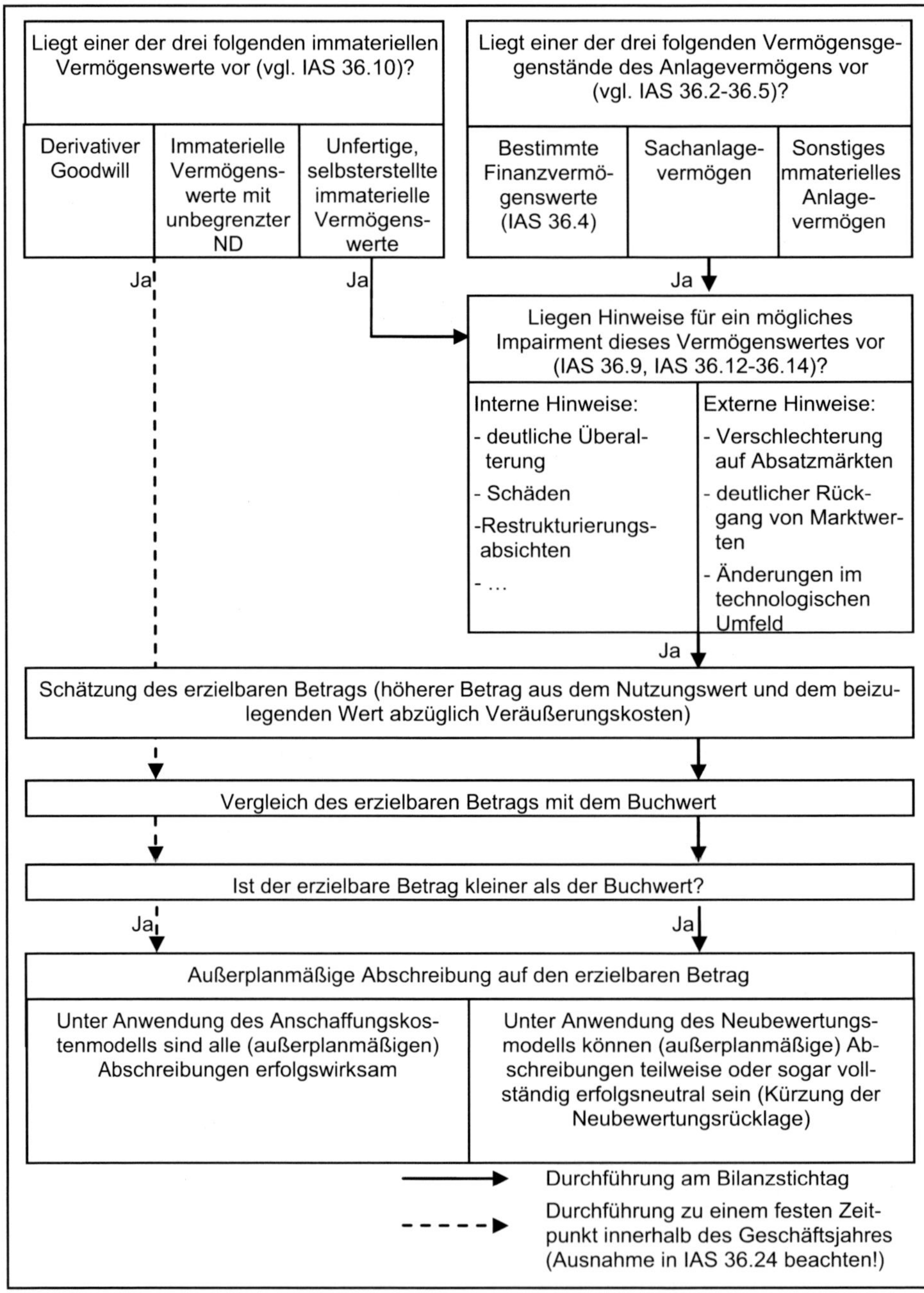

Abbildung 32: Wertminderungstest nach IAS 36

4.3.6 Wertaufholung/Zuschreibungen

Wertaufholungen bzw. Zuschreibungen sind nur bei einer vorherigen Wertminderung bzw. außerplanmäßigen Abschreibung zulässig.

Die Zuschreibung unterscheidet sich insofern von der Möglichkeit, nach IFRS in bestimmten Fällen auch Zeitwerte zu verwenden, die über den Anschaffungs- oder Herstellungskosten liegen.

Internationale Rechnungslegung:

IAS 36.109 ff schreiben eine generelle Wertaufholungspflicht bis hin zu den fortgeführten Anschaffungs- oder Herstellungskosten vor. Dies gilt sowohl für einzelne Vermögenswerte (IAS 36.117) als auch zahlungsmittelgenerierende Einheiten (IAS 36.122). Eine Ausnahme bildet der bilanzielle Firmenwert. Für ihn ist keine Wertaufholung möglich (IAS 36.124). Allerdings geschieht die Wertaufholung nicht automatisch. Bedingung ist - analog zur Wertminderung - das Vorliegen von Anhaltspunkten, dass eine bisherige Wertminderung nicht mehr besteht oder sich zumindest reduziert hat. Hierbei können externe oder interne Informationsquellen Hinweise geben (IAS 36.111).

Beispiel:

Eine ursprünglich nicht mehr genutzte Fertigungsanlage wird wegen der gestiegenen Nachfrage wieder für die Produktion benötigt.

Gesunkene Beschaffungskosten machen Fertigung und Verkauf wieder lohnend.

Selbstverständlich existieren bilanzpolitisch nutzbare Spielräume bei der Identifikation von Anhaltspunkten für wertaufgeholte Vermögenswerte. Eine bedeutende Einschränkung stellt der IAS 36.124 dar, der eine Wertaufholung des derivativen „Goodwill“ verbietet.

Handelsrecht:

Auch im Handelsrecht besteht ein Wertaufholungsgebot. Es gilt nach § 253 V HGB eine Zuschreibungspflicht für alle Rechtsformen bis zur Höhe der fortgeführten Anschaffungskosten, wenn die Gründe, die zur Vornahme einer außerplanmäßigen Abschreibung geführt haben, nicht mehr bestehen. Allein beim entgeltlich erworbenen Geschäfts- oder Firmenwert ist ein niedrigerer Wertansatz aufgrund einer außerplanmäßigen Abschreibung beizubehalten (vgl. § 253 V HGB).

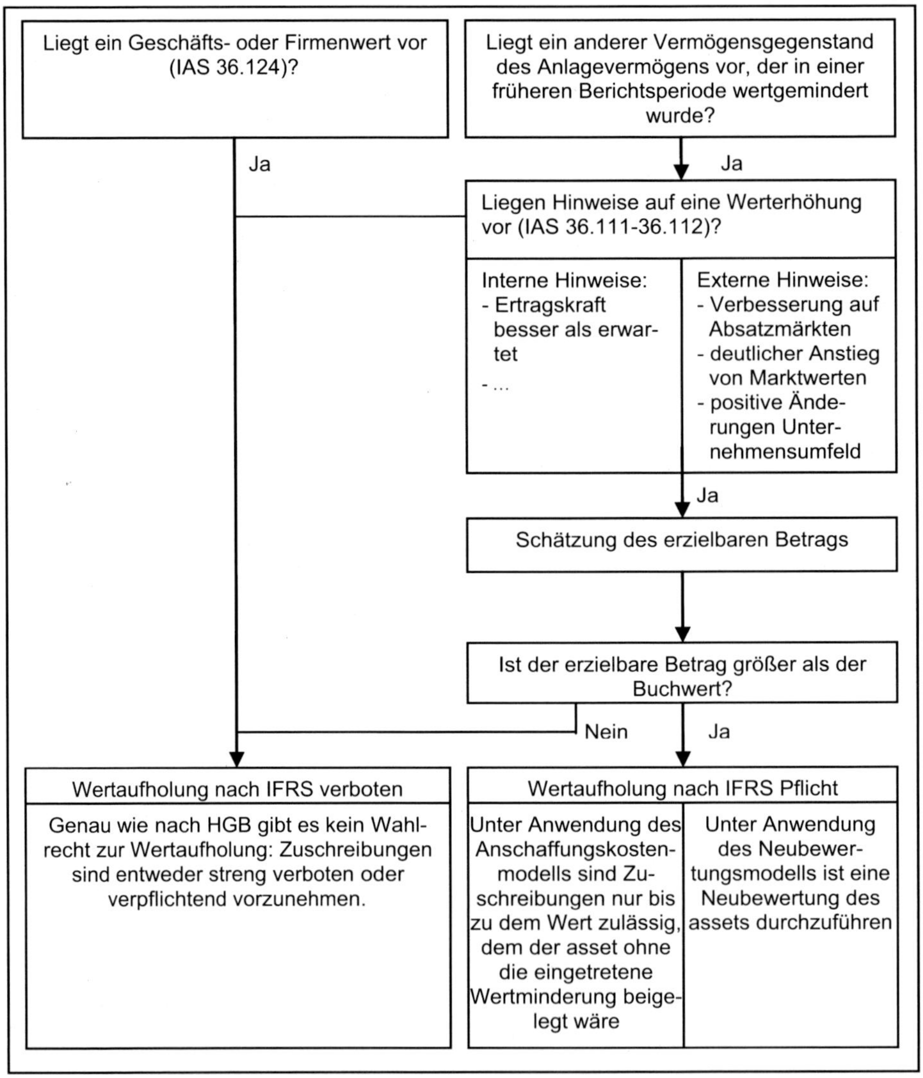

Abbildung 33: Wertaufholungstest nach IAS 36

4.4. Höhere Tageswerte

Eine Besonderheit von IFRS gegenüber dem HGB liegt in der Möglichkeit eines Ansatzes von Vermögenswerten zu ihrem gestiegenen Zeitwert. Damit ist der Tageswert nach IAS/IFRS nicht nur eine durch Vorsichtsüberlegungen begründete Wertkorrektur nach unten, sondern auch eine Bewertung zu aktuellen Rahmenbedingungen.

Beispiele:

(a) Wertpapiere der Kategorie „finanzielle Vermögenswerte, die erfolgswirksam zum beizulegenden Zeitwert bewertet werden“ nach IAS 39.9, 39.46, 39.55 (a), als Finanzinvestition gehaltene Immobilien nach IAS 41

(b) Wertpapiere der Kategorie „zur Veräußerung verfügbare finanzielle Vermögenswerte“ gemäß IAS 39.9, 39.46, 39.67ff. (b)

(c) Neubewertung bei Sachanlagen gemäß IAS 16.31 ff., Neubewertung von immateriellen Vermögenswerten nach IAS 38.75 ff.

Die Bewertung mit höheren Zeitwerten in der Bilanz sagt nach IFRS noch nichts über die Erfolgswirksamkeit in der GuV aus.

- Im Fall (a) geht der höhere Tageswert in der Bilanz Hand in Hand mit einer sofortigen Erfolgswirksamkeit in der GuV (keine Durchbrechung des Kongruenzprinzips)
- Im Fall (b) wird der höhere Tageswert in der Bilanz zunächst nur erfolgsneutral in einer gesonderten Position des Eigenkapitals verbucht. Zu einem erfolgswirksamen Ertrag in der GuV kommt es erst später beim Verkauf. („recycle surplus accounting“)
- In den Fällen (c) entsteht ein höherer Tageswert in der Bilanz. Es kommt aber nie zur Erfolgswirksamkeit in der GuV! Gewinne werden direkt im Eigenkapital in der Neubewertungsrücklage erfasst und ggf. in die Gewinnrücklage umgebucht („dirty surplus accounting“)

Diese völlig unterschiedliche Behandlung wird von vielen Seiten kritisiert, da sie bilanzpolitische Möglichkeiten eröffnet und die Bilanzanalyse erschwert.

Natürlich gibt es nach IFRS auch Fälle, in denen keine höheren Zeitwerte - über die fortgeführten Anschaffungs- oder Herstellungskosten hinaus - zulässig sind. Hierzu gehören beispielsweise Vorräte nach IAS 2.

Nach **HGB** sind höhere Tageswerte als die (fortgeführten) Anschaffungs-/ Herstellungskosten grundsätzlich nicht möglich. Es bestehen jedoch einige **Ausnahmen**. Gewisse kurzfristige Fremdwährungspositionen (Restlaufzeit unter einem Jahr) (§ 256a), Bewertungseinheiten (§ 254) und Pensionsfonds (§ 253 I S. 4) sind unter Beachtung des § 268 VIII (Ausschüttungssperre) mit höheren Tageswerten anzusetzen bzw. bei Verrechnung die Zeitbewertung heranzuziehen. Die Zeitbewertung von zu Handelszwecken erworbenen Finanzinstrumenten ist auf den Handelsbestand von Kreditinstituten beschränkt (§ 340e HGB). Bei Nichtfinanzunternehmen gilt das Anschaffungswertprinzip.

4.5. Wertbegriffe der Passivseite

Das Eigenkapital stellt den Saldo der Bilanz dar. Seine Bewertung ist daher nicht erforderlich, sondern sie ergibt sich aus den anderen Positionen. Für Rückstellungen und Verbindlichkeiten gelten die nachstehenden Wertbegriffe.

Handelsrechtliche Bewertungsregeln:

Beizulegender Zeitwert

Kurzfristige monetäre Fremdwährungsposten (Restlaufzeit bis zu einem Jahr) sind erfolgswirksam mit dem Zeitwert zu bewerten (§ 256a) gleiches gilt für „Hedge-Accounting" (§ 254) und Pensionsfonds (§ 253 I S.4). Dabei ist § 268 VIII zu beachten (Ausschüttungssperre). Die Bestimmung des beizulegenden Zeitwerts ist in § 255 IV geregelt. Vorangestellt ist die Suche nach Markt- oder Transaktionspreisen. Falls diese nicht vorhanden sind, wird der beizulegende Wert aus dem Bewertungsmodell abgeleitet (z.B. DCF-Modell wie bei IFRS).

Erfüllungsbetrag

- Verbindlichkeiten:
  - Die Bewertung wird grundsätzlich mit dem Erfüllungsbetrag vorgenommen (§ 253 I S. 2 1. HS HGB).
  - In Analogie zu den niedrigeren Tageswerten bei Vermögensgegenständen wird bei Verbindlichkeiten auch der höhere Tageswert verwendet (Rechtsprechung).
- Rückstellungen:
  - Eine Bewertung erfolgt „in Höhe des nach vernünftiger kaufmännischer Beurteilung notwendigen Erfüllungsbetrages“ (§ 253 I S. 2 2. HS HGB).

Bewertungsregeln im IAS/IFRS-System:

Verbindlichkeiten:

- Die Bewertung von finanziellen Schulden erfolgt gemäß IAS 39.47 grundsätzlich zu fortgeführten Anschaffungskosten nach der Effektivzinsmethode. Als fortgeführte Anschaffungskosten einer finanziellen Verbindlichkeit wird der Betrag bezeichnet, mit dem eine finanzielle Verbindlichkeit beim erstmaligen Ansatz bewertet wurde, abzüglich Tilgungen, zuzüglich oder abzüglich der kumulierten Amortisation einer etwaigen Differenz zwischen dem ursprünglichen Betrag und dem bei Endfälligkeit rückzahlbaren Betrag unter Anwendung der Effektivzinsmethode.
- Ausgenommen sind bestimmte finanzielle Verbindlichkeiten, die optional mit dem Zeitwert (Fair Value) bewertet werden können (z.B. von einem Unternehmen begebene Anleihen, die an einer Börse gehandelt werden).

Rückstellungen:

- Die Bewertung von Rückstellungen erfolgt zum Betrag gemäß der bestmöglichen Schätzung der Ausgabe, die zur Erfüllung der gegenwärtigen Verpflichtung zum Bilanzstichtag erforderlich ist (IAS 37.36).
- Ein Barwertansatz für Rückstellungen ist geboten, soweit die Diskontierung eine wesentliche Auswirkung auf den Wertansatz hat (IAS 37.45 und 47).

Einzelheiten hierzu werden später in Kapitel 5 erörtert.

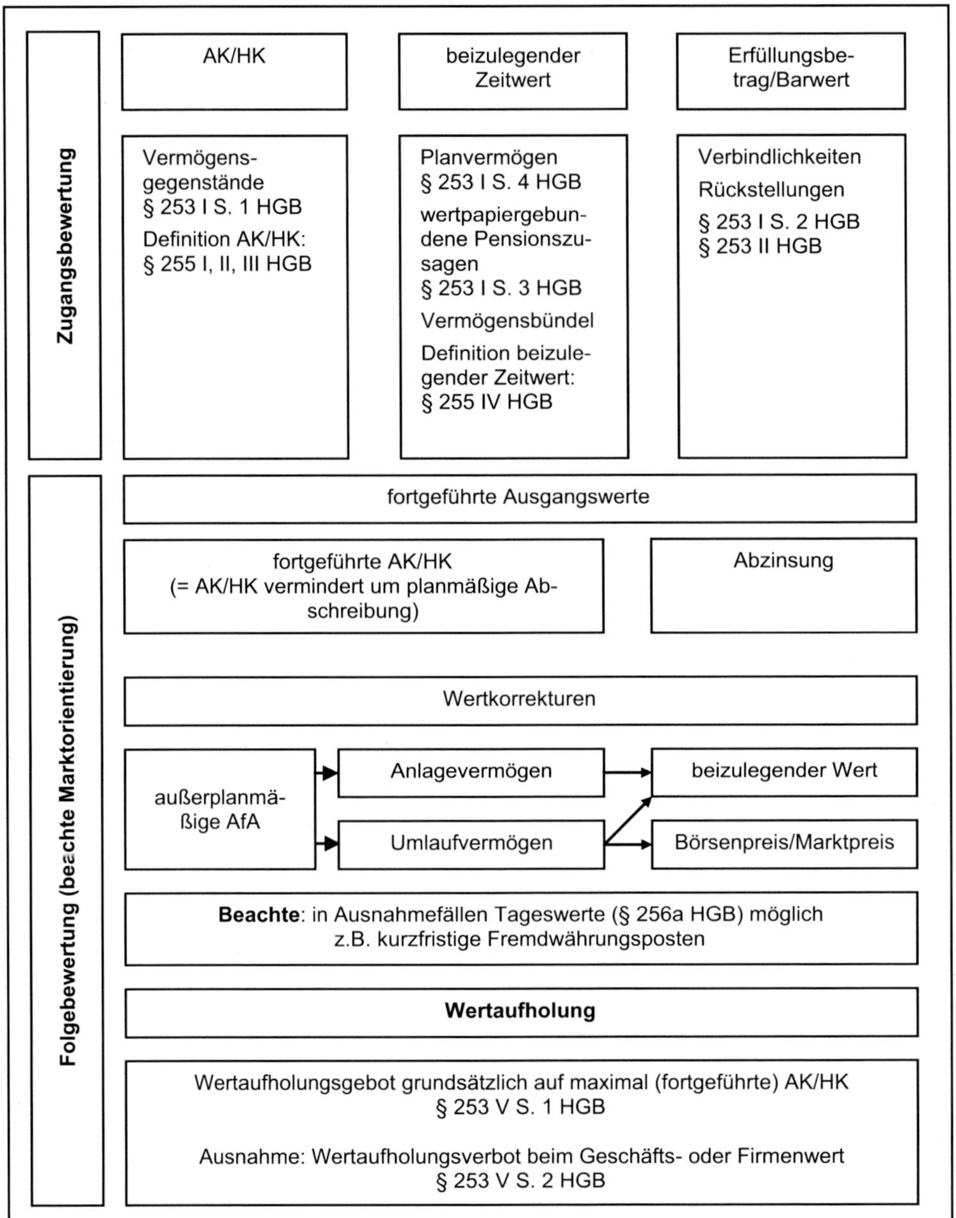

Abbildung 34: Grobüberblick über die Zugangs- und Folgebewertung nach HGB

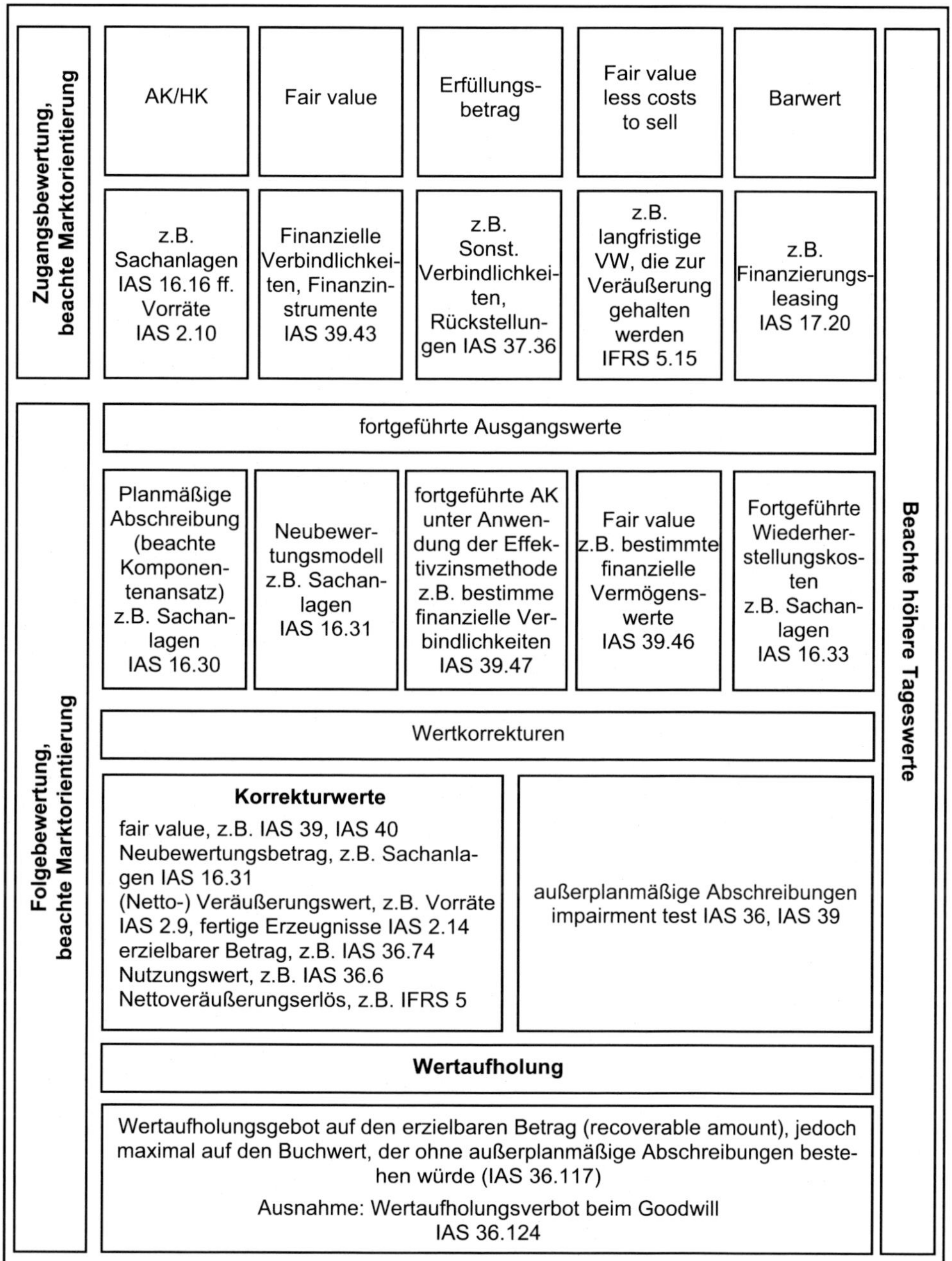

Abbildung 35: Grobüberblick über die Zugangs- und Folgebewertung nach IFRS

5 Einzelfragen

Lernziele

Sie lernen in diesem Kapitel Details der Rechnungslegung für häufig auftretende Sachverhalte kennen. Hierzu gehören:

- Sachanlagen
- Immobilien als Finanzinvestitionen
- Leasingverhältnisse
- Vorräte
- Fertigungsaufträge
- Immaterielle Anlagewerte
- Finanzielle Vermögenswerte
- Verbindlichkeiten
- Rückstellungen
- Latente Steuern

5.1. Sachanlagen

5.1.1 Überblick

Unter den Sachanlagen fasst das HGB alle materiellen Werte des Anlagevermögens sowie entsprechende Anzahlungen und grundstücksgleiche Rechte (§ 266 II HGB):

II. Sachanlagen:

1. Grundstücke, grundstücksgleiche Rechte und Bauten einschließlich der Bauten auf fremden Grundstücken;
2. technische Anlagen und Maschinen;
3. andere Anlagen, Betriebs- und Geschäftsausstattung;
4. geleistete Anzahlungen und Anlagen im Bau;

Abgrenzungsprobleme innerhalb der HGB-Sachanlagen treten insbesondere zwischen „technischen Anlagen", „anderen Anlagen" und „Bauten" auf. Die bestehenden Zuordnungsprobleme werden derzeit entsprechend folgender Überlegungen gelöst:

- Ist eine technische Einrichtung Voraussetzung für die Nutzung des Gebäudes (z.B. Heizung, Sprinkleranlage, Rolltreppe), so rechnet man sie zum **Gebäude**. Abschreibungen auf Gebäudeteile dürfen auch bei kürzerer Nutzungsdauer nur entsprechend der regelmäßig längerfristig angelegten Gebäudeabschreibung durchgeführt werden. Gleichsam als Ausgleich sind die notwendigen Ersatzbeschaffungen solcher technischen Einrichtungen bei Gebäuden als Erhaltungsaufwand verrechenbar.
- Dient die technische Einrichtung überwiegend der Produktion (z.B. Silo, Tank, Lastenaufzug), so ist sie unter der Position **„technische Anlagen und Maschinen"** auszuweisen (sog. Betriebsvorrichtungen).
- Sind Einbauten nur für einen vorübergehenden Zweck gedacht (z.B. Laden- oder Gaststätteneinbauten, Schaufensteranlagen), so zählen sie zu der Position **„andere Anlagen"**.

Als **Betriebsausstattung** gelten u.a. Werkzeuge und Fahrzeuge.

Zur **Geschäftsausstattung** gehören Büro- und Ladeneinrichtungen einschließlich der Büromaschinen und EDV-Anlagen.

Unter **Sachanlagen versteht IAS 16.6** materielle Vermögenswerte,

(a) die für Zwecke der Herstellung oder der Lieferung von Gütern und Dienstleistungen, zur Vermietung an Dritte oder für Verwaltungszwecke gehalten werden und

(b) die erwartungsgemäß länger als eine Periode genutzt werden.

Die maßgeblichen Regelungen zur Bilanzierung nach IFRS sind in IAS 16 „Sachanlagen" in Verbindung mit IAS 36 „Wertminderung von Vermögenswerten" enthalten. Jedoch enthalten IAS 16.2-16.5 Verweise auf vorrangige Spezialregelungen. Hierzu gehören beispielsweise:

- Immobilien, die zum Zwecke der Vermietung als Finanzinvestitionen gehalten werden – hierfür gilt IAS 40 –
- Sachanlagen, die zur Veräußerung vorgesehen sind – vorrangige Anwendung von IFRS 5 –

Die Sachanlagen lassen sich weiter in Gruppen einteilen. Unter einer Gruppe versteht IFRS jeweils diejenigen Sachanlagen, welche sich durch ähnliche Art und ähnliche Verwendung im Unternehmen auszeichnen (IAS 16.37).

Als Beispiele für eigenständige Gruppen nennt IAS 16.37:

- unbebaute Grundstücke
- Grundstücke und Gebäude
- Maschinen und technische Anlagen
- Schiffe
- Flugzeuge
- Kraftfahrzeuge
- Betriebsausstattung
- Büroausstattung

Besonderheiten der Bilanzierung von Sachanlagen betreffen den Anlagespiegel, die Komponentenabschreibung sowie das sog. Neubewertungsmodell.

5.1.2 Anlagespiegel

Kapitalgesellschaften müssen nach § 268 II HGB für ihr Anlagevermögen differenzierte Informationen in Form des „Anlagespiegels" geben. Der Anlagespiegel ist nach HGB in der Bilanz oder im Anhang enthalten.

Im Anlagespiegel beschränkt man sich nicht auf eine bloße Angabe der Nettobuchwerte. Zusätzlich werden die ursprünglichen Anschaffungs- oder Herstellungskosten als Bruttobetrag weiterhin fortgeführt, solange die Sachanlage noch körperlich im Unternehmen vorhanden ist. Als Gegenposition hierfür werden die kumulierten Abschreibungen bzw. Wertminderungen aufgeführt.

Ferner enthält der Anlagespiegel eine differenzierte Auflistung der Ursachen für die Veränderung der Buchwerte. Hier unterscheidet man:

- mengenmäßige Veränderungen: Zugänge (Investitionen) und Abgänge (Desinvestitionen)
- wertmäßige Veränderungen: planmäßige Abschreibungen, außerplanmäßige Abschreibungen bzw. Wertminderungen, Zuschreibungen bzw. Wertaufholungen, gegebenenfalls Neubewertungen nach IFRS
- sonstige Veränderungen: z.B. Umbuchungen zwischen verschiedenen Anlagekategorien

Beispiel:

Ein unbebautes Grundstück wird durch Errichtung eines Gebäudes im folgenden Abschluss zu einem bebauten Grundstück.

Die Regelungen zum Anlagespiegel für Sachanlagen nach IFRS ähneln stark denen im HGB. Allerdings spricht man hier von postenspezifischen Überleitungsrechnungen. So sind nach IAS 16.73 für jede Gruppe von Sachanlagen folgende Angaben erforderlich:

- Bruttobuchwert zu Beginn und zum Ende der Periode
- kumulierte Abschreibungen zu Beginn und zum Ende der Periode
- Zugänge
- Abgänge
- Erwerbe durch Unternehmenszusammenschlüsse
- Veränderungen des Buchwertes aufgrund von Neubewertungen
- Wertminderungen im Rahmen von IAS 36
- Wertaufholungen im Rahmen von IAS 36
- Abschreibungen
- Unterschiede aus Währungsumrechnungen von Abschlüssen von Tochterunternehmen im Konzernabschluss
- sonstige Bewegungen (z.B. Umbuchungen)

Angabepflichtig ist auch die Verpfändung von Sachanlagen als Sicherheit für Kredite (IAS 16.74).

Diese Angaben erfolgen grundsätzlich im Anhang, auf den innerhalb der Bilanz und Erfolgsrechnung durch entsprechende Querverweise hingewiesen wird (IAS 1.113).

Hinweis: Für immaterielle Vermögenswerte ergibt sich die Verpflichtung für eine entsprechende Überleitungsrechnung aus IAS 38.118. Das Anlagevermögen nach HGB umfasst gegebenenfalls auch immaterielle Anlagewerte.

5.1.3 Komponentenansatz der Bewertung

Häufig besteht eine Sachanlage aus Komponenten unterschiedlicher Nutzungsdauer. Hier stellt sich die Frage nach dem anzuwendenden Abschreibungszeitraum.

Beispiel:

Ein Gebäude weist unter anderem folgende Komponenten auf:

Mauerwerk, Dach, Fenster und Türen, Elektroinstallation, Sanitärinstallation, Heizanlage

Nach **HGB** richtet sich die einheitliche Nutzungsdauer nach der **wesensbildenden oder wertvollsten** Komponente.

Beispiel:

Für ein Gebäude stellt das Mauerwerk diejenige Komponente dar, welche die Nutzungsdauer determiniert.

Andere Komponenten mit geringerer tatsächlicher Nutzungsdauer müssen jedoch schon vorher ausgetauscht werden.

Beispiel:

Nach 20 Jahren kommt es in einem Haus zum Einbau einer neuen Heizung

Der Ersatz von Komponenten mit geringerer Nutzungsdauer stellt nach HGB einen sofort abzugsfähigen Erhaltungsaufwand des Jahres dar.

Das Problem abweichender Nutzungsdauern einzelner Komponenten kann jedoch auch auf eine zweite Weise gelöst werden. Die Einzelkomponenten werden dann jeweils für sich selbstständig bewertet.

Beispiel:

Bei einem bebauten Grundstück gilt das Gebäude zivilrechtlich stets als wesentlicher Bestandteil des Bodens. Für die bilanzielle Bewertung wird das bebaute Grundstück in Bodenanteil und Gebäudeanteil getrennt. Der Boden hat keine begrenzte Nutzungsdauer. Nur auf den Gebäudeanteil nimmt man planmäßige Abschreibungen vor.

Dies gilt sowohl nach HGB als auch nach IFRS (IAS 16.58).

Weitere Abgrenzungen kennt das HGB bei sog. **„Betriebsvorrichtungen"** von Gebäuden. Hierzu gehören z.B. Lastenaufzüge oder Hebebühnen. Zivilrechtlich stellen sie wesentliche Bestandteile des Gebäudes dar. Bilanziell sind sie aber als selbstständige technische Anlagen zu behandeln und getrennt abzuschreiben. Neuerdings wird in IDW RH HFA 1.016 eine generelle komponentenweise planmäßige Abschreibung auch für handelsrechtliche Zwecke für zulässig erklärt, um der Periodisierungslücke, die aufgrund der Abschaffung des Wahlrechts zur Bildung von Aufwandsrückstellungen durch das

BilMoG entstanden ist, entgegenzuwirken. Diese Regelung ist in der Literatur jedoch sehr umstritten und entfaltet auch keine Gesetzeswirkung. Damit könnte nun nach HGB zwar ein Wahlrecht zur Nutzung des Komponentenansatzes der Abschreibung bestehen, problematisch dabei ist jedoch, dass nach HGB der gesamte Vermögensgegenstand weiterhin die zu bilanzierende Einheit bildet, auf die sich auch der Niederstwerttest bezieht. Fraglich ist auch der Sinn einer Komponentenabschreibung nach HGB, wenn diese gar nicht aktivierbar ist. Es kann z.B. bei einer getrennten planmäßigen Abschreibung von Dach und Restgebäude das Dach nach HGB, im Gegensatz zu IFRS niemals als eigenständiger Vermögensgegenstand aktiviert werden, da es an der abstrakten Aktivierungsvoraussetzung der selbständigen Verwertbarkeit fehlt.

Die getrennte Abschreibung von Komponenten eines Vermögenswertes mit verschiedenen Nutzungsdauern wird nach IFRS generell verlangt. Man spricht deshalb vom sog. **Komponentenansatz** der Abschreibung.

Gemäß IAS 16.43 sind (Pflicht) dem Wert nach bedeutsame Sachanlagenteile separat zu erfassen und fortzuschreiben. Dabei gilt die Vermutung, dass ihre Nutzungsdauern, Nutzenabgaben und somit Abschreibungsverläufe sich von denen des Hauptbestandteils unterscheiden werden.

Sofern mehrere bedeutsame Anlagenteile identische Nutzungsdauern und Abschreibungsmethoden haben, können sie aber zusammengefasst werden.

Beispiel:

Bei einem Gebäude könnte man beispielsweise folgende Komponenten identifizieren:

Mauerwerk 150 TEUR (60 Jahre), Dach 40 TEUR (30 Jahre), Fenster und Türen 30 TEUR (20 Jahre), Elektroinstallation 20 TEUR (15 Jahre), Sanitärinstallation 30 TEUR (20 Jahre), Heizanlage 40 TEUR (20 Jahre).

Wenn generell linear abgeschrieben wird, so ergibt sich:

60 Jahre: Mauerwerk 150 TEUR

30 Jahre: Dach 40 TEUR

20 Jahre: Fenster und Türen 30 TEUR, Sanitärinstallation 30 TEUR, Heizanlage 40 TEUR

15 Jahre: Elektroinstallation 20 TEUR

Beispiel:

Bei Flugzeugen werden Rumpf, Triebwerke und Sitze separat erfasst und abgeschrieben.

Zu den Anschaffungs- und Herstellungskosten gehören auch Folgekosten für Ersatz oder Wartung (IAS 16.10).

Werden später einzelne Teile wie beispielsweise die Sitzreihen eines Flugzeugs ersetzt, so kommt es zu einer Ausbuchung eines eventuellen Restbuchwerts der „alten“ Sitze. Die „neuen“ Sitzreihen werden mit ihren Anschaffungs- bzw. Herstellungskosten aktiviert (IAS 16.13).

Der Komponentenansatz erstreckt sich über den körperlichen Ersatz von Anlagenteilen hinaus auch auf regelmäßige größere Wartungen, selbst wenn dabei gar keine Teile ersetzt werden (IAS 16.14). Wartungen können eine Voraussetzung für die Betriebserlaubnis der Sachanlage – z.B. bei Flugzeugen – sein.

Größere Wartungsarbeiten führen zur Aktivierung der Wartungskosten als Teil des Buchwerts der Sachanlage. Sollte die Sachanlage noch einen Restbuchwert für frühere Wartungsmaßnahmen aufweisen, so wird dieser ausgebucht. Mit dieser Vorgehensweise werden die Kosten der Wartung auf die folgenden Jahre der Nutzung der Sachanlage verteilt.

Als Gegenteil des Komponentenansatzes kennt IFRS auch die Möglichkeit, einzelne unbedeutende Gegenstände wie Werkzeuge, Press- und Gussformen zu einer **bilanziellen Einheit** zusammenzufassen und gemeinsam wie eine einzige fiktive Sachanlage zu behandeln (IAS 16.9). Dies entspricht grundsätzlich der Vorgehensweise der **Festbewertung von Sachanlagevermögen** nach § 240 III HGB.

Beispiel:

In einem Hotel werden kaputte und gestohlene Geschirrteile sowie Besteck regelmäßig ersetzt. Die Bewertung kann als Einheit erfolgen. Sie muss nicht jeden Teller einzeln erfassen.

5.1.4 Zugangs- und Folgebewertung

Sachanlagen werden beim erstmaligen Ansatz mit ihren Anschaffungs- oder Herstellungskosten bewertet (IAS 16.15). Die gleiche Regelung gilt im HGB (§ 253 I HGB). Dies gilt auch für Renditeimmobilien im Sinne des IAS 40.5 (IAS 40.20 ff).

Für die Folgebewertung kennt IAS 16.29 jedoch zwei Alternativen:

- Anschaffungskostenmodell
- Neubewertungsmodell

Die Wahl ist jeweils für eine gesamte Gruppe von Sachanlagen einheitlich auszuüben.

Das Anschaffungskostenmodell (IAS 16.30) entspricht dabei der Behandlung nach HGB (§ 255 I, II HGB). Die Anschaffungs- bzw. Herstellungskosten werden um planmäßige Abschreibungen sowie um Wertminderungsaufwendungen verringert. Die Regelungen der Zuwendung durch die öffentliche Hand, den Tausch von Vermögenswerten und den Fremdkapitalkosten gelten dabei entsprechend.

Für den Fall, dass der beizulegende Zeitwert der Sachanlage verlässlich bestimmt werden kann, kann auch das Neubewertungsmodell (IAS 16.31 ff.) gewählt werden.

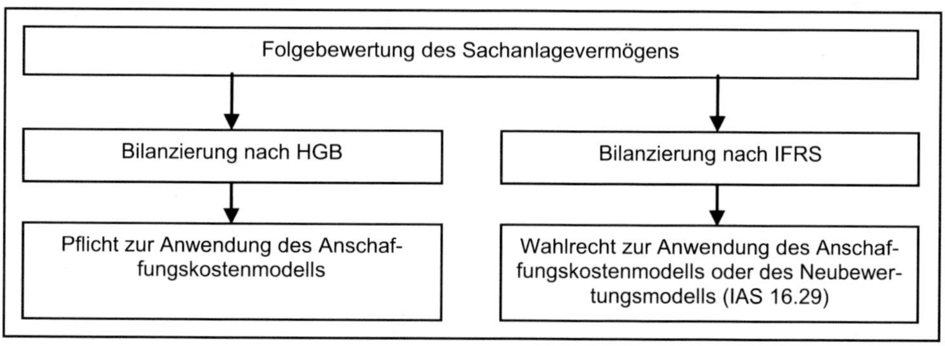

Abbildung 36: Folgebewertung des Sachanlagevermögens

Beispiel:

Unabhängige Immobiliengutachter kennen den Grundstücksmarkt und können die Zeitwerte von Grundstücken und Gebäuden auf der Grundlage von Marktdaten verlässlich ermitteln.

Für die Sachanlage wird der beizulegende Zeitwert bestimmt. Dieser entspricht dann dem Buchwert am Tag der Neubewertung. Jedoch zieht man in der Folgezeit die nachfolgenden planmäßigen Abschreibungen sowie gegebenenfalls nachfolgende Wertminderungsaufwendungen ab, solange bis die nächste Neubewertung stattfindet (IAS 16.31). Die Besonderheiten des Komponentenansatzes sind zu berücksichtigen.

Der beizulegende Zeitwert muss immer wieder in bestimmten zeitlichen Abständen neu erhoben werden. Die Frequenz der Neubewertung hängt von der Änderungsgeschwindigkeit der Zeitwerte ab. In der Regel wird eine Neubewertung alle 3 bis 5 Jahre ausreichen, ohne dass die Differenz zwischen Buchwert und Zeitwert zu groß wird (IAS 16.34).

Kommt es durch die Neubewertung zu einer Werterhöhung im Vergleich zum bisherigen Buchwert, so wird der Wertzuwachs erfolgsneutral ins Eigenkapital gebucht. Der Ausweis erfolgt unter der Bezeichnung „Neubewertungsrücklage“ (IAS 16.39).

Die allgemeinen Regelungen und Vorgehensweisen zum Impairment Test sind zu befolgen und die Besonderheiten für die zahlungsmittelgenerierende Einheit (ZGE) zu beachten, wenn die Sachanlage in eine ZGE integriert wurde.

Das HGB erkennt nur die Anwendung des Anschaffungskostenmodells als einzig zulässige Variante an. Sachanlagen mit begrenzter Nutzungsdauer sind daher planmäßig abzuschreiben. Je nach der Zuordnung zum Anlage- oder Umlaufvermögen gelten die allgemeinen Regelungen für außerplanmäßige Abschreibungen und Zuschreibungen (§ 253 III-V HGB).

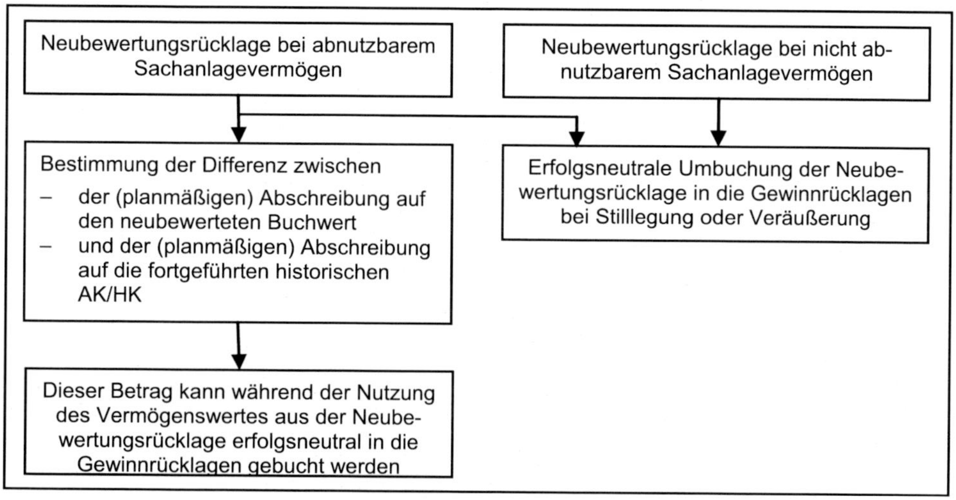

Abbildung 37: Neubewertungsrücklagen nach IAS 16.41

Beispiel:

Ein unbebautes Grundstück wurde im Jahr 01 als betriebliche Lagerfläche für Anschaffungskosten von 2.000 erworben. Die Bilanz sieht auszugsweise folgendermaßen aus:

Bilanz 01

Grundstück	2.000	Gewinnrücklage	2.000

Drei Jahre später findet im Jahr 04 eine Neubewertung durch einen vereidigten Sachverständigen statt. Er stellt einen Wert von 2500 fest.

Bilanz 04

Grundstück	2.500	Gewinnrücklage	2.000
		Neubewertungsrücklagen	500

Der Periodengewinn – Jahresüberschuss – wird hierdurch nicht verändert!

Ein bei einer späteren Neubewertung festgestellter Wertrückgang vermindert zunächst die früher gebildete Neubewertungsrücklage (IAS 16.40).

Beispiel:

Im Jahr 07 stellt der Sachverständige einen beizulegenden Zeitwert von 2.100 fest. Dem Rückgang des Grundstückswerts steht eine erfolgsneutrale Abnahme der Neubewertungsrücklage von 400 gegenüber.

Bilanz 07

Grundstück	2.100	Gewinnrücklagen	2.000
		Neubewertungsrücklage	100

Weitere Wertminderungen im Zuge einer Neubewertung mindern zunächst noch erfolgsneutral die Neubewertungsrücklage bis hin auf Null. Sinkt der Wert noch weiter ab, so ist die Wertminderung erfolgswirksam als Aufwand in der Gewinn- und Verlustrechnung zu erfassen (IAS 16.40). Das Unternehmen erleidet einen Verlust.

Beispiel:

Im Jahr 10 sinkt der beizulegenden Zeitwert weiter auf 1.500. Die ersten 100 des Wertrückgangs können noch durch eine vollständige Auflösung der Neubewertungsrücklage kompensiert werden. In Höhe der verbleibenden 500 entsteht ein negativer Jahresüberschuss.

Bilanz 10

Grundstück	1.500	Gewinnrücklagen alt	2.000
		JÜ	-500

Führt nach der erfolgswirksamen Abwertung eine spätere Neubewertung wieder zu einem höheren Tageswert, so ist diese Wertaufholung wiederum erfolgswirksam (IAS 16.39).

Im vorliegenden Fall entsteht in der Gewinn- und Verlustrechnung ein Ertrag von 200, der sich bilanziell als Jahresüberschuss niederschlägt.

Beispiel:

Im Jahr 13 ermittelt der Gutachter einen beizulegenden Zeitwert von 1.700. Weil sich der Buchwert von 1.500 durch eine vorhergehende erfolgswirksame Wertminderung von 500 ergeben hatte, sind nun Zuschreibungen bis zum Betrag von maximal 500 erfolgswirksam.

Bilanz 10

Grundstück	1.700	Gewinnrücklagen alt (2.000 - 500)	1.500
		JÜ	200

Scheidet die Sachanlage z.B. durch Veräußerung aus, so muss die Neubewertungsrücklage aufgelöst werden. Theoretisch würde eine Auflösung über die Gewinn- und Verlustrechnung nahe liegen. Damit käme es zu einem nachträglichen Jahresüberschuss in Höhe der vorgenommenen Neubewertung.

IAS 16.41 sieht jedoch eine unmittelbare Umbuchung der Neubewertungsrücklage in die Gewinnrücklagen vor. Es kommt insoweit zu keinem Jahresüberschuss.

Beispiel:

Im Jahr 04 fand eine Neubewertung zu 2500 statt. Im Januar des Folgejahres kann das Grundstück tatsächlich zu 2580 verkauft werden. Der Gewinn beläuft sich damit nur auf +80.

Bilanz 05

Kasse	2.580	Gewinnrücklagen alt	2.000
		Gewinnrücklagen (Umbuchung aus der Neubewertungsrücklage)	+500
		Jahresüberschuss	80

Achtung!

Mit dieser Regelung verstößt IFRS gegen das Kongruenzprinzip, weil die Summe der ausgewiesenen Gewinne nicht mit der Summe des tatsächlich erwirtschafteten Zahlungsüberschusses übereinstimmt.

Beispiel:

a) Gewinn laut IFRS	+80
b) Auszahlung bei Kauf des Grundstücks:	-2.000
Einzahlung bei Verkauf	+2.580
tatsächlich erwirtschafteter Zahlungsüberschuss	580

Der Gewinnausweis nach IFRS ist insofern irreführend.

Handelt es sich nicht um ein Grundstück, sondern um eine planmäßig abzuschreibende Sachanlage, so muss die geschilderte Vorgehensweise noch ergänzt werden:

Im Anschluss an eine Neubewertung verändern sich **erstens** auch die Ausgangsdaten der Abschreibung. Bei höheren Buchwerten steigt der in der Gewinn- und Verlustrechnung verbuchte Abschreibungsaufwand.

Zweitens wird die erforderliche Auflösung der Neubewertungsrücklage nicht erst bei Stilllegung am Ende der Nutzungsdauer vorgenommen. Die Umbuchung der Neubewertungsrücklage in die Gewinnrücklagen erfolgt vielmehr sukzessive während der Restnutzungsdauer. Der umgebuchte Betrag ist die Differenz zwischen der alten Abschreibung und der neuen Abschreibung auf Grundlage der höheren Buchwerte (IAS 16.41).

Beispiel:

Bei der im Jahr 04 neubewerteten Sachanlage handelt es sich nicht um ein Grundstück, sondern um eine Maschine. Sie weist eine Restnutzungsdauer von 5 Jahren auf und wird linear abgeschrieben.

Bilanz 04			
Maschine	2.500	Gewinnrücklage	2.000
		Neubewertungsrücklagen	500

Im Jahr 06 erhält man einen Abschreibungsaufwand von 2.500 / 4 = 625 in der Erfolgsrechnung, der – isoliert betrachtet – zu einem Verlust von 625 führt.

Die Neubewertungsrücklage wird zu einem Viertel, also 500 / 4 = 125 erfolgsneutral in die Gewinnrücklagen umgebucht. Das entspricht der Differenz zwischen einer Abschreibung vor Neubewertung von 2.000 / 4 = 500 und der neuen Abschreibung in Höhe von 625.

Bilanz 05			
Maschine (2.500 -625)	1.875	Gewinnrücklagen alt	2.000
		Gewinnrücklagen (Umbuchung aus der Neubewertungsrücklage)	+125
		Jahresüberschuss	-625
		Neubewertungsrücklage (500 - 125)	375

Findet keine weitere Neubewertung statt, so ergibt sich am Ende der Nutzungsdauer im Jahr 08 folgendes Bild:

Beispiel:

Bilanzbild nach erfolgter Abschreibung und Umbuchung:

Bilanz 08			
Maschine (2.500 - 2.500)	0	Gewinnrücklagen alt	2.000
		Gewinnrücklagen + (Umbuchungen aus der Neubewertungsrücklage)	500
		kumulierte Jahresüberschüsse (Verlustvortrag)	-2.500

Auch hier liegt somit ein Verstoß gegen das Kongruenzprinzip vor, weil die Summe der Jahresfehlbeträge von 04 bis 08 in Höhe der verrechneten Abschreibungen von -2.500 insgesamt höher ist als die entsprechenden Auszahlungen von -2.000.

Spezialfrage: Zur Veräußerung gehaltene Sachanlagen

Sachanlagen die verkauft werden sollen, werden regelmäßig in das Umlaufvermögen umgebucht (§ 247 II HGB) und dem „strengen Niederstwertprinzip" (§ 253 IV HGB) unterzogen. Planmäßige Abschreibungen werden dabei dann nicht mehr durchgeführt.

Die IFRS sehen für den angesprochenen Sachverhalt IFRS 5 vor. Voraussetzung für die Umbuchung in die Kategorie „Zur Veräußerung gehaltene langfristige Vermögenswerte" gemäß IFRS 5 ist die Tatsache, dass der Verkauf höchstwahrscheinlich ist (Veräußerungsbeschluss liegt vor, Verkaufsprozess ist eingeleitet, Jahresfrist, keine Anzeichen einer Planänderung etc.) und der Vermögenswert im gegenwärtigen Zustand tatsächlich verkauft werden kann (IFRS 5.6-5.9). Für die Folgebewertung greift IFRS 5.15, wobei der Buchwert mit dem beizulegenden Zeitwert abzüglich Veräußerungskosten („faire value less cost to sell") zu vergleichen ist und der niedrigere beider Werte angesetzt werden muss. Eine planmäßige Abschreibung ist nach der Umbuchung einzustellen (IFRS 5.25). Alle Wertminderungen und Wertaufholungen werden erfolgswirksam behandelt (IFRS 5.20-5.24).

Wird die Veräußerungsabsicht widerlegt, erfolgt die Bewertung mit dem ehemaligen Buchwert abzgl. planmäßiger Abschreibungen, maximal jedoch mit dem erzielbaren Betrag (IFRS 5.26 f.).

5.2. Spezialfrage: Immobilien als Finanzinvestition

5.2.1 Überblick

Immobilien lassen sich auf verschiedene Weise im Unternehmen einsetzen:

- Eine dauerhafte Nutzung ist sowohl als Selbstnutzung – Büroräume, Fabrikationshallen, Lager – wie auch zur Fremdnutzung – Vermietung zur Erzielung von Mieteinnahmen und eventuellen Wertsteigerungen – möglich.
- Daneben können Immobilien auch im Handels- oder Produktionsprozess eingesetzt werden. Hierzu gehört auch die Entwicklung der Grundstücke vom Bauland über die Bebauung hin zum Vertrieb.

Immobilien der ersten Kategorie fallen ins „Anlagevermögen" und stellen nach IFRS grundsätzlich Sachanlagen im Sinne von IAS 16 dar. Allerdings enthält IAS 40 Sondervorschriften für Immobilien, die als Finanzinvestitionen gehalten werden. Nach **HGB** gibt es **keine Besonderheiten gegenüber Sachanlagen**.

„Als Finanzinvestition gehaltene Immobilien" sind nach IAS 40.5 solche Immobilien, die zur Erzielung von Mieteinnahmen und/oder zum Zwecke der Wertsteigerung gehalten werden. Sie dürfen nicht zur Herstellung oder Lieferung von Gütern bzw. zur Erbringung von Dienstleistungen oder für Verwaltungszwecke oder zum Verkauf im Rahmen der gewöhnlichen Geschäftstätigkeit des Unternehmens dienen. Es kann sich hierbei um Grundstücke, um Gebäude oder um Teile davon handeln. Ferner spielt es keine Rolle, ob die Immobilien vom juristischen Eigentümer bilanziert werden oder ob sie ein Leasingnehmer bilanziert, weil er im Rahmen eines Finanzierungsleasingverhältnisses als wirtschaftlicher Eigentümer der Immobilie gilt.

Beispiele:

Als Beispiele für Immobilien als Finanzinvestition nennt IAS 40.8:

(a) Grundstücke, die langfristig zum Zwecke der Wertsteigerung und nicht kurzfristig zum Verkauf im Rahmen der gewöhnlichen Geschäftstätigkeit gehalten werden;

(b) Grundstücke, die für eine gegenwärtig unbestimmte künftige Nutzung gehalten werden. Legt ein Unternehmen nicht fest, ob das Grundstück zur Selbstnutzung oder kurzfristig zum Verkauf im Rahmen der gewöhnlichen Geschäftstätigkeit gehalten wird, ist das Grundstück als zum Zwecke der Wertsteigerung gehalten zu behandeln;

(c) ein Gebäude, welches sich im Besitz des Unternehmens befindet und vermietet wird;

(d) ein leer stehendes Gebäude, welches zur Vermietung im Rahmen eines oder mehrerer Operating-Leasingverhältnisse gehalten wird.

(e) Immobilien, die für die künftige Nutzung als Finanzinvestition erstellt oder entwickelt werden.

Abgrenzungsfragen stellen sich bei gemischter Nutzung. Könnten die Teile gesondert verkauft oder im Rahmen eines Finanzierungsleasings vermietet werden, so werden die Teile bilanziell getrennt beurteilt. Ist dies nicht der Fall, so gilt eine Immobilie nur dann als Finanzinvestition, wenn andere Nutzungsanteile unbedeutend sind (IAS 40.10).

5.2.2 Zugangs- und Folgebewertung

Die Zugangsbewertung geschieht immer zu Anschaffungs- oder Herstellungskosten einschließlich eventueller Erwerbsnebenkosten (IAS 40.20).

Für die Folgebewertung kann das Unternehmen zwischen zwei Bewertungsmethoden wählen (IAS 40.30):

- Anschaffungskostenmodell
- Modell des beizulegenden Zeitwerts

Die Wahl muss – von wenigen speziellen Ausnahmen abgesehen – einheitlich für alle als Finanzinvestition gehaltenen Immobilien getroffen werden.

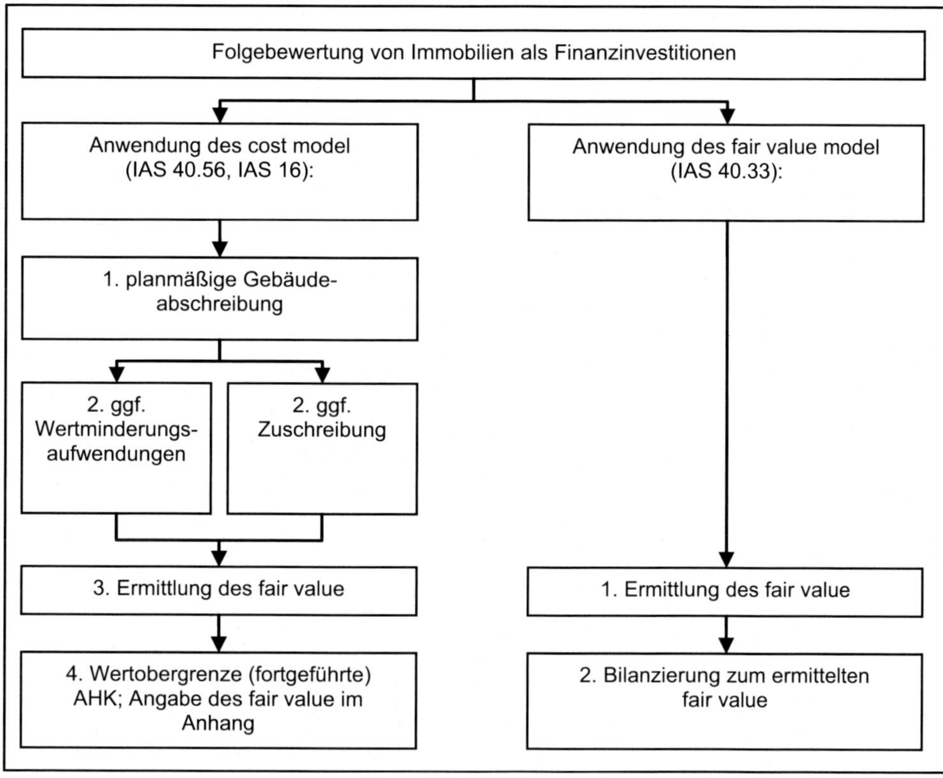

Abbildung 38: Folgebewertung von Immobilien als Finanzinvestitionen

Das Anschaffungskostenmodell (IAS 40.56) verweist auf die Bilanzierung von Sachanlagen gemäß IAS 16. Der Anhang enthält Informationen über die Abschreibungsmethoden, Nutzungsdauern und den Anlagespiegel (Überleitungsrechnung) (IAS 40.79 (a) bis (d)). Zusätzlich ist aber auch der beizulegende Zeitwert der als Finanzinvestitionen gehaltenen Immobilien anzugeben (IAS 40.79 (e)). Somit kann der Bilanzleser die darin enthaltenen stillen Reserven erkennen.

Eine Besonderheit von IFRS stellt das Modell des beizulegenden Zeitwerts dar. Die Immobilien werden an jedem Bilanzstichtag mit ihrem aktuellen Zeitwert bilanziert (IAS 40.33). Potenzielle Veräußerungskosten zieht man dabei nicht ab (IAS 40.37). Es erfolgt keine planmäßige Abschreibung. Wertrückgänge sowie Wertsteigerungen über die historischen Anschaffungskosten hinaus sind grundsätzlich sofort erfolgswirksam in der GuV-Rechnung als Finanzaufwendungen oder -erträge zu erfassen (IAS 40.35).

Beispiel:

Ein Bürogebäude wurde im Jahr 01 mit Herstellungskosten von 2.000 erstellt. Die Flächen werden als Büros und Praxen vermietet. Die Bilanz sieht auszugsweise folgendermaßen aus:

Bilanz 01

Bürogebäude	2.000	Gewinnrücklagen	2.000

Das Unternehmen hat sich für das Modell des beizulegenden Zeitwerts entschieden. Im Folgejahr stellt ein vereidigter Sachverständiger einen Wert von 2.500 fest.

Die Folgen sind:

Bilanz 02

Grundstück	2.500	Gewinnrücklagen		2.000
		Jahresüberschuss	+500	

Mit der sofortigen erfolgswirksamen Verbuchung von Wertänderungen unterscheidet sich das Modell des beizulegenden Zeitwerts bei Finanzimmobilien von der Neubewertungsmethode bei Sachanlagen. Die Bewertung findet jährlich statt. Planmäßige Abschreibungen gibt es nicht mehr.

Anwendungsbereich	Sachanlagen	Immobilien als Finanzinvestition
Bewertungsverfahren	Neubewertungsmethode	Modell des beizulegenden Zeitwerts
Breite des Wahlrechts	je Gruppe	insgesamt
Bewertungshäufigkeit	in der Regel alle 3 bis 5 Jahre	jährlich
planmäßige Abschreibungen	ja	nein
Behandlung von Wertänderungen	höhere Werte als fortgeführte Anschaffungs- oder Herstellungskosten erfolgsneutral über eine Neubewertungsrücklage geringere Werte erfolgswirksam	stets erfolgswirksam

Tabelle 19: Vergleich der Anwendung höherer Tageswerte

5.3. Spezialfrage: Bilanzierung von Leasingverhältnissen

5.3.1 Aktuelle Regelungen

Operatives Leasing (IAS 17/GoB)

Die Aktivierung des Leasinggegenstandes erfolgt beim Leasinggeber zu den fortgeführten Anschaffungskosten genauso wie bei normalen Sachanlagen bzw. Renditeimmobilien (IAS 17.49-17.57 i.V.m. IAS 16, 18, 38 und 40). Die Leasingerträge werden i.d.R. linear erfolgswirksam erfasst (je nach Kerngeschäft als Umsatzerlöse oder sonstiger betrieblicher Ertrag). Es erfolgt keine Aktivierung beim Leasingnehmer. Der lineare Aufwand in Höhe der Leasingraten wird als sonstiger betrieblicher Aufwand erfasst (IAS 17.33 f.).

Finanzierungsleasing

Nach HGB findet keine Aktivierung des Leasinggegenstandes beim Leasinggeber statt, dafür aber die Aktivierung einer Forderung in Höhe des Nettoinvestitionswertes aus dem Leasingverhältnis. Die gebildete Forderung wird beim Leasinggeber nach der Effektivzinsmethode erfolgswirksam aufgelöst.

Der Leasingegenstand wird beim Leasingnehmer mit dem niedrigeren Wert zwischen Anschaffungskosten und dem Barwert der künftigen Leasingzahlungen aktiviert. Es besteht keine Aktivierung der anfänglich direkten Kosten als Anschaffungsnebenkosten (Kosten, aus dem Abschluss des Leasingvertrages).

Die Folgebewertung erfolgt wie bei Sachanlagen mit planmäßiger Abschreibung, falls es sich um einen abnutzbaren Gegenstand handelt, genauso wie die außerplanmäßige Wertberichtigung. Zugleich erfolgt eine erfolgsneutrale Passivierung einer Verbindlichkeit in gleicher Höhe nach der Effektivzinsmethode (vgl. Zugangsbewertung) und eine anteilige erfolgsneutrale Auflösung in Höhe der Tilgungsraten. Der Zinsanteil der „Leasingannuität" wird erfolgswirksam als Zinsaufwand verbucht.

Nach IFRS verhält es sich weitgehend ähnlich wie im HGB, allerdings enthält IAS 17 detaillierte Regelungen zum „Leasingverhältnis". Die Zugangsbewertung erfolgt wie nach HGB, allerdings erhöhen die direkten Anschaffungsnebenkosten die Anschaffungskosten für das geleaste Objekt.

Die Folgebewertung nach IFRS entspricht dem Vorgehen nach HGB mit Verweis auf IAS 16, 36 und 38. Der Zinsaufwand beim Leasingnehmer wird unter den „finance cost" erfasst. Die Erträge beim Leasinggeber stellen je nach Art des Kerngeschäfts als Umsatzerlöse (revenue) oder sonstige Erträge (other income) dar.

Der Standard IAS 17 wird derzeit überarbeitet. Es wird geplant, die Unterschiede zwischen operativem und finanziellem Leasing aufzuheben und an Stelle dessen alle Leasingverhältnisse als Nutzungsrechte und Verbindlichkeiten in der Bilanz anzusetzen, darüber hinaus wird die Anwendung des IAS 17 vereinfacht (vgl. Börnelbur, P./ Landgraf, C./ Singh-Verma, J.: PiR, S. 217-224).

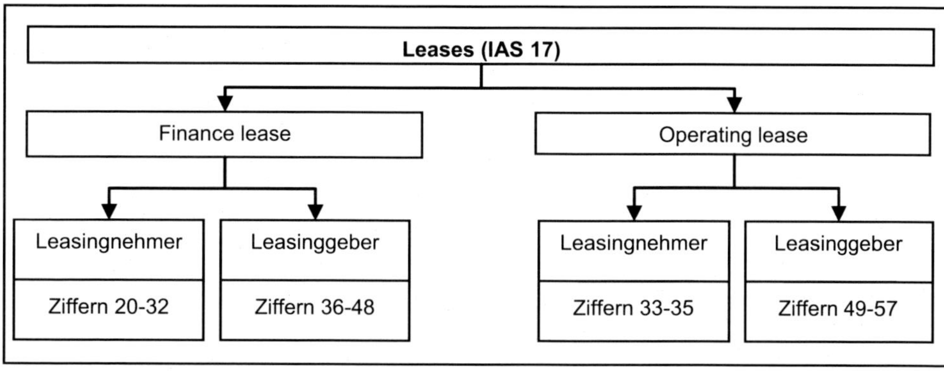

Abbildung 39: Leasing nach IAS 17

5.3.2 Ausblick: Wesentliche geplante Änderungen

Am 19.03.2009 wurde das Discussion Paper „Leases – Preliminary Views" durch den IASB veröffentlicht. Eine Verabschiedung ist für das 1. Halbjahr 2011 geplant. Die wesentliche Änderung zum bisherigen IAS 17 ist, dass sämtliche Leasingverhältnisse mit deren einhergehenden Vermögenswerten bzw. Schulden (on-balance sheet accounting) beim Leasingnehmer bilanziert werden. Die Klassifizierung in „Finanzierungsleasing" und „Operating-Leasing" wird somit in Zukunft überflüssig.

Bilanzierung aus Sicht des Leasingnehmers („rights-of-use model"):

- Nutzungsrechte, die aus Leasingverhältnissen resultieren, erfüllen die Definitions- und Ansatzkriterien eines Vermögenswerts.
- Die Verpflichtung zur Zahlung der Leasingraten erfüllen die Definitions- und Ansatzkriterien einer Schuld.
- Die mögliche Verpflichtung zur Rückgabe des Leasinggegenstandes stellt hingegen keine Schuld i.S.d. Rahmenkonzepts (RK.) dar (DP 3.6-3.24).

	Nutzungsrecht	Verpflichtung zur Zahlung der Leasingraten
Zugangsbewertung (Vermögenswert und Schuld sind identisch, keine Erfolgswirkung)	Vermögenswert in Höhe des Barwert der erwarteten Leasingraten ist anzusetzen (DP 4.15, 4.23) Diskontsatz: Grenzfremdkapitalzinssatz des Leasingnehmers	Schuld in Höhe des Barwert der erwarteten Leasingraten ist anzusetzen (mark-to-model approach) Diskontsatz: Grenzfremdkapitalzinssatz des Leasingnehmers (DP 4.15, IAS 17.4)
Folgebewertung (Vermögenswert und Schuld können unterschiedliche Ansätze haben)	Bewertung des Vermögens-werts zu fortgeführten Anschaffungskosten abzgl. planmäßiger Abschreibungen; ND = kürzerer Zeitraum aus dem Vergleich der Vertragslaufzeit mit der wirtschaftlichen Nutzungs-dauer des Leasing-Gegenstandes (DP 5.42) zusätzlich: Impairment Test für etwaigen zusätzlichen Abschreibungsbedarf (jedoch fehlende Methodik, kein Verweis auf (IAS 36, DP 5.42-5.44)	Bewertung der Schuld zu fortgeführten AK unter Anwendung der Effektivzinsmethode (DP 5.24, 5.29)

Abbildung 40: Zugangs- und Folgebewertung der geplanten Leasingbilanzierung

Sonderbetrachtung spezieller Leasingvertragsklauseln:

- Option auf Laufzeitverlängerung/vorzeitige Beendigung
  - Bilanzierung dem Grunde nach: Der auf zusätzliche Leasingperioden entfallende Barwert von Leasingraten ist nur anzusetzen, wenn die Inanspruchnahme als wahrscheinlich gilt (DP 6.7, 6.16-23); die Erwartungen sind jährlich zu überprüfen (DP 6.47).
- Kaufoption
  - Kaufoptionen werden als Option auf Laufzeitverlängerung interpretiert.
- Preisgleit- und ähnliche Klauseln mit Variablen
  - Bilanzierung der Höhe nach: Variablen werden im Rahmen der Bewertung der anzusetzenden Schulden berücksichtigt; Einführung eines Erwartungswertkalküls, das auf Basis unsicherer Zahlungsströme den anzusetzenden Betrag ermittelt (DP 7.13-7.21); jährliche Überprüfung der Bewertung.

- Restwertgarantien
  - Werden als Sonderfall variabler Leasingraten angesehen; Behandlung wie Preisgleit- und ähnliche Klauseln mit Variablen.

Leasingbedingte Schulden werden separat ausgewiesen. Das Nutzungsrecht wird als Vermögenswert einer IAS 1-Kategorie zugeordnet (z.B. Sachanlagen) und durch einen „davon"-Vermerk separiert (DP 8.7 f., 8.16 f.).

5.4. Vorräte

5.4.1 Überblick

Unter Vorräten versteht man die für die Produktion bestimmten Einsatzstoffe, Zwischenprodukte, Endprodukte sowie Waren. Die gesetzliche Differenzierung gemäß **HGB** unterscheidet mehrere Unterposten:

- **Rohstoffe** im bilanzrechtlichen Sinne sind alle Güter, die unmittelbar Bestandteile des Produkts werden und diesem das Gepräge geben.
- **Hilfsstoffe** sind untergeordnete Bestandteile des Produkts.
- **Betriebsstoffe** verbrauchen sich im Fertigungsprozess und gehen nicht in das Produkt ein.
- **Unfertige Erzeugnisse** und Leistungen sind die im Herstellungsprozess befindlichen, noch nicht verkaufsfertigen Zwischenerzeugnisse und -leistungen.
- **Fertigerzeugnisse** sind die eigens erstellten und zum Verkauf bestimmten Produkte sowie Dienstleistungen, die noch nicht übergeben wurden.
- **Waren** sind unmittelbar zur Weiterveräußerung erworbene Güter.

Zuordnungsprobleme können sich ergeben, wenn Zwischenerzeugnisse zum Teil weiterverarbeitet, zum Teil im eigenen Produktionsprozess weiterverwendet werden. Gleiches gilt für Betriebsstoffe oder Waren, wenn sie zugleich im Herstellungsprozess und als Verkaufswaren eingesetzt werden. Die Zuordnung richtet sich nach der beabsichtigten Verwendung der Güter.

Die **geleisteten Anzahlungen** im Bereich der Vorräte nehmen die Vorauszahlungen auf Vorräte auf. Anzahlungen auf Dienstleistungen (z.B. Leistungen eines Planungsbüros, Steuerberatungsleistungen) werden nicht unter den Vorräten, sondern unter den sonstigen Vermögensgegenständen ausgewiesen.

Eine Besonderheit gilt für **erhaltene Anzahlungen auf Bestellungen**. Hier wird vom Gesetz ein Wahlrecht eingeräumt, solche erhaltenen Anzahlungen entweder unter den Verbindlichkeiten gesondert auszuweisen oder sie vom Posten „Vorräte" offen abzusetzen. Offene Absetzung bedeutet hierbei, dass der ursprüngliche Wert der Vorräte und der erhaltenen Anzahlungen ermittelbar sein muss (§ 268 V S. 2 HGB).

Die IFRS-Rechnungslegung für Vorräte ist in IAS 2 geregelt.

IAS 2.6 definiert Vorräte als Vermögenswerte,

(a) die zum Verkauf im normalen Geschäftsgang gehalten werden;

(b) die sich in der Herstellung für einen solchen Verkauf befinden; oder

(c) die als Roh-, Hilfs- und Betriebsstoffe dazu bestimmt sind, bei der Herstellung oder der Erbringung von Dienstleistungen verbraucht zu werden.

Allerdings enthalten die IFRS für Fertigungsaufträge (IAS 11) und Finanzinstrumente (IAS 32 und 39), sowie einige andere Bereiche, vorrangige Spezialvorschriften, wie landwirtschaftliche Erzeugnisse (IAS 41). IAS 2 umfasst damit einen engeren Bereich als das Vorratsvermögen nach HGB.

Für Vorräte gilt sowohl nach IFRS als auch nach HGB ein strenges Niederstwertprinzip. Sie sind gemäß IAS 2.9 mit dem niedrigeren Wert aus

- Anschaffungs- und Herstellungskosten und
- Nettoveräußerungswert

zu bewerten. An die Stelle des Nettoveräußerungswerts tritt nach HGB der niedrigere aus einem Börsen- oder Marktpreis abgeleitete Wert (§ 253 IV S. 1 HGB) oder der niedrigere beizulegende Wert (§ 253 IV S. 2 HGB).

Nach HGB wie nach IFRS ist die Anwendung des Anschaffungskostenmodells die einzige zulässige Methode. Die Wertminderungen – außerplanmäßige Abschreibungen – und Wertaufholungen – Zuschreibungen – wirken sich sofort erfolgswirksam in der Gewinn- und Verlustrechnung aus. Die allgemeinen Regelungen zum Impairment Test (IAS 36) sind nicht zu befolgen, da die Regelung in IAS 2 vorgeht. Zuschreibungen werden jedoch nach IFRS nicht als Ertrag ausgewiesen, sondern mindern den Materialaufwand in der Periode der Wertaufholung (IAS 2.34). HGB und IFRS beschränken die Zuschreibungen auf die Anschaffungs- bzw. Herstellungskosten (Wertobergrenze).

Im Fall von Wertminderungen besteht unabhängig von der Dauerhaftigkeit einer Wertminderung generell eine strenge Abwertungspflicht und eine jährliche Überprüfung des Wertansatzes (IAS 2.33). Nach HGB dienen als Vergleichsmaßstab für den Buchwert die Wertmaßstäbe des Umlaufvermögens. Als Vergleichsmaßstab für den Buchwert dient nach IFRS der Nettoveräußerungswert (IAS 2.6, 2.9 und 2.28 ff.).

Je nach Vermögensgegenstand ist die entsprechende Absatz- oder Beschaffungsmarktorientierung zu berücksichtigen. IFRS behandelt diesen Sachverhalt noch detaillierter. Wenn der gefertigte Vermögenswert, in welchen die Roh-, Hilfs- und Betriebsstoffe eingehen, mit Gewinn verkauft werden kann, darf keine Abwertung erfolgen. Unabhängig von dem Vermögensgegenstand ist grundsätzlich die Absatzmarktorientierung relevant. Eine Ausnahme bilden Roh-, Hilfs- und Betriebsstoffe, wenn das Fertigungserzeugnis, in das sie eingehen, nicht mit Gewinn verkauft werden kann. Hier bildet der Beschaffungsmarkt eine gute Bewertungsgrundlage.

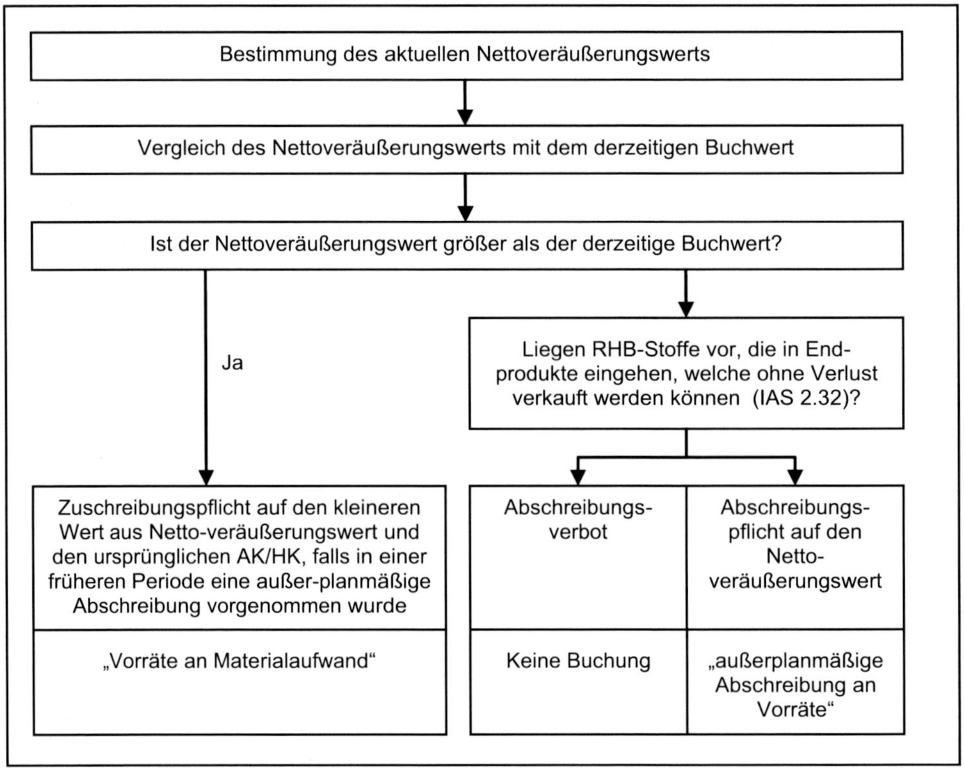

Abbildung 41: Wertminderung von Vorräten nach IAS 2

Der IFRS-Anhang muss unter anderem folgende Informationen enthalten (IAS 2.36).

- der Buchwert der nicht zu Anschaffungs- und Herstellungskosten, sondern zum Nettoveräußerungswert bilanzierten Vorräte
- der Betrag der Wertminderungen der Periode
- der Betrag der Wertaufholungen der Periode und die Gründe hierfür
- zur Bewertungsvereinfachung angewandte Zuordnungsverfahren – beispielsweise FIFO
- eine nähere unternehmensspezifische Untergliederung der Vorräte – beispielsweise als Roh-, Hilfs- und Betriebsstoffe, unfertige Erzeugnisse, fertige Erzeugnisse und Handelswaren (IAS 2.37)

Weitere Besonderheiten der Vorratsbewertung beziehen sich auf den Zeitpunkt der Umsatzrealisation sowie die zulässigen Bewertungsvereinfachungen.

5.4.2 Zeitpunkt der Umsatzrealisation

Beim Verkauf von Vorräten stellt sich die Frage, ab wann die Realisation der Umsatzerlöse eintritt. Der Zeitpunkt der Rechnungsstellung gilt als Indiz, ist aber nicht entscheidend.

Ertragsrealisierung nach HGB

Nach **HGB** kommt es hierbei auf den Übergang der wirtschaftlichen Verfügungsmacht an. Wirtschaftliche Verfügungsmacht ist gegeben, wenn der Verkäufer alles Erforderliche getan hat, um dem Käufer die Verfügungsmacht über das Bilanzobjekt zu verschaffen.

Bei Waren besteht z.B. Bilanzierungspflicht, wenn die Ware zum Bilanzstichtag noch nicht eingegangen ist, der Käufer aber durch Konnossement, Lade- oder Lagerschein über sie verfügen kann.

Ertragsrealisierung bei Einkomponentengeschäften nach IFRS

Umsatz ist nach IFRS definiert als „[...] gross inflow [...] of an entity when those inflows result in increases in equity, other than increases relating to contributions from equity participants" (IAS 18.7). Dem Grundsatz nach soll also ein Bruttoeigenkapitalzufluss nach IFRS als Umsatz realisiert werden, wenn der einer Transaktion zugrunde liegende Umsatzprozess im Wesentlichen vollzogen ist. Um zu bestimmen, wann ein Umsatzprozess nach IFRS vollzogen ist, wird in verschiedene Umsatzarten unterschieden. IAS 18 „Umsatzerlöse" definiert eine Mindestunterscheidung von Umsatzarten.

Umsatzerlöse aus (IAS 18.1):

(a) dem Verkauf von Gütern;

(b) der Erbringung von Dienstleistungen; und

(c) der Nutzung von Vermögenswerten durch Dritte gegen Zins- oder Nutzungsentgelte und Dividenden.

allgemeine Umsatzarten	relevante Abschnitte in den Standards
Güterverkauf	IAS 18.14-18.19 i.V.m. IAS 18.A1-18.A9
Dienstleistungsgeschäfte	IAS 18.20-18.28 i.V.m. IAS 18.A10-A19
Zinsentgelte	IAS 18.30 (a), 18.32, 18.34
Nutzungsentgelte	IAS 18.30 (b), 18.33, 18.34 und 18.A20
Dividendenerträge	IAS 18.30 (c), IAS 18.34
spezielle Umsatzarten	**relevante Standards**
langfristige Fertigungsaufträge	IAS 11
Leasingverhältnisse	IAS 17
landwirtschaftliche Produktion	IAS 41
Versicherungsverträge	IFRS 4

Tabelle 20: Übersicht zu den Umsatzarten nach IFRS

Eine weitere Umsatzart regelt u.a. IAS 11 für solche Geschäfte, die im Rahmen einer (kundenspezifischen) Langfristfertigung Umsätze erzielen und zeitraumbezogen nach dem Leistungsfortschritt realisiert werden (vgl. Abschnitt 5.5 Fertigungsaufträge). Spezielle Umsatzrealisierungen ergeben sich weiterhin aus IAS 17, IFRS 4 sowie IAS 41.

Unterstellt man den Fall eines Einkomponentengeschäfts wie den Verkauf eines Produkts oder einer Dienstleistung, ist die Umsatzbemessung i.d.R. unproblematisch. Die Höhe des einzelnen Bruttoeigenkapitalzuflusses bemisst sich stets nach dem beizulegenden Zeitwert der erhaltenen (oder empfangenen) Leistung unter Berücksichtigung etwaiger Preisnachlässe. Sofern längere Zahlungsziele vereinbart wurden, ist zudem eine Barwertbetrachtung anzustellen. Die Aufzinsung der Forderung nach der Effektivzinsmethode wird in Folgeperioden als Zinsertrag vereinnahmt (vgl. IAS 18.11 i.V.m. IAS 39).

Gemäß IFRS müssen beim Verkauf von Gütern des Weiteren mehrere Bedingungen kumulativ erfüllt sein:

IAS 18.14

Erlöse aus dem Verkauf von Gütern sind zu erfassen, wenn die folgenden Kriterien erfüllt sind:

(a) das Unternehmen hat die maßgeblichen Risiken und Chancen, die mit dem Eigentum der verkauften Waren und Erzeugnisse verbunden sind, auf den Käufer übertragen;

(b) dem Unternehmen verbleibt weder ein weiter bestehendes Verfügungsrecht, wie es gewöhnlich mit dem Eigentum verbunden ist, noch eine wirksame Verfügungsmacht über die verkauften Waren und Erzeugnisse;

(c) die Höhe der Umsatzerlöse kann verlässlich bestimmt werden;

(d) es ist wahrscheinlich, dass dem Unternehmen der wirtschaftliche Nutzen aus dem Verkauf zufließen wird; und

(e) die im Zusammenhang mit dem Verkauf angefallenen oder noch anfallenden Kosten können verlässlich bestimmt werden.

Neben dem Übergang der wirtschaftlichen Verfügungsmacht (b) kommt es also insbesondere zusätzlich noch auf den Gefahrenübergang (a) an.

Die Beurteilung richtet sich nach den Gesamtumständen des Falls (IAS 18.15). Der Übergang von Chancen und Risiken kann dabei vom Zeitpunkt der körperlichen Übergabe der Ware abweichen. Solange das Unternehmen noch wesentliche Eigentumsrisiken trägt, gilt der Vorgang bilanziell nicht als Verkauf (risk and reward approach). Es kommt zu keiner Umsatzrealisation (IAS 18.16).

Beispiele:

- Ein Möbelhaus M verkauft Einbauküchen. Neben der Lieferung der Küchenmöbel machen die Aufstellung und Montage einen wesentlichen Teil des vereinbarten Leistungsumfangs aus. Der Umsatzerlös ist nicht realisiert, solange M die Möbel zwar ausgeliefert, aber noch nicht montiert hat. Wegen der fehlenden Montage hat M noch wesentliche Eigentumsrisiken.
- Die Autoverleihfirma A beliefert den Gebrauchtwagenhändler G mit ehemaligen Leihfahrzeugen. Vereinbart ist ein Stückpreis von 15.000 EUR. Sollte G die Fahrzeuge

nun für weniger als 16.000 EUR losschlagen können, so beteiligt sich A am Minderpreis mit 50%. Die Summe, die der Verkäufer A erhält, hängt zum Teil vom Verkaufspreis des Käufers G ab. Damit trägt A immer noch wesentliche Eigentumsrisiken.

- Der Hersteller von Sonnenschirmen S liefert einer Baumarktkette B im Mai eine große Menge an Sonnenschirmen. S und B haben vereinbart, dass B bis Ende August beliebig viele Sonnenschirme zurückgeben kann, die noch nicht verkauft wurden. Hier wurde B ein Rücktrittsrecht eingeräumt. Wegen der mangelnden Erfahrung und der Abhängigkeit von Sommerwetter kann S die Wahrscheinlichkeit für die Rückgabe nicht einschätzen. S trägt immer noch wesentliche Eigentumsrisiken, es gibt vorläufig noch keine Umsatzrealisation.

Verbleiben dem Verkäufer aus Gesamtsicht nur unmaßgebliche Eigentumsrisiken, so gilt die Transaktion dennoch als Verkauf und es kommt zu einer Umsatzrealisation (IAS 18.17).

Beispiel:

Die Kaufhauskette K räumt ihren Kunden ein 4-wöchiges bedingungsloses Rückgaberecht für alle Einkäufe in ihren Filialen ein. Durch Erfahrungen ist bekannt, dass nur 1% der Verkäufe später wieder zurückgegeben wird. Es handelt sich um einen bilanziell wirksamen Verkauf.

Ertragsrealisierung bei Mehrkomponentengeschäften nach IFRS

Mehrkomponentengeschäfte liegen dann vor, wenn zwei oder mehrere Einzelleistungen Gegenstand eines Vertrags sind, dessen Vergütung im einzelnen oder als Gesamtpaket vereinbart wurde. Die Bilanzierung dem Grunde nach verlangt, den Bruttoeigenkapitalzufluss eines Mehrkomponentengeschäfts zunächst in seine einzelnen Umsatzkomponenten (Umsatzarten) zu zerlegen. Unerheblich für die Zerlegung eines Umsatzprozesses in seine einzelnen Komponenten ist dessen vertragliche Ausgestaltung. Allein die wirtschaftliche Substanz (substance over form) bestimmt die Aufspaltung des Umsatzprozesses in einzelne Umsatzarten.

Bei Bedarf werden daher zivilrechtlich einheitliche Geschäftsvorfälle in mehrere wirtschaftlich abgrenzbare Bestandteile geteilt, die dann jeweils für sich beurteilt und zu unterschiedlichen Zeitpunkten realisiert werden können (IAS 18.13).

Beispiel:

Das Autohaus A bietet Fahrzeuge an, bei denen als Verkaufsförderungsmaßnahme im Kaufpreis von 20.000 EUR bereits der Kundendienst für die nächsten 5 Jahre mit enthalten sind.

Wirtschaftlich entfallen 17.000 EUR auf die Lieferung des Pkw und 3.000 EUR auf die künftigen Serviceleistungen.

Nur 17.000 EUR der Einzahlung werden sofort als Umsatzerlöse erfasst. Aus dem Vergleich mit dem bisherigen Buchwert des Pkw von 15.000 EUR entsteht heute ein Veräußerungsgewinn in Höhe von 2.000 EUR.

Der Anteil von 3.000 EUR wird durch Bildung eines passiven Abgrenzungspostens ertragsmäßig neutralisiert. Durch Auflösung des Abgrenzungspostens über die 5 Jahre Laufzeit entstehen Umsatzerlöse in den Jahren, in denen auch die Aufwendungen für den Kundendienst anfallen.

Die normale gesetzliche Gewährleistung gehört jedoch zum Verkauf der Ware und stellt noch kein Mehrkomponentengeschäft dar. Die Kosten der noch ausstehenden Leistungen werden in Form einer Rückstellung einbezogen (IAS 18.19).

Beispiel:

Der Hersteller von Kaffeemaschinen K gibt auf seine Produkte nur die gesetzlichen 2 Jahre Gewährleistung. Der Verkaufspreis beträgt 50 EUR bei Herstellungskosten von 40 EUR. Erfahrungsgemäß ergibt sich noch ein durchschnittlicher Gewährleistungsaufwand von 2 EUR pro Kaffeemaschine.

Beim Verkauf entstehen sofort Umsatzerlöse von 50 EUR. Für den Aufwand aus Gewährleistung wird in der Bilanz eine Rückstellung in Höhe von 2 EUR gebildet. Nach Abzug der bisherigen Herstellungskosten von 40 EUR und der Gewährleistungskosten von 2 EUR entsteht ein Gewinn von 8 EUR.

Problematik bei Mehrkomponentengeschäften nach IFRS

Die genaue Abgrenzung einer Umsatzkomponente bleibt in IAS 18 allerdings offen. Ohne zunächst auf andere Rechnungslegungsnormen zurückzugreifen, sind Mehrkomponentengeschäfte zumindest dahingehend zu prüfen, ob der Umsatzprozess in die nach IAS 18 definierten „Mindest-Umsatzarten" (Güter, Dienstleistung, Zinsentgelt, Nutzungsentgelt, Dividenden) zerlegt werden kann. Als Folge der geforderten Zerlegung in einzelne Umsatzströme ergeben sich dann u.U. mehrere Realisierungszeitpunkte und/oder -zeiträume.

Beispiel:

Die Hausbau AG wird vor Baubeginn einer herzustellenden Immobilie die wesentlichen Erstellungskomponenten festlegen. Deshalb kann sie verlässliche Angaben über den Herstellungsfortschritt und die angefallenen sowie zukünftigen Herstellungskosten machen.

In diesem Fall ist eine zeitraumbezogene Umsatzrealisierung nach dem Leistungsfortschritt entsprechend IAS 11 vorzunehmen. Ist hingegen keine Einflussnahme auf die Festlegung des Bauplans seitens des Bauträgers möglich und trägt dieser darüber hinaus die wesentlichen Chancen und Risiken der Immobilienerstellung, ist nur eine sehr viel spätere, zeitpunktbezogene Umsatzrealisierung bei Endabnahme nach IAS 18.14 ff. möglich.

Diese Auslegung wurde mit IFRIC 15 „Vereinbarungen über die Errichtung von Immobilien" im Juli 2008 verabschiedet. Bis zur Veröffentlichung dieser Interpretation wurden in der Bilanzierungspraxis wirtschaftlich gleiche Sachverhalte oftmals unterschiedlich bilanziert. IFRIC 15 hat das Ziel, diese unterschiedliche bilanzielle Behandlung für Geschäftsjahre beginnend am oder nach dem 1.1.2009 auszuschließen.

Wurde der Bruttoeigenkapitalzufluss in seine einzelnen Umsatzkomponenten zerlegt und der Nutzenzufluss hinreichend wahrscheinlich belegt, ist zu prüfen, ob der beizulegende Zeitwert für jede Umsatzkomponente verlässlich bestimmt werden kann. Bei erforderlicher Zerlegung des Umsatzprozesses in mehrere Komponenten fehlt zur Bewertung der einzelnen Teilleistungen im IFRS-Regelwerk derzeit jegliche Hilfestellung. Ohne eine

Festlegung der Bewertungsmethode(n) für einzelne Umsatzkomponenten verfügt der Bilanzierende neben den angeführten sachlichen und zeitlichen Ermessensspielräumen zusätzlich über erhebliche Bewertungsbandbreiten für die Festlegung der Umsatzhöhe. Die Bilanzierung von Mehrkomponentengeschäften dem Grunde und der Höhe nach wird aufgrund fehlender IFRS-Vorschriften in der Unternehmenspraxis regelmäßig durch Anlehnung an US-GAAP-spezifische Regelungen zu lösen versucht.

5.4.3 Bewertungsvereinfachungen

Im Grundsatz wird bei der Bilanzierung jeder Vermögenswert einzeln bewertet (§ 252 I Nr. 3 HGB, IAS 2.23). Aus Wirtschaftlichkeitsüberlegungen und wegen technischer Probleme lässt man aber verschiedene Bewertungsvereinfachungsverfahren zu.

Im Rahmen des HGB stehen grundsätzlich folgende Methoden zur Verfügung:

Bezeichnung	vereinfachende Annahme	Varianten
Pauschalbewertung	Rückgriff auf statistische Erfahrungswerte	
Festbewertung (§ 240 III HGB)	konstanter Bestand	
Durchschnittsbewertung (GoB)	untrennbare Vermischung von Anfangsbestand und Zugängen ⇒ Durchschnittspreise	periodisch oder permanent
Gruppenbewertung (§ 240 IV HGB)	untrennbare Vermischung von Anfangsbestand und Zugängen ⇒ Durchschnittspreise	periodisch oder permanent
Verbrauchs- bzw. Veräußerungsfolge (§ 256 HGB)	Verwendung nach der Dauer der Lagerzeit: • FIFO (first in - first out) • LIFO (last in - first out)	periodisch oder permanent

Tabelle 21: Bewertungsvereinfachungen nach HGB

IFRS spricht hier von sog. Zuordnungsverfahren (IAS 2.25). Für Vorräte sind grundsätzlich lediglich das FIFO-Verfahren, einfacher (periodischer) Durchschnitt und gleitender (permanenter) Durchschnitt erlaubt.

Der Einsatz eines fiktiven Zuordnungsverfahrens ist nach IAS 2.23 ausgeschlossen, wenn die Vorräte normalerweise nicht austauschbar sind oder wenn es sich um Vorräte für spezielle Projekte handelt. Hier müssen die Anschaffungs- oder Herstellungskosten durch individuelle Einzelzuordnung bestimmt werden.

Beispiel:

Die Fahrzeuge eines Gebrauchtwagenhändlers stellen normalerweise nicht austauschbare Vorräte dar. Zusätzlich ist der relative Wert der einzelnen Vermögensgegenstände hoch, ihre Anzahl ist gering und sie sind eindeutig zu identifizieren. Daher darf kein Zuordnungsverfahren angewandt werden.

Durchschnittsbewertung (GoB)

Die Durchschnittsmethode ist das **Regel-Schätzverfahren** um die Anschaffungs- und Herstellungskosten vereinfacht zu ermitteln. Es ist auf den Einsatz bei sog. vertretbaren Gütern (§ 91 BGB) begrenzt und geht von der Berechnung des gewichteten durchschnittlichen Preises aus. Man unterscheidet die einfache (periodische) und die gleitende (permanente) Durchschnittsbewertung.

	Datum	Menge in Stück	Preis pro Stück
Anfangsbestand (AB)	01.01.	20	20
Abgang (1)	14.03.	- 10	...
Zugang (2)	19.03.	+ 15	30
Abgang (3)	20.08.	- 20	...
Zugang (4)	06.10.	+ 20	40
Endbestand (EB)	31.12	25	...

Tabelle 22: Datenbasis zur Durchschnittsbewertung

Bei der **periodischen Durchschnittsbewertung** wird unterstellt, dass alle Abgänge zum Ende der Periode erfolgen. Der Durchschnittspreis wird nur zum Jahresende berechnet.

	Datum	Menge in Stück	Preis pro Stück	Gesamtwert
Anfangsbestand (AB) + Zugang (2) + Zugang (4)	01.01. 19.03. 06.10.	20 + 15 + 20	20 30 40	400 + 450 + 800
 - Abgang (1 und 3)		55 - 30	30 30	1.650 - 900
Endbestand (EB)	31.12	25	30	750

Tabelle 23: Methode des periodischen Durchschnitts

Bei der **permanenten Durchschnittsbewertung** wird (beginnend mit dem Anfangsbestand) nach jedem Lagerzugang ein neuer Durchschnittspreis ermittelt.

	Datum	Menge in Stück	Preis pro Stück	Gesamtwert €
Anfangsbestand (AB) - Abgang (1)	01.01. 14.03.	20 - 10	20 20	400 - 200
 + Zugang (2)	 19.03.	10 + 15	20 30	200 + 450
 - Abgang (3)	 20.08.	25 - 20	26 26	650 - 520
 + Zugang (4)	 06.10.	5 + 20	26 40	130 + 800
Endbestand (EB)	31.12.	25	37,20	930

Tabelle 24: Methode des permanenten Durchschnitts

Gruppenbewertung (§ 240 IV HGB)

Die gleiche Rechentechnik wie die Durchschnittsbewertung verwendet auch die sog. Gruppenbewertung. Zu einer Gruppe zählen

- **gleichartige** Vermögensgegenstände des Vorratsvermögens (Roh , Hilfs und Betriebsstoffe, unfertige Erzeugnisse und unfertige Leistungen, fertige Erzeugnisse und Waren) sowie
- **gleichartige oder annähernd gleichwertige** andere bewegliche Vermögensgegenstände.

Die folgende Abbildung grenzt die Kriterien „Gleichartigkeit" und „annähernde Gleichwertigkeit" ab.

Kriterium	Art der Vermögensgegenstände?	Preise
„gleichartig"	gleiche Warengattung (z.B. Kleider verschiedener Größe, Muster, Farbe, Schnitt) nach Verkehrsanschauung Gleichheit in der Verwendbarkeit (Funktionsgleichheit) (z.B. Nägel/Schrauben, Behälter aus Metall/Plastik, mechanische/elektronische Geräte)	eigentlich irrelevant aber: VG mit erheblichen Qualitätsunterschieden sind nicht „gleichartig" Preisunterschiede sind ein Indiz für Qualitätsunterschiede
„annähernd gleichwertig"	eigentlich irrelevant aber: nicht völlig verschieden	Spanne zwischen höchstem Preis und dem geringsten Preis der Gruppe maximal 20% - 25%

Tabelle 25: Anforderungen an die Gruppenbildung

Eine Gruppenbewertung als Ersatz für die einzelne Bewertung ist (steuerlich) nicht zulässig bei nur wenigen, teueren VG (z.B. Gebrauchtwagen bei Kfz-Händlern).

Verbrauchs- oder Veräußerungsfolgefiktionen (§ 256 HGB)

Verbrauchs- oder Veräußerungsfolgeverfahren ermitteln Bestand und Verbrauch durch Zugrundelegung einer bestimmten Fiktion über die Reihenfolge der Lagerentnahme (für

Verbrauch oder Veräußerung). Hierdurch wird bestimmt, welche VG sich am Bilanzstichtag noch im Bestand befinden.

Nach § 256 HGB kann, soweit es den GoB entspricht, für den Ansatz gleichartiger (siehe Gruppenbewertung) Gegenstände des Vorratsvermögens unterstellt werden, dass

- die zuerst angeschafften oder hergestellten Gegenstände zuerst verbraucht oder veräußert werden (FIFO-Verfahren) oder
- die zuletzt angeschafften oder hergestellten Gegenstände zuerst verbraucht oder veräußert werden (LIFO-Verfahren).

Zulässigkeit

Bei den Verbrauchs- oder Veräußerungsfolgeverfahren handelt es sich indes um eine Fiktion. Hinsichtlich der Zulässigkeit der Verfahren im konkreten Einzelfall stellt sich daher die Frage, ob und wie weit diese Fiktion von den tatsächlichen Gegebenheiten abweichen darf.

Gemäß **Handelsrecht** braucht eine Fiktion nicht der Realität zu entsprechen. Es darf aber kein Verfahren eingesetzt werden, dessen Fiktion unter den gegebenen Umständen offensichtlich nicht erfüllt werden kann, z.B.:

- LIFO-Bewertung bei leicht verderblichem Obst
- LIFO-Bewertung bei technisch nicht möglicher Verbrauchsfolge (etwa in einem Silo, das die zuerst eingefüllten Güter zuerst wieder abgibt)

Kommt es zu größeren Wertdifferenzen zwischen Buchwert und durch die Anwendung von Verbrauchsfolgeverfahren, insbesondere bei Inflation, Börsen- oder Marktpreis, so sind diese nach § 284 II Nr. 4 HGB anzugeben.

Nach **IFRS** ist nur (noch) die Fifo-Methode als Verbrauchsfolgeverfahren zulässig (IAS 2.25-2.27).

FIFO-Verfahren (first in – first out)

Das FIFO-Verfahren unterstellt die Fiktion, dass die ältesten Bestände zuerst verbraucht oder veräußert werden. Es ist für die meisten Fälle recht realistisch.

	Datum	Menge in Stück	Preis pro Stück	Gesamtwert
Anfangsbest. (AB) + Zugang (2) + Zugang (4)	01.01. 19.03. 06.10.	20 + 15 + 20	20 30 40	400 + 450 + 800
 - Abgang (1 und 3) 20 Stück aus (AB) 10 Stück aus (2)		55 - 30 (-20) (-10)	 20 30	1.650 - 400 - 300
Endbestand (EB)	31.12	25	38	950

Tabelle 26: Methode des FIFO-Verfahrens

Zwischen dem periodischen und dem permanenten FIFO-Verfahren besteht im Ergebnis kein Unterschied.

LIFO-Verfahren (last in – first out)

Das LIFO-Verfahren geht davon aus, dass die zuletzt angeschafften oder hergestellten Bestände zuerst veräußert oder verbraucht werden. Im Lagerbestand sind daher noch die ältesten Einkäufe, die im Falle einer Inflation auch zu den niedrigsten Preisen eingekauft wurden.

	Datum	Menge in Stück	Preis pro Stück	Gesamtwert
Anfangsbest. (AB) + Zugang (2) + Zugang (4)	01.01. 19.03. 06.10.	20 + 15 + 20	20 30 40	400 + 450 + 800
 - Abgang (1 und 3) 20 Stück aus (4) 10 Stück aus (2)		55 - 30 (-20) (-10)	 40 30	1.650 - 800 - 300
Endbestand (EB)	31.12.	25	22	550

Tabelle 27: Methode des periodischen LIFO-Verfahren

Die Methode des permanenten LIFO-Verfahrens ist demgegenüber deutlich komplexer und aufwendiger:

	Datum	Menge in Stück	Preis pro Stück	Gesamtwert
Anfangsbest. (AB) - Abgang (1)	01.01. 14.03.	20 - 10	20 20	400 -200
 + Zugang (2)	 19.03.	10 + 15	20 30	200 + 450
 - Abgang (3) 15 Stück aus (2) 5 Stück aus AB	 20.08.	25 -20 (-15) (-5)	 30 20	650 - 450 - 100
 + Zugang (4)	 06.10.	5 + 20	 40	100 + 800
Endbestand (EB)	31.12.	25	36	900

Tabelle 28: Methode des permanenten LIFO-Verfahrens

Zudem ist das Ausmaß der stillen Reserven geringer, wenn die Bestände unterjährig stärkeren Schwankungen (im Extremfall bei einer Lagerräumung) unterliegen.

Die LIFO-Bewertung ist handelsrechtlich unter der Voraussetzung der GoB-Konformität (nicht z.B. bei verderblichen Gütern) uneingeschränkt zulässig.

Im Zuge des BilMoG sind die Bewertungsmethoden HIFO-, LOFO-, KIFO- und KILO-Verfahren nicht mehr zulässig.

Festwertansatz (§ 240 III HGB)

Die Festbewertung unterstellt, dass sich für eine zusammengefasste Menge an Vermögensgegenständen

- die Zugänge zum Bestand und
- die Abgänge/der Verbrauch/die planmäßigen Abschreibungen vom Bestand

genau ausgleichen. Deshalb wird für einen bestimmten Güterbestand **(Festmenge)** unter Annahme von **Festpreisen** in der Bilanz ein Festwert angesetzt, der an den folgenden Bilanzstichtagen unverändert bleibt (Einkäufe werden als Aufwand gebucht; keine planmäßigen Abschreibungen). Es handelt sich daher sowohl um eine Erleichterung bei der Mengenaufnahme (Inventur) als auch bei der (Einzel)Bewertung.

Das Verfahren ist nach HGB zulässig bei Vermögensgegenständen des Sachanlagevermögens (z.B. Werkzeuge, Hotelgeschirr) sowie bei Roh-, Hilfs- und Betriebsstoffen,

- deren Bestand in Größe, Wert und Zusammensetzung nur geringen Veränderungen unterliegt
- deren Gesamtwert von nachrangiger Bedeutung ist (< 10% der Bilanzsumme) und
- die regelmäßig ersetzt werden

Der Festwert muss mittels körperlicher Bestandsaufnahme **i.d.R. alle 3 Jahre überprüft** werden. Steuerlich ist er auch auf Wertveränderungen (Preis?) zu überprüfen.

- Aus der Überprüfung ergibt sich (zumindest für die Steuerbilanz) eine Anpassungspflicht, wenn der Festwert gesunken ist oder eine mehr als 10-prozentige Festwerterhöhung eingetreten ist.
- Es besteht (steuerlich) ein Anpassungswahlrecht, wenn die Festwerterhöhung nicht mehr als 10 v.H. des bisherigen Festwerts erreicht.

In den **IFRS** wird der Festwertansatz für Vorräte nicht ausdrücklich erwähnt. Er dürfte allenfalls für unwesentliche Bestände aufgrund der Grundsätze der Wesentlichkeit (RK.29, IAS 1.8) und des Abwägens von Kosten und Nutzen (RK.44) in Frage kommen.

5.5. Fertigungsaufträge

5.5.1 Überblick

In vielen Branchen werden Produkte nach individuellen Vorgaben des Kunden gefertigt. Oft erstreckt sich die Bauzeit über mehrere Jahre und der Hersteller hat nur wenige Großprojekte gleichzeitig in Arbeit.

Beispiel:

Kundenspezifische Großprojekte sind z.B. der Bau von Straßen, U-Bahnlinien, Pipelines, Brücken, Tunnel, Staudämmen, Flughäfen, chemischen Großanlagen, Fertigungslinien, Schiffen.

Probleme bereitet im **HGB**-Bilanzrecht die Tatsache, dass zwingend erst nach Vollendung des Auftrags mit Abnahme des Werkes der Realisationszeitpunkt vorliegt. Erst im Realisationszeitpunkt tritt der Wertsprung zur Forderung ein und es erfolgt der Gewinnausweis in voller Höhe (§ 252 I Nr. 4 HGB). Man spricht daher auch von der sog. Completed-Contract-Method (CCM).

In den vorausgehenden Jahren müssen während der Fertigungsdauer häufig laufende Verluste ausgewiesen werden, weil bei den unfertigen Erzeugnissen nicht alle Kosten als Herstellungskosten bilanziell ansetzbar sind.

gesamter Fertigungsauftrag	während der Fertigungsdauer	bei der Abnahme
Totalgewinn wird erwartet	(geringe) laufende Verluste	plötzlicher, hoher Gewinnsprung

Abbildung 42: Zeitverlauf Fertigungsauftrag

Trotz guter und stetiger Auftragslage sowie erwarteten Totalgewinnen kann es somit dazu kommen, dass der Hersteller in einzelnen Jahren Verluste ausweisen muss. Die Erfolgslage kann auch zufallsbedingt sehr stark schwanken, je nachdem wie viele Projekte in einem Jahr abgeschlossen werden. Die Aussagekraft der Rechnungslegung wird damit eingeschränkt.

Um dies zu vermeiden, enthält IAS 11 besondere Bilanzierungsvorschriften für Fertigungsaufträge. Er gilt vorrangig gegenüber IAS 2 und IAS 18.

IAS 11.3 definiert:

Ein Fertigungsauftrag ist ein Vertrag über die kundenspezifische Fertigung einzelner Gegenstände oder einer Anzahl von Gegenständen, die hinsichtlich Design, Technologie und Funktion oder hinsichtlich ihrer endgültigen Verwendung aufeinander abgestimmt oder voneinander abhängig sind.

Beispiel:

Die Teile einer Ölraffinerie oder einer komplexen Fertigungsanlage sind Gegenstände, die in ihrer Funktion aufeinander abgestimmt sind.

5.5.2 Gewinnrealisation nach Fertigstellungsgrad

Gemäß IAS 11 erfolgt eine anteilige Gewinnrealisation nach Fertigstellungsgrad. Man bezeichnet dies auch als Percentage-of-Completion-Method (PoC).

Die Unterschiede zwischen der Completed-Contract-Method (HGB) und Percentage-of-Completion-Method (IFRS) sollen anhand eines Beispielfalls verdeutlicht werden.

Beispiel:

Vertragsgegenstand ist der Bau eines Staudamms. Der vereinbarte Festpreis (Auftragserlöse) beträgt 390 Mio. und ist vollständig erst bei Fertigstellung und Abnahme fällig.

Die Bauzeit beträgt 3 Jahre (01 bis 03). In jedem Jahr fallen Aufwendungen von 100 Mio. an (Auftragskosten), die zu 90% als Herstellungskosten gelten. Der Hersteller erwartet somit einen Totalgewinn von 390 Mio. - 300 Mio. = 90 Mio.

Jahr		**01**	**02**	**03**
Umsatzeinzahlungen				+ 390
diverse Aufwendungen		- 100	- 100	- 100

Nach **HGB** wird die Umsatzrealisation erst bei vollständiger Fertigstellung im Jahr 03 angenommen. Aktivierung des begonnenen Auftrags erfolgt als „Unfertige Erzeugnisse“ und wird mit Herstellungskosten bewertet (§ 255 II HGB).

Beispiel:

Behandlung nach HGB:

Jahr		01	02	03
Umsatzerlöse (=Umsatzeinzahlung)				+ 390
Herstellungskosten der Unfertigen Erzeugnisse in der Bilanz	0	90	180	0
Bestandsveränderung an unfertigen Erzeugnissen		+ 90	+ 90	- 180
diverse Aufwendungen		- 100	- 100	- 100
Gewinn		- 10	- 10	+ 110
Summe	+ 90			

Wegen der fehlenden Möglichkeit alle Kosten als Herstellungskosten zu aktivieren, kommt es zu einem geringen Verlust im Jahr 01 und 02.

Der Gewinn von 110 Mio. in 03 entspricht dem Totalgewinn von 90 Mio. zuzüglich der „fälschlicherweise“ in 01 und 02 ausgewiesenen Verluste von je 10 Mio.

Würden aufgrund von gestiegenen Kosten die voraussichtlichen Gesamtkosten über den voraussichtlichen Umsatzerlösen liegen, so wäre hingegen der Verlust sofort zu verbuchen. Technisch geschieht dies durch eine außerplanmäßige Abschreibung der Unfertigen Erzeugnisse.

Anders erfolgt die Bilanzierung nach IFRS. Unter der Bedingung, dass sich das Ergebnis eines Fertigungsauftrages verlässlich schätzen lässt, sind gemäß IAS 11.22 die Auftragserlöse und Auftragskosten entsprechend dem Leistungsfortschritt am Bilanzstichtag als Erträge und Aufwendungen zu erfassen.

Dies bedeutet, dass bei einem unterstellten Leistungsfortschritt von je 1/3 pro Jahr nach IFRS schon im Jahr 01 und 02 bereits fiktive Umsatzerlöse von je 130 Mio. verbucht werden. Technisch geschieht dies dadurch, dass man in der Bilanz bereits eine entsprechende fiktive Forderung ausweist.

Die Forderung ist deshalb fiktiv, weil sie rechtlich noch gar nicht entstanden ist. Dies wäre erst bei vollständiger Erfüllung des Vertrags mit der Auftragsabnahme der Fall.

Beispiel:

Behandlung nach IAS 11.22:

Jahr		**01**	**02**	**03**
Umsatzeinzahlungen				+ 390
Umsatzeinzahlungen	0	130	260	0
(fiktive) Forderungen Lul in der Bilanz		+ 130	+ 130	- 260
Veränderung der Forderungen LuL		+ 130	+ 130	+ 130
diverse Aufwendungen		- 100	- 100	- 100
Gewinn		+ 30	+ 30	+ 30
Summe	+ 90			

Hier kommt es zu einer gleichmäßigen Verteilung des geschätzten Gesamtgewinns von 90 Mio. auf die 3 Jahre Fertigungsdauer. Der geschätzte Gesamtgewinn ergibt sich allgemein als:

Gesamtgewinn = Auftragserlöse - Auftragskosten

Die Schätzungen werden laufend an aktuelle Erkenntnisse angepasst (IAS 11.38).

Auftragserlöse sind nach IAS 11.11-11.15:

= ursprünglich vereinbarter Kaufpreis

\+ Zahlungen für Abweichungen im Gesamtwerk
(z.B. nachträgliche Modifikationen des Bauwerks auf Kundenwunsch)

\+ Nachforderungen für im Preis nicht kalkulierte Kosten
(z.B. Kostenerhöhungen wegen Verzögerungen, die der Kunde zu vertreten hat)

\+ Prämien (z.B. für besondere Schnelligkeit oder Qualität)

– Preisminderungen (z.B. wegen Mängeln)

Unter den Auftragskosten verstehen IAS 11.16-11.20:

= direkte Kosten in Verbindung mit dem Vertrag
(z.B. Fertigungslöhne, Löhne für Auftragsüberwachung, Fertigungsmaterial, planmäßige Abschreibungen, Transporte, Anmietung von Maschinen, direkte technische Unterstützung, erwartete Nachbesserung, Garantie, Gewährleistung)

\+ indirekte und allgemein dem Vertrag zurechenbare Kosten
(z.B. Versicherungsprämien, Fertigungsgemeinkosten, u.U. Fremdkapitalkosten)

\+ sonstige Kosten, die dem Kunden vertragsgemäß in Rechnung gestellt werden (z.B. Erstattung von Entwicklungskosten oder von allgemeinen Verwaltungskosten)

Bedingung für die Anwendung der Percentage-of-Completion-Method bei Fertigungsaufträgen nach IFRS ist, dass das Ergebnis eines Fertigungsauftrags „verlässlich geschätzt" werden kann (IAS 11.22). Hierzu gehört bei Festpreisverträgen insbesondere eine verlässliche Bestimmung der folgenden Daten (IAS 11.23):

- die bisherigen, dem Vertrag zurechenbaren Kosten
(um sie mit der ursprünglichen Schätzung zu vergleichen)
- der Grad der Fertigstellung
- die bis zur Fertigstellung noch anfallenden Kosten

In der Praxis können verschiedene Verfahren zur Bestimmung des Fertigstellungsgrads angewendet werden (IAS 11.30 f.). Hierzu zählen:

- Input-Messmethoden
  - Cost-to-cost-Methode (alle bisherigen Auftragskosten)
  - Effort-expended-Methode (z.B. Arbeitszeit in Stunden als Indikator)
- Output-Messmethoden
  - Units-of-work-performed-Methode
    (bei homogener Gesamtleistung, z.B. Kilometer verlegte Rohrleitungen)
  - Milestone-Methode
    (Vollendung eines bestimmten Bauabschnitts, z.B. Rohbau)
  - nach dem Ausmaß des physischen Leistungsfortschritts
    (durch Begutachtung und Messung der einzelnen erbrachten Leistungen)

Das Unternehmen muss eine „verlässliche" Methode auswählen.

Wenn das Ergebnis eines Fertigungsauftrages nicht verlässlich geschätzt werden kann, darf jedoch während der Fertigungsdauer kein Gewinn realisiert werden (IAS 11.32):

- Auftragskosten gelten als Aufwand in der Periode, in der sie angefallen sind
- Umsatzerlöse werden exakt in Höhe der angefallenen Auftragskosten erfasst

Unter diesen Umständen beträgt die Summe von Aufwendungen und Erträgen genau Null (Modified-Completed-Contract-Method). Bedingung für eine Erfassung von Umsatzerlösen in Höhe der Kosten ist aber, dass die entsprechenden Beträge wahrscheinlich einbringbar sind.

Beispiel:

Der Kunde kann seine Zahlungsverpflichtungen wegen einer gravierenden Verschlechterung der wirtschaftlichen Lage nicht mehr erfüllen. In diesem Fall werden keine fiktiven Umsatzerlöse ausgewiesen.

Die Frage, ob das Ergebnis eines Fertigungsauftrags verlässlich geschätzt werden kann, lässt sich nicht völlig objektiv beurteilen. Die Geschäftsleitung besitzt hier einen bilanzpolitischen Spielraum.

Durch überraschende Entwicklungen oder Fehlkalkulationen kann sich später auch herausstellen, dass aus dem Gesamtauftrag ein Verlust zu erwarten ist.

Beispiele:

Beim Bau eines Staudamms zeigt sich, dass der abzutragende Boden ab einer Tiefe von vier Metern nicht mehr aus Erdreich, sondern aus hartem Fels besteht. Die Kosten der Bodenbewegungen sind deutlich höher als geplant.

Dauerregen führt auf einer Baustelle zu Behinderungen der Arbeiten und höheren Kosten.

Wenn es wahrscheinlich ist, dass die gesamten Auftragskosten die gesamten Auftragserlöse übersteigen werden, dann sind die erwarteten Verluste sofort als Aufwand zu erfassen (IAS 11.22, 11.32, 11.36). Verluste werden somit bei Erkennbarkeit antizipiert. Diese Regelung entspricht dem HGB. Die anteiligen Auftragserlöse werden ohne Gewinnanteil in der GuV erfasst, weil die Ertragsrealisation nur bis zur Höhe der bereits angefallenen und wahrscheinlich gedeckten Kosten möglich ist.

Im Vergleich mit IAS 11 stellt sich die Frage, ob das HGB bei mehrjährigen Fertigungsvorgängen auch Teilgewinnrealisierungen zulässt?

Beispielsweise kann man für Großanlagen oder langfristige Bauwerke auch Teilleistungen vereinbaren. Bilanziell anerkannte echte Teilleistungen setzen aber voraus, dass die abgerechneten Teile des Gesamtauftrags separat verkehrsfähig und abnahmefähig sind. Der Hersteller darf gegenüber dem Kunden auch kein Gesamtfunktionsrisiko übernehmen. Diese engen Vertragsbedingungen werden viele Kunden nicht akzeptieren wollen.

5.5.3 Kritische Würdigung

Die Vorteile der completed-contract-method liegen darin, dass es eine strikte Einhaltung des Gläubigerschutzes gewährt und zudem eine Zahlungsbemessungsfunktion besitzt, da keine Gefahr besteht, dass nicht realisierte Gewinne ausgeschüttet oder besteuert werden. Ein Nachteil besteht darin, dass diese Methode die Aussagekraft der Rechnungslegung einschränkt, da starke Gewinnsprünge am Ende des Projekts entstehen, jedoch über den Produktionszeitraum ein Verlust ausgewiesen wird. Sollte das Unternehmen die Herstellungskostenuntergrenze wählen, besteht zudem die Möglichkeit stille Reserven zu bilden. Diese Nachteile sind wiederum die Vorteile der Percentage-of-Completion-Method. Da diese Methode nur nach IFRS angewendet wird, und der IFRS-Abschluss keine Grundlage der Steuerbemessung sowie der Gewinnausschüttung ist, werden die Nachteile der Gläubigerschutzfunktion und der nicht realisierten Gewinne erst auftreten, wenn dies der Fall werden sollte.

5.6. Ausblick: Diskussionspapier „Preliminary Views on Revenue Recognition in Contracts with Customers"

Probleme und Inkonsistenzen im Rahmen der bestehenden Ertragsrealisationskonzeptionen

Das IASB verfolgt derzeit das Ziel einer Reformierung der Ertragsrealisationskonzeptionen. Ausdruck dieser Reform ist das vorliegende Diskussionspapier (DP) zum Ertragsrealisationsprojekt (Revenue Recognition Project), das im Dezember 2008 der Öffentlichkeit zugänglich gemacht wurde. Die Veröffentlichung des darauf aufbauenden Exposure Draft (ED) ist für das zweite Quartal 2010 geplant. Der fertige Standard soll im 2. Quartal 2011 erscheinen. Das Board bevorzugt dabei das „Contract-Based Revenue Recognition-Model". Die Arbeit stellt ein gemeinsames Konvergenzprojekt mit dem FASB (zur Angleichung von IFRS und US-GAAP) dar.

Die bestehenden Ertragsrealisationskonzeptionen führen nicht in jedem Fall zu einem Abbild der Ertragslage, welches der Zielsetzung des jeweiligen Rechnungslegungskreises entspricht. Das IASB führt diese Feststellung insbesondere auf die Inkonsistenzen zwischen IAS 18 und IAS 11 zurück. Während IAS 18 die Realisation von Erträgen vornehmlich an einen hinreichend abgeschlossenen Absatzprozess knüpft, sind Erträge gem. IAS 11 nach Maßgabe des Leistungsfortschritts zu realisieren. Davon ausgenommen sind Dienstleistungserträge i.S.d. IAS 18.20-18.28, die entsprechend den Realisationsregeln des IAS 11 i.V.m. IAS 18.21 nach dem Leistungsfortschritt zu erfassen sind. Deshalb werden u.U. gleiche Sachverhalte ungleich und ungleiche gleich dargestellt. Die Detailregelungen des IAS 18 und des IAS 11 befinden sich zudem konzeptionell nicht im

Einklang mit den Leitlinien des Rahmenkonzepts (Framework), wonach Erträge auf Wertänderungen von Vermögenswerten und Schulden beruhen.

Grundzüge der angedachten Ertragsrealisationskonzeption

Maßgeblichkeit von Vermögenswerten und Schulden aus Kundenverträgen

Zur Überwindung der bestehenden Probleme und Inkonsistenzen richtet das IASB ihr Augenmerk auf eine Ertragsrealisationskonzeption, die im Einklang mit den Leitlinien des jeweiligen Rahmenkonzepts steht:

- Die Ertragsrealisation sollte sich künftig nach den Wertänderungen von Vermögenswerten und Schulden richten. Erträge seien immer dann zu realisieren, wenn ein Vermögenswert entsprechend zunimmt oder eine Schuld betragsmäßig abnimmt. Indem die bisher lediglich als Leitlinien zu verstehenden Regelungen der Rahmenkonzepte zu maßgeblichen Realisationsprinzipien erhoben werden sollen, erhalten diese künftig unmittelbaren Verpflichtungscharakter.
- Nach dem bisherigen Verständnis eines bilanziell abzubildenden Absatzprozesses werden Vermögenswerte (z.B. in Gestalt von Forderungen aus Lieferungen und Leistungen) i.d.R. erst dann erfasst, wenn der Leistungsempfänger zur Gegenleistung verpflichtet wird, mithin das bilanzierende Unternehmen bereits geleistet hat. Die Entstehung eines Vermögenswerts wird also bisher als Resultat, nicht als Ausgangspunkt eines Realisationsprozesses aufgefasst. Überdies wird die Wertänderung von Schulden nur mittelbar, z.B. aufgrund von Gewährleistungs- bzw. Garantieansprüchen, die durch das vorgelagerte Absatzgeschäft begründet werden, mit dem Absatzprozess in Verbindung gebracht. Künftig sollen Kundenverträge als Konglomerat von sich gegenüberstehenden Leistungsverpflichtungen direkt bilanziell abgebildet werden, d. h. rechtliche Leistungsverpflichtungen des Unternehmens sind als Schulden und rechtliche Ansprüche auf Gegenleistung als Vermögenswerte zu erfassen. Aus buchungstechnischer Sicht ist jedoch ein Nettoausweis dieser Vermögenswerte und Schulden angedacht.
- Nach der vorgeschlagenen Ertragsrealisationskonzeption stehen sich im Zeitpunkt des Vertragsabschlusses Vermögenswerte und Schulden in gleicher Höhe gegenüber. Bei einem Nettoausweis würde zum Zeitpunkt des Vertragsabschlusses also

noch kein Effekt in der Bilanz sichtbar. Materiell bestünde somit auch kein Unterschied zur bestehenden Ertragsrealisationskonzeption.

Maßgeblichkeit des Kontrollkriteriums

IASB und FASB stellen in ihrem gemeinsamen Diskussionspapier mit dem "contract-based revenue recognition model" ein einheitliches, prinzipienbasiertes Realisierungskonzept vor, das durch die Fokussierung auf die vertraglich fixierten Zahlungsversprechen der Kunden die angesprochenen Probleme der Umsatzrealisierung sowohl nach IFRS als auch nach US-GAAP lösen soll. Zentrale Anforderung für die Bilanzierung eines Vermögenswerts ist dabei das Kontrollkriterium. Die Umsatzrealisierung im Falle des Güterverkaufs fordert neben der verlässlichen Bestimmbarkeit des Umsatzbetrags und einer hinreichenden Wahrscheinlichkeit des Nutzenzuflusses auch, dass:

- der Veräußerer sämtliche wirtschaftliche und eigentumsähnliche Verfügungsrechte verliert,
- die wesentlichen, mit dem Eigentum verbundenen Chancen und Risiken auf den Käufer des Vermögenswerts übergegangen sind und
- sämtliche Kosten, die in Verbindung mit dem Güterverkauf stehen, verlässlich bestimmt werden können (matching principle).

Demnach ist das Kontrollkriterium (Verfügungsrechte) sowohl bei der Beurteilung der abstrakten Bilanzierungsfähigkeit von Vermögenswerten als auch bei der Umsatzrealisierung eine zentrale Bilanzierungsanforderung.

Ertragsrealisation nach Maßgabe der Wertänderungen von Vermögenswerten und Schulden

Die Realisation von Erträgen soll sich nach den Wertänderungen von Vermögenswerten und Schulden richten, um dadurch Konsistenz mit den Leitlinien der Rahmenkonzepte herzustellen:

- Zu realisierende Erträge entstehen künftig somit immer dann, wenn der Nettovermögenswert aus einem Kundenvertrag betragsmäßig zunimmt oder spiegelbildlich die Nettoschuld betragsmäßig abnimmt. Unter Berücksichtigung der Netto-Null-Position bei Vertragsabschluss kann ein Nettovermögenswert nur dann vorliegen, sofern sich das bilanzierende Unternehmen bereits durch Leistungserbringung teilweise oder ganz entpflichtet hat (Möglichkeit 1). Durch die Übertragung eines Vermögenswerts an den Kunden oder die Erbringung einer Dienstleistung würde das bilanzierende Unternehmen seiner Leistungsverpflichtung nachkommen und somit die für die Leistungsverpflichtung zu bilanzierende Schuld abnehmen bzw. gegenstandslos werden. Ist der Leistungsempfänger seiner Gegenleistungspflicht noch nicht nachgekommen, steht dem Vermögenswert aus dem Gegenleistungsanspruch keine bzw. nur noch eine verminderte Schuld gegenüber. Die Nettoposition aus dem Kundenvertrag wird positiv und gibt Anlass zur Ertragsrealisation in Höhe dieses Nettovermögenswerts;

- Möglichkeit 2: für eine Ertragsrealisation kommt auch die Nettoschuldminderung infrage. Eine Nettoschuld kann nur dann entstehen, wenn der Leistungsempfänger bereits seiner Gegenleistungsverpflichtung nachgekommen ist (z.B. Bezahlung der vereinbarten Leistung in bar), bevor das bilanzierende Unternehmen teilweise oder vollständig geleistet hätte. Sofern also eine wie soeben beschriebene Nettoschuld besteht, gibt deren Minderung Anlass zur Ertragsrealisation in gleicher Höhe. Eine solche Minderung kann nur erfolgen, wenn das bilanzierende Unternehmen seine Leistungsverpflichtung erfüllt.

Kern der Ertragsrealisation entsprechend den geschilderten Sichtweisen – Erhöhung eines Nettovermögenswerts vs. Verminderung einer Nettoschuld – ist in beiden Fällen die Entpflichtung des bilanzierenden Unternehmens. Dabei hat die Erbringung der Gegenleistung seitens des Kunden keinerlei Auswirkung auf die Ertragsrealisation. Der Zeitpunkt, zu dem die Gegenleistung erbracht wird, hat folgende Auswirkung:

Ertragsrealisation durch

- Erhöhung des Nettovermögenswerts vor Erbringung der Gegenleistung
- Verminderung der Nettoschuld bei Leistungserbringung nach Erbringung der Gegenleistung.

Umfasst ein Kundenvertrag mehr als eine Leistungsverpflichtung (sog. Mehrkomponentenverträge), soll das geschilderte Konzept auf jede dieser Leistungsverpflichtungen einzeln anzuwenden sein. Die Disaggregation eines Kundenvertrags ist immer dann notwendig, wenn nur so der zeitliche Verlauf der Leistungserbringung angemessen abgebildet werden kann.

Im Falle von Mehrkomponentenverträgen liegt des Weiteren aufgrund des „Kontrollkriteriums“ bei zeitlich versetzter Erfüllung der verschiedenen Leistungsverpflichtungen auch kein einheitlicher Zeitpunkt für die Ertragsrealisierung vor. Der kundenseitige Transfer der Gegenleistung (Zahlung) hat keinerlei Auswirkung auf die Ertragsrealisierung.

Beispiel:

Die Elektronik AG verkauft eine elektronische Großanlage (Vertragsabschluss 30.6.2010), die aus zwei Teileinheiten besteht. Das erste Element (E1) wird am 30.9.2010 geliefert, das zweite Element (E2) am 31.3.2011. Der Kunde zahlt für die gesamte Anlage am 31.8.2010 im Voraus. Eventuelle Dienstleistungen sowie Gewährleistungen bleiben für das Beispiel unberücksichtigt. Die Bauelemente sind nur zusammen nutzbar und werden nicht einzeln verkauft.

Mit Vertragsabschluss erwächst dem Unternehmen eine Leistungsverpflichtung zur Bereitstellung der elektronischen Großanlage. Der Ertrag wird nach dem vorliegenden Modell erst mit der Übertragung des Produkts auf den Kunden realisiert. Die Zahlung durch den Kunden vorab oder die Erhöhung sonstiger Vermögenswerte (bei Eigenproduktion Vorräte) führen nach diesem Modell hingegen nicht zu einer Ertragsrealisierung. Da zwei unterschiedliche Leistungsverpflichtungen (E1 und E2) vorliegen, die zeitlich versetzt erfüllt werden, liegt auch kein einheitlicher Zeitpunkt für die Ertragsrealisierung vor. Der Ertrag würde demnach jeweils mit dem Transfer der Güter an den Kunden (Kontrollerlangung) erzielt, d. h. am 30.9.2010 für E1, am 31.3.2011 für E2. Die Nutzungsabsicht des Kunden oder die Nutzbarkeit des Produkts ist dabei grundsätzlich unerheblich.

Bewertung von Erträgen auf Grundlage von Einzelveräußerungspreisen

Zur Bewertung sollen die Leistungsverpflichtungen aus einem Kundenvertrag betragsmäßig den Gegenleistungsansprüchen entsprechen. Demnach sind die aus den Leistungsverpflichtungen resultierenden Schulden – genauso wie die korrespondierenden Vermögenswerte – zu demjenigen Wert anzusetzen, der als Preis für die zu erbringenden Leistungen (Transaction Price) vereinbart wurde. Infolge dessen entsprechen die insgesamt zu realisierenden Erträge in ihrer Höhe der vereinbarten Gegenleistung.

Bei eigenständig abzubildenden Mehrkomponentenverträgen ist eine intersubjektiv nachvollziehbare Zuordnung von Ertragsanteilen je Leistungsverpflichtung herbeizuführen. Diese soll auf Einzelveräußerungspreisen beruhen, die, ohne tatsächlich beobachtbare Preise des bilanzierenden Unternehmens, zu schätzen sind. Die Relation zwischen Einzelveräußerungspreis einer Leistung gegenüber der Summe aller (geschätzten) Einzelveräußerungspreise entspricht sodann dem prozentualen Anteil am Gesamterlös. In Höhe dieses Anteils ist zunächst eine Schuld anzusetzen, deren Verminderung Anlass zur Ertragsrealisation in gleicher Höhe gibt. Die Methodik der Schätzung von Einzelveräußerungspreisen bleibt derzeit noch offen. Tendenziell sollen die Schätzungen jedoch zu einem möglichst hohen Maß auf objektivierbaren Schätzparametern beruhen. Ob dies bei der Bilanzierung dem Grunde nach und der Höhe nach gelingt ist fraglich, da in der Unternehmenspraxis die Separierung anhand des Zeitpunkts der Vermögensübertragung oftmals eine kaum lösbare Herausforderung darstellen dürfte (= Problem bei der Bilanzierung dem Grunde nach). Gleiches gilt für die objektive Schätzung und Allokation der Einzelveräußerungspreise (= Problem bei der Bilanzierung der Höhe nach). Darüber hinaus nimmt im DP der Standardsetter auch keine Stellung hinsichtlich etwaiger vorzunehmender Risikoabschläge und der Beachtung des Zeitwerts des Geldes (Diskontierung).

Beispiel:

Die Elektronik AG verkauft eine an die Kundenbedürfnisse angepasste elektronische Großanlage für 4.000.000 € an einen Kunden (Vertragsabschluss 30.6.2010). Der Vertrag umfasst zudem die Wartung der Maschine im Folgejahr (Anspruch auf Wartungsleistung vom 30.6.2010-30.6.2011) sowie die Anpassung an bereits angekündigte technische Neuerungen bis 2012 (Anspruch auf technische Updates 30.6.2010-30.6.2012). Der Kunde zahlt für die gesamte Anlage am 31.7.2010 im Voraus.

Da es sich um eine einzigartige kundenspezifische Anlage handelt, existieren weder im Unternehmen selbst vergleichbare Produkte, noch werden solche seitens anderer Unternehmen der Branche angeboten. Aus diesem Grund werden die Einzelveräußerungspreise der einzelnen Leistungsverpflichtungen geschätzt. Nach Ansicht der Unternehmensleitung führt bei der Schätzung der Einzelveräußerungspreise der Ansatz der gemittelten Kostenschätzungen zu einem hinreichend verlässlichen Ergebnis. Da das Unternehmen von identischen Margen für die unterschiedlichen Leistungsverpflichtungen ausgeht, sind diesbezüglich keine zusätzlichen Anpassungen vorzunehmen.

Für die Entwicklung und Produktion der Anlage werden Materialaufwendungen i. H. von 800.000 € und Personalaufwendungen i. H. von 1.400.000 € veranschlagt. Die Wartungsleistung wird mit ca. 1.000 Stunden Arbeitszeit des Personals beziffert, das zu einem durchschnittlichen Stundensatz von 200 € einbezogen wird. Für die Ermittlung der technischen Anpassungen wird auf die erwartete Arbeitszeit der Entwicklungsingenieure abgestellt. Im ersten Jahr geht das Unternehmen von ca. 500 Arbeitsstunden, im zweiten Jahr von 1.500 Stunden zu je durchschnittlich 400 € pro Stunde aus. Die Kostenallokation findet nun auf Basis eines am Kostenanteil der jeweiligen Leistungsverpflichtung an den Gesamtkosten orientierten Schlüssels statt, der dann auf den Transaktionspreis (4.000.000 €) angewendet wird:

	erwartete Kosten	**Kostenanteil an den Gesamtkosten**	**Umsatzallokation**
Großanlage	2.200.000 €	68,75 %	2.750.000 €
Wartung	200.000 €	6,25 %	250.000 €
technische Anpassung (Jahr 1)	200.000 €	6,25 %	250.000 €
technische Anpassung (Jahr 2)	600.000 €	18,75 %	750.000 €
Summe Gesamtkosten bzw. Umsatz	3.200.000 €	100 %	4.000.000 €

Wie das Beispiel zeigt, eröffnet der im DP vorgeschlagene Ansatz ein weites Feld an bilanzpolitischen Spielräumen.

Die Bestimmung des Gesamtertrags in Höhe der vereinbarten Gegenleistung sowie die ggf. herbeizuführende Aufteilung des Gesamtertrags soll keiner Neubewertung im Zeitablauf unterliegen. Eine Ausnahme von diesem Grundsatz ist insbesondere dann vorgesehen, wenn ein Kundenvertrag bzw. eine separate Leistungsverpflichtung zum Abschlussstichtag verlustträchtig erscheint. Dies ist dann der Fall, wenn die noch zu erwartenden Kosten für die Leistungserbringung in Summe denjenigen Schuldbetrag übersteigen, der im Zeitpunkt des Vertragsabschlusses für die Leistungsverpflichtung angesetzt wurde. Der Verlustbetrag ist in der umfassenden Erfolgsrechnung zu erfassen und die entsprechende Schuld um den Verlustbetrag zu erhöhen. Zur Überprüfung dessen, diskutiert das DP den sog. onerous test – ähnlich dem impairment test – und dessen Ausprägung. Dabei bleiben jedoch verschiedene Fragen unbeantwortet, z.B. die nach der Verpflichtungsebene, auf welcher dieser Test durchzuführen ist (Ebene der einzeln separierten Leistungsverpflichtungen vs. Ebene des Gesamtvertrags).

Gegenüberstellung und kritische Beurteilung der künftigen Ertragsrealisierung mit der bisherigen IFRS-Bilanzierungspraxis:

- Vermögenswerte und Schulden sind künftig bereits vor Erbringung der Leistung und Gegenleistung der Vertragspartner zu erfassen.
- Abgesehen von unmittelbar abgeschlossenen Bargeschäften sind eingegangene Vertragsbeziehungen künftig als Vermögenswerte und Schulden zu erfassen (asset-liability-approach).
- Bei komplexen Vertragsbeziehungen ist ein Vertragswerk für die Bilanzierung dem Grunde nach zunächst in die einzelnen Leistungskomponenten zu disaggregieren; dies führt u.U. zur Uminterpretation von bestimmten Leistungsverpflichtungen im Vergleich zur bestehenden Bilanzierungspraxis (bspw. ist eine Garantieverpflichtung nicht mehr als Rückstellung abzubilden, sondern durch pro-rata-Realisation von Erträgen im Garantiezeitraum).
- Des Weiteren dürfte in der Unternehmenspraxis die Separierung von Mehrkomponentengeschäften anhand des Zeitpunkts der Vermögensübertragung oftmals eine kaum lösbare Herausforderung darstellen.
- Das Schätzproblem bei den Einzelveräußerungspreisen bei der Bilanzierung der Höhe nach ist evident und trägt nicht zur Objektivierung der Rechnungslegung bei.

- Mehrkomponentengeschäfte werden damit anders als bisher abgebildet, finden dafür aber expliziten Eingang in die IFRS-Rechnungslegung und sind somit nicht mehr auf die unterschiedlichen Auslegungen nach US-GAAP angewiesen.
- Die fortlaufende Ertragsrealisierung bei Fertigungsaufträgen im PoC-Verfahren wird künftig weitgehend durch die completed contract-Methode abgelöst(!). Dies gilt insbesondere immer dann, wenn sich die wirtschaftliche Leistungserbringung vertraglich nicht fixieren lässt. Damit weist der künftig geplante Ansatz in Teilbereichen eine deutliche Ähnlichkeit mit der Ertragsrealisierung nach handelsrechtlichem Verständnis auf.
- Für die Verkäufe von Standarderzeugnissen (Einkomponentengeschäfte) sind hingegen keine wesentlichen materiellen Änderungen zu erwarten.

5.7. Immaterielle Anlagewerte

5.7.1 Überblick

Immaterielle Vermögensgegenstände bzw. Vermögenswerte zeichnen sich gegenüber materiellen Werten durch die fehlende Körperlichkeit aus. Sie lassen sich durch eine Inventur nur begrenzt erfassen und auch schwieriger auf Dritte übertragen. Die damit verbundene erhöhte „Unsicherheit“ hat in der Rechnungslegung zu besonderen Bilanzierungsregeln geführt.

Zu unterscheiden sind grundsätzlich

- die immateriellen Einzelwerte des Anlagevermögens und
- der Geschäfts- oder Firmenwert

Dementsprechend sieht die gesetzliche Gliederungsvorschrift des HGB für das immaterielle Anlagevermögen folgende Postenaufgliederung vor (§ 266 II HGB):

I. Immaterielle Vermögensgegenstände:

1. Selbst geschaffene gewerbliche Schutzrechte und ähnliche Rechte und Werte;
2. entgeltlich erworbene Konzessionen, gewerbliche Schutzrechte und ähnliche Rechte und Werte sowie Lizenzen an solchen Rechten und Werten;

3. Geschäfts- oder Firmenwert;
4. geleistete Anzahlungen;

Bilanzielles Reinvermögen = Eigenkapital (bei bilanziellem Ansatz und Bewertung)	Stille Reserven i.e.S. (in Einzelgütern)
korrigiertes bilanzielles Reinvermögen • Aufnahme weiterer Aktiva • Höherbewertung von Aktiva • Kürzung von Passiva • Abwertung von Passiva (Ansatz und Bewertung ohne Vorsichtsprinzip, ohne gesetzliche Sonderregeln, ohne Wahlrechte sowie die Ermessensspielräume)	
Ertragswert des Unternehmens (Barwert der künftig generierten Zahlungsüberschüsse)	sog. Firmenwert

Abbildung 43: Firmenwert und stille Reserven

5.7.2 Geschäfts- oder Firmenwert

Zu den immateriellen Werten rechnet auch der Geschäfts- oder Firmenwert, auch als „Goodwill" bezeichnet. In ihm drücken sich besondere, bilanziell nicht in Einzelgütern erfasste Vorteile aus, wie etwa der Ruf des Unternehmens, der Kundenkreis, die Organisationsstruktur und andere. Der Geschäftswert wird allgemein als Differenz zwischen dem Wert des gesamten Unternehmens und dem Wert der bilanzierungsfähigen Einzelgüter berechnet. Der Unternehmensgesamtwert wird meist als Ertragswert und der Wert der Einzelgüter als Rekonstruktionsaltwert ermittelt.

- Der **selbst geschaffene (originäre) Firmenwert** unterliegt in der Handelsbilanz (§ 248 II S. 2 HGB) und im IFRS-Abschluss (IAS 38.48) einem Aktivierungsverbot.
- Der bilanziell relevante, **derivative Firmenwert** wird handelsrechtlich als derjenige Betrag definiert, der im Rahmen der Übernahme eines Unternehmens über den Verkehrswert der einzeln übernommenen Vermögensgegenstände abzüglich der Schulden hinaus entgolten wird (§ 246 I HGB, sog. „asset deal").

Dementsprechend definiert IFRS 3.52 einen erworbenen Firmenwert als eine Zahlung, die der Erwerber in der Erwartung eines künftigen wirtschaftlichen Nutzens aus Vermögenswerten, die nicht einzeln identifiziert oder getrennt angesetzt werden können, geleistet hat.

In der **Handelsbilanz** besteht eine **Aktivierungspflicht**. Der entgeltlich erworbene Geschäfts- oder Firmenwert ist als Vermögensgegenstand mit begrenzter Nutzung anzusehen und planmäßig – bzw. bei Vorliegen entsprechender Hinweise auch außerplanmäßig – abzuschreiben. Die Nutzungsdauer ist auf 5 Jahre anzusetzen (§ 285 Nr. 13 HGB). Gründe die eine längere Nutzung rechtfertigen sind im Anhang zu erläutern. Nach § 253 V S. 2 HGB ist eine vorgenommene außerplanmäßige Abschreibung beizubehalten. Eine spätere Wertaufholung ist explizit ausgeschlossen.

Im **IFRS-Abschluss** besteht gemäß IFRS 3.51 für einen entgeltlich erworbenen Firmenwert ebenfalls eine **Aktivierungspflicht**. Eine planmäßige Abschreibung sowie eine Wertaufholung des Firmenwertes ist seit dem Jahre 2005 nicht mehr möglich (IAS 36.124). Stattdessen hat der Bilanzierende gemäß IAS 36.90 mindestens jährlich oder bei Anzeichen auch früher einen Impairment Test durchzuführen und infolgedessen gegebenenfalls Wertminderungen erfolgswirksam zu verbuchen.

5.7.3 Immaterielle Einzelwerte des Anlagevermögens

Beispiele für einzelne immaterielle Werte sind die folgenden Fälle:

- Computersoftware
- Patente
- ungeschütztes technisches Know-how, Geheimrezepte
- Urheberrechte auf Bücher, Fotos, Filme
- Marken, Warenzeichen, Namensrechte, Franchiserechte
- Spiele
- Importquoten, Milchquoten, Emissionsrechte
- Start-Lande-Rechte, Taxilizenzen, Schanklizenzen, Fischereirechte
- Kundenlisten, Stammkunden

Nicht in jedem Fall kommt es jedoch zu einem Ansatz als immaterieller Vermögenswert in der Bilanz. Hierfür müssen bestimmte Ansatzkriterien erfüllt sein.

Im **Handelsrecht** gilt für immaterielle Vermögensgegenstände des Anlagevermögens, die nicht entgeltlich erworben wurden, ein Bilanzierungswahlrecht (§ 248 II S.1 HGB). Für bestimmte, explizit in § 248 II S. 2 HGB genannte, Vermögensgegenstände besteht jedoch ein striktes Bilanzierungsverbot. Hierbei handelt es sich um Marken, Drucktitel, Verlagsrechte, Kundenlisten sowie vergleichbare immaterielle Vermögensgegenstände. Wurden sie erworben, besteht Aktivierungspflicht.

Nach § 255 IIa S. 1 HGB sind die auf die Entwicklungsphase immaterieller Vermögensgegenstände des Anlagevermögens entfallenden Herstellungskosten verpflichtend in der Handelsbilanz anzusetzen. Sollte eine Trennung zwischen den Kosten der Forschungsphase und den Kosten der Entwicklungsphase nicht möglich sein, so gilt diesbezüglich ein Ansatzverbot, was praktisch ein faktisches Ansatzwahlrecht darstellt. Der Ausweis selbst erstellter Werte hat in einer gesonderten Bilanzposition zu erfolgen. § 266 HGB sieht hierfür einen eigenständigen Posten vor. Der Ansatz der Aufwendungen, die auf die Forschungsphase entfallen, ist nach § 255 II HGB untersagt, da diese explizit nicht in die Herstellungskosten mit einzubeziehen sind.

Die Aktivierungspflicht ist gem. § 268 VIII HGB verbunden mit einer Ausschüttungssperre. Danach dürfen aus Gläubigerschutzgründen Gewinne nur ausgeschüttet werden, wenn die nach der Ausschüttung verbleibenden frei verfügbaren Rücklagen zuzüglich eines Gewinnvortrags oder abzüglich eines Verlustvortrags mindestens den insgesamt angesetzten selbst geschaffenen Vermögensgegenständen betragsmäßig entsprechen.

§ 285 Nr. 22 HGB sieht zudem eine Anhangangabe für den vom Gesamtbetrag der Forschungs- und Entwicklungskosten auf die selbst geschaffenen Vermögensgegenstände des Anlagevermögens entfallenden Betrag vor (kleine Kapitalgesellschaften sind von dieser Angabe befreit).

Immaterielles „Umlaufvermögen", wie z.B. Auftragsprogrammierung und Standardsoftware, folgt auch nach HGB den Regeln zur Bilanzierung von Vorräten (Umkehrschluss aus § 248 II HGB). Monetäre Vermögensgegenstände zählen trotz fehlender Körperlichkeit nicht zum immateriellen Vermögen.

Für die **internationale Rechnungslegung** definiert IAS 38.8 immaterielle Vermögenswerte als identifizierbare, nicht monetäre Vermögenswerte ohne physische Substanz. Körperliche Substanz, die von untergeordneter Bedeutung ist, schadet dabei jedoch nicht.

Beispiel:

Software liegt auf einer DVD als körperlichem Datenträger vor. Es handelt sich dennoch um einen immateriellen Vermögenswert.

Der **handelsrechtliche Begriff** „Vermögensgegenstand" ist gesetzlich nicht definiert. Zu dessen Charakterisierung sind die GoB heranzuziehen. Danach umfassen Vermögensgegenstände im Rahmen der handelsrechtlichen Rechnungslegung nicht nur Sachen und Rechte im bürgerlich-rechtlichen Sinne, sondern stets auch solche Sachverhalte, die einen zukünftigen wirtschaftlichen Nutzen für das Unternehmen darstellen, objektivierbar, d.h. selbständig bewertbar und selbständig verkehrsfähig, d.h. veräußerbar, sind (Einzelveräußerbarkeit).

Ein Vermögensgegenstand muss also grundsätzlich zur Deckung der Schulden eines Unternehmens beitragen können (Schuldendeckungsfähigkeit eines Vermögensgegenstandes). Anhand dieser sog. abstrakten Aktivierungsfähigkeit soll theoretisch geklärt werden, wann ein Vermögensgegenstand nach HGB vorliegt.

Da nach den Regelungen des **HGB** ausschließlich die immateriellen Vermögenswerte aktivierungspflichtig sind, welche die Voraussetzungen eines Vermögensgegenstandes erfüllen, ergeben sich im Vergleich zur internationalen Rechnungslegung Unterschiede, da durch das BilMoG zwar eine Annäherung an die Bilanzierungsvorschriften nach IFRS, jedoch eine Annäherung an den Begriff des assets (Vermögenswertes) nach IFRS vermieden wurde.

Vom Anwendungsbereich für IAS 38 sind eine Reihe von Sachverhalten ausgeschlossen (IAS 38.2-38.7). Hierzu gehören insbesondere Finanzinstrumente nach IAS 39, der aus Unternehmenszusammenschluss resultierende Goodwill gemäß IFRS 3, sowie zur Veräußerung gehaltene immaterielle Vermögenswerte nach IFRS 5. Die Regeln zur Bilanzierung von Vorräten nach IAS 2 und von Fertigungsaufträgen nach IAS 11 gelten vorrangig (IAS 38.3).

Beispiel:

Ein Kunde hat einem Softwarehaus einen Auftrag zur individuellen Programmierung eines bestimmten Anwendungsprogramms erteilt.

Beim Softwarehaus richtet sich die bilanzielle Beurteilung nach IAS 12 – Fertigungsaufträge – und nicht nach IAS 38.

Nach Auslieferung hat der Kunde die Software zu aktivieren. Für ihn gilt nun IAS 38.

IFRS kennt kein generelles Aktivierungsverbot für alle selbst erstellten immateriellen Werte des Anlagevermögens. Dennoch wird in bestimmten Fällen eine **Aktivierung pauschal untersagt**:

- originärer Goodwill (IAS 38.48)
- Forschungskosten (IAS 38.54-38.56)
- selbst geschaffene Markennamen, Drucktitel, Verlagsrechte, Kundenlisten sowie ihrem Wesen nach ähnliche Sachverhalte (IAS 38.63)
- Gründungs- und Anlaufkosten (IAS 38.69 (a))

- Ausbildung und Weiterbildung (IAS 38.69 (b))
- Werbekampagnen und Maßnahmen der Verkaufsförderung (IAS 38.69 (c))
- Verlegung oder Umorganisation von Unternehmensteilen oder des ganzen Unternehmens (IAS 38.69 (d))

Liegt kein ausdrückliches Bilanzierungsverbot im Rahmen der konkreten Aktivierungsfähigkeit vor, so muss im Einzelfall die **Erfüllung aller Ansatzkriterien (abstrakte und konkrete Aktivierungsfähigkeit) nach IFRS** geprüft werden. Die Definitions- und Ansatzkriterien für einzelne immaterielle Vermögenswerte verlangen (IAS 38.12, 38.18, 38.21):

- Identifizierbarkeit (abstrakte Aktivierungsfähigkeit)
- Zufluss eines künftigen wirtschaftlichen Nutzens (abstrakte Aktivierungsfähigkeit)
- Beherrschung des Vermögenswerts (abstrakte Aktivierungsfähigkeit)
- verlässliche Bewertung der Anschaffungs- oder Herstellungskosten (konkrete Aktivierungsfähigkeit)
- Nutzenzufluss muss wahrscheinlich sein (konkrete Aktivierungsfähigkeit)

Zusammenfassend lassen sich die allgemeinen Ansatzvoraussetzungen nach HGB und IFRS anhand folgender Abbildung darstellen:

Aktivierungsfähigkeit	HGB	IFRS
Abstrakt	• zukünftiger wirtschaftlicher Nutzen • selbständig bewertbar • selbständig verwertbar	• Identifizierbarkeit • zukünftiger wirtschaftlicher Nutzen • Verfügungsmacht
Konkret		• Nutzenzufluss muss wahrscheinlich sein • Verlässliche Bewertbarkeit

Tabelle 29: Ansatzvoraussetzungen nach HGB und IFRS

Identifizierbarkeit bedeutet, dass sich der immaterielle Vermögenswert vom allgemeinen Firmenwert unterscheiden lassen muss.

Nach IAS 38.12 gilt:

Ein Vermögenswert erfüllt die Definitionskriterien in Bezug auf die Identifizierbarkeit eines immateriellen Vermögenswertes, wenn:

(a) er separierbar ist, d.h. er kann vom Unternehmen getrennt und somit verkauft, übertragen, lizenziert, vermietet oder getauscht werden. Dies kann einzeln oder in Verbindung mit einem Vertrag, einem Vermögenswert oder einer Schuld erfolgen; oder

(b) er aus vertraglichen oder anderen gesetzlichen Rechten entsteht, unabhängig davon, ob diese Rechte vom Unternehmen oder von anderen Rechten und Verpflichtungen übertragbar oder separierbar sind.

Alle „Dinge", die einzelverwertbar sind (a), lassen sich somit vom Rest des Unternehmens und vom allgemeinen Firmenwert trennen.

Beispiel:

Ein „Geheimrezept" für besonders wohlschmeckende Bratwürste stellt einen einzelverwertbaren immateriellen Vermögenswert dar. Ein Interessent für das Wurstrezept könnte das Rezept erwerben, ohne dass er deswegen die ganze Firma kaufen muss.

Daneben werden von IFRS auch alle Rechte als identifizierbar angesehen, selbst wenn diese nicht einzelverwertbar sind (b).

Beispiel:

Unternehmen S hat für Schürfrechte zum Abbau von Edelsteinen an einen afrikanischen Staat 2 Mrd. EUR bezahlt. Die Rechte sind aber höchstpersönlich, das heißt der Abbau darf nur durch S selbst erfolgen. Das Abbaurecht kann nicht einzeln verkauft werden. Ein fremder Dritter müsste die ganze Firma S erwerben.

Weitere Bedingung für die Bilanzierung ist der wahrscheinliche Zufluss eines künftigen Nutzens (IAS 38.17).

Beispiel:

Der Nutzen eines Patents kann sich durch Einnahmen aus Lizenzen, durch Verwendung bei der Herstellung und dem Verkauf von Produkten oder durch Kostenersparnisse im Produktionsprozess ergeben.

Zum Zufluss eines künftigen Nutzens gehört auch die Möglichkeit der Beherrschung des immateriellen Werts. Das Unternehmen muss den wirtschaftlichen Nutzen selbst ziehen und andere davon ausgrenzen können. Nicht alle heutigen immateriellen Werte eines Unternehmens werden von diesem beherrscht (IAS 38.13-38.16).

Beispiel:

Eine besonders qualifizierte und motivierte Belegschaft von Fachkräften sorgt dafür, dass das Unternehmen hohe Gewinne erwirtschaftet. Sie stellt einen Wettbewerbsvorteil im Vergleich zu anderen Firmen dar. Dennoch „beherrscht" das Unternehmen seine Belegschaft nicht. Die Arbeitnehmer könnten jederzeit kündigen und zu einem anderen Arbeitgeber wechseln.

Der Erwerb immaterieller „Dinge" kann sich auf verschiedene Weise vollziehen:

- Gesonderte Anschaffung (IAS 38.25-38.32): Wird ein immaterieller Wert einzeln gekauft, so ist der Nachweis relativ unproblematisch. Die Tatsache des Erwerbs wird als Indiz für den künftigen Nutzenzufluss angesehen. Die Zugangsbewertung erfolgt zu seinen Anschaffungskosten (IAS 38.24).
- Erwerb im Rahmen einer Sachgesamtheit beim Kauf eines ganzen Unternehmens (IAS 38.33-38.41): Der Kaufpreis bezieht sich hier auf das gesamte Unternehmen. Dabei muss die Frage geklärt werden, ob im Unternehmen immaterielle Vermögenswerte vorhanden sind und welchen Wert sie gegebenenfalls aufweisen. Als Anschaffungskosten gilt der beizulegende Zeitwert des immateriellen Vermögenswerts zum Erwerbszeitpunkt (IAS 38.33, 38.35). Hier ergeben sich viele Abgrenzungs- und Schätzprobleme.
- Selbst geschaffene immaterielle Werte (IAS 38.51-38.67): Besonders schwierig ist die Frage, ob ein selbst geschaffener immaterieller Vermögenswert die Ansatzkriteri-

en erfüllt. Aus diesem Grund enthält IAS 38 hierfür bestimmte Typisierungen und Zusatzkriterien (IAS 38.51-38.71).

5.7.4 Forschung und Entwicklung nach IFRS

Im Unterschied zu Forschungskosten müssen nach IFRS Entwicklungsaufwendungen aktiviert werden, sofern hieraus ein immaterieller Vermögenswert entstanden ist. Die Abgrenzung zwischen Forschung und Entwicklung ist daher von großer Bedeutung.

Forschungsphase	Entwicklungsphase
Aktivierungsverbot	Aktivierungsgebot für Aufwendungen, sobald die Ansatzbedingungen erfüllt sind

Tabelle 30: Vergleich von Forschungs- und Entwicklungsphase

Unter **Forschung** versteht IAS 38.8 eine eigenständige und planmäßige Suche mit der Aussicht, zu neuen wissenschaftlichen oder technischen Erkenntnissen zu gelangen.

Entwicklung wird in IAS 38.8 definiert als Anwendung von Forschungsergebnissen oder von anderem Wissen auf einen Plan oder Entwurf für die Produktion von neuen oder beträchtlich verbesserten Materialien, Vorrichtungen, Produkten, Verfahren, Systemen oder Dienstleistungen. Die Entwicklung findet dabei vor Beginn der kommerziellen Produktion oder Nutzung statt.

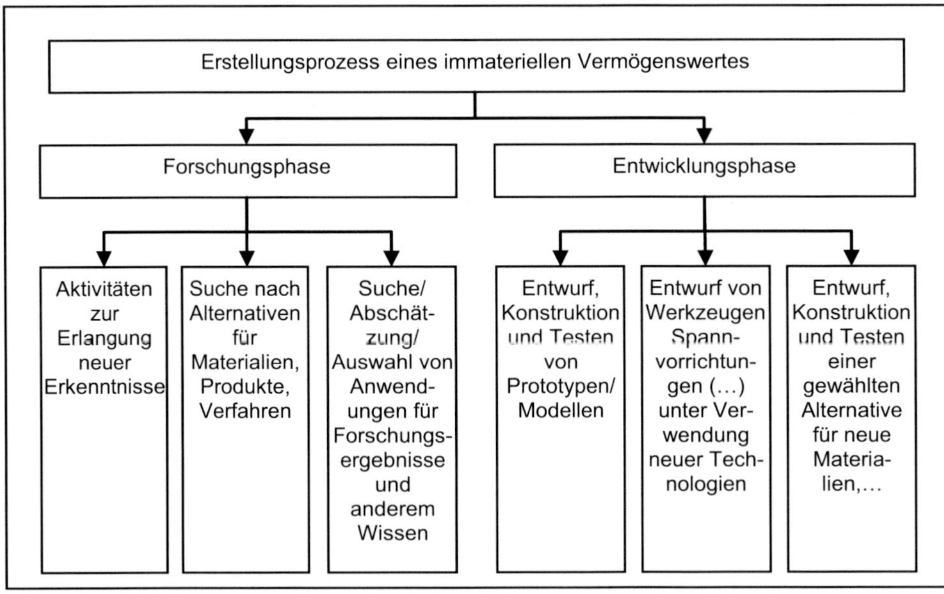

Abbildung 44: Erstellungsprozess eines immateriellen Vermögenswertes

Beispiele für Forschungsaktivitäten sind gemäß IAS 38.56:

(a) Aktivitäten, die auf die Erlangung neuer Erkenntnisse ausgerichtet sind;

(b) die Suche nach sowie die Abschätzung und endgültige Auswahl von Anwendungen für Forschungsergebnisse und anderem Wissen;

(c) die Suche nach Alternativen für Materialien, Vorrichtungen, Produkte, Verfahren, Systeme oder Dienstleistungen; und

(d) die Formulierung, der Entwurf sowie die Beurteilung und endgültige Auswahl von möglichen Alternativen für neue oder verbesserte Materialien, Vorrichtungen, Produkte, Verfahren, Systeme oder Dienstleistungen.

Beispiele für Entwicklungsaktivitäten sind nach IAS 38.59:

(a) der Entwurf, die Konstruktion und das Testen von Prototypen und Modellen vor Beginn der eigentlichen Produktion oder Nutzung;

(b) der Entwurf von Werkzeugen, Spannvorrichtungen, Prägestempeln und Gussformen unter Verwendung neuer Technologien;

(c) der Entwurf, die Konstruktion und der Betrieb einer Pilotanlage, die von ihrer Größe her für eine kommerzielle Produktion wirtschaftlich ungeeignet ist; und

(d) der Entwurf, die Konstruktion und das Testen einer gewählten Alternative für neue oder verbesserte Materialien, Vorrichtungen, Produkte, Verfahren, Systeme oder Dienstleistungen.

Bestehen Unsicherheiten bei der Abgrenzung wird eine Aktivität als Forschung klassifiziert.

Entwicklungsaufwendungen werden nur dann aktiviert, wenn gleichzeitig alle 6 in IAS 38.57 genannten Bedingungen nachgewiesen werden:

- Die **technische Realisierbarkeit** der Fertigstellung des immateriellen Vermögenswerts, damit er zur Nutzung oder zum Verkauf zur Verfügung stehen wird.

Es muss möglich sein, das Entwicklungsprojekt rein technisch erfolgreich abzuschließen. Fallen beispielsweise angestellte Versuchsreihen negativ aus, so scheitert bereits dieses Kriterium.

- Die **Absicht**, den immateriellen Vermögenswert fertig zu stellen, sowie ihn zu nutzen oder zu verkaufen.

Das Unternehmen muss sich auch bewusst für eine Weiterführung des Projekts entschieden haben.

- Die **Fähigkeit**, den immateriellen Vermögenswert zu nutzen oder zu verkaufen.

Die Firma muss hierzu in der Lage sein. Wenn der Vermögenswert für das eigene Unternehmen nutzlos wäre, muss zumindest eine Nachfrage Dritter nach dem immateriellen Wert vorliegen.

- Die Art und Weise wie der immaterielle Vermögenswert einen **voraussichtlichen künftigen wirtschaftlichen Nutzen** erzielen wird.

Möglich sind ein Markt für die Produkte des immateriellen Vermögenswerts, ein Markt für den immateriellen Vermögenswert selbst oder eine sinnvolle innerbetriebliche Nutzung des immateriellen Vermögenswerts. Beispielsweise führt die Entwicklung eines neuen Bremssystems bei einem Pkw dazu, dass die Käufer einen Aufpreis für die bessere Bremse zahlen, der über ihren zusätzlichen Herstellungskosten liegt.

- Die Verfügbarkeit adäquater technischer, finanzieller und sonstiger **Ressourcen**, um die Entwicklung abschließen und den immateriellen Vermögenswert nutzen oder verkaufen zu können.

Das Unternehmen muss über genügend finanzielle Mittel verfügen, um das Entwicklungsprojekt zu einem erfolgreichen Ende zu führen. Die Überbrückung des Zeitraums bis zur Verwertung kann erhebliche Beträge verschlingen.

- Die Fähigkeit, die dem immateriellen Vermögenswert während seiner Entwicklung zurechenbaren Ausgaben **verlässlich** zu bewerten.

Es existiert ein Kostenrechnungssystem, mit dessen Hilfe die notwendigen Daten erfasst und gesammelt werden.

Im Mittelpunkt steht dabei die Beurteilung, ob der Vermögenswert einen künftigen Nutzenzufluss erzeugt.

Die Frage bezüglich der Erfüllung aller Kriterien bietet große Spielräume. Es kommt dabei auf die Einschätzung der Zukunft und auch auf die Absicht des Unternehmens an. Bei entsprechender Argumentation lässt sich stets eine Aktivierung vermeiden. Man spricht deshalb auch davon, dass für die Aktivierung von Entwicklungskosten ein faktisches Wahlrecht besteht.

Erfüllt ein Unternehmen die Bedingungen in IAS 38.57 durch entsprechende Nachweise, so werden alle künftigen Aufwendungen in der Bilanz aktiviert. Es bleibt aber bei der sofortigen Erfolgswirkung aller früheren Aufwendungen (IAS 38.71). Eine nachträgliche Aktivierung findet somit nicht statt.

5.7.5 Anlagespiegel

Immaterielle Vermögensgegenstände des Anlagevermögens werden nach HGB in den Anlagespiegel einbezogen (§ 268 II HGB).

Gemäß IFRS gibt es für immaterielle Vermögenswerte im Anhang eine sog. Überleitungsrechnung, die grundsätzlich dem Anlagespiegel nach HGB entspricht (IAS 38.118). Der Ausweis erfolgt getrennt nach Gruppen immaterieller Vermögenswerte.

IAS 38.119 nennt beispielhaft folgende Gruppen:

(a) Markennamen;

(b) Drucktitel und Verlagsrechte;

(c) Computersoftware;

(d) Lizenzen und Franchiseverträge;

(e) Urheberrechte, Patente und sonstige gewerbliche Schutzrechte, Nutzungs- und Betriebskonzessionen;

(f) Rezepte, Geheimverfahren, Modelle, Entwürfe und Prototypen; und

(g) immaterielle Vermögenswerte in Entwicklung.

Die immateriellen Vermögensgegenstände/Vermögenswerte werden wie Sachanlagen planmäßig abgeschrieben, wenn sie eine begrenzte Nutzungsdauer haben (IAS 38.88, IAS 38.97 ff., § 253 II HGB).

Die **Schätzung der Nutzungsdauer** ist besonders schwierig. Wegen der fehlenden Körperlichkeit ist eine unmittelbare Beobachtung ihrer Existenz und ihres Zustandes – Überalterung? Beschädigung? – nicht möglich. IAS 38.90 nennt einige Anhaltspunkte zur Ermittlung der Nutzungsdauer. Auch darf die Nutzungsdauer von Vermögenswerten im Zusammenhang mit Rechten nicht länger sein, als die vertragliche oder gesetzliche Laufzeit des Rechts (IAS 38.94), sofern diese nicht verlängert werden kann.

Beispiel:

Die Nutzungsdauer eines Patents wird durch die Dauer des Patentschutzes nach oben begrenzt. Sie kann aber auch geringer sein, wenn beispielsweise technische Neuerungen der Konkurrenz das Patent vorher wirtschaftlich wertlos machen.

5.7.6 Besonderheiten nach IFRS

Für die Abschreibung von immateriellen Vermögenswerten nach IFRS gelten im Vergleich zu Sachanlagen einige Einschränkungen:

- grundsätzlich wird die lineare Methode verwendet, außer ein Abweichen vom Verlauf des zukünftigen wirtschaftlichen Nutzens kann zuverlässig bestimmt werden (IAS 38.97)
- der Restwert ist, abgesehen von Ausnahmen, grundsätzlich mit Null anzusetzen (IAS 38.100)

Bei Sachanlagen findet für den Boden keine planmäßige Abschreibung statt. Ebenso wenig gibt es planmäßige Abschreibungen z.B. bei den Aktienanlagen. IFRS kennt auch immaterielle Vermögenswerte mit **„unbegrenzter" Nutzungsdauer** (IAS 38.88, IAS 38.107 ff.).

IAS 38.88 besagt:

Ein immaterieller Vermögenswert ist von einem Unternehmen so anzusehen, als habe er eine unbegrenzte Nutzungsdauer, wenn es aufgrund einer Analyse aller relevanten Faktoren keine vorhersehbare Begrenzung der Periode gibt, in welcher der Vermögenswert voraussichtlich Netto-Cashflows für das Unternehmen erzeugen wird.

Eine unbegrenzte Nutzungsdauer kann beispielsweise bei Rechten vorliegen, die nach einer bestimmten Zeit auslaufen, sich aber durch Zahlung einer geringen Registrierungsgebühr im Prinzip beliebig verlängern lassen (erneuerbare Rechte). Eine unbegrenzte Nutzungsdauer können z.B. auch Markennamen haben, solange ein Ende der Nutzung des Markenamens nicht absehbar ist.

Für immaterielle Vermögenswerte mit unbegrenzter Nutzungsdauer resultieren mehrere Konsequenzen:

- es gibt keine planmäßigen Abschreibungen (IAS 38.107)
- mindestens jährlich und zusätzlich bei Verdacht muss das Vorliegen einer Wertminderung mittels Wertminderungstest gemäß IAS 36 erfolgen (IAS 38.108)
- zusätzlich muss das Unternehmen jährlich überprüfen, ob eine ursprünglich unbegrenzte Nutzungsdauer nun doch als begrenzt anzusehen ist (IAS 38.109)

Entsprechend der Regelungen für Sachanlagen nach IAS 16 gibt es auch für immaterielle Vermögenswerte ein Wahlrecht (IAS 38.72) zwischen Anschaffungskostenmodell (IAS 38.74) und **Neubewertungsmodell** (IAS 38.75-38.87). Die Wahl bindet grundsätzlich alle Vermögenswerte einer Gruppe.

Das Neubewertungsmodell ist jedoch zusätzlich an die Bedingung gebunden, dass ein sog. aktiver Markt für den immateriellen Vermögenswert existiert (IAS 38.81), auf dem der beizulegende Zeitwert ersichtlich ist. Dies dürfte nur für wenige immaterielle Vermögenswerte der Fall sein.

Beispiel:

Möglich wäre ein aktiver Markt gegebenenfalls bei bestimmten Fischereilizenzen, Taxilizenzen oder Produktionsquoten. Diese Rechte müssen gleichartig sein, an viele Unternehmen vergeben sein und zwischen diesen Unternehmen gehandelt werden.

5.8. Finanzielle Vermögenswerte

5.8.1 Überblick

Zu den finanziellen Vermögenswerten zählen nach **HGB** Finanzanlagen, Forderungen und sonstige Vermögensgegenstände des Umlaufvermögens sowie Wertpapiere des Umlaufvermögens.

Finanzanlagen

Zu den Finanzanlagen nach Handelsrecht rechnen die langfristigen Kapitalüberlassungen an Dritte, wobei die überlassenen Kapitaltitel Eigen- oder Fremdkapital sein können. Das Gesetz schreibt folgende Untergliederung vor (§ 266 II HGB):

III. Finanzanlagen:

1. Anteile an verbundenen Unternehmen;
2. Ausleihungen an verbundene Unternehmen;
3. Beteiligungen;
4. Ausleihungen an Unternehmen, mit denen ein Beteiligungsverhältnis besteht;
5. Wertpapiere des Anlagevermögens;
6. sonstige Ausleihungen.

Eine Abgrenzung erfolgt somit nach der Art (Anteilsrechte = EK; Gläubigerrechte = FK) sowie nach der Person (verbundene Unternehmen i. S. v. § 271 II i. V. m. § 290 HGB; Unternehmen, mit denen ein Beteiligungsverhältnis i. S. v. § 271 I HGB besteht; sonstige Dritte).

Finanztitel können auch im Umlaufvermögen gehalten werden. Damit wird die bloße Absicht eines längerfristigen oder kürzerfristigen Engagements für den Ausweis im Anlage- oder Umlaufvermögen entscheidend. Bedeutung hat diese Zuordnung insoweit, als im Anlagevermögen nur das gemilderte Niederstwertprinzip herrscht, während beim Umlaufvermögen das strenge Niederstwertprinzip (§ 255 I; § 253 IV, V HGB) gilt. Durch eine Umbuchung vom Umlauf- ins Anlagevermögen lässt sich somit u.U. ein Ausweis unrealisierter Verluste im Finanzvermögen vermeiden.

Forderungen und sonstige Vermögensgegenstände des Umlaufvermögens

Unter **Forderungen** versteht man Ansprüche von Gläubigern auf Zahlung von Geld. Im Gliederungsschema gemäß § 266 II HGB werden folgende Positionen unterschieden:

II. Forderungen und sonstige Vermögensgegenstände:

1. Forderungen aus Lieferungen und Leistungen;
2. Forderungen gegen verbundene Unternehmen;
3. Forderungen gegen Unternehmen, mit denen ein Beteiligungsverhältnis besteht;
4. sonstige Vermögensgegenstände;

Ähnlich wie bei den Finanzanlagen wird dem Ausweis der Forderungen an verbundene Unternehmen und gegen Unternehmen, mit denen ein Beteiligungsverhältnis besteht, besondere Bedeutung zugemessen. Solche Forderungen entstehen nicht immer zu Marktbedingungen.

In den **Forderungen aus Lieferungen und Leistungen** finden die vom Unternehmen getätigten laufenden Umsätze ihren Niederschlag. Damit weist diese Bilanzposition eine enge Beziehung zu den Umsätzen auf.

Außerordentliche Erträge oder sonstige Erträge, wie sie aus dem Verkauf von Grundstücken oder nicht mehr benötigten Maschinen entstehen können, sind daher nach h. M. nicht unter den Forderungen aus Lieferungen und Leistungen, sondern unter den sonstigen Vermögensgegenständen auszuweisen.

Die **sonstigen Vermögensgegenstände** stellen einen Sammelposten dar, unter dem vertraglich begründete Forderungen (z.B. Gehaltsvorschüsse, Darlehen an Mitarbeiter, Mietkautionen) sowie auf sonstiger Anspruchsgrundlage entstandene Forderungen (z.B. Schadenersatzansprüche, Steuererstattungsansprüche) auszuweisen sind.

Bei den **Wertpapieren des Umlaufvermögens** wird gemäß § 266 II HGB zwischen den folgenden Positionen unterschieden:

III. Wertpapiere:

1. Anteile an verbundenen Unternehmen;
2. sonstige Wertpapiere;

Die Rechnungslegung nach **IFRS** enthält in mehreren Standards Normen zur Bilanzierung finanzieller Vermögenswerte. Von zentraler Bedeutung sind IAS 32 „Finanzinstrumente: Darstellung“ sowie insbesondere IAS 39 „Finanzinstrumente: Ansatz und Bewertung“. Zusätzliche Angabepflichten sieht IFRS 7 „Finanzinstrumente: Angaben“ vor.

Vorrangige Spezialvorschriften zur Bilanzierung und Bewertung von Finanzvermögen bestehen insbesondere hinsichtlich:

- Leasing (IAS 17)
- Altersversorgung (IAS 19)
- Anteilsbasierte Vergütung (IFRS 2)
- Versicherungsverträge (IFRS 4)
- Anteile an Tochterunternehmen (IAS 27, IFRS 3)
- Anteile an gemeinschaftlich geführten Unternehmen (IAS 31)
- Anteile an assoziierten Unternehmen (IAS 28)

Die letzten drei Fälle stellen nach IAS 24 einen Spezialfall der Beziehungen zu nahe stehenden Unternehmen und Personen dar. Gemäß IAS 24.9 gelten u.a. Tochterunternehmen, Mutterunternehmen, Joint Venture Unternehmen, assoziierte Unternehmen und Beteiligungsunternehmen mit maßgeblichem Einfluss als „nahe stehend“. Geschäfte und ausstehende Salden sind entweder in der Bilanz oder in den Notes anzugeben (IAS 24.17-24.19).

Die Anteile an den Tochterunternehmen, Gemeinschaftsunternehmen und assoziierten Unternehmen selbst sind nach IAS 27.41-27.42 offen zu legen.

Beispiel:

Konzernunternehmen M besitzt 55% an Unternehmen T. Die Firma T hat im Geschäftsjahr von M eine Warenlieferung auf Ziel in Höhe von 500 erhalten. Die Schuld wurde noch nicht beglichen. Im Einzelabschluss von M ist zu den Forderungen aus Lieferungen und Leistungen gemäß IAS 1.54 (h) anzugeben, dass hiervon 500 gegenüber dem Tochterunternehmen bestehen (IAS 24.17 (b), IAS 24.18 (c)).

Nach IAS 39.45 i.V.m. IAS 39.9 werden vier Kategorien von Finanzinstrumenten unterschieden:

- erfolgswirksam zum beizulegenden Zeitwert bewertete Vermögenswerte
- bis zur Endfälligkeit gehaltene Finanzinvestitionen
- Kredite und Forderungen
- zur Veräußerung verfügbare finanzielle Vermögenswerte

Diese Kategorien müssen gegeneinander abgegrenzt werden. Die Folgen sind gravierend, da in jeder Kategorie verschiedene Bilanzierungsvorschriften gelten.

- Teilweise geschieht die Folgebewertung zu fortgeführten Anschaffungskosten, teilweise zum beizulegenden Zeitwert.
- Im letzten Fall werden manche Wertänderungen des Zeitwerts erfolgswirksam – über die GuV – und manche erfolgsneutral – direkt im Eigenkapital – verbucht.

IFRS 7.7 ff. verlangt zu allen Kategorien ausführliche Detailangaben in Bilanz, Gewinn- und Verlustrechnung oder im Anhang.

Neben der Behandlung von finanziellen Vermögenswerten enthält IAS 39 auch die Regeln zur Bilanzierung von nach IAS 32 klassifizierten Verbindlichkeiten. Auf diese soll erst im nächsten Abschnitt 5.9 eingegangen werden.

5.8.2 Erfolgswirksam zum beizulegenden Zeitwert (IFRS)

In die erste IFRS-Kategorie gehören alle finanziellen Vermögenswerte, die erfolgswirksam zum beizulegenden Zeitwert bewertet werden („at fair value through profit or loss“). Hinter dieser sehr technischen Definition in IAS 39.9 verstecken sich zwei Untergruppen:

- zu Handelszwecken gehaltene finanzielle Vermögenswerte
- andere finanzielle Vermögenswerte, wenn das Unternehmen sie beim erstmaligen Ansatz ebenfalls unwiderruflich in diese Kategorie einstufen möchte (Wahlrecht)

Diese Wahlmöglichkeit bezeichnet man auch als sog. „**fair value option**“.

Beispiel:

Unternehmen U besitzt X-Aktien, die es mit spekulativer Absicht gekauft hat, um sie nach erfolgtem Preisanstieg kurzfristig mit Gewinn zu verkaufen. Die X-Aktien sind Handelsbestände.

Weitere Aktienbestände Y hatte U als langfristige Geldanlage erworben, weil es sich aus der hohen Dividende und den erwarteten Kurssteigerungen eine attraktive Rendite verspricht. Diese Y-Aktien sind kein Handelsbestand und fallen primär in eine andere der 4 Kategorien finanzieller Vermögenswerte. Allerdings konnte sich U beim Erwerb der Y-Aktien dafür entscheiden, sie in die Kategorie „erfolgswirksam zum beizulegenden Zeitwert“ einzuordnen.

Auf Wunsch können durch Ausübung des Wahlrechts alle finanziellen Vermögenswerte dieser Kategorie zugeordnet werden. Bedingung ist nur, dass sich ihr beizulegender Zeitwert (fair value) verlässlich bestimmen lässt (IAS 39.9, 39.46 (c)).

Beispiel:

Anteile an einer GmbH oder KG werden nicht auf einem aktiven Markt gehandelt. Auch sonst ist die Anteilsbewertung schwierig, weil sie stets eine Unternehmensbewertung bedingt und zusätzlich noch Fragen der Umrechnung des Unternehmenswerts in den Anteilswert auftreten.

Sie kommen deshalb für die Ausübung der „fair value option“ nicht in Frage.

Zugangsbewertung

Schon beim Erwerb müssen die finanziellen Vermögenswerte der Kategorie „erfolgswirksam zum beizulegenden Zeitwert“ mit ihrem beizulegenden Zeitwert ohne Nebenkosten des Erwerbs aktiviert werden (IAS 39.43). Allerdings gilt der bezahlte Preis in der Regel als bester Indikator für den Zeitwert im Erwerbszeitpunkt (IAS 39.A64, 39.A76).

Beispiel: Die Nord AG kauft Anleihen zu Handelszwecken für einen Börsenkurs von 378 zuzüglich Spesen von 2. Der Börsenkurs von 378 gilt als beizulegender Zeitwert, mit dem die Anleihe aktiviert wird. Die Spesen von 2 führen zu einem Aufwand bzw.

negativem Jahresüberschuss.

Bilanz 01 vor Erwerb

Kasse	380	Eigenkapital	380

Bilanz 01

Anleihen	378	Eigenkapital alt	380
		Jahresüberschuss	-2

Folgebewertung

Auch in späteren Jahren bleibt es bei einer Bewertung mit dem jeweiligen beizulegenden Zeitwert (IAS 39.46). Potenzielle Spesen bei einer Veräußerung werden nicht abgezogen.

Alle Gewinne oder Verluste, die aus der Änderung des beizulegenden Zeitwertes resultieren, werden unmittelbar als Aufwand oder Ertrag im Periodenergebnis berücksichtigt (IAS 39.55 (a)). Dadurch ergibt sich auch keine Zuschreibungsobergrenze.

Beispiel:

Bei der Nord AG steigt der Börsenkurs der von ihr gehaltenen Anleihen von 378 auf 388 im Jahr 02.

Bilanz 02

Anleihen	388	Eigenkapital alt	378
		Jahresüberschuss	+10

Beim Verkauf kommt es zu einer Ausbuchung (IAS 39.17 ff.). Eventuelle Veräußerungsgewinne oder Verluste stellen ebenfalls Ertrag oder Aufwand in der Gewinn- und Verlustrechnung dar (IAS 39.26).

Beispiel:

Der Verkauf der Anleihe geschieht im Jahr 03 zu 395 abzüglich Spesen von 3.

Bilanz 03

Kasse	392	Eigenkapital alt	388
		Jahresüberschuss	+4

5.8.3 Kredite und Forderungen (IFRS)

Unter die Kategorie „Kredite und Forderungen" („loans/receivables") fallen nach IAS 39.9 finanzielle Vermögenswerte mit festen oder bestimmbaren Zahlungen, welche nicht auf einem aktiven Markt notiert werden.

Beispiele für die Kategorie „Kredite und Forderungen" sind:

- Forderungen an Kunden
- Ausleihungen
- Schuldscheindarlehen

Eine variabel verzinsliche Ausleihung hat zwar keine festen Zahlungen, da die Zinshöhe heute noch nicht feststeht, sondern von einem festgelegten Referenzzinssatz, wie beispielsweise dem LIBOR, abhängt. Die Zahlungen sind aber bestimmbar, da die Höhe der Zinsen später mit z.B. „LIBOR + 1,2%" eindeutig berechnet werden kann.

Mit Krediten meint IFRS nur vom Unternehmen selbst vergebene Darlehen, also Aktiva, nicht aufgenommenes Fremdkapital, also Passiva.

Als Zusatzbedingung gilt, dass die Kredite oder Forderungen nicht auf einem aktiven Markt notiert werden. Ein aktiver Markt existiert insbesondere bei börsengehandelten Anleihen.

Nicht zur Kategorie „Kredite und Forderungen“ gehören außerdem (IAS 39.9):

- Finanzielle Vermögenswerte, wenn sie zum Handelsbestand gehören oder gemäß dem Wahlrecht in die Kategorie „erfolgswirksam zum beizulegenden Zeitwert“ eingestuft wurden.
- Finanzielle Vermögenswerte, wenn das Unternehmen sie als „zur Veräußerung verfügbar“ klassifiziert, weil möglicherweise ein Verkauf vor Ende der Laufzeit erfolgen soll.

Zugangsbewertung

Die Einbuchung von Krediten und Forderungen in die Bilanz geschieht theoretisch zum beizulegenden Zeitwert einschließlich eventueller Nebenkosten (IAS 39.43). Grundsätzlich wird dieser Wert aber durch die Anschaffungskosten konkretisiert (IAS 39.A64, 39.A76).

Beispiel:

Die Nord AG erwirbt ein Schuldscheindarlehn für 378 zuzüglich Spesen von 2.

Die Anschaffungskosten sind 380.

Bilanz 01 vor Erwerb

Kasse	380	Eigenkapital	380

Bilanz 01

Schuldscheindarlehen	380	Eigenkapital	380

Folgebewertung

In späteren Jahren wird die Bewertung mit den fortgeführten Anschaffungskosten unter Anwendung der Effektivzinsmethode vorgenommen (IAS 39.46 (a)).

Die Veränderungen der fortgeführten Anschaffungskosten gehen als Aufwand oder Ertrag in die Gewinn- und Verlustrechnung ein (IAS 39.55 (b)). Kurzfristige finanzielle Vermögenswerte (z.B. Forderungen aus LuL) sind mit ihrem Nominalwert anzusetzen. (IAS 39.A79).

IAS 39.9 (Definition in Bezug auf Ansatz und Bewertung) besagt:

Als fortgeführte Anschaffungskosten eines finanziellen Vermögenswertes oder einer finanziellen Verbindlichkeit wird der Betrag bezeichnet, mit dem ein finanzieller Vermögenswert oder eine finanzielle Verbindlichkeit beim erstmaligen Ansatz bewertet wurde, abzüglich Tilgungen, zuzüglich oder abzüglich der kumulierten Amortisation einer etwaigen Differenz zwischen dem ursprünglichen Betrag und dem bei Endfälligkeit rückzahlbaren Betrag unter Anwendung der Effektivzinsmethode, sowie abzüglich etwaiger Minderungen (entweder direkt oder mithilfe eines Wertberichtigungskontos) für Wertminderungen oder Uneinbringlichkeit.

Die Verteilung von Zinszahlungen und eventuellen Disagien auf die Laufzeit geschieht mit Hilfe der Effektivverzinsung. Darunter ist der finanzmathematische interne Zinssatz zu verstehen (IAS 39.9):

Der Effektivzinssatz ist der Kalkulationszinssatz, mit dem die geschätzten künftigen Ein- und Auszahlungen über die erwartete Laufzeit des Finanzinstruments ... exakt auf den Nettobuchwert des finanziellen Vermögenswertes ... abgezinst werden.

Beispiel:

Das oben genannte Schuldscheindarlehen weise folgende Zahlungsströme auf:

Jahre	**01**	**02**	**03**	**04**	**05**	**06**
heutige Anschaffungskosten	-380,00					
Zinsen		8,00	8,00	8,00	8,00	8,00
Rückzahlung						400,00
Zahlungsstrom gesamt	-380,00	8,00	8,00	8,00	8,00	408,00

Wie hoch ist hier der Effektivzins?

Der interne Zins ist derjenige Zinssatz, bei dem der Barwert der künftigen Zahlungen mit den heutigen Anschaffungskosten von 380 übereinstimmt. Man kann ihn durch Ausprobieren bestimmen.

Tabellenkalkulationsprogramme und häufig auch Taschenrechner besitzen eine finanzmathematische Funktion zur Errechnung der internen Verzinsung.

Die Funktion lautet beispielsweise in MS-EXCEL:

IKV(Bereich des ‚Zahlungsstroms gesamt' von 01 bis 06)

Im vorliegenden Beispiel ergibt sich eine interne Verzinsung von 3,095%.

Probe:

$380 = 8 / 1{,}03095 + 8 / 1{,}03095^2 + 8 / 1{,}03095^3 + 8 / 1{,}03095^4 + 408 / 1{,}03095^5$

Als fortgeführte Anschaffungskosten gelten dann in jedem Jahr die Barwerte der noch verbleibenden künftigen Zahlungsströme, berechnet mit i = 3,095%.

Für das Jahr 05 gilt:

Barwert = 408 / 1,03095 = 395,75

Für das Jahr 04 gilt:

Barwert = $8 / 1{,}03095 + 408 / 1{,}03095^2 = 391{,}63$

Für das Jahr 03 gilt:

Barwert = $8 / 1{,}03095 + 8 / 1{,}03095^2 + 408 / 1{,}03095^3 = 387{,}64$

Für das Jahr 02 gilt:

Barwert = $8 / 1{,}03095 + 8 / 1{,}03095^2 + 8 / 1{,}03095^3 + 408 / 1{,}03095^4 = 383{,}76$

Interne Verzinsung	3,095%					
Jahre	**01**	**02**	**03**	**04**	**05**	**06**
Barwert der künftigen Zahlungen	380,00	383,76	387,64	391,63	395,75	
= fortgeführte Anschaffungskosten						

Der Buchwert ändert sich wie folgt:

Jahre	**01**	**02**	**03**	**04**	**05**	**06**
		383,76	387,64	391,63	395,75	400,00
		-380,00	-383,76	-387,64	-391,63	-395,75
Änderung des Buchwerts		3,76	3,88	3,99	4,12	4,25

Die Zunahme des Buchwerts bildet die Amortisation des Unterschiedsbetrags zwischen den Anschaffungskosten und der späteren Tilgung am Ende der Laufzeit ab. Sie stellt in jedem Jahr einen Ertrag dar.

Insgesamt errechnen sich die Erträge aus dem Schuldscheindarlehen in der Folgezeit aus der Amortisation zuzüglich der vereinnahmten Zinszahlungen:

Jahre	**01**	**02**	**03**	**04**	**05**	**06**
Änderung des Buchwerts		3,76	3,88	3,99	4,12	4,25
zuzüglich Zinszahlungen		+8,00	+8,00	+8,00	+8,00	+8,00
Gewinn		11,76	11,88	11,99	12,12	12,25

Bei Krediten und Forderungen gelten Schwankungen des Zeitwerts als vorübergehend und spielen grundsätzlich keine Rolle für die Bilanzierung.

Etwas anderes gilt nur dann, wenn die Notwendigkeit einer Wertminderung beispielsweise wegen Zahlungsschwierigkeiten des Schuldners eintritt.

Gemäß IAS 39.58 muss das Unternehmen an jedem Bilanzstichtag prüfen, ob

- objektive Hinweise darauf schließen lassen,
- dass eine Wertminderung des finanziellen Vermögenswerts vorliegt.

Eine Wertminderung wird jedoch nur dann vorgenommen, wenn nachträglich ein sog. „Schadensfall" eingetreten ist.

Beispiel:

Kein Schadensfall ist die Tatsache, dass der beizulegende Zeitwert der Schuldverschreibung sinkt, wenn auf den Kapitalmärkten das Zinsniveau von ursprünglich 3% auf 5% steigt. Die Zins- und Tilgungszahlungen bleiben trotzdem gesichert.

IAS 39.59 nennt beispielsweise die folgenden beobachtbaren Indizien für Schadensfälle:

(a) erhebliche finanzielle Schwierigkeiten des Emittenten oder des Schuldners;

(b) ein Vertragsbruch wie beispielsweise ein Ausfall oder Verzug von Zins- oder Tilgungszahlungen;

(c) Zugeständnisse, die der Kreditgeber an den Kreditnehmer aus wirtschaftlichen oder rechtlichen Gründen im Zusammenhang mit den finanziellen Schwierigkeiten des Kreditnehmers macht, die der Kreditgeber ansonsten nicht gewähren würde;

(d) eine erhöhte Wahrscheinlichkeit, dass der Kreditnehmer in Insolvenz oder ein sonstiges Sanierungsverfahren geht;

(e) das durch finanzielle Schwierigkeiten bedingte Verschwinden eines aktiven Marktes für diesen finanziellen Vermögenswert; oder

(f) ...

Die Wertminderung führt zu einer Einzelwertberichtigung in der Bilanz und zu einem entsprechenden Aufwand in der Gewinn- und Verlustrechnung (IAS 39.63).

Nach IAS 39.59 (f) und IAS 39.A87-39.A92 kann auch eine Pauschalwertberichtigung für eine Gruppe von finanziellen Vermögenswerten durchgeführt werden.

Eine pauschale Wertberichtigung für allgemeine und unbegründete Ausfallrisiken wie nach dem HGB ist nicht erlaubt, allerdings ist eine pauschalierte Wertberichtigung nach IAS 39.64 für Forderungen aus Lieferungen und Leistungen für ein bestimmtes Portfolio möglich, wenn in der Vergangenheit z.B. zwei Prozent der Forderungen nicht bezahlt wurden. Lag bisher noch kein Zahlungsausfall vor, ist eine Wertberichtigung nicht erforderlich (Der Verlust muss eingetreten sein (incurred loss model)). Im ED/2009/12 (vgl. Abschnitt: 5.10.2 Phase 2: Impairment Methodology) wird nun vorgesehen, dass künftig auch Verluste, die im Rahmen von Erwartungen antizipiert werden, berücksichtigt werden (expected loss model). Nach dem Wegfall der Wertminderung erfolgt eine unbedingte Wertaufholung zu den fortgeführten Anschaffungskosten (IAS 39.65).

Ermittlung der Pauschalwertkorrektur nach HGB und IFRS:

Gesamtbetrag der Forderungen aus LuL (FLL)

– vollständig ausgefallene Forderungen (inkl. Umsatzsteuer)

= Verbleibender Gesamtbestand der FLL in der Bilanz (brutto)

– Umsatzsteuer

= Verbleibender Gesamtbestand der FLL in der Bilanz (netto)

– Nominalbetrag der einzelwertberichtigten FLL (netto, in voller Höhe)

= pauschal zu berichtigender Forderungsbestand aus LuL nach HGB/IFRS-Portfoliobasis

* anzuwendender, unternehmensspezifischer Prozentsatz nach HGB

= Betrag für die Pauschalabschreibung des Forderungsbestandes nach HGB

Wichtig!

Die Korrektur der Umsatzsteuer erfolgt erst, wenn die Forderung vollständig abgeschrieben wird (Ausfall steht fest), nicht jedoch bereits im Rahmen der Pauschalwertberichtigung bzw. im Rahmen der Einzelwertberichtigung. Beim Bilanzausweis muss daher im Rahmen der Einzel- und Pauschalwertberichtigung die gesamte Umsatzsteuer auf den durch die Wertberichtigung reduzierten Forderungsgesamtbetrag berücksichtigt werden!

5.8.4 Bis zur Endfälligkeit gehalten (IFRS)

Bis zur Endfälligkeit gehaltene Finanzinvestitionen („held-to-maturity“) sind finanzielle Vermögenswerte mit festen oder bestimmbaren Zahlungen sowie einer festen Laufzeit, die das Unternehmen außerdem bis zu ihrer Endfälligkeit halten will (IAS 39.9).

Anteile am Eigenkapital eines anderen Unternehmens, wie Aktien oder GmbH-Beteiligungen, können nicht in diese Kategorie fallen, weil sie keine feste Laufzeit – Endfälligkeit – aufweisen.

Von der Kategorie „bis zur Endfälligkeit gehalten“ ausgenommen sind auch (IAS 39.9):

- finanzielle Vermögenswerte in der Kategorie „Kredite und Forderungen“
- finanzielle Vermögenswerte, wenn sie zum Handelsbestand gehören oder gemäß dem Wahlrecht in die Kategorie „erfolgswirksam zum beizulegenden Zeitwert“ eingestuft wurden
- finanzielle Vermögenswerte, wenn das Unternehmen sie als „zur Veräußerung verfügbar“ klassifiziert, weil möglicherweise ein Verkauf vor Ende der Laufzeit erfolgen soll

In die Kategorie fallen insbesondere börsengehandelte Anleihen. Aufgrund des vorhandenen Marktes kann man sie nicht in „Forderungen und Kredite“ einordnen.

Bis zur Endfälligkeit gehaltene Finanzinvestitionen werden wie Kredite und Forderungen zu fortgeführten Anschaffungskosten unter Anwendung der Effektivzinsmethode bilanziert (IAS 39.46 (b)). Ebenso ist auf die Notwendigkeit von Wertminderungen bei nachträglichen „Schadensfällen“ hin zu prüfen.

Eine Besonderheit ergibt sich deshalb, weil die Abgrenzung zwischen den beiden Kategorien „zur Endfälligkeit gehalten“ und „zur Veräußerung verfügbar“ von der subjektiven Absicht des Unternehmens abhängt.

Die Absicht kann von außen nicht beobachtet und geprüft werden. Eine ursprüngliche Einordnung mit dauerhafter Halteabsicht würde aus der Sicht von IFRS zu einer ungerechtfertigten Bilanzierung führen, wenn später doch ein vorzeitiger Verkauf vorkommt.

Deshalb sehen IAS 39.9 und IAS 39.52-39.54 für solche Fälle einen Sanktionsmechanismus vor. Werden Bestände zu mehr als geringfügigen Beträgen veräußert oder umgegliedert, so muss danach der komplette Restbestand aller bis zur Endfälligkeit gehaltenen Finanzinvestitionen erfolgsneutral in die Kategorie „zur Veräußerung verfügbar“ umgegliedert werden. Auch Neuzugänge dürfen für 2 Jahre nicht mehr als „bis zur Endfälligkeit gehalten“ klassifiziert werden.

5.8.5 Zur Veräußerung verfügbar (IFRS)

Als zur Veräußerung verfügbare finanzielle Vermögenswerte („available-for-sale") gelten solche Geldanlagen, die möglicherweise verkauft werden sollen und die auch keiner der übrigen Kategorien vorrangig zugeordnet wurden.

Hierunter können alle möglichen finanziellen Vermögenswerte fallen wie beispielsweise:

- Aktien
- Anleihen
- Anteile an Investmentfonds

Zugangsbewertung

Bei Erwerb werden die zur Veräußerung verfügbaren Vermögenswerte wieder theoretisch mit dem beizulegenden Zeitwert einschließlich eventueller Nebenkosten bilanziert (IAS 39.43), der sich aber grundsätzlich aus den Anschaffungskosten ergibt (IAS 39.A65, 39.A76).

Beispiel:

Die Nord AG erwirbt eine zweite Anleihe für 378 zuzüglich Spesen von 2. Zweck der Anleihe ist eine rentable Anlage der Liquiditätsreserven. Bei Bedarf ist aber auch ein vorzeitiger Verkauf der Anleihe nicht ausgeschlossen.

Bilanz 01 vor Erwerb

Kasse	380	Eigenkapital	380

Bilanz 01

zweite Anleihe	380	Eigenkapital	380

Folgebewertung

Auch in den Folgejahren findet eine Bewertung mit dem beizulegenden Zeitwert statt (IAS 39.46). Potenzielle Verkaufspesen bleiben unbeachtet.

Im Unterschied zur Kategorie „erfolgswirksam zum beizulegenden Zeitwert" werden Erhöhungen oder Minderungen des Zeitwerts jedoch grundsätzlich nicht erfolgswirksam in der Gewinn- und Verlustrechnung erfasst. Der Jahresüberschuss bleibt unverändert. Vielmehr kommt es unmittelbar zu einer erfolgsneutralen Verbuchung innerhalb des Eigenkapitals (IAS 39.55 (b)).

Der Ausweis geschieht in einer gesonderten Position, die z.B. Rücklage für Marktbewertung oder Rücklage für Neubewertung heißen kann. Die Veränderung dieser Position kann in der Eigenkapital-Veränderungsrechnung nachvollzogen werden (IAS 1.96). Das Kongruenzprinzip wird dadurch durchbrochen.

Beispiel:

Bei der Nord AG erhöht sich der Börsenkurs für die von ihr gehaltenen zweiten Anleihe von 378 auf 388 im Jahre 02.

Bilanz 02

zweite Anleihe	388	Eigenkapital alt	378
		Rücklage für Marktbewertung	+10

Dies gilt solange, bis der finanzielle Vermögenswert bei Verkauf oder Endfälligkeit ausgebucht wird. Zu diesem Zeitpunkt kommt es ebenfalls zur Auflösung der bisher direkt im Eigenkapital erfassten Erhöhungen oder Minderungen des Zeitwerts. Sie werden jetzt ergebniswirksam und stellen Ertrag oder Aufwand in der Gewinn- und Verlustrechnung dar (IAS 39.55 (b)).

Beispiel:

Die zweite Anleihe wird im Jahre 03 zu 395 abzüglich Spesen von 3 veräußert.

Bilanz 03

Kasse	392	sonstiges Eigenkapital alt	378
		Rücklage für Marktbewertung alt	10
		Auflösung	-10
		Jahresüberschuss	+14

Über die Totalperiode betrachtet ist das Kongruenzprinzip somit wieder erfüllt.

Eine Ausnahme von der Regel, dass zwischenzeitliche Wertschwankungen direkt im Eigenkapital zu erfassen sind, gilt im Falle von Wertminderung durch nachträgliche „Schadensfälle“ (IAS 39.58 ff.), die anhand objektiver Hinweise belegt werden.

In diesen Fällen wird ein bisher direkt im Eigenkapital erfasster kumulierter Betrag – hier wahrscheinlich ein Wertverlust – aus dem Eigenkapital ausgebucht. Stattdessen kommt es zu einem ergebniswirksamen Wertminderungsaufwand in der GuV (IAS 39.67).

Beispiel:

Alternativ zum obigen Fall wird die zweite Anleihe im Jahre 03 nicht verkauft. Wegen Zahlungsschwierigkeiten des Gläubigers sinkt ihr Kurs auf 320.

Bilanz 03

zweite Anleihe	320	sonstiges Eigenkapital alt	378
		Rücklage für Marktbewertung alt	10
		Auflösung	-10
		Jahresfehlbetrag	-58

5.8.6 Eigenkapitalinstrumente ohne verlässlichen Zeitwert (IFRS)

Handelt es sich bei den finanziellen Vermögenswerten um Eigenkapitalinstrumente ohne verlässlichen Zeitwert (IAS 39.A80 und A81) – insbesondere Anteile an nicht börsennotierten Unternehmen – so treten einige Besonderheiten auf.

- Sie dürfen nicht mit Hilfe der „fair value option“ in die Kategorie „erfolgswirksam zum beizulegenden Zeitwert“ eingestuft werden.
- Als Eigenkapitalinstrumente kommen auch die Kategorien „bis zur Endfälligkeit gehalten“ und „Kredite und Forderungen“ nicht in Betracht.

Ein Halten zu Handelszwecken ist auch schlecht denkbar. Es bleibt somit nur die Einstufung als „zur Veräußerung verfügbar“. Die Bewertung geschieht generell zu den Anschaffungskosten (IAS 39.46 (c)).

Wertminderungen im Fall objektiver Hinweise wirken sich nach IAS 39.66 ertragswirksam aus. Sie dürfen aber nicht rückgängig gemacht werden (IAS 39.66). Es gibt somit keine Zuschreibungen. Bei Verkauf entsteht ein erfolgswirksamer Veräußerungsgewinn oder -verlust (IAS 39.26).

5.9. Verbindlichkeiten

5.9.1 Überblick

Im **handelsrechtlichen** Gliederungsschema für Kapitalgesellschaften werden unter § 266 III HGB acht unterschiedliche Verbindlichkeitspositionen unterschieden:

C. Verbindlichkeiten:

1. Anleihen, davon konvertibel;
2. Verbindlichkeiten gegenüber Kreidinstituten;
3. erhaltene Anzahlungen auf Bestellungen;
4. Verbindlichkeiten aus Lieferungen und Leistungen;
5. Verbindlichkeiten aus der Annahme gezogener Wechsel und der Ausstellung eigener Wechsel;
6. Verbindlichkeiten gegenüber verbundenen Unternehmen;
7. Verbindlichkeiten gegenüber Unternehmen, mit denen ein Beteiligungsverhältnis besteht;
8. sonstige Verbindlichkeiten,

Die Aufgliederung der Verbindlichkeiten unterscheidet danach, ob diese durch Aufnahme von Fremdkapital (Anleihen, gegenüber Kreditinstituten) oder aus dem Lieferungs- und Leistungsverkehr entstanden sind und fordert den separaten Ausweis von Verbindlichkeiten gegenüber verbundenen Unternehmen und Unternehmen, mit denen ein Beteiligungsverhältnis besteht. Verbindlichkeiten aus der Annahme gezogener Wechsel und der Ausstellung eigener Wechsel sind getrennt aufzuführen. Bei den sonstigen Verbindlichkeiten handelt es sich um einen Sammelposten, in den alle Schulden aufzunehmen sind, die keinen eigenen Gliederungspunkt aufweisen.

IFRS verlangt hingegen gemäß IAS 1.54 für die Bilanz nur folgende Mindestgliederungspositionen:

(k) Verbindlichkeiten aus Lieferungen und Leistungen und sonstige Verbindlichkeiten

(m) finanzielle Schulden, mit Ausnahme der Beträge unter (k)

(n) Steuerschulden gemäß IAS 12

Ergänzt wird diese Mindestgliederung aber durch die Regel in IAS 1.55, welche zusätzliche Posten, Überschriften und Zwischensummen fordert, wenn dies für das Verständnis der Finanzlage des Unternehmens relevant ist. Die Positionsbezeichnungen sind nach IFRS nicht genau bestimmt, sondern werden vom Unternehmen festgelegt.

Verbindlichkeiten gegenüber nahe stehenden Unternehmen und Personen müssen – wie bei finanziellen Vermögenswerten – gemäß den Regeln von IAS 24 gesondert angegeben werden.

Hinsichtlich der späteren Bewertung sind die Verbindlichkeiten in zwei Kategorien einzuteilen (IAS 39.47):

- Verbindlichkeiten, die erfolgswirksam zum beizulegenden Zeitwert bewertet werden (IAS 39.9) mit den beiden Untergruppen:
  - zu Handelszwecken gehaltene finanzielle Verbindlichkeiten
  - andere finanzielle Verbindlichkeiten, die das Unternehmen beim erstmaligen Ansatz unwiderruflich durch Ausübung der „fair value option" in diese Kategorie designiert
- sonstige finanzielle Verbindlichkeiten

Fristigkeit

Bei Kapitalgesellschaften bestehen für Verbindlichkeiten im **HGB** Vermerkpflichten zur **Restlaufzeit**:

- So ist der Betrag der Verbindlichkeiten mit einer Restlaufzeit bis zu einem Jahr bei jedem gesondert ausgewiesenen Posten zu vermerken (§ 268 V HGB).
- Ferner ist im Anhang der Gesamtbetrag der Verbindlichkeiten mit einer Restlaufzeit von mehr als fünf Jahren auszuweisen (§ 285 Nr. 1 a HGB).

- Mit Hilfe dieser Angaben kann der Betrag der Verbindlichkeiten mit Laufzeiten zwischen einem und fünf Jahren ermittelt werden.

Ferner ist der Gesamtbetrag der Verbindlichkeiten, die durch Pfandrechte oder ähnliche Rechte gesichert sind, unter Angabe von Art und Form der Sicherheit anzugeben (§ 285 Nr. 1 b HGB).

Gemäß IAS 1.60 wird für die **IFRS** eine Einteilung in kurzfristige und langfristige Verbindlichkeiten zwingend vorgeschrieben.

Kurzfristige Verbindlichkeiten sind gemäß IAS 1.69 solche,

(a) deren Erfüllung innerhalb des normalen Geschäftszyklus erwartet wird

(b) die hauptsächlich zu Handelszwecken gehalten werden

(c) die innerhalb von zwölf Monaten nach dem Bilanzstichtag fällig werden oder

(d) für die das Unternehmen nicht uneingeschränkt berechtigt ist, die Tilgung auf mindestens zwölf Monate nach dem Bilanzstichtag zu verschieben

Eine als kurzfristig eingestufte Verbindlichkeit darf nicht als langfristig eingestuft werden, auch wenn die ursprüngliche Laufzeit mehr als zwölf Monate beträgt. Diese Angaben werden überwiegend in einem sog. „Verbindlichkeitenspiegel" im Anhang angegeben.

Im Unterschied zum HGB werden jedoch langfristige Verbindlichkeiten und Rückstellungen, sowie kurzfristige Verbindlichkeiten und Rückstellungen jeweils unter einer Überschrift zusammengefasst. Nach IFRS dient die Fristigkeit und nicht die Rechtsnatur der Schulden als Hauptgliederungskriterium.

Nach IFRS 7.8 ff. müssen Unternehmen für alle Finanzinstrumente, zu denen auch die finanziellen Verbindlichkeiten gehören, zahlreiche Detailangaben machen. Beispielsweise verlangt IFRS 7.14 Informationen zu den gewährten Sicherheiten.

5.9.2 Ansatz

Abstrakte Bilanzierungsfähigkeit

Nach **HGB** existiert keine Definition für Verbindlichkeiten. Aber eine Schuld setzt nach herrschender Meinung und genereller Rechtssprechung

- eine gegenwärtige Verpflichtung aus Ereignissen der Vergangenheit zu einer Leistung voraus,
- der sich der Kaufmann aus wirtschaftlichen/faktischen oder rechtlichen (Vertrag oder Gesetz) nicht entziehen kann,
- die gegenüber fremden Dritten oder gegen sich selbst oder sich aus nachteiligen schwebenden Geschäften ergeben und
- die eine künftige wirtschaftliche Belastung darstellt, sofern diese hinreichend konkretisiert ist.

Eine wirtschaftliche Verursachung liegt immer dann vor, wenn Verpflichtungen bereits entstandenen Erträgen zugeordnet werden können. Dagegen liegt eine rechtliche Verursachung dann vor, sobald die Tatbestandsmerkmale, welche die Verpflichtung nach Gesetz oder Vertrag auslösen, sämtlich erfüllt sind. Sollten wirtschaftliche und rechtliche Verursachung auseinander fallen, zählt nach HGB im Regelfall das Kriterium, das früher eintritt.

Eine Garantieverpflichtung entsteht bereits dann, wen diese durch die Realisation von Umsätzen wirtschaftlich entstanden ist und nicht erst, wenn sie durch konkrete Ansprüche rechtlich begründet ist.

Verbindlichkeiten werden gegenüber Rückstellungen dahingehend abgegrenzt, dass Verbindlichkeiten solche Verpflichtungen darstellen, die nach Fälligkeit, Grund und Höhe (quasi-)sicher sind.

Im Gegensatz zum HGB wird nach **IFRS** der Begriff der Schuld im Rahmenkonzept wie folgt definiert. Gemäß RK. 49 (b) ist eine Schuld

- eine gegenwärtige Verpflichtung des Unternehmens,
- die aus Ereignissen der Vergangenheit entsteht und
- deren Erfüllung für das Unternehmen erwartungsgemäß mit einem Abfluss von Ressourcen mit wirtschaftlichem Nutzen verbunden ist.

Die Passivierung einer Schuld nach IFRS setzt sich so gut wie identisch mit den oben genannten Kriterien nach HGB zusammen. Allerdings muss es nach IFRS wahrscheinlich sein, dass ein wirtschaftlicher Nutzen abfließt (probability) (RK. 83 (a)) und – das ist eine Besonderheit gegenüber dem HGB – dieser Wert auch verlässlich ermittelbar ist (reliability) (RK. 83 (b)).

Konkrete Bilanzierungsfähigkeit

Da kein Unterschied zu den Regelungen bei den Vermögenswerten / Vermögensgegenständen besteht, so ist auf die dortigen Ausführungen zu verweisen. In § 246 I HGB regelt das Handelsrecht die Ansatzpflicht. Sind nach IFRS die Ansatzkriterien erfüllt, ist die finanzielle Verbindlichkeit zu dem Zeitpunkt in die Bilanz einzubuchen, zu der das Unternehmen Vertragspartei der Regelungen wird (IAS 39.14).

5.9.3 Zugangs- und Folgebewertung

Bewertung nach HGB

Für die handelsrechtliche Bewertung der Verbindlichkeiten ist als primärer Wertmaßstab der Erfüllungsbetrag sowie als sekundärer Wertmaßstab der höhere Tageswert möglich.

Der **Erfüllungsbetrag** ist der Betrag, mit dem die Schuld zu erfüllen ist (§ 253 I HGB). Auch Verbindlichkeiten, die nicht aus einem Geldzufluss entstanden sind, begrifflich also gar nicht zurückgezahlt werden können, sind zum Erfüllungsbetrag anzusetzen. Anzusetzen ist der Betrag, der bei normalem Geschehensablauf zu erwarten ist. Steht der Rückzahlungsbetrag am Abschlussstichtag nicht genau fest und ist er auch bis zum Tag der Aufstellung des Jahresabschlusses nicht endgültig geklärt, so ist er vorsichtig zu schätzen.

Verbindlichkeiten, die auf Rentenverpflichtungen beruhen, sind künftig abzuzinsen, soweit eine Gegenleistung nicht mehr zu erwarten ist (§ 253 II S. 3 HGB). Der anzuwendende Zinssatz ist der durchschnittliche Marktzinssatz der vergangenen sieben Geschäftsjahre oder der durchschnittliche Marktzinssatz der sich bei einer angenommenen Restlaufzeit von 15 Jahren ergibt (§ 253 II S. 1 und 2). Der Barwert ist unter Berücksichtigung von Zins und Zinseszins nach finanzmathematischen ggf. versicherungsmathematischen Grundsätzen zu ermitteln. Im Falle von Leibrenten sind anerkannte Sterbetafeln zugrunde zulegen, individuelle Verhältnisse (wie etwa der Gesundheitszustand) bleiben i.d.R. außer Betracht.

Der anzuwendende Zinssatz wird handelsrechtlich im Regelfalle einen Satz von 3 v. H. nicht unterschreiten dürfen, als Obergrenze werden die Zinssätze für langfristig aufgenommenes Kapital angesehen.

Eine Sonderregelung gilt für Nullkupon-Anleihen. Diese ohne Zinskupon ausgestalteten Anleihen sind entgegen dem Wortlaut der gesetzlichen Regelung nach § 250 III HGB nicht zum Erfüllungsbetrag, sondern zum ursprünglichen Verfügungsbetrag zzgl. der laufenden Zinszuschreibungen anzusetzen.

Ist der Kredit zu einem geringeren Betrag als dem Nennbetrag ausbezahlt worden (Auszahlungs-Disagio) oder ist ein höherer Betrag als der Nennbetrag zurückzubezahlen (Rückzahlungs-Agio), so gelten folgende Regelungen:

- Die Verbindlichkeit ist stets zum Erfüllungsbetrag anzusetzen.
- Ist der Ausgabebetrag geringer als der Rückzahlungsbetrag, so kann der Unterschiedsbetrag als Disagio (Damnum) unter den aktiven Rechnungsabgrenzungsposten aktiviert werden (§ 250 III S. 1 HGB).

Handelsrechtlich besteht ein Wahlrecht, das Disagio zu aktivieren; der Unterschiedsbetrag ist durch planmäßige jährliche Abschreibungen zu tilgen, wobei der Verteilungszeitraum höchstens die gesamte Laufzeit der Verbindlichkeit umfasst.

Die Abschreibung erfolgt dann bei (endfälligen) Tilgungsdarlehen linear, bei Darlehen mit regelmäßiger Tilgung wird eine Verteilung nach der Zinsstaffelmethode vorgenommen. Alternativ kann jeweils auch eine finanzmathematisch exakte Verteilung zu Grunde gelegt werden.

Das Imparitätsprinzip zwingt, Verluste auch vor ihrer Realisierung auszuweisen. Schulden müssen daher, sofern durch Änderung der Verhältnisse ein höherer Rückzahlungsbetrag zu erwarten ist, zum höheren Tageswert angesetzt werden (Höchstwertprinzip in Analogie zu den niedrigeren Tageswerten auf der Aktivseite).

Umstände, die zu einer Erhöhung des Tageswertes führen, beruhen entweder auf einer direkten Erhöhung des Erfüllungsbetrags oder auf Änderungen der zugrunde liegenden Berechnungsgrundlagen bei Raten- oder Rentenverpflichtungen. Schulderhöhungen können sich damit ergeben, wenn bei Währungsschulden die Stichtagskurse ansteigen, bei Sachwertschulden die zugrunde liegenden Preise ansteigen, aufgrund besonderer Vereinbarungen (z.B. Wertsicherungsklauseln bei Inflation oder Nachzahlungsklauseln) eine Schulderhöhung eintritt, oder der Raten- oder Rentenschulden zugrunde liegende Zinssatz verringert wird. Es ist zwingend der höhere Tageswert aufwandswirksam anzusetzen.

Bewertung nach IFRS

Die Zugangsbewertung einer finanziellen Verbindlichkeit erfolgt gemäß IAS 39.43 grundsätzlich zu Anschaffungskosten, die dem beizulegenden Zeitwert (fair value) der erhaltenen Gegenleistung entsprechen.

Beispiele:

- Das Unternehmen nimmt einen Kredit in Form eines Zerobonds auf und erhält dafür heute eine Einzahlung von 600. In 3 Jahren muss es den Zerobond zu 700 zurückzahlen.

Der Zerobond wird zu seinen Anschaffungskosten von 600 passiviert.

- Ein weiterer Kredit hat die Form eines Annuitätendarlehens. Für den heute ausgezahlten Betrag von 350 ist für 4 Jahre lang eine jährliche Summe von 100 zurückzuzahlen. Die Annuität von 100 beinhaltet sowohl Zinsen als auch Tilgung.

Die Anschaffungskosten des Annuitätendarlehens betragen 350.

Lässt sich der beizulegende Zeitwert der erhaltenen Gegenleistung nicht anhand von Transaktionspreisen bestimmen, wird er als Barwert der künftigen Ein- und Auszahlungen geschätzt (IAS 39.A64).

Beispiel:

Ein Unternehmen hat für den Kauf einer gebrauchten, wenig marktgängigen Maschine mit dem Verkäufer vereinbart, dass der Kaufpreis aus zwei Jahresraten von jeweils 500, fällig nach einem und zwei Jahren, besteht. Üblich wäre ein Kreditzinssatz von 7%.

Die Anschaffungskosten des Kredits betragen für den Käufer:

$500 / 1{,}07 + 500 / 1{,}07^2 = 904{,}01$

Wäre der Effekt einer Abzinsung gering, so kann bei kurzfristigen Verbindlichkeiten ohne ausdrücklich festgelegten Zinssatz hierauf verzichtet werden (IAS 39.A79).

Beispiel:

Im vorherigen Beispiel sind die beiden Raten von je 500 im Abstand von 1 und 2 Monaten fällig. Zur Vereinfachung braucht keine Abzinsung erfolgen.

Folgebewertung zu fortgeführten Anschaffungskosten (IFRS)

Die Folgebewertung geschieht grundsätzlich zu fortgeführten Anschaffungskosten nach der Effektivzinsmethode (IAS 39.47).

Beispiel:

Im Falle des Zerobonds von oben ergibt sich ein Effektivzinssatz in Höhe von 5,273%.

Jahre	**01**	**02**	**03**	**04**
heutige Anschaffungskosten	600,00			
Rückzahlung				-700,00
Zahlungsstrom gesamt	600,00	0,00	0,00	-700,00
Interne Verzinsung	5,273%			
= Effektivzins				

Aus dem Barwert der künftigen Zahlungen zum Effektivzinssatz erhält man die fortgeführten Anschaffungskosten – den Buchwert:

Jahre	**01**	**02**	**03**	**04**
Barwert der künftigen Zahlungen	-600,00	-631,64	-664,94	
Buchwert		631,64	664,94	700,00
Buchwert im Vorjahr		-600,00	-631,64	-664,94
Änderung des Buchwerts		31,64	33,30	35,06
= Zinsaufwand				

Die Zunahme des Buchwerts der Schuld stellt einen Zinsaufwand dar. Wegen des Zinseszinseffekts nimmt der Zinsaufwand über die Jahre zu.

In der Summe entspricht der Zinsaufwand der Differenz zwischen dem Ausgabe- und Rückzahlungsbetrag des Zerobonds:

31,64 + 33,30 + 35,06 = 100 = 700 - 600

Beispiel:

Das oben beschriebene Annuitätendarlehen weist einen Effektivzinssatz von 5,564% auf:

Jahre	**01**	**02**	**03**	**04**	**05**
heutige Anschaffungskosten	350,00				
Annuität		-100,00	-100,00	-100,00	-100,00
Zahlungsstrom gesamt	350,00	-100,00	-100,00	-100,00	-100,00
Interne Verzinsung = Effektivzins	5,564%				

Mit Hilfe dieses Effektivzinssatzes kann man den Barwert der künftigen Zahlungen berechnen. Daraus ergeben sich die fortgeführten Anschaffungskosten als Buchwert.

Jahre	**01**	**02**	**03**	**04**	**05**
Barwert der künftigen Zahlungen	-350,00	-269,47	-184,47	-94,73	0,00
Buchwert		269,47	184,47	94,73	0,00
Buchwert im Vorjahr		-350,00	-296,47	-184,47	-94,73
Änderung des Buchwerts = Tilgung der Kreditrate		-80,53	-85,01	-89,74	-94,73

Die Änderungen des Buchwerts stellen denjenigen Teil der Annuität von 100 dar, der als Tilgung angesehen wird. Der restliche Teil bildet dann den Zinsaufwand.

Jahre	**01**	**02**	**03**	**04**	**05**
gesamte Kreditrate		100,00	100,00	100,00	100,00
abzüglich Tilgungsanteil		-80,53	-85,01	-89,74	-94,73
= Zinsaufwand		19,47	14,99	10,26	5,27

Die Summe der Tilgungsanteile entspricht den Anschaffungskosten des Kredits:

80,53 + 85,01+ 89,74 + 94,73 = 350

Der Zinsaufwand nimmt im Zeitverlauf ab, weil die Restschuld wegen der Tilgungen immer geringer wird. Entsprechend steigt der Tilgungsanteil. Die Summe aller Zinsaufwendungen ist so groß wie die gesamten Kreditraten, vermindert um die Anschaffungskosten:

$$19{,}47 + 14{,}99 + 10{,}26 + 5{,}27 = 4 * 100 - 350 = 400 - 350 = 50$$

Folgebewertung in anderen Fällen (IFRS)

Von der Methode der fortgeführten Anschaffungskosten werden nur wenige Spezialfälle von Verbindlichkeiten ausgenommen. Zu diesen gehören finanzielle Verbindlichkeiten, die „erfolgswirksam mit dem beizulegenden Zeitwert" bewertet werden (IAS 39.47 (a)).

Von diesen Spezialfällen sind nur sehr wenige Unternehmen, wie Banken und andere Finanzdienstleistungsunternehmen, betroffen. Bei diesen können Verbindlichkeiten auch zum Handelsbestand gehören, um durch Kursschwankungen Gewinne zu erzielen.

Im Falle einer solchen Bewertung entspricht die Bilanzierung der Vorgehensweise bei finanziellen Vermögenswerten aus der Kategorie „erfolgswirksam zum beizulegenden Zeitwert". Jede Wertänderung des beizulegenden Werts nach unten oder oben hin führt sofort zu einem erfolgswirksamen Ertrag oder Aufwand in der Gewinn- und Verlustrechnung.

5.9.4 Fremdwährungsverbindlichkeiten

Fremdwährungsverbindlichkeiten mit einer Laufzeit von mehr als einem Jahr sind unter Berücksichtigung des Realisations- und Imparitätsprinzips mit dem Devisen-Kassa-Mittelkurs umzurechnen. Bei einer Laufzeit bis zu einem Jahr erfolgt die Bewertung voll erfolgswirksam, ohne dass das Realisations- oder Imparitiätsprinzip beachtet werden muss. Dadurch müssen nicht zwingend die ursprünglichen Erfüllungsbeträge angesetzt werden, sondern auch niedrigerer Beträge.

Wechselkursgewinne und -verluste werden stets erfolgswirksam behandelt, wenn es sich um monetäre Posten handelt. Das Imparitätsprinzip kommt unabhängig von der Laufzeit nicht zur Anwendung. Für die funktionale Währung wird die Schuld mit dem Devisenkassakurs umgerechnet. Dabei handelt es sich um den regelmäßigen Mittelkurs der Brief- und Geldschuld.

5.10. Ausblick: Geplante Änderung des IAS 39/ Einführung des IFRS 9

Das Projekt des IASB zur Änderung des IAS 39 besteht aus drei Phasen:

- Phase 1: Classification and Measurement
- Phase 2: Impairment methodology
- Phase 3: Hedge Accounting

Ergänzt werden diese drei Phasen durch den Standardentwurf ED/2009/3 „Derecognition".

5.10.1 Phase 1: „Classification and Measurement"

Am 12.11.2009 wurde der neue Standard IFRS 9: Financial Instruments durch das IASB verabschiedet. Der Standard ist ab 01.01.2013 verpflichtend anzuwenden, es besteht aber ein Wahlrecht zur vorzeitigen Anwendung. Wider Erwarten hat das EFRAG die Übernahme von IFRS 9 in das EU-Recht jedoch aufgeschoben.

Wesentliche Neuerungen zur bisherigen Fassung des IAS 39

- Keine Änderungen in der Zugangsbewertung.
- Eingeschränktes „mixed model": Einteilung nicht mehr nach vier, sondern nur noch in zwei Klassen möglich („Fair Value-Modell, fortgeführtes AK-Modell").
- Finanzinstrumente der Kategorie „fair value" sind in der Folgebewertung grundsätzlich zum fair value zu bewerten; Änderungen in der GuV-Rechnung erfolgswirksam zu erfassen.
- Finanzinstrumente der Kategorie „fortgeführte AK" werden anhand der Effektivzinsmethode zu fortgeführten Anschaffungskosten erfolgswirksam bewertet.
- Für Eigenkapitaltitel, die nicht zu Handelszwecken gehalten werden, gelten Sondervorschriften (nach IASB insbesondere für strategische Beteiligungen): unwiderrufliches Wahlrecht zur erfolgsneutralen Bewertung (sonstiges Gesamtergebnis) aller fair value Änderungen (zum Zeitpunkt des erstmaligen Ansatzes); ein „recycling" ist aber nicht möglich!; damit entsteht quasi eine dritte Kategorie „Erfolgsneutral zum fair value bewertet".

Anwendungsbereich und Details

Ausschließlich Qualifikationsregeln für finanzielle Vermögenswerte (nicht Schulden!) (IFRS 9.2.1 i.V.m. IFRS 9.4.1-9.4.4). Es erfolgt eine Zuordnung in: „Bewertung zu fortgeführten AK“ oder „Bewertung zum fair value“. Für den erstmaligen Ansatz bestehen keine Änderung im Vergleich zum IAS 39 (IFRS 9.3.1.1 ff.). Je nach Geschäftsmodell und Eigenschaften des vertraglichen Geldflusses erfolgt eine Klassifizierung nach:

- fortgeführten Anschaffungskosten

Subjektive Bedingung: Halten der Vermögenswerte zur Realisierung der Geldflüsse.

Objektive Bedingung: Geldflüsse an festgelegten Zeitpunkten stellen ausschließlich Zins- und Tilgungszahlungen auf die ausstehende Kapitalsumme dar (Zinsen sind als Entgelt für den Zeitwert des Geldes, das Liquiditätsrisiko und das Kreditrisiko aufzufassen, d.h. grundlegende Kreditmerkmale müssen erfüllt sein).

Falls nicht erfüllt:

- Bilanzierung zum „fair value“ (IFRS 9.4.4)

alternativ möglich:

- Zeitwertoption

Wie bereits nach IAS 39 („at fair value through profit or loss“) (IFRS 9.4.5, aber: nur beim erstmaligen Ansatz möglich!), dann ebenfalls „fair value“ (unabhängig von der Klasse). Bei einer signifikanten Änderung des Geschäftsmodells ist eine Umklassifizierung nötig. Die Zeitwertoption ist dann allerdings nicht mehr ausübbar (IFRS 9.4.9). Die prospektive Umklassifizierung erfolgt immer zum ersten Tag der Berichtperiode, die im Anschluss an die Änderung des Geschäftsmodells erfolgt (IFRS 9.5.3.1; IFRS 9.Anhang A). Bei einer Umklassifizierung vom Anschaffungskostenmodell zum Fair Value-Modell erfolgt eine erfolgswirksame Erfassung der Differenz zum Buchwert, umgekehrt stellt der Zeitwert die Anschaffungskosten dar („deemed costs“) (IFRS 9.5.3.2 ff.; IAS 1.82(ca)).

Zugangsbewertung

Die Zugangsbewertung der Vermögenswerte erfolgt zum fair value (i.d.R. Transaktionspreis). Falls die Folgebewertung zum fair value erfolgt, sind Anschaffungsnebenkosten als Sofortaufwand zu behandeln, ansonsten sind sie zu aktivieren (wie bisher bei IAS 39; IFRS 9.5.1.1).

Folgebewertung

Fair value Modell:

- Grundsatz: Erfolgswirksam in der GuV-Rechnung (IFRS 9.5.4.1).
- Ausnahmen: Wahlweise kann die Erfassung auch erfolgsneutral im sonstigen Gesamtergebnis erfolgen. Das Wahlrecht muss allerdings beim erstmaligen Ansatz unwiderruflich ausgeübt werden (IFRS 9.BC86(d)). Des Weiteren muss sich das EK-Instrument im Anwendungsbereich des IFRS 9 befinden. Anders als bei der bisher bekannten „available-for-sale“-Rücklage nach IAS 39 darf der kumulierte, im sonstigen Gesamtergebnis erfasste Betrag nicht in die GuV umgebucht werden (auch nicht bei Ausbuchung), vielmehr erfolgt eine Umbuchung dieser „retained earnings“ in die Gewinnrücklagen (IFRS 9.B5.12; 9.BC86(b)).

Für Sicherungsbeziehungen gilt IAS 39 weiterhin, da diese (noch) nicht in IFRS 9 geregelt sind (IFRS 9.5.2.1 ff.). Für das Anschaffungskostenmodell liegt ein neuer Standardentwurf vor (siehe Phase 2). Bis zu dessen Umsetzung gilt IAS 39 weiterhin.

5.10.2 Phase 2: Impairment Methodology

Am 05.11.2009 wurde der Standardentwurf ED/2009/12 „Amortised Cost and Impairment“ veröffentlicht.

Anwendungsbereich

Der Anwendungsbereich umfasst finanzielle Vermögenswerte und Schulden. Deren Bewertung erfolgt nach Maßgabe der fortgeführten Anschaffungskosten (nicht zum fair value!). Eine Zuordnung erfolgt nach den Regelungen des IAS 39.9 i.V.m. IAS 39.46(a) und (b) bzw. IAS 39.47 (insbesondere „loan and receivables“, „held-to-maturity“, finanzielle Schulden, die nicht einem der Ausnahmetatbestände der IAS 39.47(a)-(d) entsprechen).

Zugangsbewertung

Vermögenswerte und Schulden werden bei erstmaligem Ansatz mit dem fair value bewertet. Anschaffungsnebenkosten sind hinzuzurechnen, da keine Folgebewertung zum fair value erfolgt (vgl. auch die alte Regelung in IAS 39.46(a) und (b)).

Folgebewertung

Vergleich der fortgeführten Anschaffungskosten mit dem Wert der Vorperiode. Die Differenz ist erfolgswirksam zu erfassen, sofern sie nicht auf Tilgungszahlungen entfällt.

Um die fortgeführten Anschaffungskosten zu ermitteln, ist für jeden Vermögenswert/ Schuld eine rollierende Neueinschätzung zu jedem Bewertungsstichtag vorzunehmen (jährliche Prognose der Zahlungsmittelzu- und -abflüsse). Eine Diskontierung erfolgt mit dem Vermögenswert bzw. Schuldtitel spezifischen Effektivzinssatz. Ein Kredit- und Forderungsausfallrisiko ist bei „loan and receivables“ entsprechend zu berücksichtigen. Bei mehrwertigen Schätzungen möglicher Ein- und Auszahlungen ist ein Erwartungswert zu berechnen.

Anhangangaben

Es sind umfassende Angaben in den Notes erforderlich:

- Zinsaufwendungen aus der Effektivzinsmethode
- Gewinne und Verluste aus der Änderung von Schätzparametern
- Brutto- und Nettozinserträge
- Einführung eines Wertberichtigungskonto (für Forderungsausfälle)
- Angaben zu Stress-Tests, Qualität der bilanzierten Forderungen, Schätzungen etc.

5.10.3 Phase 3: Hedge Accounting

Es wird gerade ein Exposure Draft zur Phase 3 „Hedge Accounting" entwickelt. Eine Veröffentlichung ist noch in 2010 geplant.

5.10.4 Ergänzung: Derecognition

Am 31.03.2009 wurde der Standardentwurf ED/2009/3 „Derecognition" veröffentlicht. Diese Ergänzung zum Projekt des IASB zur Änderung von IAS 39 behandelt die Ausbuchung finanzieller Vermögenswerte und Schulden.

Wesentliche Neuerungen zur bisherigen Fassung des IAS 39:

- Künftiges Abzielen auf den kontrollorientierten Ansatz.
- Nicht die Zurechnung von Chancen und Risiken bzw. die qualifizierende Durchleitungsvereinbarung steht im Mittelpunkt, sondern allein die Möglichkeit der „vollen Fruchtziehung" durch das übernehmende Unternehmen.
- Das anhaltende Engagement ist künftig nur noch relevant für die Ausbuchung dem Grunde nach, nicht aber der Höhe nach.
- Das anhaltende Engagement kann künftig Anlass für die Bilanzierung eines eigenständigen Vermögenswerts bzw. einer eigenständigen Schuld sein.
- Die künftig vereinfachten Regelungen zur Ausbuchung werden allerdings durch weitaus umfassendere Angabepflichten in den Notes (IFRS 7) konterkariert.

Anwendungsbereich

Unter den ED/2009/3 „Derecognition" fallen sowohl finanzielle Vermögenswerte, als auch Schulden.

Die bisherige Problematik der IAS 39.15-39.42 a. F. bestand darin, dass schwer erkennbar war, welche Risiken und Chancen aus finanziellen Vermögenswerten beim bilanzierenden Unternehmen verbleiben (risks and rewards of ownership) oder aber auf Dritte übertragen wurden. Das bisherige, mehrstufige Prüfungsschema (IAS 39.16-39.23 a. F.) steht daher stark in der Kritik. Gleiches gilt für die sich anschließenden fallweisen Bilanzierungsregeln der IAS 39.24-39.42 a. F. Daher wurde ein deutlich verkürztes Prüfschema bei der Ausbuchung finanzieller Vermögenswerte (IAS ED 39.15A-39.18A) geschaffen.

Finanzielle Vermögenswerte sind auszubuchen wenn:

- Das den VW zugrunde liegende vertragliche Recht auf einen Zahlungsmittelzufluss erloschen ist (ED IAS 39.17A(a)).
- Die Vermögenswerte übertragen worden sind und in Bezug auf diese kein anhaltendes Engagement (continuing involvement) seitens des übertragenden Unternehmens fortbesteht (ED IAS 39.17A(b)). oder
- Die Vermögenswerte übertragen worden sind und in Bezug auf diese zwar ein anhaltendes Engagement (continuing involvement) seitens des übertragenden Unternehmens fortbesteht, welches jedoch nicht die Fähigkeit des übernehmenden Unternehmens einschränkt, den vollen Nutzen aus dem Vermögenswert zu ziehen (for the transferee´s own benefit) (ED IAS 39.17A(c) i.V.m. ED 39.18A und ED IAS 39 BC40-61).

Damit dominiert in Zukunft für die Entscheidung der Ausbuchung (Bilanzierung dem Grunde nach) die Frage nach:

- dem (1) anhaltenden Engagement
  - Dies fehlt, wenn beim bilanzierenden Unternehmen keine vertraglichen Rechte und Pflichten nach der Übertragung eines finanziellen Vermögenswerts verbleiben bzw.
  - keine neuen vertraglichen Rechte und Pflichten eingegangen wurden, die ursächlich mit dem übertragenen Vermögenswert in Verbindung stehen (ED IAS 39.18A).
- dem Konstrukt des (2) kontrollorientierten Ansatzes
  - Fähigkeit des übernehmenden Unternehmens, den vollen Nutzen aus einem übertragenen finanziellen Vermögenswert ziehen zu können;
  - diese „volle Fruchtziehung“ ist seitens des übernehmenden Unternehmens immer dann anzunehmen, wenn das übernehmende Unternehmen wiederum den Vermögenswert an ein drittes Unternehmen übertragen könnte, sofern der Übertragung
  - keine rechtlichen Eingriffsmöglichkeiten Dritter (z.B. des ursprünglich bilanzierenden Unternehmens) gegenüberstehen (transfer unilaterally) und

- keine rechtlichen Einschränkungen (without having to impose additional restrictions) durch Dritte gegenübersteht (ED IAS 39.AG51A-39.AG52G).

Für die Bilanzierungsfolgen in Zusammenhang mit der Übertragung finanzieller Vermögenswerte ergeben sich keine wesentlichen Änderungen im materiellen Regelungsgehalt zu den bisherigen Regelungen des IAS 39 a. F.:

- Die aus der Übertragung eines finanziellen Vermögenswerts oder eines Teil eines finanziellen Vermögenswerts neu entstehenden Vermögenswerte oder Schulden sind anzusetzen und bei der Zugangsbewertung zu ihrem beizulegenden Zeitwert (fair value) zu bewerten (ED IAS 39.19A, ED IAS 39.17A(b) und (c)).
- Bei der Ausbuchung eines finanziellen Vermögenswerts ist die Differenz aus Buchwert und der Summe aus (1) erhaltenen Gegenleistungen und (2) den vor der Ausbuchung erfolgsneutral in der umfassenden Periodenerfolgsrechnung (other comprehensive income) erfassten Wertänderungen erfolgswirksam in der GuV-Rechnung zu erfassen (ED IAS 39.20A). Analog gilt dies anteilig für teilweise auszubuchende finanzielle Vermögenswerte (ED IAS 39.21A).
- Sofern die oben genannten Kriterien nicht erfüllt sind und damit der finanzielle Vermögenswert nicht ausgebucht werden darf, ist in Höhe der erhaltenen Gegenleistung eine Schuld anzusetzen (ED IAS 39.23A i.V.m. IAS 39.47(b)).

Es ergeben sich jedoch Auswirkungen auf die Anhangangaben gem. IFRS 7:

- Ersatz des IFRS 7.13 a. F. durch den wesentlich umfangreicheren ED IFRS 7.42A-42F.
- Im Mittelpunkt stehen Angaben zu ausgebuchten finanziellen Vermögenswerten, bei denen aber weiterhin ein anhaltendes Engagement seitens des bilanzierenden Unternehmens besteht (z.B. maximales Verlustrisiko je Klasse von anhaltendem Engagement, Sensitivitätsanalyse, etc.) (ED IFRS 7.42D).

5.11. Rückstellungen

5.11.1 Überblick

Die Rückstellungen bilden zusammen mit den Verbindlichkeiten die bilanziellen Schulden. Rückstellungen werden für ungewisse Verpflichtungen gebildet.

Rückstellungen werden gegenüber Verbindlichkeiten dahingehend abgegrenzt, dass Rückstellungen solche Verbindlichkeiten darstellen, die Unsicherheiten

- hinsichtlich ihres Entstehens und/oder
- ihrer Höhe und/oder
- ihres Fälligkeitszeitpunktes aufweisen.

Handelsrechtlich unterscheidet man grundsätzlich in (§ 249 HGB):

- Rückstellungen für ungewisse Verbindlichkeiten (mit Detailregelungen für besondere Einzelfälle)
- Rückstellungen für drohende Verluste aus schwebenden Geschäften
- Rückstellungen für Gewährleistungen, die ohne rechtliche Verpflichtung erbracht werden (sog. Kulanzrückstellungen)
- Rückstellungen für unterlassene Instandhaltung und Abraumbeseitigung

Systematik der Rückstellungen nach HGB

Zentrale Vorschrift der **internationalen Rechnungslegung** ist IAS 37 „Rückstellungen, Eventualschulden und Eventualforderungen". Er wird durch vorrangige Spezialregelungen ergänzt, insbesondere (IAS 37.5):

- Rückstellungen für Pensionen und andere Gehaltskomponenten nach IAS 19 „Leistungen an Arbeitnehmer"
- Steuerrückstellungen nach IAS 12 „Ertragsteuern"

IAS 37.10 definiert:

Eine Rückstellung ist eine Schuld, die bezüglich ihrer Fälligkeit oder ihrer Höhe ungewiss ist.

Eine Schuld ist eine gegenwärtige Verpflichtung des Unternehmens, die aus Ereignissen der Vergangenheit entsteht und deren Erfüllung für das Unternehmen erwartungsgemäß mit einem Abfluss von Ressourcen mit wirtschaftlichem Nutzen verbunden ist.

Beispiel:

Die Möglichkeit, dass aus künftigen Geschäften des Unternehmens Verluste entstehen könnten, führt heute noch nicht zu einer Rückstellungsbildung (IAS 37.19, 37.63).

Dabei unterscheidet IAS 37 zwischen verschiedenen Rückstellungsgründen:

- Verpflichtungen gegenüber Dritten (IAS 37.14)
  - rechtliche Verpflichtungen
  - faktische Verpflichtungen
- Verluste aus belastenden Verträgen (IAS 37.66)

In der Bilanz sieht IAS 1.54 nur folgende Mindestgliederung vor:

(l) Rückstellungen

(o) latente Steuerschulden gemäß IAS 12

Allerdings bestehen nach IAS 37.84-37.85 sehr umfassende Angabepflichten, die weit über die nach HGB geforderten Informationen hinausreichen.

Die Bildung von Rückstellungen ist nach HGB und IFRS grundsätzlich nur für Verpflichtungen nur gegenüber Dritten (Außenverpflichtung) möglich. Eine Ausnahme hiervon bildet handelsrechtlich die Bildung von Rückstellungen für Restrukturierungsmaßnahmen (Innenverpflichtung) nach § 249 I S. 2 Nr. 1 HBG.

Die einzelnen Rückstellungen sind in Gruppen zusammenzufassen. Dabei muss das Unternehmen überlegen, ob die einzelnen Positionen insoweit übereinstimmen, dass ein getrennter Ausweis nicht nötig ist (IAS 37.87).

Beispiele für Gruppen sind:

- Pensionsrückstellungen
- Rückstellungen aus erfolgsorientierten Vergütungsprogrammen
- sonstige Personalrückstellungen
- Rückstellungen für verursachte Steuern
- Rückstellungen für latente Steuern
- Umweltschutzrückstellungen
- Rückstellungen für Restrukturierung
- Garantierückstellungen
- Rückstellungen für Rechtsstreitigkeiten

Für jede einzelne Gruppe sind folgende Informationen erforderlich (IAS 37.85):

- Beschreibung der Art der Verpflichtung
- Zeitpunkt der Ressourcenabflüsse
- existierende Unsicherheiten beim Betrag oder beim Zeitpunkt
- erwartete Erstattungen von dritter Seite

Zusätzlich ist ein „Rückstellungsspiegel" anzufertigen, welcher die Überleitung des Buchwerts vom Beginn bis zum Ende der Periode aufzeigt (IAS 37.84):

- Buchwerte zu Jahresbeginn
- neu gebildete Beträge und Erhöhungen
- aufgelöste und verwendete Beträge
- aufgelöste Beträge, die nicht verwendet wurden
- Erhöhungen des Barwerts durch den bloßen Zeitablauf und aufgrund der Auswirkungen geänderter Zinssätze
- Buchwerte zum Jahresende

Allerdings muss das Unternehmen keine für sich nachteiligen Angaben bei Rechtsstreitigkeiten machen (IAS 37.92).

Beispiel:

Eine Aktiengesellschaft wird von einem Konkurrenten wegen einer vorgeblichen Patentverletzung verklagt. Die Bildung sowie die Höhe der Rückstellung könnten Konkurrenten zu Rückschlüssen veranlassen, für wie wahrscheinlich das Unternehmen ein Unterliegen hält und zu welchem Betrag es unter Umständen einer außergerichtlichen Einigung zustimmen würde.

5.11.2 Ansatz

Eine Passivierung von Rückstellungen nach **HGB** ist auf jeden Fall geboten, wenn die Wahrscheinlichkeit für eine Inanspruchnahme $p > 50\%$ ist.

Nach herrschender Meinung wäre in der Handelsbilanz aus Vorsichtsgründen auch schon bei geringerer Wahrscheinlichkeit eine Bildung zulässig. Jedoch setzt die Steuerbilanz ihre Grenze bei $p > 50\%$. Eine frühere Bildung in der Handelsbilanz würde damit Unterschiede zur Steuerbilanz nach sich ziehen.

Gleichartige Verpflichtungen sind dabei gemeinsam zu betrachten.

Beispiel:

Die Wahrscheinlichkeit für Gewährleistungsansprüche beträgt pro verkauftes Produkt nur 3%. Wurden allerdings 1.000 Produkte verkauft, so wird es mit an Sicherheit grenzender Wahrscheinlichkeit zum Anfall von Gewährleistungskosten kommen. Im Durchschnitt sind 30 Reparaturen durchzuführen.

Bei einzelnen, singulären Ereignissen lässt sich die Wahrscheinlichkeit jedoch kaum objektiv eingrenzen. Es kommt auf die subjektive Wahrscheinlichkeitsvorstellung des Bilanzierenden an. Die großen Ermessensspielräume öffnen das Tor für Bilanzpolitik.

Unproblematisch ist das Ansatzkriterium, sofern nicht der Grund, sondern lediglich die Höhe ungewiss ist.

Beispiel:

Rückstellungen für die noch fälligen Abschlusszahlungen der Ertragsteuern des abgelaufenen Geschäftsjahres.

Rückstellungen für unterlassene Instandhaltung

- bei Nachholung im folgenden Geschäftsjahr innerhalb von 3 Monaten Passivierungspflicht (§ 249 I S. 2 Nr. 1 HGB)
- bei Nachholung später als im folgenden Geschäftsjahr Passivierungsverbot (§ 249 II S. 1 HGB)

Rückstellungen für Abraumbeseitigung (z.B. Bergwerk, Steinbruch)

- bei Nachholung im folgenden Geschäftsjahr Passivierungspflicht (§ 249 I S. 2 Nr. 1 HGB)
- bei Nachholung später als im folgenden Geschäftsjahr Passivierungsverbot (§ 249 II S. 1 HGB)

Abbildung 45: Sonderfälle der Aufwandsrückstellungen nach HGB

Die **internationale Rechnungslegung** weist im Vergleich zum HGB gewisse Unterschiede auf. IAS 37.14 sieht für die Bilanzierungsfähigkeit die Erfüllung von drei Bedingungen vor:

Eine Rückstellung ist dann anzusetzen, wenn

(a) ein Unternehmen aus einem Ereignis der Vergangenheit eine gegenwärtige Verpflichtung (rechtlich oder faktisch) hat;

(b) der Abfluss von Ressourcen mit wirtschaftlichem Nutzen zur Erfüllung dieser Verpflichtung wahrscheinlich ist; und

(c) eine verlässliche Schätzung der Höhe der Verpflichtung möglich ist.

Fehlt nur eine der drei Bedingungen, so darf keine Rückstellung passiviert werden. Sie sollen im Folgenden näher untersucht werden.

Rechtliche oder faktische Verpflichtung

Bei Rückstellungen kann sich eine rechtliche Verpflichtung entweder aus einem Vertrag oder aus den Gesetzen ergeben.

Beispiele:

Die Verpflichtung zu Steuerzahlungen resultiert aus den Steuergesetzen.

Umfangreiche Garantien in einem Kaufvertrag können zur Bildung von Rückstellungen für diese Garantieleistungen gegenüber den Kunden führen.

Nach IFRS setzt eine Rückstellung stets eine Drittverpflichtung voraus (IAS 37.20). Dies gilt ebenso für faktische Verpflichtungen. IAS 37.10 definiert:

Eine faktische Verpflichtung ist eine aus den Aktivitäten eines Unternehmens entstehende Verpflichtung, wenn:

(a) das Unternehmen durch sein bisher übliches Geschäftsgebaren, öffentlich angekündigte Maßnahmen oder eine ausreichend spezifische, aktuelle Aussage anderen Parteien gegenüber die Übernahme gewisser Verpflichtungen angedeutet hat; und

(b) das Unternehmen dadurch bei den anderen Parteien eine gerechtfertigte Erwartung geweckt hat, dass es diesen Verpflichtungen nachkommt.

Beispiele:

Ein Automobilhersteller beteiligt sich auch ohne rechtliche Verpflichtung nach Ablauf der Garantiefrist an auftretenden Reparaturen. Es handelt sich um eine Kulanzleistung, die die Kunden wegen der Betonung des hohen Qualitätsniveaus von der Firma erwarten.

Eine öffentliche Ankündigung von Restrukturierungsmaßnahmen kann bei den betroffenen Arbeitnehmern die Erwartung auf Ausgleichsleistungen wecken.

Restrukturierungsmaßnahmen

Eine besondere Form von faktischen Verpflichtungen kann bei Restrukturierungsmaßnahmen auftreten. Hierzu enthalten IAS 37.70 ff. Sonderregeln. IAS 37.10 definiert:

Eine Restrukturierungsmaßnahme ist ein Programm, das vom Management geplant und kontrolliert wird und entweder

(a) das von dem Unternehmen abgedeckte Geschäftsfeld; oder

(b) die Art, in der dieses Geschäft durchgeführt wird; wesentlich verändert.

Beispiele für Restrukturierungsmaßnahmen sind:

- Verkauf oder Beendigung eines Geschäftszweigs
- Stilllegung von Standorten
- Verlegung von Geschäftsaktivitäten in ein anderes Land
- Auflösung einer Managementebene

Im Fall einer Restrukturierung wird allerdings erst dann von einer faktischen Verpflichtung gesprochen, wenn folgende Bedingungen erfüllt sind (IAS 37.72):

- Es muss einen detaillierten, formalen Restrukturierungsplan geben. Dieser benennt die betroffenen Geschäftsbereiche und Standorte sowie diejenigen Arbeitnehmergruppen, welche eine Entlassungsabfindung erhalten werden.
- Bei den Betroffenen wurde die gerechtfertigte Erwartung geweckt, dass der Plan durchgeführt wird. Dies kann durch Beginn der Umsetzung oder durch Ankündigung seiner wesentlichen Bestandteile geschehen.

Wahrscheinlichkeit

Ein Abfluss von Ressourcen muss außerdem für das Unternehmen wahrscheinlich sein. Unter Wahrscheinlichkeit verstehen IAS 37.15 und IAS 37.23, dass mehr dafür als dagegen spricht, dass die Verpflichtung erfüllt werden muss. Mit anderen Worten, die IFRS verlangen eine Wahrscheinlichkeit der Inanspruchnahme von mehr als 50%. Dies entspricht der Grenze im deutschen Steuerrecht.

Gleichartige Verpflichtungen sind wie nach Handelsrecht gemeinsam zu betrachten (IAS 37.24).

Liegt die Wahrscheinlichkeit bei 50% oder darunter, so wird keine Rückstellung passiviert. Es kommt dann zur Angabe einer Eventualschuld im Anhang (IAS 37.28, 37.86).

Der Änderungsvorschlag ED IAS 37 will das Ansatzsystem zukünftig ändern, indem alle auch sehr unwahrscheinlichen Verpflichtungen anzusetzen und nach der Wahrscheinlichkeit der Inanspruchnahme mit dem sog. Erwartungswert zu bewerten sind. Damit sind auch Rückstellungen mit einer Eintrittswahrscheinlichkeit von weniger als 50% zukünftig anzusetzen.

Verlässliche Schätzung

Die Bedingung einer verlässlichen Schätzung ist dem HGB völlig fremd. Rückstellungssachverhalte bringen es mit sich, dass nicht selten erhebliche Unsicherheiten über künftige Zahlungspflichten bestehen. Dies hindert das HGB nicht daran, in jedem Fall eine Schätzung abzugeben.

IFRS sieht jedoch bei extremer Unsicherheit die Möglichkeit vor, dass keine Rückstellung gebildet wird. Stattdessen muss auf die mögliche Verpflichtung nur als Eventualschuld hingewiesen werden (IAS 37.26, 37.86).

Beispiel:

Ein Pharmahersteller wird in den USA von 100 Kunden wegen Produkthaftung verklagt. Es handelt sich der Sache nach um einen Präzedenzfall, zu dem bisher keine Erfahrungswerte vorliegen. Produkthaftungsklagen haben in anderen Fällen teilweise zu Freisprüchen für das beklagte Unternehmen, teilweise zu Schadensersatzleistungen von 10.000 USD, teilweise zu Strafen von 2 Mrd. USD geführt.

Das Pharmaunternehmen findet, dass keine verlässliche Schätzung der Rückstellung möglich ist und verzichtet auf eine Passivierung.

Diese Vorschrift führt neben der Regelung in IAS 37.92 dazu, dass tatsächlich vorhandene, wahrscheinliche Ansprüche bilanziell nicht erfasst werden. Der Jahresabschluss weist insofern eine stille Last auf!

Drohverluste/Belastende Verträge

Die Regelung über Rückstellungen bei belastenden Verträgen nach IAS 37.66 ist das Pendant zur Drohverlustrückstellung (§ 249 I HGB) und lautet:

Hat ein Unternehmen einen belastenden Vertrag, ist die gegenwärtige vertragliche Verpflichtung als Rückstellung anzusetzen und zu bewerten.

IAS 37.10 und IAS 37.68 besagen:

Ein belastender Vertrag ist ein Vertrag, bei dem die unvermeidbaren Kosten zur Erfüllung der vertraglichen Verpflichtungen höher sind als der erwartete wirtschaftliche Nutzen.

Droht somit ein Verlust aus einem abgeschlossenen, schwebenden Geschäft, so wird eine Rückstellung für diesen Verlust gebildet. Vorrangig wäre jedoch eine außerplanmäßige Abschreibung/Wertminderung bei VG/VW gemäß IAS 36 durchzuführen (IAS 37.69).

Dabei geht man nach IFRS nicht unbedingt von einer Erfüllung des Vertrages aus. Sind die Entschädigungszahlungen und Strafgelder bei Nicht-Erfüllung geringer als der Verlust bei Erfüllung, so ist dieser geringere Betrag zu passivieren (IAS 37.68).

5.11.3 Zugangs- und Folgebewertung

Wegen der hohen Unsicherheit ist die Bewertung von Rückstellungen besonders schwierig. Im **Handelsrecht** fordert § 253 I S. 2 HGB eine Bewertung in Höhe des nach vernünftiger kaufmännischer Beurteilung notwendigen Erfüllungsbetrags. Für Rückstellungen die eine Laufzeit von mehr als einem Jahr aufweisen gilt eine generelle Abzinsungspflicht. Hierbei ist der von der Deutschen Bundesbank ermittelte fristkongruente durchschnittliche Marktzins der letzten sieben Jahre zu ermitteln und anzuwenden (§ 253 II HGB). Die steuerlichen Regelungen zur Rückstellungsbewertung nach §§ 6 I Nr. 3a und 6a EStG gelten weiterhin unverändert.

Hinweis:

Von Versicherungen gewährte Erstattungen werden nach HGB im Regelfall vom Erfüllungsbetrag abgezogen (Nettoausweis), sofern die Vorraussetzung für eine Rechtfertigung erfüllt sind.

Sollte es nach IFRS zu Erstattungen kommen, werden diese als separate Vermögenswerte auf der Aktivseite als „other receivables" ausgewiesen. Die Rückstellung wird in voller Höhe ausgewiesen (Bruttoausweis IAS 37.53 ff.).

Die Bewertung entspricht weitgehend den Regelungen nach IFRS, wobei wie üblich, nach HGB das Vorsichtsprinzip deutlich stärker zur Geltung kommt. Es gilt im Zweifel eher mehr als weniger anzusetzen (§ 253 II HGB). Künftige Preis- und Kostensteigerungen müssen dabei berücksichtigt werden.

IFRS nennt hierzu zumindest einige allgemeine Grundregeln:

Bestmögliche Schätzung: Die Bewertung von Rückstellungen erfolgt zum Betrag gemäß der bestmöglichen Schätzung der Ausgabe, die zur Erfüllung der gegenwärtigen Verpflichtung zum Bilanzstichtag erforderlich ist (IAS 37.36).

Besonders inhaltsreich ist diese Vorgabe nicht, da man wohl kaum eine „schlechte" Schätzung für sinnvoll halten wird. Insofern hilft IFRS im Vergleich zum HGB auch nicht weiter.

Für gute Schätzungen können unter Umständen Sachverständige mit entsprechenden Erfahrungen nützlich sein. Hinweise zur Bewertung können auch tatsächliche Entwicklungen nach dem Bilanzstichtag geben.

Viele gleiche Risiken: Soweit Risiken aus großen Stückzahlen erwachsen, bildet der Erwartungswert mittels einer statistischen Schätzungsmethode den maßgeblichen Wertmaßstab (IAS 37.39). Letzteres gilt gleichermaßen nach HGB.

Beispiel:

Von den verkauften Produkten werden erfahrungsgemäß bei 3% aller Produkte Reparaturen in der Garantiezeit notwendig. Für 2% kostet die Reparatur 100 EUR und für 1% der Fälle 300 EUR. Es wurden 1.000 Produkte verkauft.

Der Erwartungswert der Reparaturen beträgt:

$$1000 * (0{,}02 * 100 + 0{,}01 * 300 + 0{,}97 * 0) = 5.000$$

Die Rückstellung beträgt somit 5.000.

Einzelrisiken: Im Fall von Einzelrisiken ist nach IFRS stets auf den Wert der wahrscheinlichsten Inanspruchnahme abzustellen. Soweit in Bezug auf die Quantifizierbarkeit nur eine Bandbreitenschätzung möglich ist, ist der Wertansatz mit der höchsten Eintrittswahrscheinlichkeit, der sog. Modalwert maßgeblich (IAS 37.40). Dies bedeutet, dass im Fall von mehreren gleich wahrscheinlichen Beträgen der mittlere Betrag anzusetzen wäre.

ED IAS 37 beabsichtigt auch Einzelrisiken mit dem Erwartungswert anzusetzen, wobei der Erwartungswert der Eintrittswahrscheinlichkeit ebenso wie bei dem Erwartungswert vieler gleicher Risiken noch mit dem Erwartungswert der Höhe nach multipliziert wird.

Beispiel:

Für eine erwartete Strafzahlung wegen Umweltsünden soll eine Rückstellung gebildet werden. Die folgende Übersicht zeigt die möglichen Beträge und ihre Wahrscheinlichkeiten:

5 Mio.: 10%
6 Mio.: 20%
7 Mio.: 40%
8 Mio.: 25%
9 Mio.: 5%

Als wahrscheinlichster Wert soll 7 Mio. angesetzt werden.

Gleiches gilt grundsätzlich auch nach HGB, wobei aber unter Vorsichtsgesichtspunkten auch ein höherer Betrag angesetzt werden könnte.

Wenn andere mögliche Ergebnisse entweder größtenteils über oder größtenteils unter dem wahrscheinlichsten Ergebnis liegen, ist jedoch die bestmögliche Schätzung ein höherer bzw. niedrigerer Betrag (IAS 37.40).

5 Mio.: 25%

7 Mio.: 20%

8 Mio.: 10%

9 Mio.: 5%

Die Verteilung ist "schief". Obwohl der Betrag von 5 Mio. am wahrscheinlichsten ist, wäre ein höherer Wert wie z.B. 6 Mio. eine bessere Schätzung.

Mit 6 Mio. nähert sich das Ergebnis nach IFRS wieder an das Resultat nach HGB an. Nach HGB wäre unter Vorsichtsgesichtspunkten auf jeden Fall eine Rückstellung von mehr als 5 Mio. erforderlich.

Sind mehrere Beträge (innerhalb eines Intervalls) gleich wahrscheinlich, so wählt man nach IFRS den mittleren Betrag. Nach HGB wäre hier – Vorsicht – der höchste Betrag zu verwenden!

Beispiel:

Die vermutlichen Strafzahlungen liegen zwischen 6 Mio. und 8 Mio., wobei jeder Betrag als gleich wahrscheinlich gelten kann.

Im IFRS-Abschluss wären 7 Mio. anzusetzen, in der Handelsbilanz 8 Mio.

Künftige Risiken, Preis- und Kostensteigerungen sowie -minderungen sind zu berücksichtigen, sofern sie objektiv gerechtfertigt sind (IAS 37.42-37.44, IAS 37.48-37.50).

Abzinsung: Ein Barwertansatz für Rückstellungen ist nach IFRS geboten, soweit die Diskontierung eine wesentliche Auswirkung auf den Wertansatz hat (IAS 37.45 und 37.47).

Zur Abzinsung nimmt wird einen Zinssatz vor Steuern herangezogen, der das aktuelle Zinsniveau widerspiegelt. Die spezifischen Risiken der Schuld werden entweder bei den

Schätzungen der künftigen Cashflows oder durch einen Risikozuschlag zum Abzinsungssatz berücksichtigt.

Beispiel:

Aus einem langfristigen Liefervertrag, der für die nächsten 3 Jahre nicht gekündigt werden kann, ergeben sich unvermeidbare Verluste in Höhe von 200 (in einem Jahr), 250 (in zwei Jahren) und 300 (in drei Jahren). Der angemessene Diskontierungszinssatz beträgt 10%.

Der Barwert der Verluste ergibt sich zu:

$$200 / 1{,}10 + 250 / 1{,}10^2 + 300 / 1{,}10^3 = 613{,}82$$

Folglich ist der notwendige Erfüllungsbetrag zu jedem Stichtag zu überprüfen und gegebenenfalls aufwandswirksam anzupassen. Sollte die Belastung, nach IFRS der Nutzenabfluss, nicht mehr wahrscheinlich sein, so ist die Rückstellung erfolgswirksam aufzulösen. Bei einer Erhöhung der Rückstellung, die auf Zinseffekte zurückzuführen ist, ist die Erhöhung als Zinsaufwand erfolgswirksam zu erfassen.

5.11.4 Ausblick: Geplante Änderungen der Rückstellungsbilanzierung nach IFRS

Bereits am 03.06.2005 wurde ein Entwurf zur Änderung des IAS 37 (ED of proposed Amendments to IAS 37 Provisions, Contingent Liabilities and Contingent Assets and IAS 19 Employee Benefits) vom IASB veröffentlicht. Dieser Entwurf wurde durch die am 05.01.2010 zur Diskussion gestellte Spezifizierung (Measurement of Liabilities in IAS 37) ergänzt. Am 19.02.2010 wurde ein Working Draft herausgegeben, der den IAS 37 durch einen neuen Standard „Liabilities“ ersetzen soll. Die Umbenennung des Standards ist darauf zurückzuführen, dass der Standard in Zukunft, bis auf wenige Ausnahmen, auf alle nicht-finanziellen Schulden anzuwenden ist. Da auch Rückstellungen unter die Bezeichnung der nicht-finanziellen Schuld subsumiert werden, wird es den Begriff „Rückstellung“ künftig in der IFRS-Terminologie nicht mehr geben, Die beiden Hauptziele des Standardentwurfs beinhalten die Abschaffung der Wahrscheinlichkeitsberücksichtigung und die Spezifikation der Bewertungsregeln.

Wahrscheinlichkeitsberücksichtigung

Der Ansatz einer Rückstellung soll künftig nicht mehr von der in IAS 37.14 (b) geforderten Wahrscheinlichkeit der Inanspruchnahme von über 50% abhängen. Damit sind nun auch Verpflichtungen, bei denen ein Ressourcenabfluss sehr unwahrscheinlich ist, anzusetzen. Die Wahrscheinlichkeit ist somit keine Frage des Ansatzes mehr, findet jedoch weiterhin Berücksichtigung bei der Bewertung und ist im Anhang anzugeben.

Spezifikation der Bewertungsregeln

Zugangs- und Folgebewertung einer Rückstellung erfolgen zum jeweils niedrigsten Wert aus:

- dem Barwert der für die Erfüllung der Schuld einzusetzenden Ressourcen,
- dem Betrag, den das Unternehmen zahlen müsste, um das Schuldverhältnis vorzeitig zu beenden, oder
- dem Betrag, den das Unternehmen zahlen müsste, um die Schuld auf einen Dritten zu übertragen (inkl. Transaktionskosten).

Ist eine Aufhebung des Schuldverhältnisses nicht möglich oder kann ein Wert für eine Schuldenübertragung auf einen Dritten nicht bestimmt werden, genügt eine Ermittlung des Barwerts der benötigten Ressourcen zur Wertbestimmung der Rückstellung. Für die Folgebewertung ist zu beachten, dass die (wertrelevanten) Verhältnisse zum Zeitpunkt der Folgebewertung relevant sind. Ergibt sich daher eine Änderung der Buchwerte, so ist diese erfolgswirksam in der Gesamtergebnisrechnung zu erfassen. Resultiert die Änderung jedoch allein aufgrund des Zeitablaufs, wird sie als Fremdkapitalkosten ausgewiesen.

Die Technik zur Ermittlung des Barwerts der für die Erfüllung der Schuld einzusetzenden Ressourcen wird in dem Standardentwurf weiter ausgeführt. Dabei werden zuerst die für jeden denkbaren Fall nötigen Ressourcenabflüsse zur Erfüllung der Schuld geschätzt. Diese werden dann auf den Abschlussstichtag abgezinst. Der hierfür nötige Zinssatz soll einem risikolosen Zins entsprechen, der die aktuelle Markteinschätzung des Zeitwertes des Geldes widerspiegelt (z.B. das Zinsniveau für sichere Staatsanleihen). Diese so ermittelten Barwerte sind mit ihren jeweiligen geschätzten Eintrittswahrscheinlichkeiten zu gewichten. Im Ergebnis wird somit ein Erwartungswert der Barwerte künftiger Ressourcenabflüsse berechnet. Zur Berücksichtigung von Unsicherheiten hinsichtlich der Höhe und des Eintritts der Ressourcenabflüsse, die nicht in die Schätzung mit eingeflossen sind, ist dieser Erwartungswert noch um Risikozuschläge bzw. -abschläge anzupassen,

Beispiel:

Ein Erdölproduzent wird durch umweltrechtliche Auflagen dazu verpflichtet, einen in seinen Besitz befindlichen Bohrturm am Ende der wirtschaftlichen Nutzungsdauer (ND) abzubauen und das Betriebsgelände zu rekultivieren. Die Nutzungsdauer wird von dem Produzenten auf 10 bis 15 Jahre geschätzt. Für 10 Jahre sei der risikolose Zinssatz 6%, für 15 Jahre 5,5%. Der Produzent kann sich dieser Verpflichtung nicht entziehen oder auf einen Dritten übertragen, so dass allein die Barwertberechnung für die Wertbestimmung der Rückstellung anwendbar ist. Auf Grundlage dieser Daten und unter Berücksichtigung, dass ein spezialisierter Dienstleister heute für diese Art Arbeit ca. 125 T€ verlangen würde, hält der Erdölproduzent folgende Szenarien für denkbar:

Szenario	ND des Bohrturms (in Jahren)	Geschätzte Kosten der Rückbauverpflichtung	Risikoloser Zinssatz (in %)	Barwert (in T€)
1	10	200	6,0	111,7
2	10	225	6,0	125,6
3	10	275	6,0	153,6
4	15	230	5,5	103,0
5	15	260	5,5	116,5
6	15	340	5,5	152,3

Diese Barwerte werden mit den geschätzten Eintrittswahrscheinlichkeiten gewichtet:

Szenario	Geschätzte Eintritts-wahrscheinlichkeit je Szenario (in %)	Barwert (in T€)	Mit der Eintrittswahrscheinlichkeit gewichtete Barwerte je Szenario (in T€)
1	5	111,7	5,6
2	25	125,6	31,4
3	20	153,6	30,7
4	5	103,0	5,2
5	25	116,5	29,1
6	20	152,3	30,5
Erwartungswert der Barwerte (in T€)			Σ 132,4

Da bei der Schätzung der Ressourcenabflüsse von dem derzeitigen Preis für einen Rückbau des Bohrturms und des Betriebsgeländes ausgegangen wurde, wird von dem Erdölproduzenten für Preisänderungsrisiken und für die Unsicherheit über die tatsächlichen Nutzungsdauer des Bohrturms ein Risikoaufschlag von 5% für angemessen erachtet.

Erwartungswert der Barwerte (in T€)	132,4
Risikozuschlag (55)	6,6
Bilanzansatz der Rückstellung zum Stichtag (in T€)	139

5.12. Pensionsrückstellungen

5.12.1 Bilanzierung nach HGB

Pensionsverpflichtungen stellen Zusagen seitens eines Arbeitgebers dar, an seine Arbeitnehmer Pensionsleistungen aus dem betrieblichen Vermögen zu entrichten. Prinzipiell sind derartige Versprechen als ungewisse Verbindlichkeiten einzuordnen, für die nach § 249 I HGB Rückstellungen zu passivieren sind. Eingeschränkt wird die allgemeine Ansatzpflicht jedoch durch Art. 28 I EGHGB, welcher ein Wahlrecht zur Passivierung von

Verpflichtungen aus mittelbaren bzw. Altzusagen sowie ähnlicher Verpflichtungen enthält.

Mittelbare Verpflichtungen können für den Arbeitgeber entstehen, wenn er die betriebliche Altersversorgung über externe Rechtsträger wie beispielsweise Unterstützungskassen oder Pensionsfonds durchführt, er allerdings trotzdem finanziell für die Erfüllung der versprochenen Rente einzustehen hat. **Altzusagen** liegen hingegen vor, wenn der zugrunde liegende Pensionsanspruch des Angestellten vor dem 1.1.1987 erworben wurde. Wird von den eben dargestellten Wahlrechten Gebrauch gemacht, müssen gem. Art. 28 II EGHGB die Werte der nicht passivierten Rückstellungen im Anhang angegeben werden.

Im Hinblick auf die Bewertung von Verpflichtungen aus der betrieblichen Altersversorgung ist die korrespondierende Rückstellung mit dem Erfüllungsbetrag anzusetzen (§ 253 I S. 2 HGB). Dieser Wert ergibt sich aus der Summe der geschätzten zukünftigen Versorgungsleistungen und anschließender Diskontierung auf den Beginn der Pension. Bezüglich der Prognose der Höhe von Rentenzahlungen sind zum einen biometrische Wahrscheinlichkeiten wie z.B. Sterbe- oder Invalidisierungsraten zwingend zu berücksichtigen. Zum anderen verpflichtet § 253 I S. 2 HGB nunmehr, dass künftige Renten- und Gehaltsentwicklungen Eingang in die Ermittlung des Erfüllungsbetrags von Pensionsverpflichtungen finden. Die Abzinsung erfolgt dann gem. § 253 II S. 1 HGB mit dem zur jeweiligen Verpflichtung laufzeitkongruenten durchschnittlichen Marktzins der vergangenen sieben Jahre.

Alternativ kann entsprechend § 253 II S. 2 HGB pauschal auch die entsprechende Rate angewandt werden, welche sich bei Verpflichtungen mit einer Restlaufzeit von 15 Jahren ergibt. Maßgeblich für die Diskontierung ist eine von der Deutschen Bundesbank bereitgestellte Zinsstrukturkurve basierend auf Null-Kupon-Festzinsswaps.

Zuletzt muss der Erfüllungsbetrag noch auf den Zeitraum zwischen Anspruchserwerb und Beginn der Pension verteilt werden. Dazu stehen den Arbeitgeberunternehmen mangels konkreter gesetzlicher Vorgaben mehrere versicherungsmathematische Methoden zur Auswahl.

Dies kann einerseits mit Hilfe des „**Gleichverteilungsverfahrens**“ geschehen, welches den Erfüllungsbetrag in identische jährliche Personalaufwandsbausteine zerlegt. Trotzdem verläuft die Rückstellung progressiv, bedingt durch den kontinuierlich steigenden Verzinsungsanteil.

Ebenfalls zulässig ist die Anwendung des „**Ansammlungsverfahrens**“, wonach den einzelnen Perioden der jeweils erdiente Barwert des Pensionsanspruchs zugeordnet wird.

Zum Ansatz kommt jedoch nicht der volle Erfüllungsbetrag der Pensionsrückstellung zum Bilanzstichtag, da eventuell hiervon noch der beizulegende Zeitwert des Planvermögens subtrahiert werden muss. Diese Aktiva dienen ausschließlich der Finanzierung von Verpflichtungen aus der betrieblichen Altersversorgung und dürfen des Weiteren nicht Bestandteil der Haftungsmasse im eventuellen Insolvenzfall des Arbeitgeberunternehmens sein, § 246 II S. 2 HGB. Als Wertmaßstab des Planvermögens gilt nach § 255 IV HGB vorrangig der Marktpreis. Übersteigt dieser den Erfüllungsbeitrag der Pensionsverpflichtungen, ist gem. § 246 II S. 3 HGB die Aktivierung des Überhangs als Posten eigener Art angezeigt (aktiver Unterschiedsbetrag aus der Vermögensverrechnung, § 266 II E HGB). Ferner verpflichtet § 277 V S. 1 HGB zum Ausweis des Aufwands aus der Aufzinsung von Pensionsrückstellungen im Finanzergebnis, sodass ausschließlich der jährliche Finanzierungsbeitrag einen Bestandteil des Betriebserfolgs darstellt.

5.12.2 Bilanzierung nach IFRS

Konträr zur Unterteilung in den deutschen Rechnungslegungswerken differenziert IAS 19 zwischen beitragsorientierten sowie leistungsorientierten Pensionsverpflichtungen, was einer eher wirtschaftlichen, denn rein formaljuristischen Betrachtungsweise entspricht.

Im Rahmen **beitragsorientierter Zusagen** tätigt der Arbeitgeber festgelegte Zahlungen an externe Versorgungseinrichtungen, woraus ihm ein Aufwand in Höhe dieses abzuführenden Beitrags entsteht. Entscheidend ist hierbei, dass das Risiko einer eventuellen Unterdeckung allein vom Arbeitnehmer getragen wird (IAS 19.25). Die Verpflichtung des Arbeitgebers muss gemäß dieser Vorschrift auf den zu entrichtenden Beitrag begrenzt sein, weshalb regelmäßig kein Bilanzansatz dieser Verpflichtungsart erfolgt. Im Hinblick auf **leistungsorientierte Pensionen** grenzt IAS 19.7 diese negativ von den eben dargestellten Zusagen ab, nämlich als

„[...] Pläne für die Leistungen nach Beendigung des Arbeitsverhältnisses, die nicht unter die Definition der beitragsorientierten Pläne fallen“.

In diesem Fall hat der Arbeitgeber als Träger des wirtschaftlichen Risikos nach IAS 19.27 zu gewährleisten, dass er die zur Erfüllung der zugesagten Leistung nötigen Mittel aufbringt. Da wiederum die Inanspruchnahme oder die genaue Höhe der Verpflichtung nicht feststehen, liegt im Ergebnis also eine ungewisse Verbindlichkeit vor, für die eine Rückstellung gebildet werden muss.

Die Bewertung von leistungsorientierten Pensionsverpflichtungen richtet sich nach den Regelungen in IAS 19.48-19.101. Nach IAS 19.73 müssen neben Annahmen über demografische Parameter, zum Beispiel Lebenserwartung oder Fluktuationsraten, auch Schätzungen der erwarteten Gehaltsentwicklungen sowie zukünftige Anpassungen der Rentenhöhe in die Berechnung des Verpflichtungsumfangs einfließen, soweit sie verlässlich ermittelt werden können. Darüber hinaus ist eine Diskontierung der gesamten Pensionsleistung mit Hilfe eines Marktzinses zum Abschlussstichtag vorzunehmen.

So ist hierfür gemäß IAS 19.78 die Rendite erstklassiger festverzinslicher Industrieanleihen als Anhaltspunkt zu verwenden. Zusätzlich müssen beide Raten hinsichtlich Währung und Fristigkeit weitgehend identisch sein, weshalb gegebenenfalls unternehmensspezifische Anpassungen vorzunehmen sind (IAS 19.82).

Darüber hinaus existiert in IAS 19.72 die Vorgabe, sämtliche versicherungsmathematische Annahmen aufeinander abzustimmen sowie konsistent und widerspruchsfrei zu gestalten. Hierbei ist nach IAS 19.75 im Wesentlichen darauf zu achten, dass sich Schätzungen und Prämissen im Zusammenwirken als plausibel erweisen, sowie im Einklang mit dem allgemeinen Inflationsniveau stehen.

Als versicherungsmathematisches Verfahren ist gemäß IAS 19.64 die Methode der laufenden Einmalprämien (projected unit credit method, PUCM) anzuwenden. Im Rahmen dieses „Ansammlungsverfahrens“ wird entsprechend IAS 19.67 jedem Dienstjahr des Arbeitnehmers ab Gewährung der Pensionszusage ein Teil seines Anspruchs nach

Maßgabe seines individuellen Pensionsplans zugeordnet. Der Verpflichtungsansatz beträgt mithin die bis zum Ende des jeweiligen Geschäftsjahres kumulierten erdienten und diskontierten Teilansprüche des Arbeitnehmers.

Neben einer gleichmäßigen Zuordnung können Pensionspläne auch Anspruchsallokationen enthalten, welche zu einer Vor- bzw. Nachverlagerung der resultierenden Aufwendungen führen. In diesem Zusammenhang sei darauf hingewiesen, dass im Falle einer wesentlichen Nachverlagerung, also im Zeitablauf stärker steigender Pensionsaufwendungen, ein linearer Verlauf der Pensionserdienung unterstellt wird (IAS 19.67).

Eine Besonderheit der IFRS ist die Orientierung des Bilanzansatzes von Pensionsverpflichtungen an der Ermittlung der korrespondierenden Aufwendungen. Diese basieren auf Plangrößen zu Beginn der jeweiligen Periode, sodass hiervon Abweichungen im Laufe eines Geschäftsjahres auftreten können. In diesem Zusammenhang spricht man von der Entstehung versicherungsmathematischer Gewinne bzw. Verluste, die jedoch nur zum Teil den Pensionsaufwand respektive Bilanzansatz beeinflussen. Die Vorschriften zur Vereinnahmung dieser unerwarteten Abweichungen in IAS 19.92 ff. verhindern u.U. eine vollständige periodengerechte und erfolgswirksame Erfassung bestimmter Komponenten des Pensionsaufwands.

Analog zum Ausweis von Pensionsrückstellungen nach deutschem Handelsrecht erscheint auch in der IFRS-Bilanz nicht der Bruttowert von Verpflichtungen aus der betrieblichen Altersversorgung. In diesem Kontext hat ebenso eine Verrechnung der Pensionsverpflichtungen mit dem Planvermögen zu erfolgen, IAS 19.54 i.V.m. IAS 19.61. Seine Ermittlung ist gemäß IAS 19.102 vorrangig anhand von Marktpreisen oder subsidiär auf der Grundlage erwarteter zukünftiger Zahlungsmittelzuflüsse vorzunehmen. Voraussetzung für eine derartige Saldierung ist, dass die zur Deckung der Pension vorgesehenen Mittel entsprechend IAS 19.7 dem Zugriff aller Gläubiger des Arbeitgebers vollständig entzogen sind und an einen rechtlich selbständigen externen Träger übertragen, sowie bei ihm bilanziell erfasst werden. Hierbei ist nach IAS 19.54 auch eine Überdotierung der Verpflichtung möglich, welche sich ergibt, falls der beizulegende Wert des Planvermögens die Pensionsschuld übersteigt. Der in diesem Fall als Vermögenswert zu aktivierende Saldo wird jedoch durch das sog. „asset ceiling“ aus IAS 19.58 und 19.58A gedeckelt, sodass im Ergebnis der Ansatz eines Aktivpostens verhindert wird, welcher dem Arbeitgeber unter Umständen keinen zukünftigen Nutzenzufluss einbringen wird.

Folgende Tabelle fasst die Gemeinsamkeiten und Unterschiede zusammen:

	HGB	IFRS	EStG (Steuerbilanz)
Grundsatz	Ansatzpflicht	Ansatzpflicht	Ansatzwahlrecht
Ansatzwahlrechte	Verpflichtungen aus Alt- und mittelbaren Zusagen	-	Altzusagen
Ansatzverbote	-	-	Verpflichtungen aus mittelbaren Zusagen
Bewertungsverfahren	Gleichverteilungs- oder Ansammlungs-verfahren	Ansammlungs-verfahren	modifiziertes Teilwertverfahren
Verteilung des Verpflichtungsbetrags	Gleichverteilung oder nach Maßgabe des Pensionsplans	Verteilung nach Maßgabe des Pensionsplans	Gleichverteilung
Diskontierungszins	Durchschnittsmarkt-zins über 7 Jahre	Stichtagsmarktzins	fester Zins nach § 6a III EStG (6 %)
Zukünftige Preisentwicklungen	müssen berücksich-tigt werden	müssen berücksich-tigt werden	dürfen nicht berück-sichtigt werden
Ausweis der Pensionsrückstellung	Nettoausweis durch Saldierung mit Planvermögen	Nettoausweis durch Saldierung mit Plan-vermögen	Bruttoausweis wegen Saldierungsverbot
Bewertung des Planvermögens	beizulegender Zeitwert	beizulegender Zeitwert	-
Wertobergrenze für Planvermögen	keine, aber Ausschüttungssperre	asset ceiling	-
Ausweis des Pensionsaufwands	Zinsaufwand im Finanzergebnis	Zinsaufwand im Betriebs- oder Finanzergebnis	
Ergebnisglättung	Durchschnittszins, Übergangsvor-schriften für 15 Jahre	verzögerte oder erfolgsneutrale Vereinnahmung	Verteilung der Zuführung auf 3 Jahre
Anhangangaben	qualitative Angaben zur Bewertung, Fehlbetrag nach Art. 28 I u. Art. 67 I EGHGB	qualitative und quan-titative Angaben, Überleitungs-rechnungen	

Tabelle 31: Behandlung von Pensionsrückstellungen nach HGB und IFRS

Die handelsrechtliche Bilanzierung von Pensionsverpflichtungen rückt durch die Reform im Zuge des BilMoG auf einigen Gebieten näher an die korrespondierenden Vorschriften der IFRS heran:

- Besonders deutlich wird dies bei der Berücksichtigung zukünftiger Preisentwicklungen im Hinblick auf Renten- und Gehaltstrends über den Abschlussstichtag hinaus, da diese nun ausdrücklich Eingang in die Bewertung von Pensionsverpflichtungen finden müssen.
- Ebenfalls erfolgt durch die Orientierung am Marktzins im Grundsatz eine Annäherung bezüglich der Diskontierung von Schulden aus der betrieblichen Altersversorgung; allerdings führt das Abstellen auf den siebenjährigen Durchschnittszins anstelle der Anwendung eines Stichtagszinses in der Praxis zu deutlich unterschiedlichen Rückstellungsansätzen.
- Sowohl im deutschen Handelsrecht als auch im Abschluss nach IFRS erfolgt durch das Gebot zur Saldierung der Bruttoverpflichtung mit dem Planvermögen nun ein Nettoausweis der entsprechenden Rückstellung; dabei wurden die Voraussetzungen zur Anerkennung von Planvermögen und dessen Bewertung gem. §§ 246 II S. 2, 255 IV HGB in Übereinstimmung mit IAS 19 gestaltet.

Gleichbedeutend mit der fortgeschrittenen Angleichung der Bewertungs- und Ausweisgrundsätze des HGB an die IFRS ist allerdings auch die Abkehr von der einheitlichen Bilanzierung der betrieblichen Altersversorgung in der deutschen Handels- und Steuerbilanz:

- Da im Rahmen der ertragsteuerlichen Gewinnermittlung keine Ereignisse berücksichtigt werden dürfen, welche am Abschlussstichtag noch nicht eingetreten sind, § 6a III S. 4 EStG, sind zukünftige Renten- und Gehaltstrends nicht in die Bewertung von Pensionsverpflichtungen einzubeziehen.
- Ebenso bestehen nun Unterschiede im Hinblick auf den Diskontierungszins; während für Jahresabschlüsse nach HGB und IFRS jeweils volatile Marktzinssätze heranzuziehen sind, verpflichtet § 6a III S. 3 EStG weiterhin zur starren Abzinsung der Pensionsrückstellung mit 6%.

- Darüber hinaus verhindert das Saldierungsverbot aus § 5a I S. 1 EStG eine Verrechnung von Schulden und Vermögensgegenständen, so dass in der Steuerbilanz stets der Bruttoausweis von Pensionsrückstellungen vorzunehmen ist.

5.12.3 Ausblick: Geplante Änderungen bei der Bilanzierung von Pensionsrückstellungen nach IFRS:

Das IASB (International Accounting Standards Board) hat am 27.3.2008 ein Diskussionspapier mit Vorschlägen zur Weiterentwicklung der Bilanzierung von Pensionen (Preliminary Views on Amendments to IAS 19 Employee Benefits) veröffentlicht. Die beiden zentralen Punkte des Diskussionspapiers sind die Abschaffung des Korridoransatzes und die Einführung der Kategorie der „beitragsbasierten Pensionszusagen" (contribution based promises, CBP), welche die jetzige Kategorie der Beitragszusagen (defined contribution plans, DCP) verallgemeinert.

Die drei vorgestellten Alternativen zum Korridor sind:

- Sämtliche Änderungen gehen ergebniswirksam durch die GuV-Rechnung (Folge: hohe mögliche Volatilität).
- Nur die Service Cost (= Wert der im Geschäftsjahr neu erdienten Pensionsansprüche) sowie Änderungen demographischer Parameter (inklusive Renten- und Gehaltstrend) werden ergebniswirksam in der GuV-Rechnung gebucht. Alle anderen Effekte (Zinsaufwand, Änderung des Rechnungszinses, Verluste und Erträge sowie Wertschwankungen der plan assets) werden nicht in der GuV-Rechnung, sondern als unrealisierte Erträge bzw. Aufwendungen im sog. sonstigen Ergebnis (other comprehensive income) gezeigt.
- Die Service Cost sowie die Änderungen demographischer Parameter werden ergebniswirksam in der GuV-Rechnung gebucht. Ebenso ergebniswirksam in der GuV-Rechnung gebucht wird der Zinsaufwand auf die Verpflichtung sowie (korrespondierend) die „laufenden Zinserträge" der plan assets. Wertänderungen der debt benefit obligation (DBO) durch Änderung des Rechnungszinses sowie Wertänderungen der plan assets durch Marktwertschwankungen werden ergebnisneutral im sonstigen Ergebnis (other comprehensive income) gezeigt.

5.13. Latente Steuern

5.13.1 Überblick

Im Zuge des BilMoG wurde die vorher geltende Maßgeblichkeit der Steuerbilanz und der Handelsbilanz geschmälert. Durch das BilMoG erhielten die latenten Steuern eine deutliche Aufwertung, da sie zum einen teilweise einer Ansatzpflicht unterliegen, zum anderen in der zunehmenden Abweichung zwischen Steuer- und Handelsbilanz.

Nach § 274 HGB gleichen die latenten Steuern eine Differenz zwischen den handelsrechtlichen Wertansätzen und den steuerlichen Wertansätzen, die sich voraussichtlich im Geschäftsjahr auf- oder abbauen, aus. Eine dadurch entstehende Steuerbelastung wird passiviert und analog dazu wird eine Steuerentlastung aktiviert. In den internationalen Rechnungslegungsstandards werden die latenten Steuern genauso wie die „normalen" Ertragssteuern in IAS 12 geregelt. Latente Steuern fördern die Aussagekraft der Bilanz.

Im März 2009 wurden durch den IASB der ED IAS 12 veröffentlicht, der den derzeitigen IAS 12 ersetzen soll. Inhaltlich gibt es allerdings, bezogen auf den Einzelabschluss, keine grundlegende Änderung. Es ist beabsichtigt eine systematischere Bilanzierung zu erreichen und dass zukünftig nationalspezifische, steuerliche Regelungen berücksichtigt werden.

Für den Einzelabschluss besteht nach **HGB** ein Wahlrecht bei dem Ansatz der aktiven latenten Steuern. Passive latente Steuern sind dagegen stets anzusetzen und neben den Schulden und dem PRAP als gesonderte Bilanzposition auszuweisen. Nach dem Handelsrecht ist es freigestellt, ob die aktiven mit den passiven latenten Steuern saldiert werden. Die allgemeinen Ansatzkriterien richten sich nach den allgemeinen Ansatzkriterien für Vermögensgegenstände. Trotz der fehlenden Vermögensgegenstandseigenschaft kann im Rahmen der „konkreten Bilanzierungsfähigkeit" ein Ansatz aktiver latenter Steuern vorgenommen werden (§274 I HGB). Nach **IFRS** richten sich die Ansatzkriterien nach den allgemeinen Ansatzkriterien für Vermögenswerte. Eine Konkretisierung erfolgt in IAS 12. Die aktiven latenten Steuern erfüllen im Gegensatz zum HGB die Vermögenswerteigenschaft daher gilt hier ein Pflichtansatz (IAS 12.24 ff.). Genauso erfüllen die passiven latenten Steuern die Schuldeigenschaft und sind somit auch verpflichtend anzusetzen sofern kein ausdrückliches Ansatzverbot besteht (IAS 12.15 ff.).

Durch die Modernisierung des HGB durch das BilMoG wird bei dem Ansatz der latenten Steuern, wie nach IFRS, nur noch das „Temporary Konzept" angewendet, welches die Buchwerte mit der Steuerbilanz vergleicht.

Beispiel

Ein Unternehmen erwirbt zu Jahresbeginn 2010 eine Druckmaschine, die über 4 Jahre genutzt werden soll. Die zu bilanzierenden Anschaffungskosten nach HGB belaufen sich auf 200 T€, allerdings erfolgt der Ansatz in der Steuerbilanz mit 400 T€. Da die Nutzungsdauer auf 4 Jahre festgeschrieben ist, wird die Druckmaschine über diesen Zeitraum linear abgeschrieben. Der Steuersatz bleibt konstant über die gesamte Nutzungsdauer bei 25%.

Latente Steuern werden sowohl nach HGB als auch IFRS mit dem Temporary-Konzept errechnet. Hier kann man von einer bilanzorientierten Vorgehensweise sprechen. Es werden die Buchwerte der IFRS-Bilanz mit dem der Steuerbilanz verglichen.

	01.01.2010	31.12.10	31.12.11	31.12.12	31.12.13	Summe
Vermögensgegenstand	200	150	100	50	0	
Steuerbilanzwert	400	300	200	100	0	
Aktive latente Steuer	50	37,5	25	12,5	0	
Abschreibung	-	50	50	50	50	200
Latenter Steueraufwand.	-50	12,5	12,5	12,5	12,5	0
Lfd. Steueraufw.		-25	-25	-25	-25	100
Steuerergebnis	-50	-12,5	-12,5	-12,5	-12,5	100

Tabelle 32: Temporary-Konzept (Beträge in T€)

Wendet man den Ertragsteuersatz von 25% auf die jeweilige Differenz der Buchwerte an, so ergibt sich hieraus unmittelbar die nötige Rückstellung für latente Steuern (Jahr

2010: (300-150)*0,25=37,5). Die Veränderung der Rückstellung würde sich als Aufwand und Ertrag in der Erfolgsrechnung niederschlagen.

Nach IFRS ist eine bilanzorientierte Berechnung der latenten Steuern auf der Grundlage abweichender Buchwerte vorgeschrieben (IAS 12.5). Es können erfolgswirksame und erfolgsneutrale Steuerlatenzen entstehen (IAS 12.58).

5.13.2 Ansatz

Beim Ansatz muss zwischen passiven latenten Steuern und aktiven latenten Steuern unterschieden werden.

IAS 12.5 definiert latente Steuerschulden wie folgt:

Die latenten Steuerschulden sind die Beträge an Ertragsteuern, die in zukünftigen Perioden resultierend aus zu versteuernden temporären Differenzen zahlbar sind. ...

Temporäre Differenzen sind Unterschiedsbeträge zwischen dem Buchwert eines Vermögenswertes oder einer Schuld in der Bilanz und seiner bzw. ihrer steuerlichen Basis. Temporäre Differenzen können ...

(a) zu versteuernde temporäre Differenzen sein, die temporäre Unterschiede darstellen, die zu steuerpflichtigen Beträgen bei der Ermittlung des zu versteuernden Einkommens ... zukünftiger Perioden führen, wenn der Buchwert des Vermögenswertes realisiert oder der Schuld erfüllt wird; ...

§ 274 I HGB besagt:

Bestehen zwischen den handelsrechtlichen Wertansätzen von Vermögensgegenständen, Schulden und Rechnungsabgrenzungsposten und ihren steuerlichen Wertansätzen Differenzen, die sich in späteren Geschäftsjahren voraussichtlich abbauen, so ist eine sich daraus insgesamt ergebende Steuerbelastung als passive latente Steuern (§ 266 Abs. 3 E.) in der Bilanz anzusetzen. Eine sich daraus insgesamt ergebende Steuerentlastung kann als aktive latente Steuern (§ 266 Abs. 2 D.) in der Bilanz angesetzt werden. Die sich ergebenden Steuerbe- und Steuerentlastungen können auch unverrechnet angesetzt werden. Steuerliche Verlustvorträge sind bei der Berechnung aktiver latenter

Steuern in Höhe der innerhalb der nächsten fünf Jahre zu erwartenden Verlustverrechnung zu berücksichtigen.

Latente Steuerschulden entsprechen – wie im Beispiel oben beschrieben – einer Rückstellung bzw. einem Vermögenswert (§ 274 I HGB, IAS 12.15). Im Falle passiver latenter Steuern muss der steuerliche Buchwert von Vermögenswerten geringer als der HGB- oder IFRS-Buchwert sein. Alternativ könnte auch der steuerliche Buchwert einer Schuld ihren HGB- oder IFRS-Buchwert übersteigen.

Beispiele (nach IFRS):

- nach Steuerrecht zulässige Sonderabschreibungen
- die steuerliche Anwendung der LIFO-Methode bei Preissteigerungen
- über den fortgeführten Anschaffungskosten neubewertete Sachanlagen
- steuerfreie Rücklagen

Kein Grund für die Bildung latenter Steuern sind sog. **permanente Differenzen** zwischen Gewinn und steuerpflichtigem Einkommen. Sie entstehen durch außerbilanzielle Korrekturen des Steuerbilanzgewinns. Selbiges gilt auch für zeitlich unbegrenzte Differenzen, da sich die unterschiedlichen Wirkungen nach IFRS/Steuerbilanz niemals aufheben.

Beispiel:

- nicht abzugsfähige Betriebsausgaben gemäß § 4 V EStG, § 10 KStG
- steuerfreie Erträge gemäß § 3 EStG, § 8b KStG

Keine latenten Steuern werden nach IFRS auch in 2 Ausnahmefällen gebildet:

- bei erstmaliger Entstehung eines bilanziellen Firmenwertes; dies geschieht insbesondere im Konzernabschluss nach dem Erwerb eines Tochterunternehmens (IAS 12.15(a), 12.21)
- bei erstmaligem Ansatz in anderen Fällen, wenn durch den Geschäftsvorfall weder das IFRS-Ergebnis noch das Steuerbilanzergebnis beeinflusst werden (IAS 12.15(b),

12.22 bei passiven latenten Steuern sowie für aktive latente Steuern nach IAS 12.24, 12.33)

Beispiel:

Ein Gesellschafter überträgt aus seinem Betriebsvermögen ein Wirtschaftsgut als verdeckte Einlage in das Betriebsvermögen seiner Kapitalgesellschaft. Der Einlagevorgang verändert den Gewinn der Kapitalgesellschaft nicht. Hier kann es aber zu unterschiedlichen Bewertungen der Einlage kommen:

Steuerlich ist das Wirtschaftsgut mit dem Teilwert, z.B. 300, zu bewerten (§ 6 VI S. 2 EStG).

Nach IFRS führt die Kapitalgesellschaft die Buchwerte des einlegenden Gesellschafters, z.B. 200, fort (in Analogie zu IAS 31.48, SIC 13).

Trotz verschiedener Buchwerte werden keine latenten Steuern angesetzt.

Ein Bilanzierungsgebot für passive latente Steuern wie in IAS 12.15 findet sich auch nach §§ 249, I S. 1, 274 I HGB.

Fall (a)

Aktiva: Buchwert > Steuerwert
Passiva: Buchwert < Steuerwert

Steuerbilanzgewinn ist künftig höher
passive latente Steuern

- schon heute als Aufwand buchen, obwohl noch keine Auszahlung
- Rückstellung für latente Steuern bilden (wenn später höhere Steuerzahlung eintritt:
  Rückstellung auflösen, kein Aufwand mehr)

Fall (b)

Aktiva: Buchwert < Steuerwert
Passiva: Buchwert > Steuerwert

Steuerbilanzgewinn ist künftig geringer
aktive latente Steuern

- heute als Ertrag buchen, obwohl noch keine Auszahlungsminderung
- Aktivposten der „Ersparnis" für latente Steuern bilden (wenn später höhere Steuerzahlung eintritt:
  Rückstellung auflösen, kein Aufwand mehr)

Abbildung 46: Richtungen der Abweichung bei der Bildung latenter Steuern

Aktive latente Steuern sind nach **HGB** als eigenständige Bilanzposition unter dem Buchstaben D auf der Aktivseite auszuweisen. Der gesonderte Ausweis trägt der Tatsache Rechnung, dass es sich bei diesem Posten weder um einen Vermögensgegenstand noch um einen Rechnungsabgrenzungsposten oder eine Bilanzierungshilfe handelt.

Die **IFRS** verlangen grundsätzlich **zwingend** einen Ansatz aktiver latenter Steuern (IAS 12.24). Zusätzlich muss es bei aktiven latenten Steuern jedoch wahrscheinlich sein, dass künftig ein zu versteuerndes Einkommen verfügbar sein wird (IAS 12.24). Andernfalls könnte sich der Steuerminderungsanspruch gar nicht wirtschaftlich auswirken.

Beispiel:

Ein Unternehmen ist in einem Land tätig, das keine steuerlichen Verlustvorträge kennt. Die Auflösung der aktiven Steuerlatenzen könnte in den nächsten 3 Jahren theoretisch zu Steuerminderungen von jeweils 10 Mio. führen. Allerdings wird das Unternehmen nach dem aktuellen Geschäftsplan für noch weitere 5 Jahre keine steuerlichen Gewinne erwirtschaften. Die prognostizierte Ertragsteuerbelastung ist somit Null.

Weniger als keine Steuern können nicht gezahlt werden. Eine Aktivierung des latenten Steuerminderungsanspruchs ist nicht möglich.

Variante: Es kommt nach 2 Jahren zu steuerlichen Gewinnen von 25 Mio. jährlich. In diesem Fall würden die aktiven latenten Steuern soweit aktiviert, wie sie sich auswirken, also für ein Jahr mit 10 Mio.

Die Anlässe für aktive latente Steuern umfassen (IAS 12.5):

- abzugsfähige temporäre Differenzen aus abweichenden Buchwerten (IAS 12.24, § 274 I HGB)
- zusätzlich nach IFRS aber auch noch nicht genutzte steuerliche Verlustvorträge und noch nicht genutzte Steuergutschriften (IAS 12.34, nicht nach HGB!)

Hierfür gilt gemäß IAS 12.5:

Temporäre Differenzen können ...

(b) abzugsfähige temporäre Differenzen sein, die temporäre Unterschiede darstellen, die zu Beträgen führen, die bei der Ermittlung des zu versteuernden Ergebnisses ... zukünftiger Perioden abzugsfähig sind, wenn der Buchwert des Vermögenswertes realisiert oder eine Schuld erfüllt wird.

Bilanzierungsdifferenzen, die zu aktiven latenten Steuern führen, sind eher selten.

Neben den temporären Differenzen sind die **quasi-permanenten Differenzen** zu nennen. Dabei handelt es sich um Differenzen, die sich erst mit einer Managemententscheidung, einem neuen Ereignis oder spätestens bei Geschäftsaufgabe ausgleichen. Beispielsweise wären das bestimmte Wertpapiere, die nach IFRS zu einem höheren Zeitwert erfolgswirksam bilanziert werden, während in der Steuerbilanz eine Realisierung des Kursgewinns im Regelfall erst bei Verkauf der Papiere erfolgt.

Beispiel:

- eine steuerlich längere Nutzungsdauer von Sachanlagen
- Verbot von Drohverlustrückstellungen nach deutschem Steuerrecht

Darüber hinaus können steuerliche Verluste und Zinsvorträge bzw. Steuergutschriften als aktive latente Steuern angesetzt werden. Nach HGB allerdings nur dann, sofern mit deren Realisierung innerhalb von 5 Jahren gerechnet wird. Nach IFRS muss deren Realisierung an sich wahrscheinlich sein (§ 274 I S. 4; IAS 12.34-12.36). Gemäß IAS 12.34 ist:

Ein latenter Steueranspruch für den Vortrag noch nicht genutzter steuerlicher Verluste und noch nicht genutzter Steuergutschriften ist in dem Umfang zu bilanzieren, in dem es wahrscheinlich ist, dass zukünftiges zu versteuerndes Ergebnis zur Verfügung stehen wird, gegen das die noch nicht genutzten steuerlichen Verluste und noch nicht genutzten Steuergutschriften verwendet werden können.

Die Bilanzierung von aktiven latenten Steuern gemäß IFRS hängt somit von den Ergebnissen der Unternehmensplanung ab. Es gibt zahlreiche Ermessensspielräume, so dass auch von einem faktischen Wahlrecht gesprochen werden kann.

Sachverhalte, die zum Ansatz einer aktiven latenten Steuer führen:

- In der Steuerbilanz liegt ein Wirtschaftsgut vor, nach IFRS/HGB aber kein VW/VG.
- In der Steuerbilanz liegt keine Schuld vor, nach IFRS/HGB kommt es zum Ansatz von Schulden.
- In der Steuerbilanz wird ein Wirtschaftsgut mit einem höheren Wert angesetzt als der VW/VG nach IFRS/HGB.
- In der Steuerbilanz wird eine Schuld mit einem niedrigeren Wert angesetzt als die Schuld (Rückstellungen, Verbindlichkeiten) nach IFRS/HGB.

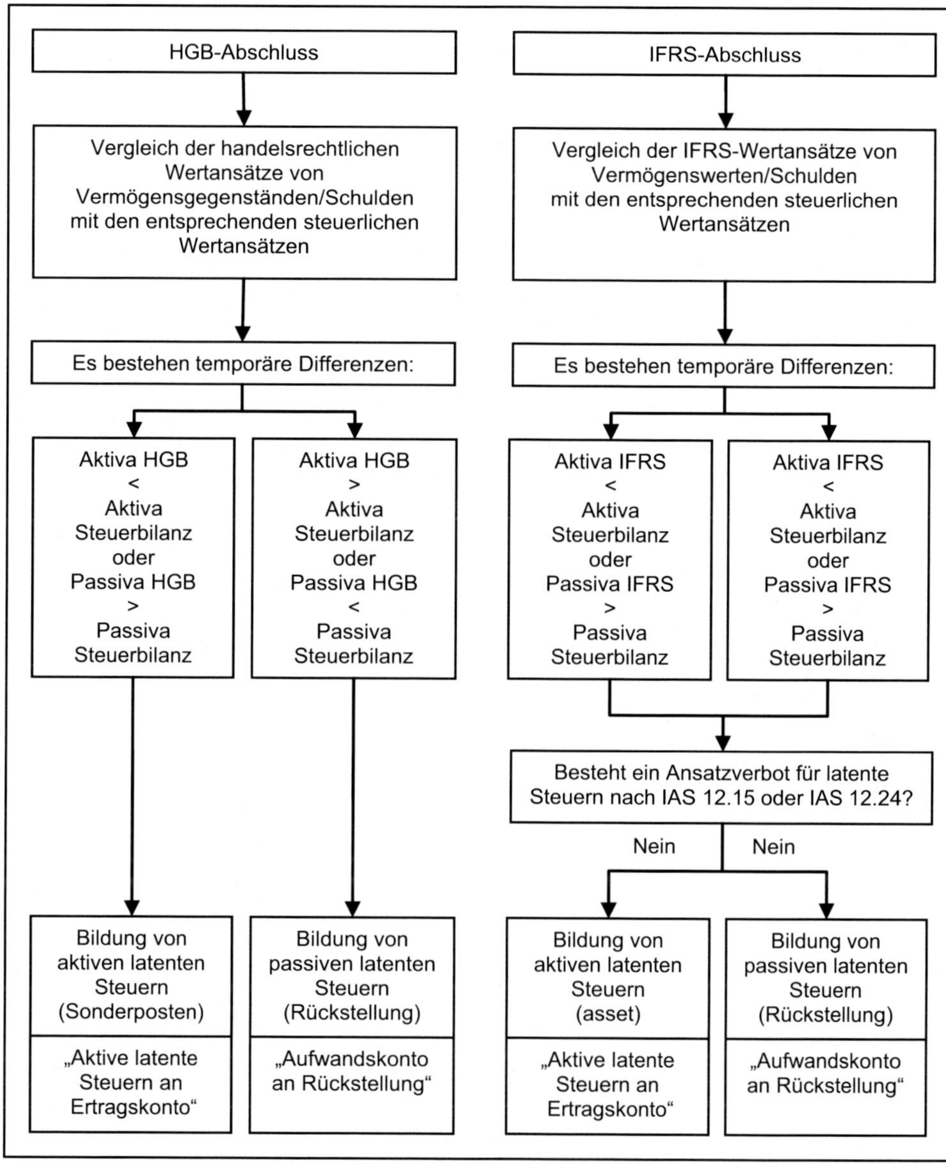

Abbildung 47: Ansatz latenter Steuern nach HGB und IFRS

5.13.3 Bewertung

Die Bewertung der Steuerlatenzen hängt natürlich von den Steuersätzen ab, die in den Jahren ihrer Wirksamkeit gelten. Grundsätzlich wäre somit ein künftiger Steuersatz gefragt. Allerdings ist eine Objektivierung erforderlich. Gemäß **IFRS** sind folgende Regelungen zu beachten(IAS 12.47):

- es gilt grundsätzlich der heute gültige Steuersatz
- etwas anderes gilt, wenn heute bereits ein Gesetz zur künftigen Änderung des Steuersatzes wirksam beschlossen und verkündet wurde
- eine „verbindliche" Ankündigung eines künftigen Steuersatzes durch die Regierung ist unter deutschen Verhältnissen dann vorstellbar, wenn sich Vermittlungsausschuss von Bundestag und Bundesrat bereits geeinigt haben, so dass das noch nicht in Kraft getretene Gesetz praktisch mit Sicherheit so umgesetzt wird

Gibt es mehrere Ertragsteuerarten – wie beispielsweise in Deutschland die Gewerbesteuer, Körperschaftsteuer und den Solidaritätszuschlag – so ist hieraus ein kombinierter Ertragsteuersatz zu bilden. Existieren in einem Land progressive Tarife, so findet die Bewertung mit dem erwarteten Durchschnittssteuersatz im Jahr des Wirksamwerdens statt (IAS 12.49). Sofern bei der geplanten Auflösung der Steuerlatenz besondere Steuervorschriften gelten, sind diese nach IFRS zu berücksichtigen (IAS 12.51).

Beispiel:

In einem Land werden bestimmte Veräußerungsgewinne bei Immobilien nur einem reduzierten Steuersatz von 15% unterworfen. Der normale Steuersatz auf laufende Gewinne beträgt 35%.

Wenn in der Zukunft ein Verkauf der Immobilie und damit auch eine Auflösung der latenten Steuern geplant ist, so findet die Bewertung mit dem besonderen Steuersatz von 15% statt.

Latente Steuern sind langfristige Vermögenswerte und Schulden. Sie kommen erst in künftigen Geschäftsjahren zum Tragen. Deswegen würde sich eine Diskontierung der erwarteten Steuerminderzahlungen bzw. Steuermehrzahlungen anbieten. IAS 12.53

bestimmt hingegen ausdrücklich: Latente Steueransprüche und latente Steuerschulden sind nicht abzuzinsen. Als Grund für die eigentlich systemwidrige fehlende Diskontierung nennt IAS 12.54 Praktikabilitätsprobleme.

Jedes Jahr sind die Buchwerte der aktivierten und passivierten Steuerlatenzen zu überprüfen und gegebenenfalls an die aktuelle Situation anzupassen (IAS 12.56). Ein Impairment Test findet keine Anwendung, da IAS 12 dieser Regelung in IAS 36 vorgeht.

Beispiel:

- Eine überraschend verbesserte wirtschaftliche Situation führt künftig zur wirtschaftlichen Nutzbarkeit der Verlustvorträge.
- Das Parlament beschließt eine Änderung der Steuersätze.

Der Buchwert eines latenten Steueranspruchs ist

- zu jedem Bilanzstichtag zu prüfen und in dem Umfang zu mindern, in dem es nicht mehr wahrscheinlich ist, dass ein ausreichend zu versteuerndes Ergebnis zur Verfügung stehen wird bzw.
- bei einem wieder ausreichend zur Verfügung stehenden Ergebnis zuzuschreiben.

Eine Auflösung bzw. Erhöhung der passiven latenten Steuern hat bei tatsächlichem Eintritt oder Verringerung der Belastung und immer dann, wenn sich die zukünftige Belastung erhöht, zu erfolgen.

Die Zugangsbewertung der latenten Steuern nach **HGB** verlangt die Ermittlung des Betrags der künftigen Steuerentlastung/ -belastung nach dem unternehmensindividuellen Steuersatz im Zeitpunkt der Umkehrung der Differenz. Hierbei handelt es sich regelmäßig um die seit 01.01.2008 geltende steuerliche Durchschnittsbelastung für KapGes von 30%, die sich wie folgt zusammensetzt: KSt 15% zzgl. GewSt 14% und der aufgerundete SoliZ auf die KSt 1%. Eine Abzinsung ist wie nach IFRS nicht vorzunehmen.

Eine Auflösung bzw. Erhöhung der latenten Steuern hat zu erfolgen, wenn die tatsächliche Entlastung oder Belastung eintritt oder sich verringert und auch immer dann, wenn ein solcher Eintritt nicht mehr wahrscheinlich ist oder sich die zukünftige Belastung erhöht (§ 274 II HGB).

5.13.4 Erfolgswirkungen und Ausweis

Nach **HGB** wirken sich Steuerrückstellungen und steuerliche Bilanzierungshilfen stets auch auf den Jahresüberschuss aus.

Bei der Berücksichtigung latenter Steueransprüche und Steuerschulden nach **IFRS** ist die Unterscheidung zwischen erfolgswirksamer und erfolgsneutraler Behandlung von entscheidender Bedeutung (IAS 12.58):

- Erfolgswirksam bedeutet, dass Bildung, Erhöhung, Reduzierung oder Auflösung der Steuerlatenzen in der Bilanz zu einem Ertrag bzw. Aufwand in der Gewinn- und Verlustrechnung führen.
- Erfolgsneutral bedeutet, dass alle Veränderungen der bilanzierten Steuerlatenzen direkt mit dem Eigenkapital verrechnet werden.

Die Behandlung der latenten Steuern nach IFRS richtet sich dabei strikt nach der Behandlung des zugrunde liegenden Geschäftsvorfalls. IAS 12.59 besagt:

Die meisten latenten Steuerschulden und latenten Steueransprüche entstehen dort, wo Ertrag oder Aufwand in das handelsrechtliche Periodenergebnis (vor Ertragsteuern) einer Periode einbezogen werden, jedoch im zu versteuernden Ergebnis ... einer davon unterschiedlichen Periode erfasst werden. Die sich daraus ergebende latente Steuer wird in der Gewinn- und Verlustrechnung erfasst.

Beispiel:

Entwicklungskosten stellen nach deutschem Bilanzrecht nicht aktivierbare immaterielle Wirtschaftsgüter des Anlagevermögens dar. Sie führen im Jahr der Verursachung zu steuerlichen Betriebsausgaben.

Nach IAS 38.57 werden aktivierte Entwicklungskosten über ihre spätere Nutzungsdauer verteilt.

Hingegen gilt für die erfolgsneutrale Verbuchung nach IAS 12.61:

Tatsächliche Ertragsteuern und latente Steuern sind außerhalb des Gewinns oder Verlusts zu erfassen, wenn sich die Steuer auf Posten bezieht, die in der gleichen oder einer anderen Periode außerhalb des Gewinns oder Verlusts erfasst werden. [...]

In der GuV ist kein getrennter Ausweis zwischen echten und latenten Steueransprüchen erforderlich, allerdings aus Entscheidungsrelevanz doch geboten.

Beispiele:

- Neubewertung von Sachanlagen
- Änderung von Bilanzierungs- und Bewertungsmethoden oder Korrektur von Fehlern
- Marktbewertung von zur Veräußerung verfügbaren finanziellen Vermögenswerten

Für den Bilanzausweis legt IAS 12.69 fest, dass latente Steueransprüche und latente Steuerschulden getrennte Bilanzpositionen darstellen. Sie dürfen auch nicht mit tatsächlichen Steueransprüchen und Steuerschulden zusammengefasst werden. Latente Steueransprüche zählen zu den langfristigen Vermögenswerten sowie latente Steuerschulden zu den langfristigen Schulden (IAS 12.70). Ein Unternehmen kann gegebenenfalls gleichzeitig sowohl Minderungen als auch Mehrungen der Steuerbelastung erwarten:

- aus verschiedenen Bilanzpositionen
- gegenüber den Steuerbehörden in unterschiedlichen Staaten
- innerhalb eines Konzernabschlusses bei verschiedenen Tochtergesellschaften (Steuersubjekten)

Beispiel:

Ein Unternehmen erwartet aus seiner Geschäftstätigkeit in Frankreich künftige Steuerminderzahlungen von 100 Mio. Aus den Aktivitäten eines Tochterunternehmens in der Schweiz lassen sich spätere Mehrzahlungen von 250 Mio. absehen.

Hier stellt sich die Frage der Saldierung aktivischer und passivischer Beträge. Sie ist unter IFRS nur unter engen Bedingungen zulässig (IAS 12.74). Sind diese Bedingungen erfüllt muss ein Ansatz erfolgen:

- gleiche Steuerbehörde
- rechtliche Aufrechnungsmöglichkeit
- gleiches Steuersubjekt oder eine geeignete Steuerplanung unterschiedlicher Steuersubjekte

Nach **HGB** können aktive latente Steuern auf der Aktivseite der Bilanz nach den Rechnungsabgrenzungsposten (§ 266 II D. HGB) ausgewiesen werden. Die Verrechnung mit den passiven latenten Steuern ist zulässig (sog. Gesamtdifferenzbetrag). Ein unsaldierter Ausweis der passiven und aktiven latenten Steuern ist auch möglich (§ 274 I S. 3 HGB). Latente Steuerschulden (passiv) sind getrennt von den tatsächlichen Steuerschulden unter den langfristigen Schulden („non-current liabilities") anzusetzen. Eine Verrechnung mit den passiven latenten Steuern kann unter Umständen auch verpflichtend sein.

Nach **IFRS** sind umfangreiche Angabepflichten vorgeschrieben: Die latenten Steueraufwendungen und -erträge sind als Hauptbestandteile des gesamten Steueraufwands bzw. -ertrags gesondert anzugeben (IAS 12.80). Ebenso werden die erfolgsneutral behandelten Beträge getrennt angegeben (IAS 12.81 (a)).

Eine Überleitungsrechnung stellt die Verbindung her

- zwischen dem Steueraufwand in der GuV
- und dem IFRS-Periodenergebnis vor Ertragsteuern.

Zahlreiche Erläuterungspflichten vervollständigen die Berichterstattung über tatsächliche und latente Steuern nach IFRS.

5.13.5 Ausblick: Geplante Änderungen bei der Bilanzierung von latenten Steuern nach IFRS

Am 31.3.2009 veröffentlichte der International Accounting Standards Board (IASB) einen neuen Standardentwurf ED/2009/2 Income Tax zur Bilanzierung von Ertragsteuern. Der endgültige Standard soll 2010 erscheinen und den bisherigen IAS 12 ersetzen. Die Neufassung will sowohl bestehende Unklarheiten beheben als auch der Konvergenz zwischen den International Financial Reporting Standards (IFRS) und den US-GAAP dienen.

6 Eigenkapital und Erfolgsrechnung

Lernziele

Sie beschäftigen sich mit dem Eigenkapital und der Gewinn- und Verlustrechnung. Hierzu gehören:

- Eigenkapitalausweis
- Eigenkapitalveränderungsrechnung
- Inhalt und Gliederung der Gewinn- und Verlustrechnung

6.1. Eigenkapital

6.1.1 Überblick

Das Eigenkapital stellt formal den Saldo der Bilanz dar. Seine Höhe entspricht also dem Überschuss des Vermögens über die Ansprüche Dritter an die Unternehmung.

In jeder Rechenperiode können Veränderungen des Eigenkapitals aus verschiedenen Gründen vorkommen:

- Einlage neuer Mittel ins Unternehmen durch die Eigentümer
- Erzielung von Gewinnen durch die Unternehmenstätigkeit
- Entnahme/Ausschüttung erzielter Gewinne an die Eigentümer
- Rückzahlung des früher eingelegten Kapitals

Zusätzlich zu diesen vier Gründen einer Veränderung des Eigenkapitals nach Handelsrecht kennt das IAS/IFRS-System auch sog.

- erfolgsneutrale Eigenkapitalveränderungen

Es handelt sich hierbei um weitere Änderungen des Reinvermögens, die nicht als Gewinn oder Verlust gelten. Dieser Gedanke ist der traditionellen deutschen Rechnungslegung völlig fremd.

6.1.2 Bilanzausweis nach HGB

Der Ausweis des Eigenkapitals ist generell **rechtsformabhängig**.

Einzelunternehmen und Personengesellschaften

Bei Personengesellschaften & Co ergibt sich die Darstellung des Eigenkapitals aus § 120 HGB (beachte § 109 HGB) und für Kommanditisten aus § 167 HGB, dem Verweis u.a. auf die §§ 266 III, 268 I und III, 270 II, sowie § 272 HGB durch § 264a HGB und den besonderen Bestimmungen des § 264c HGB. Diese teilweise widersprüchlichen und äußerst interpretationsbedürftigen Regelungen sind Gegenstand heftiger Kritik. Insgesamt muss die Höhe des Eigenkapitals zwar variabel sein, man kennt aber auch feste Teile. Das **Festkapital** besteht bei Personengesellschaften aus den Kapitalkonten I, in denen die im Gesellschaftsvertrag vereinbarte Pflichteinlage ausgewiesen ist. Hat ein Gesellschafter seine Pflichteinlage noch nicht vollständig erbracht, so ist in Höhe des fehlenden Betrags auf der Aktivseite der Posten „Ausstehende Einlagen“ zu bilden. Das Kapitalkonto II spiegelt den variablen Teil des Eigenkapitals wieder und zeigt für jeden Gesellschafter die Veränderungen durch Einlagen aus dem Privatvermögen, Entnahmen in das Privatvermögen und aus Verlustanteilen und nicht entnommenen Gewinnanteilen.

Kapitalgesellschaften

Das Eigenkapital (§§ 266 III A, 272 HGB) bei Kapitalgesellschaften ist in einen variablen Bestandteil (Rücklagen) und in einen festen Bestandteil, dem sog. Nominalkapital oder gezeichnetem Kapital (Grundkapital bei AG, Stammkapital bei GmbH) unterteilt. In § 266 III A HGB ist folgende Eigenkapitalgliederung vorgesehen:

A. Eigenkapital

- I. Gezeichnetes Kapital
- II. Kapitalrücklage
- III. Gewinnrücklagen
  - 1. gesetzliche Rücklage
  - 2. Rücklage für Anteile an einem herrschenden oder mehrheitlich beteiligten Unternehmen
  - 3. satzungsmäßige Rücklage
  - 4. andere Gewinnrücklagen
- IV. Gewinnvortrag/Verlustvortrag
- V. Jahresüberschuß/Jahresfehlbetrag

Für KapGes&Co. im Sinne des § 264a HGB sind in § 264c HGB angegebene Gliederungsvorschriften gesondert zu beachten.

Gezeichnetes Kapital

Das gezeichnete Kapital ist nach § 272 I S. 1 HGB das Kapital, auf das die Haftung der Gesellschafter (tatsächlich Gesellschaftsvermögen) für die Verbindlichkeiten gegenüber den Gläubigern beschränkt ist. Es wird als fester Eigenkapitalposten gesehen, da es nur selten, z.B. durch Kapitalerhöhungen verändert wird.

Ausstehende Einlagen

Das gezeichnete Kapital braucht noch nicht vollständig eingezahlt sein. Noch nicht eingezahlte Beträge können eingefordert sein oder nicht. Noch nicht eingeforderte **ausstehende Einlagen** sind nach § 272 I S. 3 HGB vom gezeichneten Kapital offen abzusetzen. Der verbleibende Betrag ist als eigener Posten „Eingefordertes Kapital" in der Hauptspalte der Passivseite auszuweisen. Der eingeforderte, aber noch nicht eingezahlte Betrag ist unter den **Forderungen** gesondert auszuweisen und entsprechend zu bezeichnen.

Eigene Anteile

§ 272 Ia HGB stellt eine **rechtsformunabhängige** Vorschrift zur handelsbilanziellen Erfassung **eigener Anteile** dar. Es besteht keine Differenzierung zwischen eigenen Aktien und eigenen Anteilen. Der Nennbetrag bzw. der rechnerische Wert von erworbenen eigenen Anteilen ist in der Vorspalte offen vom Posten „**Gezeichnetes Kapital**" abzusetzen. Der Unterschiedsbetrag zwischen dem Nennbetrag bzw. dem rechnerischen Wert der Anteile und dem Anschaffungskosten der eigenen Anteile ist mit den frei verfügbaren Rücklagen (Gewinnrücklagen bzw. sonstige Rücklagen) zu verrechnen. (**Beachte**: Anschaffungsnebenkosten werden in diesem Fall nicht zu den Anschaffungskosten gezählt, sondern stellen Aufwand des Geschäftsjahres dar.) Ein über die bestehenden verrechnungsfähigen Rücklagen hinausgehender Unterschiedsbetrag ist als Aufwand des Geschäftsjahres auszuweisen. Werden die eigenen Anteile veräußert, ist nach § 272 Ib HGB ein deren Nennbetrag (bzw. rechnerischen Wert) übersteigender Erlös bis zur Höhe des zuvor verrechneten Unterschiedsbetrags wieder in die jeweilige Rücklage einzustellen. Übersteigt der Veräußerungserlös den zuvor verrechneten Unterschiedsbetrag, ist der Rest in die Kapitalrücklage einzustellen.

Kapitalrücklage

Die Kapitalrücklage enthält nur Beträge, die von außerhalb der Gesellschaft zugeführt werden. Es ist das von den Anteilseigner stammende Eigenkapital, das über das gezeichnete Kapital hinausgeht. Nach § 272 II HGB sind folgende Zahlungen in die Kapitalrücklage einzustellen:

1. der Betrag, der bei der Ausgabe von Anteilen einschließlich von Bezugsanteilen über den Nennbetrag oder, falls ein Nennbetrag nicht vorhanden ist, über den rechnerischen Wert hinaus erzielt wird;
2. der Betrag, der bei der Ausgabe von Schuldverschreibungen für Wandlungsrechte und Optionsrechte zum Erwerb von Anteilen erzielt wird;
3. der Betrag von Zuzahlungen, die Gesellschafter gegen Gewährung eines Vorzugs für ihre Anteile leisten;
4. der Betrag von anderen Zuzahlungen, die Gesellschafter in das Eigenkapital leisten.

Gewinnrücklagen

Gewinnrücklagen werden im Gegensatz zu den Kapitalrücklagen aus dem Jahresergebnis gebildet.

Am komplexesten ist der Eigenkapitalausweis nach deutschem Gesellschaftsrecht bei Aktiengesellschaften wie auch Kommanditgesellschaften auf Aktien. Diese haben zusätzlich eine gesetzliche Rücklage nach § 150 AktG zu bilden. In diese ist

- 5% des um einen Verlustvortrag aus dem Vorjahr geminderten Jahresüberschuss einzustellen
  - bis die gesetzliche Rücklage und die Kapitalrücklage zusammen den zehnten
  - oder den in der Satzung bestimmten höheren Teil des Grundkapitals erreichet

Die Feststellung des Jahresabschlusses richtet sich nach den §§ 172 und 173 AktG. In der Regel geschieht dies durch den Vorstand und den Aufsichtsrat. Sie können dabei maximal die Hälfte des Jahresüberschusses in die Gewinnrücklagen einstellen (§ 58 II AktG). Die Hauptversammlung kann nach § 174 AktG nur über die Verwendung des Bilanzgewinns befinden.

Die Regelungen von § 272 IV HGB über **Anteile an einem herrschenden oder mit Mehrheit beteiligten Unternehmen** tragen der Tatsache Rechnung, dass ein Unternehmen auch Anteile an einem anderen Unternehmen erwerben kann, welches wiederum das erwerbende Unternehmen beherrscht oder an diesem eine Mehrheitsbeteiligung hält. In solchen Fällen ist eine Rücklage zu bilden, die betragsmäßig den aktivierten erworbenen Anteilen entspricht. Die Rücklage, die bereits bei der Aufstellung der Bilanz zu bilden ist, darf aus den vorhandenen freien Gewinnrücklagen gebildet werden. Sie ist dann aufzulösen, wenn die entsprechenden Anteile veräußert oder mit einem niedrigeren Wertansatz auf der Aktivseite angesetzt werden

Gewinnvortrag/Verlustvortrag/Jahresüberschuß/Jahresfehlbetrag

Nach §§ 268 I, 266 III A. HGB darf das Ergebnis nach drei unterschiedlichen Möglichkeiten ausgewiesen werden. Entweder vor, nach teilweiser oder nach vollständiger Ergebnisverwendung.

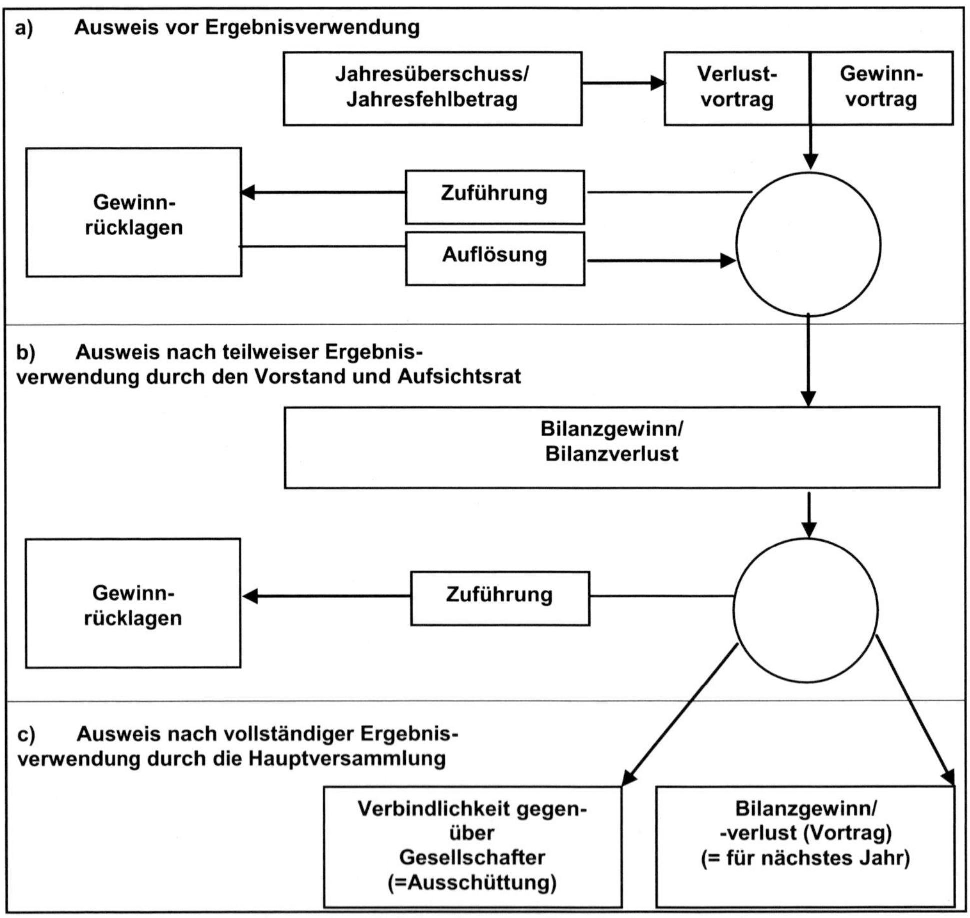

Abbildung 48: Darstellung der Wahlrechte der Ergebnisverwendung

<table>
<tr><td colspan="3">I. Gezeichnetes Kapital
- nicht eingeforderte ausstehende Einlagen
= eingefordertes Kapital
(§ 272 I S. 1 und 3 HGB)
- Nennbetrag (bzw. rechnerische Wert) der erworbenen eigenen Anteile (§ 272 Ia HGB)</td></tr>
<tr><td rowspan="2">offene Rücklagen</td><td>II. Kapitalrücklage
(§ 272 II HGB)</td><td>• aus Aufgeld der Anteilsausgabe
• aus Aufgeld bei Wandel-/ Optionsanleihen
• aus Vorzugsgewährung
• aus anderen Zuzahlungen</td></tr>
<tr><td>III. Gewinnrücklagen
(§ 272 III HGB)</td><td>• gesetzliche Rücklage (§ 150 AktG)
• Rücklage für eigene Anteile
(§ 272 IV HGB)
• satzungsmäßige Rücklagen
(§ 58 I AktG)
• andere Gewinnrücklagen
- davon für nur steuerlich gebildete Rücklagen (z.Zt. bedeutungslos)
(§ 58 IIa AktG)
- davon für Wertaufholung
(§ 58 IIa AktG)</td></tr>
<tr><td colspan="3">IV: Gewinn/Verlustvortrag
(aus Vorjahr)
V. Jahresüberschuss/
Jahresfehlbetrag
(vor Ergebnisverwendung)
(§§ 266, 268 I HGB)

Oder

VI. Bilanzgewinn/-verlust
(nach teilweiser Ergebnisverwendung)
(§ 268 I HGB)</td></tr>
</table>

Tabelle 33: Eigenkapitalgliederung bei Kapitalgesellschaften

6.1.3 Bilanzausweis nach IFRS

Nach IAS 1.54(r) ergibt sich der Pflichtausweis des Eigenkapitals als eigene Position. Die IAS/IFRS kennen keine expliziten Vorschriften für die Unterteilung, Bezeichnung und Reihenfolge der verschiedenen Komponenten des Eigenkapitals. Jedoch verlangt IAS 1.78(e) grundsätzlich die Gliederung des Eigenkapitals in verschiedene Gruppen. Genannt werden beispielhaft:

- eingezahltes Kapital
- Agio
- Rücklagen

Nach IAS 1.79(b) muss das Unternehmen bei jeder Rücklage innerhalb des Eigenkapitals ihre Art und ihren Zweck beschreiben. Hier ist vor allem die Unterscheidung zwischen Gewinnrücklagen und Kapitalrücklagen bedeutsam.

Bestandteile sind im Regelfall:

- gezeichnetes Kapital
- Kapitalrücklagen
- Gewinnrücklagen
- sonstige Rücklagen

Im Ergebnis genügt somit die Eigenkapitalgliederung des HGB der Einteilung des IAS/IFRS-Systems.

Im Vergleich hierzu geben die § 266 III A. HGB und § 272 HGB zahlreiche exakt bezeichnete und definierte Eigenkapitalpositionen vor. Sie sind nicht nur für die Rechnungslegung, sondern auch für das deutsche Gesellschaftsrecht bedeutsam (§§ 58 - 60, 150 - 160 AktG, §§ 29 - 32 GmbHG).

Es ist daher sinnvoll, die gesellschaftsrechtliche Eigenkapitalgliederung nach HGB auch in Abschlüsse nach IFRS zu übernehmen.

Allerdings ist zu beachten, dass bei IFRS im Bedarfsfall Sonderpositionen im Eigenkapital hinzukommen können. Ein Beispiel hierfür stellt die sog. Neubewertungsrücklage dar.

Außerdem gibt es i.d.R. kein Wahlrecht gegenüber dem Ergebnisausweis. Vielmehr wird der Periodengewinn aus der GuV-Rechnung nicht als Jahresüberschuss oder Bilanzgewinn ausgewiesen, sondern in die Gewinnrücklagen als „retained earnings“ eingestellt.

Kapitalarten und ihre Rechte

Innerhalb des Eigenkapitals können Kapitalarten mit verschiedenen Rechten vorkommen. Ein typisches Beispiel sind verschiedene Aktiengattungen wie Stammaktien und Vorzugsaktien (§ 11 AktG). IAS 1.79(a) bestimmt hierzu:

79. Ein Unternehmen hat Folgendes entweder in der Bilanz oder im Anhang anzugeben:

(a) für jede Klasse von Anteilen: ...

> (ii) die Anzahl der ausgegebenen und voll eingezahlten Anteile und die Anzahl der ausgegebenen und nicht voll eingezahlten Anteile;
>
> (iii) den Nennwert der Anteile ...
>
> (v) die Rechte, Vorzugsrechte und Beschränkungen für die jeweilige Kategorie von Anteilen einschließlich Beschränkungen bei der Ausschüttung von Dividenden und der Rückzahlung des Kapitals.

Ähnliche Angabepflichten sind gesellschaftsrechtlich nach § 152 und § 160 AktG vorgeschrieben.

Erfolgsneutrale Wertänderungen

Anlässe für erfolgsneutrale Wertänderungen ergeben sich aus Bilanzierungsvorschriften in einzelnen Standards. Beispiele hierfür sind IAS 1.106(b) und 1.09-110:

- Retrospektive Korrektur von Fehlern
- Retrospektive Änderung der Bewertungsmethoden
- Neubewertung von Sachanlagen
- Marktbewertung von bestimmten Wertpapieren

Retrospektive Korrektur von Fehlern (IAS 8.41 ff.):

Das Unternehmen entdeckt, dass vor 3 Jahren beim Kauf eines Grundstücks die Grunderwerbsteuer fälschlicherweise nicht als Anschaffungsnebenkosten aktiviert, sondern als laufender Aufwand verbucht wurde. Nach Aufdeckung des Fehlers bewertet man das Grundstück höher und erhöht im Gegenzug die Gewinnrücklagen.

Retrospektive Änderung der Bewertungsmethoden (IAS 8.19 ff.)

Eine Firma entscheidet sich, künftig die Fremdkapitalzinsen in die Herstellungskosten mit einzubeziehen (IAS 23). Dadurch steigt der Bilanzwert der unfertigen und fertigen Erzeugnisse. Wegen der retrospektiven Anwendung kommt es korrespondierend zu einer Erhöhung der Gewinnrücklagen.

Neubewertung von Sachanlagen (IAS 16.31 ff.)

Die Grundstücke einer Gesellschaft werden nach dem sog. Neubewertungsmodell zum beizulegenden Zeitwert bilanziert. Im Vergleich zur letzten Bewertung ist ihr Wert angestiegen. Die Werterhöhung auf der Aktivseite wird durch die Bildung einer sog. Neubewertungsrücklage als Bestandteil des Eigenkapitals ausgeglichen.

Marktbewertung von bestimmten Wertpapieren (IAS 39.55 (b))

Wertpapiere stellen finanzielle Vermögenswerte dar. Sie werden nach IFRS in verschiedene Kategorien eingeordnet. Gehören sie zur Kategorie „zur Veräußerung verfügbar", so folgt hieraus in der Bilanz eine Bewertung mit dem beizulegenden Zeitwert, z.B. dem Börsenkurs. Gestiegene Kurse führen aber nicht zu einem höheren Periodenergebnis. Sie werden bis zum Verkauf durch eine erfolgsneutrale Veränderung des Eigenkapitals berücksichtigt.

Ausstehende Einlagen und eigene Anteile nach IFRS

Alle **ausstehenden Einlagen** (eingefordert und nicht eingefordert) sind offen und passivisch vom gezeichneten Kapital (issued capital) abzusetzen bzw. in den Notes oder der Eigenkapitalveränderungsrechnung anzugeben (IAS 1.79(a) (ii)). Ein Ausweis auf der Aktivseite unter den Forderungen bzw. sonstigen Vermögenswerten darf – anders als nach HGB – nicht erfolgen.

Bei dem Erwerb **eigener Anteile** nach IFRS werden die Anschaffungskosten der eigenen Anteile erfolgsneutral vom Eigenkapital abgezogen. Darüber sind entsprechende Angaben im Anhang (Notes) zu tätigen (IAS 32.33; 1.79(a) (vi)). Die Art der Verrechnung ist in den IFRS-Standards nicht explizit geregelt, allerdings gibt es in der Praxis zwei gängige Methoden.

Nennwertmethode (par value method)

Bei der Nennwertmethode wird der Nennwert der erworbenen Anteile von dem gezeichneten Kapital abgezogen. Das Agio, ein Aufschlag auf den Nennwert, wird von der Kapitalrücklage abgezogen. Die darüber hinausgehenden Anschaffungskosten werden von den frei verfügbaren Gewinnrücklagen abgezogen. Das Vorgehen entspricht etwa der nach derjenigen für das HGB.

Anschaffungskostenmethode

Hier wird das brutto ausgewiesene Eigenkapital um den Gesamtbetrag der zurückgekauften Anteile gekürzt. Es ist eine deutlich einfachere Variante. Eine Aufteilung auf die einzelnen Posten wird hierbei nicht vorgenommen.

Spezialfrage: Wiederverkauf erworbener eigener Anteile

Das **IFRS** enthält für diesen Fall in IAS 32 keine explizite Regelung. Mit diesem Sachverhalt ist analog zum der beim Erwerb eigener Anteile genannten Vorgehensweise umzugehen. Bei der Anschaffungskostenmethode ist ein übersteigender Betrag in der Kapitalrücklage zu berücksichtigen. Nach der Nennwertmethode ist dieser Sachverhalt mit einer Neuemission neuer zu vergleichen.

Eigenkapitalausweis bei Personengesellschaften

Seit 01.01.2009 werden zur Abgrenzung von Fremd- und Eigenkapitalanteilen die Definitionen des IAS 32.11 um die des „puttable instrument" ergänzt. Diese Regelung schafft eine Ausnahme für Finanzinstrumente, die - wie bei Personengesellschaften typisch der Fall - mit einem Kündigungsrecht (puttable = kündbar) ausgestattet sind (§ 723 BGB, §§ 105 III, 161 II HGB) und erlaubt deren Klassifizierung als Eigenkapital. Insbesondere die bisher unklare Abgrenzung von Eigen- und Fremdkapital bei Personengesellschaften (KG, OHG) wird dabei erhellt.

Bei einem „puttable instrument“ handelt es sich um ein Finanzinstrument, das

- dem Inhaber das Recht einräumt, dieses gegen (Rück-) Gewähr von Zahlungen oder anderen finanziellen Vermögenswerten zurückzugeben oder
- bei Eintritt eines unsicheren künftigen Ereignisses, Tod oder Ruhestand des Inhabers des Finanzinstruments „automatisch“ an den Emittenten zurückfällt (IAS 32.11)

Neben dem aktiven Kündigungsrecht des Gesellschafters definiert IAS 32.11 also auch einen „automatischen“ Rückfall. In diesem Zusammenhang ist zu erwähnen, dass die Erben nach dem Tod des Gesellschafters in Deutschland entweder nur eine eingeschränkte Gesellschafterstellung erhalten oder dass sie abgefunden werden und die Gesellschaft nicht mit ihnen fortgesetzt wird (§ 131 III HGB, § 177 HGB). Dieser Sachverhalt wird nunmehr berücksichtigt.

Konkretisierend beinhalten IAS 32.16A und IAS 32.16B die Kriterien, die ein „puttable instrument“ kennzeichnen und damit die Grundlage einer von der Klassifizierung als financial liability abweichenden Einordnung als Eigenkapitalinstrument bilden:

- Das Finanzinstrument muss dem Inhaber einen seinem (Eigen-) Kapitalanteil entsprechenden, **beteiligungsproportionalen Anteil** am Reinvermögen des Unternehmens **im Fall der Liquidation** einräumen (= Vermögen, das nach Begleichen aller anderen Vermögensansprüche verbleibt). Ein beteiligungsquotaler Anspruch ergibt sich im Liquidationsfall auf Grundlage des auf die einzelnen Gesellschaftsanteile herunter gebrochenen Residualvermögens
- Die Einordnung eines Finanzinstruments als Eigenkapitalinstrument setzt voraus, dass dieses der **nachrangigsten Klasse** der Finanzinstrumente zuzurechnen ist. Das Instrument fällt in diese Klasse, wenn zum einen kein bevorzugter Anspruch an den Vermögenswerten der Gesellschaft im Liquidationsfall vorhanden ist. Zum anderen muss die Nachrangigkeit bei der Befriedigung der Residualvermögensansprüche dem Finanzinstrument immanent sein und darf nicht erst eine Umwandlung des Instruments zu einem derart nachrangigen Instrument bedingen

- Alle Finanzinstrumente, die der vorstehend definierten nachrangigsten Klasse zuzurechnen sind, müssen mit den gleichen Eigenkapital verbürgenden Merkmalen ausgestattet sein (= **identische Ausstattungsmerkmale**). Sie müssen z.B. alle kündbar sein und die Berechnungsmethodik zur Wertermittlung des Eigenkapitalinstruments respektive zur Bewertung des Rückgewährungs-/Abfindungsanspruchs muss bei allen Instrumenten gleich sein
- Ein Eigenkapitalinstrument darf über die vorgenannten Ansprüche hinaus **keine weitergehende Rechtsstellung** verkörpern. Aus dem Finanzinstrument darf demnach für das emittierende Unternehmen, außer im Fall der Kündigung durch den Inhaber, keine anderweitige Verpflichtung resultieren. Ausgenommen hiervon sind bestimmte angemessene Leistungen an einen Gesellschafter als Reflex auf von ihm erbrachte Leistungen gegenüber der Gesellschaft
- Die dem Finanzinstrument zurechenbaren **Cashflows müssen** im Wesentlichen **vom Ergebnis** des emittierenden Unternehmens respektive der bilanziellen Reinvermögensänderung oder der Änderung des Unternehmenswerts **abhängen**. Hierbei kann es nicht auf die tatsächliche Auszahlung an den Inhaber des Finanzinstruments ankommen. Das bedeutet, entweder wird das Jahresergebnis unmittelbar an den Inhaber des Finanzinstruments ausgeschüttet oder es erhöht seinen anteiligen Residualanspruch am Reinvermögen des Unternehmens (z.B. bei Thesaurierung). In beiden Fällen wirkt sich die Unternehmensentwicklung auf den Rückzahlungsanspruch des Finanzinstruments aus
- Ein Finanzinstrument ist nur dann als Eigenkapitalinstrument einzuordnen, wenn neben IAS 32.16A zusätzlich die in IAS 32.16B genannten Anforderungen erfüllt sind. Demnach darf das emittierende Unternehmen keine weiteren Finanzinstrumente ausgegeben haben, deren Cashflows - wie nach IAS 32.16A(e) gefordert – an der Ergebnis-, Eigenkapital- bzw. Unternehmenswertentwicklung partizipieren und deren so ausgestaltete Partizipation die Residualansprüche der kündbaren Eigenkapitalinstrumente begrenzt oder fixiert (= **Negativabgrenzung nach IAS 32.16B**)

IAS 1.136A sieht zudem spezifische Angabepflichten für „puttable financial instruments classified as equity“ vor. Anzugeben sind:

- der Gesamtbetrag der als Eigenkapital klassifizierten Finanzinstrumente,
- die Ziele, Methoden und Prozesse der Überwachung/Steuerung der Rückzahlungsverpflichtungen, die aus der Ausübung des Kündigungsrechts durch den Inhaber resultieren,
- der erwartete Zahlungsabfluss bei Rückgabe/Kündigung des Finanzinstruments,
- Informationen darüber, welche Bewertungsannahmen dem erwarteten Zahlungsabfluss zugrunde liegen.

Insbesondere mit Blick auf die vorgenannten Angabepflichten dürften die neuen Regelungen in der Unternehmenspraxis Probleme aufwerfen. Insbesondere stellt sich hierbei die Frage, wie aufwendig eine derartige Bewertung zum Bilanzstichtag ausfallen müsste.

Um entscheidungsrelevante Informationen darzulegen, scheint eine „Näherungsbewertung“ zwar grundsätzlich nicht vertretbar, wohl aber in der Praxis von Personengesellschaften nicht vermeidbar.

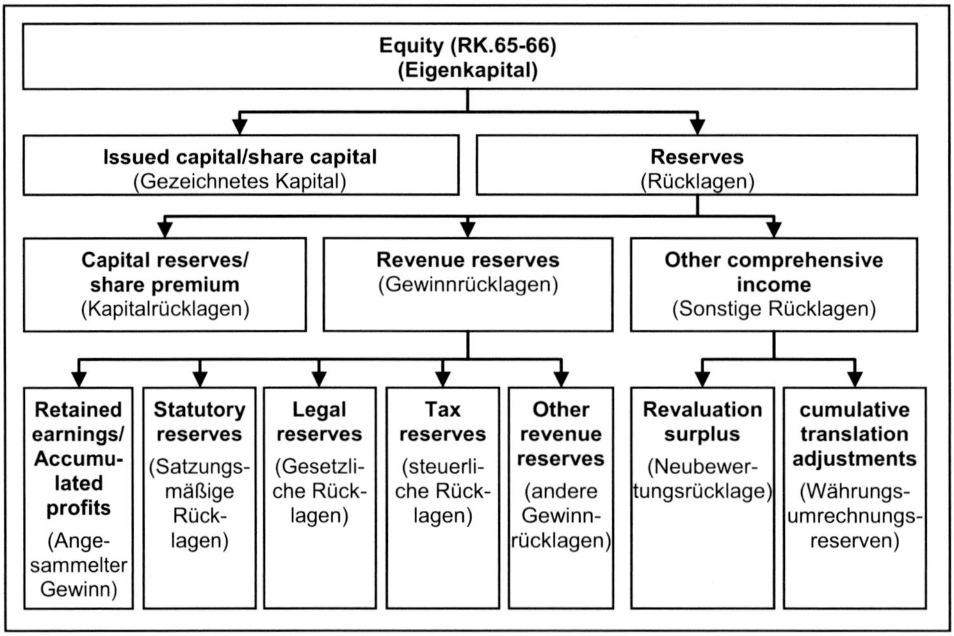

Abbildung 49: Bestandteile des Eigenkapitals nach IFRS

6.1.4 Eigenkapitalveränderungsrechnung

Da in HGB-Abschlüsse regelmäßig das Kongruenzprinzip eingehalten wird, ist eine Eigenkapitalveränderungsrechnung (im handelsrechtlichen Sprachgebrauch „Eigenkapitalspiegel") grundsätzlich nicht notwendig. Der Eigenkapitalspiegel wird aber bei kapitalmarktorientierten Kapitalgesellschaften, die nicht zur Aufstellung eines Konzernabschlusses verpflichtet sind, gefordert (§ 264 I S.2 HGB). Zudem ist er Bestandteil des Konzernabschlusses (§ 297 I HGB). Der Inhalt des Eigenkapitalspiegels wird durch DRS 7 „ Konzerneigenkapital und Konzerngesamtergebnis" konkretisiert.

Im Gegensatz dazu ist eine Darstellung der Eigenkapitalveränderung für eine transparente Berichterstattung nach IFRS unerlässlich, da hier auch Bestandteile ins Eigenkapital gelangen, die noch nicht bzw. nie über die GuV-Rechnung fließen. Zwar wird mittlerweile bereits in der Gesamtergebnisrechnung ausführlich über das sonstige Ergebnis, also direkt im Eigenkapital erfasste (erfolgsneutrale) Komponenten berichtet, einige erfolgsneutrale Änderungen, wie z.B. die retrospektive Anpassung aufgrund von Fehlern ist aber weiterhin Bestandteil der Eigenkapitalveränderungsrechnung.

Aus diesem Grund fordern IAS 1.10(c) und IAS 1.06-110 eine Aufstellung der Veränderungen des Eigenkapitals als eigenständigen Bestandteil des Abschlusses.

Die Eigenkapitalveränderungsrechnung nach IFRS enthält folgende Bestandteile.

- Gesamtperiodenerfolg (total comprehensive income)
    - erfolgswirksames Periodenergebnis der GuV-Rechnung und sonstiges erfolgsneutrales Ergebnis „other comprehensive income"
- Gesamtwirkung der Änderung von Bilanzierungs- und Bewertungsmethoden
- Gesamtwirkung der Berichtigung von Fehlern
- Eigenkapitalveränderung aus Transaktionen mit Eigenkapitalgebern
- Überleitungsrechnung für jede Eigenkapitalkomponente vom Buchwert zu Beginn auf den Buchwert zu Jahresende

	Gezeichnetes Kapital	Gewinnrücklagen	Währungsumrechnungsdifferenzen	Finanzinstrumente available-for-sale	Cashflow-Hedge-Rücklage	Andere Rücklagen (z.B. Neubewertungsrücklage)	Summe Eigenkapital
Saldo am 01.01.2009							
Änderungen der Bilanzierungs- und Bewertungsmethoden							
Angepasster Saldo							
Eigenkapitalveränderung in 2009							
Dividenden							
Gesamtergebnis der Periode							
Saldo am 31.12.2009							
Eigenkapitalveränderung in 2010							
Ausgegebene Aktien							
Dividenden							
Gesamtergebnis der Periode							
Transfer in die Gewinnrücklagen							
Saldo am 31.12.2010							

Tabelle 34: Eigenkapitalveränderungsrechnung nach IFRS

Die Minderheitsanteile die ebenfalls Bestandteil der Eigenkapitalveränderungsrechnung sind, wurden in der Übersicht vernachlässigt, da sie nur für den Konzernabschluss relevant sind.

6.2. Gewinn- und Verlustrechnung

Man kann die Auffassung vertreten, dass die Gewinn- und Verlustrechnung i.d.R. wichtiger als die Bilanz ist. Die Bilanz ist aber mit der Gewinn- und Verlustrechnung untrennbar verbunden. Welche Auszahlungen in derselben Periode Aufwand und welche Einzahlungen in derselben Periode Ertrag werden, leitet sich aus den Regeln zur Bilanzierung ab.

Der Gesamtbetrag des Gewinns steht damit bereits fest (Jahresüberschuss, net income). Es geht „nur noch" um den Ausweis.

6.2.1 Umsatz- und Gesamtkostenverfahren

Die Gewinn- und Verlustrechnung hat die Aufgabe, Entstehungsursachen und Erfolgsquellen des Jahresüberschusses sichtbar zu machen. Sie kann in Form des Gesamtkostenverfahrens oder des Umsatzkostenverfahrens aufgestellt werden.

- Beim **Gesamtkostenverfahren** werden dem Jahresumsatz die gesamten Aufwendungen des laufenden Geschäftsjahres gegenübergestellt. Damit fließen auch diejenigen Aufwendungen in die Gewinn- und Verlustrechnung mit ein, die für die Erhöhung des Bestands an fertigen und unfertigen Erzeugnissen sowie für andere aktivierte Eigenleistungen angefallen sind. Durch die Aktivierung der Bestandserhöhungen und der Eigenleistungen erfolgt gleichsam eine Korrektur der zuvor zu hoch verrechneten Jahresaufwendungen.
- Beim **Umsatzkostenverfahren** werden demgegenüber nur die Kosten angesetzt, die auf die in dieser Periode abgesetzten Produkte entfallen. Die auf eine Bestandserhöhung oder auf aktivierte Eigenleistungen entfallenden Jahresaufwendungen werden damit in der Periode von vornherein nicht als Aufwand verrechnet.

Die Verfahren führen jedoch stets zum gleichen Gesamtergebnis.

Beispiel:

Die Gesamtherstellungskosten/-aufwendungen einer Periode betragen 850. Die Umsatzerlöse der Periode belaufen sich auf 900. In der Periode liegt eine Lagerbestandserhöhung von 100 (Endbestand > Anfangsbestand) vor.

Die GuV zeigt bei Anwendung des **Gesamtkostenverfahrens** folgendes Bild:

Aufwand		Ertrag	
Gesamtherstellungsaufwand	850	Umsatzerlöse der Periode	900
		+ Bestandserhöhung	100
Gewinn GKV	150	=Gesamtleistung der Periode	1000

Die GuV zeigt bei Anwendung des **Umsatzkostenverfahrens** folgendes Bild:

Aufwand		Ertrag	
Gesamtherstellungsaufwand	850	Umsatzerlöse der Periode	900
- Bestandserhöhung	100		
=Aufwand für verkaufte Menge	750		
Gewinn UKV	150		

6.2.2 GuV-Gliederung nach HGB

Die Vorschriften zur Gewinn- und Verlustrechnung sind im HGB – wie zur Bilanz – rechtsformabhängig gestaltet. Innerhalb der Kapitalgesellschaften finden sich gewisse „Erleichterungen“ für kleine Unternehmen.

Das HGB enthält **allgemein für Kaufleute** nur wenige Vorgaben:

- Vollständigkeit: sämtliche Aufwendungen und Erträge (§ 246 I HGB)
- Saldierungsverbot (§ 246 II HGB)
- klar und übersichtlich (§ 243 I und II HGB)
- weder GKV noch UKV vorgeschrieben

Kapitalgesellschaften unterliegen hingegen relativ strengen Gliederungsvorschriften:

- So existiert ein verbindliches Gliederungsschema mit exakter Bezeichnung und Reihenfolge der Positionen (§ 275 HGB), mit Abgrenzungen in den §§ 277, 278 HGB. (Beachte bei Kapitalgesellschaften & Co die Regelungen in § 264c III HGB mit zusätzlichen Gliederungsvorgaben bei Personengesellschaften.)
- Es besteht ein Wahlrecht zwischen dem Gesamtkostenverfahren und dem Umsatzkostenverfahren.
- Kleine und mittlere Kapitalgesellschaften brauchen keine Umsatzerlöse auszuweisen. Sie dürfen bei Anwendung des Gesamtkostenverfahrens die ersten fünf Posten saldiert als Posten **Rohergebnis** ausweisen. Bei Anwendung des Umsatzkostenverfahrens sind dies die Posten eins bis drei und sechs (§ 276 S. 1 HGB). Nur kleine Kapitalgesellschaften brauchen auch keine Erläuterungen zu den außerordentlichen Aufwendungen und Erträgen geben.
- Bei Anwendung des Umsatzkostenverfahrens sind im **Anhang** der Materialaufwand und der Personalaufwand des Geschäftsjahres in der Gliederung nach § 275 II Nr. 5, 6 HGB anzugeben (§ 285 Nr. 8 HGB).
- Generell müssen die Vorjahreszahlen angegeben werden.

1.	Umsatzerlöse	
2.	Erhöhung oder Verminderung des Bestands an fertigen und unfertigen Erzeugnissen	
3.	andere aktivierte Eigenleistungen	
4.	sonstige betriebliche Erträge	1. - 4. = Gesamtleistung
5.	Materialaufwand:	
a)	Aufwendungen für Roh-, Hilfs- und Betriebsstoffe und für bezogene Waren	
b)	Aufwendungen für bezogene Leistungen	1. - 5. = Rohergebnis
6.	Personalaufwand:	
a)	Löhne und Gehälter	
b)	soziale Abgaben und Aufwendungen für Altersversorgung und für Unterstützung, davon für Altersversorgung	
7.	Abschreibungen:	
a)	auf immaterielle Vermögensgegenstände des Anlagevermögens und Sachanlagen sowie auf aktivierte Aufwendungen für die Ingangsetzung und Erweiterung des Geschäfts–betriebs	
b)	auf Vermögensgegenstände des Umlaufvermögens, so weit diese die in der Kapitalgesellschaft üblichen Abschreibungen überschreiten	
8.	sonstige betriebliche Aufwendungen (GKV)	1. - 8. = Betriebsergebnis
9.	Erträge aus Beteiligungen, davon aus verbundenen Unternehmen	
10.	Erträge aus anderen Wertpapieren und Ausleihungen des Finanzanlagevermögens, davon aus verbundenen Unternehmen	
11.	sonstige Zinsen und ähnliche Erträge, davon aus verbundenen Unternehmen	
12.	Abschreibungen auf Finanzanlagen und auf Wertpapiere des Umlaufvermögens	
13.	Zinsen und ähnliche Aufwendungen, davon an verbundene Unternehmen	9. - 13. = Finanzergebnis
14.	Ergebnis der gewöhnlichen Geschäftstätigkeit	1. - 13.
15.	außerordentliche Erträge	
16.	außerordentliche Aufwendungen	
17.	außerordentliches Ergebnis	15. - 16.
18.	Steuern vom Einkommen und vom Ertrag	
19.	sonstige Steuern	
20.	Jahresüberschuss/Jahresfehlbetrag	14. und 17. und 18. - 19.

Tabelle 35: Gesamtkostenverfahren (§ 275 II HGB)

Im Rahmen des Gesamtkostenverfahrens dürfen kleine und mittelgroße Kapitalgesellschaften die Positionen 1 bis 5 zum Posten „Rohergebnis“ zusammenfassen (§ 276 HGB).

1. Umsatzerlöse 2. Herstellungskosten der zur Erzielung der Umsatzerlöse erbrachten Leistungen	
3. Bruttoergebnis vom Umsatz	1. - 2.
4. Vertriebskosten 5. allgemeine Verwaltungskosten 6. sonstige betriebliche Erträge 7. sonstige betriebliche Aufwendungen (UKV)	1. - 7. = Betriebsergebnis
8. Erträge aus Beteiligungen, davon aus verbundenen Unternehmen 9. Erträge aus anderen Wertpapieren und Ausleihungen des Finanzanlagevermögens, davon aus verbundenen Unternehmen 10. sonstige Zinsen und ähnliche Erträge, davon aus verbundenen Unternehmen 11. Abschreibungen auf Finanzanlagen und auf Wertpapiere des Umlaufvermögens 12. Zinsen und ähnliche Aufwendungen, davon an verbundene Unternehmen	8.- 12. = Finanzergebnis
13. Ergebnis der gewöhnlichen Geschäftstätigkeit	1. - 12.
14. außerordentliche Erträge 15. außerordentliche Aufwendungen	
16. außerordentliches Ergebnis	14. - 15.
17. Steuern vom Einkommen und vom Ertrag 18. sonstige Steuern	
19. Jahresüberschuss/Jahresfehlbetrag	13. und 16. und 17. - 18.

Tabelle 36: Umsatzkostenverfahren (§ 275 III HGB)

Das **Umsatzkostenverfahren** ist innerhalb der Positionen 1 bis 7 durch eine deutliche Anlehnung an die **Absatzerfolgsrechnung** gekennzeichnet.

6.2.3 Gesamtergebnisrechnung-Gliederung nach IFRS

Die IFRS-Gewinn und Verlustrechnung wird in eine IFRS-Gesamtergebnisrechnung integriert, die sowohl das erfolgswirksame GuV-Ergebnis, als auch das erfolgsneutrale Ergebnis detailliert aufschlüsselt (z.B. Neubewertungsrücklage). Eine separate Darstellung der Gesamtergebnisrechnung ist auch möglich, diese enthält dann das ergebniswirksame GuV-Ergebnis nur als Saldo (IAS 1.81(a), (b)).

Die Gliederungsvorschriften der Gesamtergebnisrechnung bei IFRS sind weniger strikt. IFRS sieht keine bestimmte Einteilung und Bezeichnung vor. IAS 1.82 verlangt nur wenige Mindestangaben, allerdings wird eine Darstellungsstetigkeit verlangt.

Mindestpositionen nach IAS 1.82

(a) Umsatzerlöse

(b) Finanzierungsaufwendungen

(c) Gewinn- und Verlustanteile an assoziierten Unternehmen und Joint Ventures, die nach der Equity-Methode bilanziert werden

(d) Steueraufwendungen

(e) ein gesonderter Betrag, welcher der Summe entspricht aus:

(i) dem Ergebnis nach Steuern des aufgegebenen Geschäftsbereichs und

(ii) dem Ergebnis nach Steuern, das bei der Bewertung mit dem beizulegenden Zeitwert abzüglich Veräußerungskosten oder bei der Veräußerung der Vermögenswerte oder Veräußerungsgruppe(n), die den aufgegebenen Geschäftsbereich darstellen, erfasst werden.

(f) Gewinn oder Verlust

(g) jeder Bestandteil des sonstigen Ergebnisses nach Art unterteilt (ohne die Beträge unter (h))

(h) Anteil am sonstigen Ergebnis, der auf assoziierte Unternehmen und Gemeinschaftsunternehmen entfällt, die nach der Equity-Methode bilanziert werden; und

(i) Gesamtergebnis

Bei Konzernabschlüssen muss in der Gewinn- und Verlustrechnung dargestellt werden, welcher Teil der Gewinne bzw. Verluste den Anteilseignern des Mutterunternehmens und welcher Teil den Minderheitsgesellschaftern zuzuordnen ist (IAS 1.83).

Die verbleibenden Lücken sind individuell vom Unternehmen aufzufüllen.

Von großer Bedeutung ist deshalb die Grundsatzregel in IAS 1.85. Demnach sind zusätzliche Posten, Überschriften und Zwischensummen in der GuV darzustellen, wenn eine solche Darstellung für das Verständnis der Ertragslage des Unternehmens relevant ist. Außerdem sind alle wesentlichen Ertrags- und Aufwandsposten nach Art und Betrag gesondert anzugeben (IAS 1.86).

Beispiel:

Vom Gewinn des Unternehmens in Höhe von 50 Mio. EUR entfallen 40 Mio. EUR auf den Verkauf von nicht betriebsnotwendigen Grundstücken. Diese Tatsache ist für das Verständnis der Ertragslage des Unternehmens relevant, weil sich der Verkauf der Grundstücke in der Zukunft nicht wiederholen kann. Es handelt sich somit um einen nicht prognosefähigen Anteil des Gesamtgewinns.

Außerdem sehen zahlreiche einzelne Standards weitere Angabepflichten vor.

Beispiel:

Nach IAS 16.73-74 müssen die planmäßigen Abschreibungen von Sachanlagen sowie eventuelle außerplanmäßige Wertminderungsaufwendungen angeführt werden.

Nach IAS 1.99 ist sowohl das Gesamtkostenverfahren als auch das Umsatzkostenverfahren möglich.

Im Unterschied zum HGB gibt es kein völlig freies Wahlrecht, sondern die Darstellungsweise, welche „verlässliche und relevantere Informationen ermöglicht", soll verwendet werden (IAS 1.99).

Beide Ausweisalternativen führen aber immer zum identischen Gewinn. Deshalb dürfte es den Unternehmen unschwer möglich sein, die Wahl jedes Verfahrens zu begründen (IAS 1.105).

International wird das Umsatzkostenverfahren häufiger angewendet.

IFRS bezeichnet das **Gesamtkostenverfahren** auch als Gliederung nach Art der Aufwendungen.

Beim Gesamtkostenverfahren werden dem Umsatz die gesamten Aufwendungen des laufenden Jahres gegenübergestellt. Damit fließen auch diejenigen Aufwendungen in die Gewinn- und Verlustrechnung mit ein, die für die Erhöhung des Bestands an fertigen und unfertigen Erzeugnissen, sowie für andere aktivierte Eigenleistungen angefallen sind. Durch die Aktivierung der Bestandserhöhungen und der Eigenleistungen und ihren Ausweis in der GuV erfolgt eine Korrektur der im Vergleich zum Umsatz zu hoch verrechneten Jahresaufwendungen.

Ein Beispiel für eine Gliederung enthält IAS 1.102.

Umsatzerlöse		2000
Sonstige Erträge		200
Veränderung des Bestandes an Fertigerzeugnissen und unfertigen Erzeugnissen		300
Aufwendungen für Roh-, Hilfs- und Betriebsstoffe	-700	
Zuwendungen an Arbeitnehmer	-600	
Aufwand für planmäßige Abschreibungen	-500	
Andere betriebliche Aufwendungen	-300	
Finanzierungsaufwand	-100	
Gesamtaufwand		-2200
Gewinn vor Steuern		300
Steueraufwand		-120
Gewinn nach Steuern		180

Das **Umsatzkostenverfahren** wird auch Aufwandsgliederung nach Funktionen genannt.

Beim Umsatzkostenverfahren werden demgegenüber nur die Kosten angesetzt, die auf die in dieser Periode abgesetzten Produkte entfallen. Die auf eine Bestandserhöhung oder auf aktivierte Eigenleistungen entfallenden Jahresaufwendungen werden damit in der Periode von vornherein nicht als Aufwand verrechnet. Die Kostengliederung erfolgt nach den betrieblichen Funktionsbereichen.

Ein Gliederungsbeispiel gibt IAS 1.103.

Umsatzerlöse	2000
Umsatzkosten	-1200
Bruttogewinn	800
Sonstige Erträge	200
Vertriebskosten	-100
Verwaltungsaufwendungen	-350
Andere betriebliche Aufwendungen	-150
Finanzierungsaufwand	-100
Gewinn vor Steuern	300
Steueraufwand	-120
Gewinn nach Steuern	180

Verwendet ein Unternehmen in der GuV das Umsatzkostenverfahren, so muss es nach IAS 1.104 trotzdem noch Zusatzangaben über die Art der Aufwendungen machen. Hierzu gehören insbesondere die planmäßigen Abschreibungen und die Personalaufwendungen.

Die ähnelt der Regelung in § 285 Nr. 8 HGB, nach der bei Anwendung des Umsatzkostenverfahrens im Anhang der Materialaufwand und der Personalaufwand des Geschäftsjahres in der Gliederung nach § 275 II Nr. 5, 6 HGB anzugeben sind. Beide Vorgehensweisen – Umsatzkostenverfahren, Gesamtkostenverfahren – führen stets zum gleichen Gewinn.

Die IFRS-GuV umfasst immer auch Vorjahresbeträge (IAS 1.38). Der Grundsatz der Darstellungsstetigkeit nach IAS 1.45 gilt auch für die GuV. Insgesamt beinhalten die internationalen Rechnungslegungsstandards aber hohe Ermessensspielräume bei der Erfolgsgliederung. Die zwischenbetriebliche Vergleichbarkeit ist schlecht.

Spezialfrage - Problem einzustellende Geschäftsbereiche

Hat ein Unternehmen sich entschieden einen Geschäftsbereich zu veräußern, so gilt die getrennte Erfassung der „discontinued operation" nach IFRS 5.30-33 ab dem Veräußerungsbeschluss bzw. ab dem Jahr der Einstellung. Die Bewertung richtet sich hierbei nach den Vorschriften der Bewertung von einzelnen langfristigen Vermögenswerten, die als zur Veräußerung gehalten klassifiziert werden (IFRS 5.15ff).

In der GuV-Rechnung sind das Ergebnis nach Steuern des einzustellenden Bereichs und der Gewinn/Verlust aus der Bewertung zum beizulegenden Zeitwert abzüglich der Veräußerungskosten hinreichend nach den Vorschriften des IFRS 5.33 zu untergliedern und gesondert anzugeben. Es hat in der Bilanz gesonderter Ausweis der zum Verkauf bestimmten langfristigen Vermögenswerte und einzustellenden Geschäftsbereiche zu erfolgen (IFRS 5.38 – 40). Wahlweise ist auch eine detaillierte Darstellung in den Notes anzugeben.

6.2.4 Erfolgsspaltung

Bei der Analyse von Abschlüssen interessiert nicht nur der Gesamtgewinn. Vielmehr ist auch seine Aufteilung oder „Spaltung" in verschiedene Ergebniskomponenten relevant.

Hauptsächliches Ziel dieser Erfolgsspaltung ist die Abschätzung der nachhaltigen Ertragskraft des Unternehmens als Basis der Prognose der künftigen Gewinne.

Der Aufspaltung des **ordentlichen Ergebnisses** liegt die Vorstellung zu Grunde, dass die Ertragskraft des Unternehmens in erster Linie nach dem Erfolg ihrer eigentlichen, sachzielbezogenen Aktivitäten zu beurteilen sei:

- nachhaltiges ordentliches betriebliches Ergebnis (= **Betriebsergebnis**)
- ordentliches betriebsfremdes Ergebnis (= **Finanz- und Verbundergebnis**)
    - aus Erträgen durch Tochterunternehmen, Gemeinschaftsunternehmen und operativen Beteiligungen
    - aus Erträgen von Geldanlagen (auf der Aktivseite)
    - aus Zinsaufwendungen für die Verschuldung (auf der Passivseite)

Gegen diese Vorgehensweise lässt sich einwenden, dass eine klare buchhalterische Trennung von Betriebs- und Finanzbereich vielfach nicht erfolgt oder undurchführbar ist und/oder eine Trennung von Betriebs- und Finanzerfolg im Falle von Unternehmensverbindungen, bei denen betriebliche Funktionen ausgelagert sind, sehr erschwert ist.

Hiervon sind abzugrenzen:

- „**außerordentliche**" Erfolge i.w.S.
  (tatsächliche Erfolge sowie die Bildung und Auflösung stiller Reserven)
- Erfolge aus künftig **nicht fortgeführten Tätigkeiten**

Sie lassen keine Fortschreibung der Vergangenheit in die Zukunft zu.

Problem: „Außerordentlich"

Nach **HGB** werden zwar „außerordentliche Erträge" und „außerordentliche Aufwendungen" ausgewiesen. Die Posten sind in Bezug auf ihren Betrag und ihre Art im Anhang zu erläutern, wenn sie nicht von untergeordneter Bedeutung sind (§ 277 IV HGB). Es handelt sich hierbei um unregelmäßig anfallende außerordentliche Erträge und Aufwendungen, die

- nicht aus der gewöhnlichen Geschäftstätigkeit heraus entstehen,
- nicht von untergeordneter Bedeutung sind und
- selten bzw. unregelmäßig anfallen.

Es ist jedoch aus betriebswirtschaftlicher Sicht zu eng gefasst. Zusätzliche nicht-prognosefähige Gewinnbestandteile verstecken sich oft in den „sonstigen betrieblichen Erträgen" und den „sonstigen betrieblichen Aufwendungen". Dazu gehören z.B.:

- aperiodische Erträge und Aufwendungen (§ 277 IV S. 3 HGB)
- Liquidationserfolge
- Bewertungserfolge

Ein Problem besteht darin, dass sonstige betriebliche Erträge/Aufwendungen in der HGB-Erfolgsspaltung regelmäßig in der gewöhnlichen Erfolgsspaltung enthalten sind.

Nach **IFRS** dürfen Unternehmen heute keine GuV-Position mit der Bezeichnung als „außerordentliches Ergebnis“ ausweisen (IAS 1.87). Die Abgrenzungsprobleme zwischen dem ordentlichen und dem außerordentlichen Ergebnis wurden als zu gravierend angesehen.

Allerdings müssen nach IAS 1.86 alle „wesentlichen“ Posten einzeln dargestellt werden. Aufgrund dieser Grundsatzregel sind auch Sachverhalte anzuführen, die möglicherweise zu nicht prognosefähigen Gewinnen oder Verlusten geführt haben.

IAS 1.98 führt aus:

Umstände, die zu einer gesonderten Angabe von Ertrags- und Aufwandsposten führen, können sein:

(a) außerplanmäßige Abschreibung der Vorräte auf den Nettoveräußerungswert oder der Sachanlagen auf den erzielbaren Betrag, sowie die Wertaufholung solcher außerplanmäßigen Abschreibungen;

(b) eine Restrukturierung der Tätigkeiten eines Unternehmens und die Auflösung von Rückstellungen für Restrukturierungsaufwand;

(c) Abgang von Posten der Sachanlagen;

(d) Veräußerung von Finanzanlagen;

(e) aufgegebene Geschäftsbereiche;

(f) Beendigung von Rechtsstreitigkeiten;

(g) sonstige Auflösungen von Rückstellungen

Weitere denkbare Fälle sind beispielsweise erhaltene Subventionen, Sanierungsgewinne oder Schäden durch Betrug und Unterschlagungen.

Die Unterschiede zwischen HGB und IFRS lassen sich in folgender Tabelle zusammenfassen:

HGB-GuV		IFRS-GuV
außerordentliches Ergebnis	↔	kein außerordentliches Ergebnis
Erläuterung nur im Anhang	↔	wesentliche Posten einzeln in der GuV

Tabelle 37: Erfolgsspaltung nach HGB und IFRS

6.3. Ausblick: Geplante Änderung: Discussion Paper „Preliminary Views on Financial Statement Presentation

Mit dem Konvergenzprojekt „Financial Statement Presentation" des IASB und FASB soll in insgesamt drei Teilschritten (Phase A bis C) eine Angleichung der Standards IAS 1 „Presentation of Financial Statements" und den entsprechenden Regelungen nach US-GAAP erreicht werden. Mit dieser Angleichung geht zugleich eine grundlegende Neuausrichtung der Darstellungsgrundsätze für einen IFRS-Abschluss einher.

Beabsichtigt ist eine deutlichere Ausrichtung von IFRS-Abschlüssen an den Bedürfnissen der Abschlussadressaten, vornehmlich von Investoren.

Der am 29.05.2008 veröffentlichte ED „Conceptual Framework" definiert bereits die Ziele der Finanzberichterstattung und den mit diesen verbundenen qualitativen Anforderungen. (Vgl. dazu: Abschnitt 2.3 Ausblick: geplante Änderung des IFRS-Framework). Die Arbeiten der bereits abgeschlossenen Phase A wurden in dem Diskussionspapier „Preliminary Views on Financial Statement Presentation" (kurz: DP) berücksichtigt. Mit den Vorschlägen des DP liegen die ersten Ergebnisse der Projektphase B vor. Phase C des Projekts wurde noch nicht eingeleitet.

Angestrebt sind eine zusammenhängende und übergreifende Strukturierung (Cohesiveness) der Abschlussbestandteile untereinander sowie eine konsistente Regelung ihrer Aufgliederung (Disaggregation). Ein Standardentwurf (ED) wird für das erste Halbjahr 2010 avisiert.

6.3.1 Gliederung von Abschlussbestandteilen nach Strukturmerkmalen

Die Umsetzung des **ersten Leitprinzips** soll künftig in einer **übergreifenden Strukturierung** der Bilanz, Gesamtergebnis- und Kapitalflussrechnung nach den Kategorien Business, Financing, Income Taxes, Discontinued Operations und Equity bzw. Other Comprehensive Income (Net of Tax) münden. Die Business-Kategorie wird dabei weiter in eine Operating- sowie Investing-Kategorie (operative und Investitionstätigkeit) untergliedert. Die Kategorie Financing gliedert sich entsprechend in Financing Assets (finanzielle Vermögenswerte) und Financing Liabilities (finanzielle Verbindlichkeiten):

Struktur der Abschlussbestandteile		
Statement of Financial Position (Bilanz)	**Statement of Comprehensive Income** (Gesamtergebnisrechnung)	**Statement of Cashflows** (Kapitalflussrechnung)
Business Operating assets and liabilities Investing assets and liabilities	**Business** Operating income and expense Investing income and expense	**Business** Operating cashflows Investing cashflows
Financing Financing assets Financing liabilities	**Financing** Financing income Financing expense	**Financing** Financing asset cashflows Financing liability cashflows
Income Taxes	**Income Taxes** on continuing operations	**Income Taxes**
Discontinued Operations	**Discontinued Operations,** net of tax	**Discontinued Operations**
Equity	**Other Comprehensive Income,** net of tax	**Equity**

Abbildung 50: Geplante Strukturierung von Abschlussinformationen gemäß IAS 1

Künftig sollen damit Bilanz, Gesamtergebnis- und Kapitalflussrechnung einheitlich dargestellt und strukturiert werden. Diese Einheitlichkeit soll idealerweise auch auf Einzelpostenebene erreicht werden (sog. Line-Item Cohesiveness).

Als Konsequenz dieser übergreifenden Strukturierung sind Veränderungen von Vermögenswerten und Schulden künftig derjenigen Kategorie (Business, Financing, Income Taxes oder Discontinued Operations) in der Gesamtergebnis- bzw. Kapitalflussrechnung zuzuordnen, innerhalb welcher der jeweilige Vermögenswert bzw. die jeweilige Schuld auch in der Bilanz ausgewiesen wurde. Entsprechend sind Veränderungen des Bilanzpostens „Eigenkapital" zum einen innerhalb der Kategorie Equity im Rahmen der Kapitalflussrechnung und zum anderen in der Kategorie Other Comprehensive Income (Net of Tax) im Rahmen der Gesamtergebnisrechnung aufzuführen.

Die Klassifizierung des jeweiligen Vermögenswerts bzw. der jeweiligen Schuld soll auf der Einschätzung des Managements beruhen, wobei jede Klassifizierung im Anhang innerhalb der Bilanzierungs- und Bewertungsmethoden zu begründen ist. Hiermit sollen Investoren einen besseren Einblick in die Sichtweise des Managements erhalten. Diversifizierte und/oder multinationale Unternehmen bestehend aus verschiedenen berichtspflichtigen Segmenten sollen zudem die Klassifizierung ihrer Finanzinformationen für jedes berichtspflichtige Segment einzeln vornehmen.

6.3.2 Hervorhebung von auf Dauer angelegten Unternehmensaktivitäten

Das **zweite Leitprinzip** sieht die konsequente **Trennung von auf Dauer angelegten Unternehmensaktivitäten und Einmaleffekten** in den verschiedenen Abschlussbestandteilen vor. Die Formulierung der Strukturmerkmale Business, Financing sowie der jeweiligen Unterkategorien (Operating und Investing) ergeben sich im Detail wie folgt:

- Die **Kategorie Business** soll künftig alle Vermögenswerte und Schulden sowie der mit diesen Größen zusammenhängenden (Wert-)Änderungen enthalten, die sich auf die gewöhnliche Geschäftstätigkeit des Unternehmens beziehen. Die Geschäftstätigkeit wird dabei nunmehr als die Tätigkeit eines Unternehmens angesehen, welche darauf abzielt, durch die Produktion von Waren oder die Erbringung von Dienstleistungen (Unternehmens-) Wert zu schaffen. Die Kategorien Operating und Investing bilden die Unterkategorien der Business-Kategorie. Die Kategorie Operating enthält alle Vermögenswerte und Schulden sowie deren (Wert-)Änderungen, die aus Managementsicht direkt mit dem Hauptzweck der Geschäftstätigkeit des Unternehmens verbunden sind. Eine Ausnahme gilt für solche (Wert-) Änderungen, für die ein Standard oder eine Interpretation den Ausweis innerhalb des Other Comprehensive Income vorschreibt. Diese (Wert-) Änderungen erscheinen folglich nicht in der Operating-Kategorie der Gesamtergebnis- bzw. Kapitalflussrechnung. Die Kategorie Investing umfasst im Umkehrschluss alle Vermögenswerte und Schulden sowie deren (Wert-) Änderungen, die aus Managementsicht nicht mit dem Hauptzweck des Unternehmens verbunden sind. So dienen sog. Investing Assets bzw. Investing Liabilities allein der Erzielung von Renditen aus Zinsen, Dividenden oder Marktpreisänderungen, welche im Falle von Nicht-Finanzinstitutionen aus Sicht der Standardsetter keine auf Dauer angelegten Einnahmequellen des Unternehmens darstellen. Auch hier sind (Wert-) Änderungen, für die ein Standard oder eine Interpretation den Ausweis innerhalb des Other Comprehensive Income vorschreibt, nicht in der Investing-Kategorie der Gesamtergebnis- bzw. Kapitalflussrechnung auszuweisen.

- Im Gegensatz zur Business-Kategorie enthält die **Financing-Kategorie** nur finanzielle Vermögenswerte und finanzielle Schulden sowie deren (Wert-) Änderungen, die aus Managementsicht der Finanzierung der Geschäftstätigkeit des Unternehmens dienen. Die innerhalb der Financing-Kategorie aufgeführten finanziellen Vermögenswerte werden entsprechend ihrer Unterkategorie als Financing Assets bezeichnet, die danach zugeordneten finanziellen Schulden wiederum gemäß ihrer Unterkategorie als Financing Liabilities. Im Hinblick auf die Bestimmung der Zugehörigkeit eines finanziellen Vermögenswerts bzw. einer finanziellen Schuld zur Kategorie Financing muss das bilanzierende Unternehmen künftig die Austauschbarkeit der finanziellen Vermögenswerte oder finanziellen Schulden durch andere Finanzierungsquellen in Betracht ziehen. Beispielsweise kann ein Unternehmen Geschäftsausstattung gleichermaßen durch Zahlungsmittel, Leasing oder Bankdarlehen erwerben. Die Austauschbarkeit einer Finanzierungsquelle soll demnach deren Zuordnung zur Financing-Kategorie determinieren. Analog zur Verfahrensweise im Rahmen der Business-Kategorie sind solche (Wert-) Änderungen von finanziellen Vermögenswerten und Schulden nicht der Financing-Kategorie der Gesamtergebnis- bzw. Kapitalflussrechnung zuzuordnen, für die ein Standard oder eine Interpretation den Ausweis innerhalb des Other Comprehensive Income vorsieht.

Sofern Vermögenswerte bzw. Schulden nicht eindeutig einer der beiden Kategorien zuzuordnen sind, sollen diese innerhalb der Operating-Kategorie ausgewiesen werden.

Die den Kategorien Equity, Income Taxes sowie Discontinued Operations zuzuordnenden Vermögenswerte und Schulden ergeben sich jeweils aus den speziellen IFRS-Regelungen (RK.49, RK.65-68, IAS 12 sowie IFRS 5).

6.3.3 Disaggregation von Abschlussinformationen

Das **dritte Leitprinzip** resultiert in unterschiedlichen Regelungen zur **Disaggregation von Informationen** in den einzelnen Abschlussbestandteilen. Grundsätzlich sollen auf dieser Basis die Cashflows von Unternehmen einfacher als bisher prognostiziert werden können.

Bilanz

In der **Bilanz** sind künftig Vermögenswerte und/oder Schulden, denen ein unterschiedliches Bewertungsverfahren zugrunde liegt, nicht mehr innerhalb eines Einzelpostens zusammenzufassen. Beispielsweise müssen finanzielle Vermögenswerte, die zum beizulegenden Zeitwert bilanziert sind, separat von finanziellen Vermögenswerten dargestellt werden, die das Unternehmen zu fortgeführten Anschaffungskosten bewertet.

Unabhängig davon, ob eine Untergliederung der Vermögenswerte und Schulden nach Fristigkeit oder Liquidierbarkeit in der Bilanz angewendet wird, muss zwingend eine Offenlegung der Bilanzposten nach der Fristigkeit erfolgen. Im Gegensatz zu der bisher vergleichsweise weit gefassten Abgrenzung von kurzfristigen Bilanzposten in IAS 1.66 und IAS 1.69, welche auch bei entsprechend langem operativen Geschäftszyklus mehrjährig gebundene Vermögenswerte und Schulden einschließt, findet nunmehr eine klare Orientierung an dem Zeitraum der vertraglichen Fälligkeit bzw. dem erwarteten Realisations- und Abwicklungszeitpunkt statt.

Zahlungsmitteläquivalente sollen künftig von Zahlungsmitteln in der Bilanz getrennt dargestellt werden. Zahlungsmitteläquivalente unterliegen im Gegensatz zu Zahlungsmitteln einem gewissen Preisrisiko (z.B. durch die Bonität des Schuldners), was eine gesonderte Darstellung erfordere.

Gesamtergebnisrechnung

Die angedachten Änderungen im Hinblick auf die **Gesamtergebnisrechnung** sehen die Erfassung von Aufwendungen und Erträgen in einer einzigen Gesamtergebnisrechnung gemäß dem sog. Single-Statement Approach vor. Das bisher bestehende Wahlrecht zur alternativen Anwendung des sog. Two-Statement Approach soll demnach in Zukunft entfallen.

Darüber hinaus sollen Erträge und Aufwendungen sowie Gewinne und Verluste innerhalb der verschiedenen Kategorien (Operating, Investing und Financing) nach Funktionsbereichen aufgegliedert werden. Als mögliche Funktionsbereiche werden Entwicklung, Herstellung, Verwaltung, Marketing, Werbung, Vertrieb und die Erbringung von Dienstleistungen aufgeführt. Somit wäre für die Darstellung der Gesamtergebnisrechnung in Zukunft nur noch das Umsatzkostenverfahren anwendbar, das Gesamtkostenverfahren würde obsolet. Dies gilt indes nur insoweit, als die Gliederung nach Funktionsbereichen – nach dem Ermessen des Managements – nützlichere Abschlussinformationen in Bezug auf die Prognosefähigkeit künftiger Cashflows generiert (z.B. weil das Unternehmen hauptsächlich Dienstleistungen anbietet und keine unterschiedlichen Funktionsbereiche aufweist). Die innerhalb der verschiedenen Funktionsbereiche auszuweisenden Aufwendungen und Erträge sind zusätzlich entsprechend ihrer Art zu untergliedern. Als Beispiele werden die Disaggregation von Umsatzerlösen in „Umsatzerlöse aus Großhandelsaktivitäten" und „Umsatzerlöse aus Einzelhandelsaktivitäten" sowie von Umsatzkosten in Materialkosten, Personalkosten, Transportkosten und Energiekosten genannt.

Kapitalflussrechnung

Die **Kapitalflussrechnung** soll in Zukunft nur noch nach der direkten Methode aufgestellt werden dürfen. Die vorgesehene Strukturierung der Abschlussbestandteile führt zu einer modifizierten Behandlung von ehemals der Investitionstätigkeit zugeordneten Cashflows. So stellen z.B. Investitionen eines herstellenden Unternehmens in seinen Maschinenpark nicht mehr Cashflows aus Investitionstätigkeit dar, sondern sind den Cashflows aus operativer Tätigkeit zuzuordnen. Denn nach den angedachten Änderungen folgt der Ausweis von Einzelposten innerhalb der Kapitalflussrechnung dem Ausweis in der Bilanz. Auf Grundlage der Kapitalflussrechnung wird zudem nur noch der Anfangsbestand von Zahlungsmitteln zu deren Endbestand übergeleitet, nicht jedoch von Zahlungsmitteln und Zahlungsmitteläquivalenten.

6.3.4 Künftige Auswirkungen der geplanten Änderungen auf die Erfolgsstrukturanalyse

Nachhaltigkeit	Zugehörigkeit zu einem Bereich unternehmerischer Tätigkeit			
	Geschäftstätigkeit		Finanzierungstätigkeit	sonstiges
	operativ	investiv		
fortzuführende Geschäftsbereiche				
regelmäßig anfallende Komponenten				
Bewertungsergebnisse aus regelmäßig wiederkehrenden Wertanpassungen				
Bewertungsergebnisse aus unregelmäßig wiederkehrenden Wertanpassungen				
aufgegebene Geschäftsbereiche				

Abbildung 51: Geplante Änderungen der Erfolgsstrukturanalyse

Das künftig vorgesehene **Erfolgsspaltungsschema** unterscheidet sich somit in mehrfacher Hinsicht vom bisher angewandten Erfolgsspaltungsschema der IFRS-Rechnungslegung:

- Erstmals wird innerhalb der Geschäftstätigkeit der Ergebnisbeitrag aus dem unternehmerischen Kerngeschäft von denjenigen Aktivitäten unterschieden, welche als nicht betriebsnotwendig in einem betriebswirtschaftlichen Sinne einzustufen sind.
- Durch eine im Anhang vorgeschriebene Überleitungsrechnung gelingt es, die Komponenten der Gesamtergebnisrechnung hinsichtlich der voraussichtlichen Nachhaltigkeit systematisch zu untergliedern. Bislang ist es über die Angabepflicht des

IAS 1.97 ff. nur näherungsweise möglich, Sondereffekte im Betriebs- sowie Finanz- und Beteiligungsergebnis zu separieren; aufgrund der Beschränkung auf die wesentlichen Sondereffekte im Jahresergebnis (ohne sonstiges Gesamtergebnis) ist weder eine Vollständigkeit der Analyse noch eine entsprechende Differenzierung der Nachhaltigkeit in die verschiedenen Ebenen möglich.

- Infolge der Differenzierung der Ergebniskomponenten im sonstigen Gesamtergebnis nach den einzelnen Bereichen der unternehmerischen Tätigkeit gelingt es, auch diese Ergebniskomponenten mit in die Erfolgsstrukturanalyse (aus fortzuführenden Geschäftsbereichen) zu integrieren.
- Des Weiteren lassen sich aus der parallelen Untergliederung von (operativen) Aufwendungen und Erträgen der Funktion und der Art nach zusätzliche Erkenntnisse hinsichtlich der Reagibilität von Aufwendungen und Erträgen auf externe Einflussfaktoren oder Beschäftigungsschwankungen ableiten.

7 Kapitalflussrechnung und Angabepflichten

Lernziele

Sie beschäftigen sich mit der Kapitalflussrechnung und mit den zusätzlichen Angabepflichten. Hierzu gehören:

- Bedeutung, Aufbau und Aussagekraft von Kapitalflussrechnung
- Anhang nach HGB und IFRS im Vergleich
- Angaben „unter dem Bilanzstrich" (HGB) sowie entsprechende IFRS-Daten
- Lagebericht (HGB) und äquivalente IFRS-Angaben

7.1. Kapitalflussrechnung

7.1.1 Überblick

Unter einer Kapitalflussrechnung versteht man eine Übersicht der Ein- und Auszahlungen des Unternehmens während der Abrechnungsperiode in geordneter Form. Die Ein- und Auszahlungen liefern eine Erklärung für die Veränderungen der Finanzmittel zwischen Periodenbeginn und Periodenende:

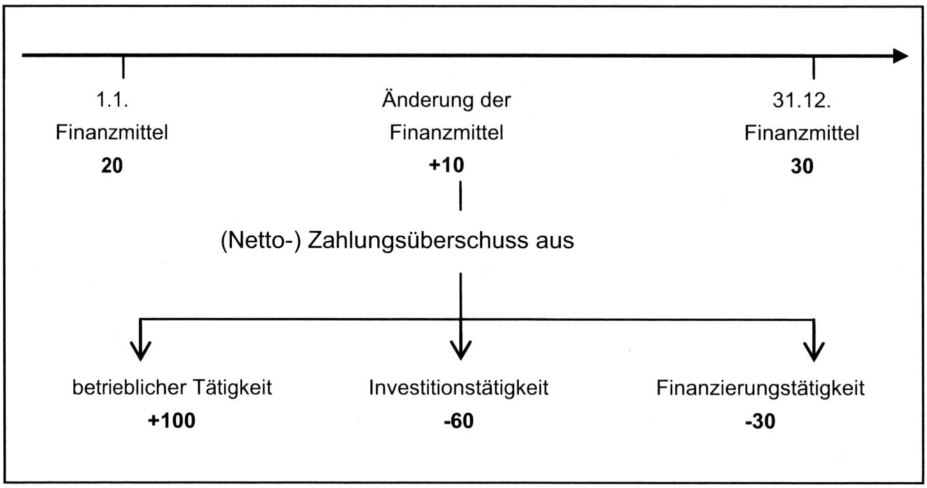

Abbildung 52: Überblick Kapitalflussrechnung

Nach **Handelsrecht** ist eine Kapitalflussrechnung im Einzelabschluss, außer in dem kapitalmarktorientierter Kapitalgesellschaften (§ 264d HGB), nicht notwendig (§ 264 I HGB). Sie gehört jedoch zwingend zu einem Konzernabschluss (§ 297 I HGB). Da sich im HGB keine Vorgaben zu Inhalt und Ausgestaltung einer Kapitalflussrechnung finden, enthält der Deutsche Rechnungslegungsstandard Nr. 2 (DRS 2) entsprechende Ausführungen, der sich stark an die IFRS Regelungen anlehnt.

Nach IAS 1.10(d) und IAS 1.111 gehört eine Kapitalflussrechnung zu jedem **IFRS**-Abschluss. Für Einzelheiten wurde der gesonderte Standard IAS 7 erlassen.

In der Mehrzahl der Fälle besitzen die deutschen Ausführungen in DRS 2 keine Relevanz, da eine Konzern-Kapitalflussrechnung bereits nach IAS 7 aufgestellt wurde. Im Folgenden werden daher die internationalen Regelungen aufgezeigt.

Gemäß IAS 7.10 werden innerhalb der Kapitalflussrechnung die Cashflows (CF) in drei Bereiche klassifiziert:

- betriebliche Tätigkeit
- Investitionstätigkeit
- Finanzierungstätigkeit

Den Begriff der Cashflows definiert IAS 7.6 näher als Zuflüsse und Abflüsse von Zahlungsmitteln und Zahlungsmitteläquivalenten.

Zu den Zahlungsmitteln gehören nur Bargeld und Sichteinlagen.

Zahlungsmitteläquivalente sind kurzfristige, äußerst liquide Geldanlagen, die jederzeit in einen bestimmten Zahlungsmittelbetrag umgewandelt werden können und nur unwesentlichen Wertschwankungen unterliegen. Sie sollten daher eine Restlaufzeit von maximal 3 Monaten aufweisen.

Beispiele:

kurzfristige festverzinsliche Wertpapiere, Wechsel

Bankkredite gehören grundsätzlich zur Kategorie Finanzierung und mindern nicht die Zahlungsmitteläquivalente. Kontokorrentkredite werden jedoch von den Zahlungsmitteläquivalenten abgezogen, wenn sie jederzeit rückzahlbare Verpflichtungen darstellen und das Konto zum täglichen Finanzausgleich – Zahlungsmitteldisposition – verwendet wird. Ein Hinweis dafür ist der häufige Wechsel von positiven und negativen Salden.

Die Zusammensetzung des Fonds aus Zahlungsmitteln und Zahlungsmitteläquivalenten muss von Unternehmen angegeben werden. Es ist auch eine Überleitungsrechnung auf die entsprechenden Bilanzpositionen vorzunehmen (IAS 7.45).

Mustergliederungen für den Aufbau einer Kapitalflussrechnung eines Industrieunternehmens enthält Anhang A von IAS 7. Anhang B zeigt eine Beispielgliederung für ein Finanzunternehmen.

Ausblick: Geplante Änderung der Darstellung der Kapitalflussrechnung nach IFRS

Mit dem Konvergenzprojekt „Financial Statement Presentation” des IASB und FASB soll in insgesamt drei Teilschritten (Phase A bis C) eine Angleichung der Standards IAS 1 „Presentation of Financial Statements” und den entsprechenden Regelungen nach US-GAAP erreicht werden. Mit dieser Angleichung geht zugleich eine grundlegende Neuausrichtung der Darstellungsgrundsätze für einen IFRS-Abschluss einher. Siehe hierzu Punkt 6.3 Ausblick: Geplante Änderung: Discussion Paper „Preliminary Views on Financial Statement Presentation.

7.1.2 Cashflows aus betrieblichen Tätigkeiten

Zu den Cashflows aus betrieblichen Tätigkeiten gehören (IAS 7.13-15):

- Einzahlungen aus dem Verkauf von Gütern
- Einzahlungen aus Mieten, Pachten, Honoraren, Provisionen und anderen Erlösen
- Auszahlungen an Lieferanten von Gütern und Dienstleistungen
- Auszahlungen an Arbeitnehmer und für Arbeitnehmer
- Ein- und Auszahlungen von Versicherungsunternehmen für Prämien, Schadensregulierungen, Renten und andere Versicherungsleistungen

Hinsichtlich verschiedener Cashflows besteht jedoch ein Wahlrecht, ob sie der betrieblichen Tätigkeit oder alternativ den Bereichen Investition oder Finanzierung zugeordnet werden sollen (IAS 7.14 (f), IAS 7.31-35):

Cashflow aus betrieblicher Tätigkeit	alternative Kategorie
erhaltene Dividenden	Investitionstätigkeit
erhaltene Zinsen	Investitionstätigkeit
Steuerzahlungen, die bestimmten Investitionstätigkeiten zugeordnet werden können (z.B. Steuern auf erhaltene Zinsen)	Investitionstätigkeit
gezahlte Dividenden	Finanzierungstätigkeit
gezahlte Zinsen	Finanzierungstätigkeit
Steuerzahlungen, die bestimmten Finanzierungstätigkeiten zugeordnet werden können	Finanzierungstätigkeit

Tabelle 38: Zuordnungswahlrechte bei den Cashflow-Kategorien

Erhaltene und gezahlte Zinsen sowie erhaltene und gezahlte Dividenden müssen innerhalb des Bereichs jeweils in separaten Positionen der Kapitalflussrechnung ausgewiesen werden. Die Zuordnungswahlrechte sind stetig auszuüben (IAS 7.31).

Darstellung nach der direkten und indirekten Methode

Bei den Cashflows aus der betrieblichen Tätigkeit gibt es zwei Formen des Ausweises (IAS 7.18):

- **direkte** Darstellung nach Hauptklassen der Ein- und Auszahlungen:

Umsatzeinnahmen

– Materialeinkauf
– Personalauszahlungen
– sonstige laufende betriebliche Auszahlungen
– Ertragsteuern

- **indirekte** Darstellung durch Korrektur des betrieblichen Ergebnisses um Abweichungen von den Zahlungsströmen:

	betriebliches Ergebnis
–	Ertragsteuern
+	zahlungsunwirksame Aufwendungen (z.B. Abschreibungen)
–	zahlungsunwirksame Erträge (z.B. Reduzierung Rückstellungen)
–	Erhöhung des Netto-Umlaufvermögens (z.B. Zunahme der Vorräte, Zunahme der Forderungen aus LuL, Abnahme der Verbindlichkeiten aus LuL)

Die Anwendung nach der direkten Methode wird von IAS empfohlen. In der Praxis ist allerdings die indirekte Methode gebräuchlicher. Beide Gliederungsschemata finden sich auch im Beispiel nach Anhang A zu IAS 7 wieder. Nach Handelsrecht gibt es ebenfalls die Wahl zwischen direkter und indirekter Methode. Ein Mindestgliederungsschema befindet sich in DRS 2.26 f. und entspricht weitestgehend der Gliederung nach IFRS.

7.1.3 Cashflows aus Investitionstätigkeiten

Die Cashflows aus Investitionstätigkeiten umfassen mehr als die Vornahme von Sachinvestitionen. Zu ihnen gehören nämlich gemäß IAS 7.16:

- Investitionen: Auszahlungen für den Erwerb von
  - Sachanlagen
  - immateriellen Vermögenswerten
  - Tochterunternehmen
  - anderen Finanzanlagen
- Desinvestitionen: Einzahlungen aus deren Verkauf

Die Hauptgruppen der Zahlungen müssen getrennt ausgewiesen werden (IAS 7.21). Werden aus Finanzanlagen Zinsen oder Dividenden vereinnahmt, so können die Zahlungen wie beschrieben auch dem betrieblichen Bereich zugeordnet werden. Das Zuordnungswahlrecht gilt gleichermaßen für Steuerzahlungen auf solche Zinsen oder Dividenden.

Beispiel:

Die Bohrgut AG hat als Geldanlage 2 Mio. Euro Staatsanleihen der Bundesrepublik Deutschland erworben. Sie erhält hieraus 100 TEUR Zinsen. Vor den gesamten Steuerzahlungen in Höhe von 800 TEUR entfallen rechnerisch 40 TEUR auf die erhaltenen Zinsen.

Alternative (a):

Cashflows aus betrieblicher Tätigkeit:

- sonstige betriebliche Einzahlungen und Auszahlungen xxx
- erhaltene Zinsen +100
- Steuerzahlungen (gesamt) -800

Cashflows aus Investitionstätigkeit:

- sonstige Investitionen xxx
- Finanzinvestition in Staatsanleihen -2000

Cashflows aus Finanzierungstätigkeit: ....

Alternative (b):

Cashflows aus betrieblicher Tätigkeit:

- sonstige betriebliche Einzahlungen und Auszahlungen xxx
- Steuerzahlungen auf betriebliche Tätigkeit -760

Cashflows aus Investitionstätigkeit:

- sonstige Investitionen xxx
- Finanzinvestition in Staatsanleihen -2000
- erhaltene Zinsen +100
- Steuerzahlungen auf erhaltene Zinsen -40

Cashflows aus Finanzierungstätigkeit: ....

7.1.4 Cashflows aus Finanzierungstätigkeiten

Zu den Cashflows aus Finanzierungstätigkeit gehören Zahlungen im Zusammenhang mit der Kredit- und Beteiligungsfinanzierung.

In jeden Fall sind dies (IAS 7.17):

- Fremdkapital
    - Aufnahme und Erhöhung von Krediten
    - Tilgung und Reduzierung von Krediten
- Eigenkapital
    - Kapitalerhöhungen und andere Einlagen
    - Kapitalherabsetzung und Kauf eigener Anteile

Alle Hauptgruppen der Zahlungen sind getrennt auszuweisen (IAS 7.31).

Hinsichtlich der Kapitalentgelte existiert wie beschrieben ein Wahlrecht. Bezahlte Zinsen und Dividenden können auch unter Cashflows aus dem betrieblichen Bereich ausgewiesen werden. Das Zuordnungswahlrecht erstreckt sich ebenso auf zugehörige Steuerzahlungen.

7.2. Anhang/Notes und Lagebericht

7.2.1 Überblick

Der Anhang erfüllt nach IFRS (hier: Notes) generell sowie nach HGB bei allen Kapitalgesellschaften (§ 264 I S. 1 HGB) wichtige Aufgaben im Rahmen der Informationsfunktion des Jahresabschlusses. Der Anhang bzw. die Notes enthalten qualitative und quantitative Informationen die neben der Bilanz und der GuV dazu dienen, die wahre Vermögens-Ertrags- und Finanzlage des Unternehmens möglichst genau abzubilden.

Die Regelungen zum Anhang finden sich im **HGB** in den §§ 284 - 288, sowie ergänzend bei einzelnen Vorschriften zur Bilanzierung. Unter bestimmten Umständen (Eintritt erheblicher Nachteile, untergeordnete Bedeutung) können manche Angaben unterlassen werden (§ 286 HGB). Im § 288 HGB werden größenabhängige Erleichterungen für kleine und mittlere Kapitalgesellschaften gewährt.

IFRS enthalten in IAS 1.112 ff. gewisse Grundvorschriften. Die meisten Anhangangaben werden jedoch nach den detaillierten einzelnen IAS/IFRS-Standards verlangt (Abschnitt „Angaben" bzw. „Disclosure" im Standard). Die IFRS haben eine rechtsformunabhängige Geltung und somit gibt es bei der Aufstellung keine rechts- oder größenabhängigen Erleichterungen.

In der Aufteilung der Zusatzangaben besteht ein wichtiger Unterschied zwischen der Rechnungslegung nach HGB und IFRS, da zusätzliche Angaben auf verschiedene Abschlussbestandteile verteilt werden:

- IFRS verwendet als zusätzliches Informationsinstrument nur den IFRS-Anhang („Notes"), der aber inhaltlich etwas weiter gefasst ist als ein HGB-Anhang.
- HGB kennt neben dem Anhang noch die Angaben „unter der Bilanz" gemäß § 252 HGB sowie den sog. Lagebericht.

Momentan gibt es noch keinen IFRS-Standard, der die HGB-Angaben des Lageberichts über den Geschäftsverlauf und die Lage sowie über die voraussichtliche Entwicklung verlangt. Jedoch existiert bereits der Entwurf eines Standards „Management Commentary".

IFRS	Berichtsinhalte	HGB
Anhang-IFRS (Notes)	a) Erklärung zur Übereinstimmung mit den IFRS	entfällt
	b) Bilanzierungs- und Bewertungsmethoden	Anhang-HGB
	c) ergänzende Information zu Bilanz, GuV, ... (Details)	
	d) andere Angaben, einschließlich:	
	nicht bilanzierte vertragliche Verpflichtungen	
	Eventualschulden/Haftungsverhältnisse	§ 251 HGB
	nicht finanzielle Anagaben, z.B. Risikomanagementziele und -methoden	Lagebericht
	Vorgänge nach Ende des Geschäftsjahres	
geplant (!) Management Commentary	Analyse des Geschäftsverlaufs und der Lage, finanzielle und nicht finanzielle Leistungsindikatoren, voraussichtliche Entwicklung mit wesentlichen Chancen und Risiken	

Tabelle 39: Angabepflichten nach IFRS und HGB

7.2.2 Bilanzierungs- und Bewertungsmethoden

Für die Beurteilung der Abschlusskennzahlen und zwischenbetriebliche Vergleiche ist die Kenntnis der Bilanzierungs- und Bewertungsmethoden sehr wichtig.

Zur Sicherstellung der zeitlichen Vergleichbarkeit ist auch der Stetigkeitsgrundsatz von großer Bedeutung. Dieser wurde bereits unter den Bilanzierungsgrundsätzen erläutert (siehe Abschnitt 2.2.12 Vergleichbarkeit, Stetigkeit). Änderungen von Bilanzierungsmethoden sind nur unter engen Bedingungen zulässig und müssen durch ausführliche Zusatzinformationen geheilt werden. Diese Aufgaben übernimmt der Anhang.

Zur **Erläuterungsfunktion nach HGB** gehören verschiedene Einzelregelungen. Grundlegend ist die Angabe der auf die Posten der Bilanz und der GuV angewandten Bilanzierungs- und Bewertungsmethoden (§ 284 II Nr. 1 HGB). Verbunden damit ist eine eventuelle Angabe der Art, Begründung und Gewinnauswirkung einer Methodenabweichung (Verletzung des in § 252 I Nr. 6 HGB genannten Grundsatzes der Methodenstetigkeit).

Hinzu kommen die Angabe und Begründung der Abweichungen von bisherigen Bilanzierungs- und Bewertungsmethoden, sowie die Darstellung der Auswirkungen auf die Vermögens-, Finanz- und Ertragslage (§ 284 II Nr. 3 HGB).

Besondere **Einzelvorschriften** sind:

- Ausweis der Unterschiedsbeträge von erheblichem Umfang (pauschal für die jeweilige Gruppe), die sich bei Anwendung der Bewertungsvereinfachungen nach § 240 IV HGB und § 256 S. 1 HGB im Vergleich zu einer Einzelbewertung ergeben (§ 284 II Nr. 4 HGB)
- Angaben über die Einbeziehung von Zinsen für Fremdkapital in die Herstellungskosten (§ 284 II Nr. 5 HGB)
- Angabe der Grundlagen der Umrechnung von Fremdwährungsposten in Euro-Beträge (§ 284 II Nr. 2 HGB)

Als Informationen zum Bilanzausweis bzw. zum Ausweis in der Erfolgsrechung werden nach Handelsrecht verlangt:

- Erläuterungen zur Vergleichbarkeit der Vorjahreszahlen mit den Zahlen des Geschäftsjahres (§ 265 II S. 2 HGB)
- Erläuterungen zur Durchbrechung der Darstellungsstetigkeit in der Bilanz oder GuV (§ 265 I S. 2 HGB)
- Erläuterung der Mitzugehörigkeit von Bilanzpositionen (§ 265 III HGB)
- Erläuterung der Zusammenfassung von Positionen der Bilanz oder GuV (§ 265 VII Nr. 2 2. HS. HGB)
- Angabe und Begründung der Anwendung besonderer Gliederungsvorschriften für bestimmte Geschäftszweige (§ 265 IV S. 2 HGB)

Gemäß **IAS 1.117 ff. und IAS 8.7 ff.** muss im Anhang berichtet werden über:

- die eingesetzten Bilanzierungs- und Bewertungsmethoden (Rechnungslegungsmethoden)
- Art, Gründe und Auswirkungen von Änderungen

Zusätzlich muss der IFRS-Anhang eine Erklärung **zur Übereinstimmung mit den IFRS** enthalten. IAS 1.16 besagt:

16. Ein Unternehmen, dessen Abschluss mit den IFRS in Einklang steht, hat diese Tatsache in einer ausdrücklichen und uneingeschränkten Erklärung im Anhang anzugeben. Ein Unternehmen darf einen Abschluss nicht als mit den IFRS übereinstimmend bezeichnen, solange er nicht sämtliche Anforderungen der IFRS erfüllt.

Damit wird ein „Rosinenpicken" unmöglich gemacht. Die Konformität mit IFRS bedeutet, dass alle Bilanzierungs- und Bewertungsmethoden den Vorgaben von IFRS entsprechen.

Eine Erklärung zur Übereinstimmung mit dem HGB bei handelsrechtlichen Abschlüssen ist überflüssig.

Über die Bilanzierungs- und Bewertungsmethoden im engeren Sinne hinaus sind **Ermessens- und Schätzspielräume** von erheblicher Bedeutung für die Rechnungslegung. Hier existieren oft erhebliche bilanzpolitische Potenziale.

Beispiele:

- Schätzungen der künftigen Zahlungsüberschüsse zur Berechnung des Zeitwerts von Immobilien
- technischer Fortschritt und seine Folgen für die Bewertung von Sachanlagen
- Abzinsungssätze und künftige Gehaltsentwicklungen bei der Bewertung von Pensionsrückstellungen.

Die Geschäftsleitung muss nach IFRS im Anhang angeben (IAS 1.125):

- die wichtigsten zukunftsbezogenen Annahmen
- die Quellen von Schätzungsunsicherheiten, welche ein erhebliches Risiko von künftigen Bilanzierungsanpassungen in sich bergen

Das HGB kennt solche Angaben nur im Prüfungsbericht (§ 321 II S. 4 HGB).

Nichterfüllung der Generalnorm

In Extremfällen („auf Grund besonderer Umstände") könnte es sein, dass die buchstabengetreue Anwendung der Rechtsnormen kein den tatsächlichen Verhältnissen entsprechendes Bild der Vermögens-, Finanz- und Ertragslage vermittelt.

- Nach **HGB** sind dann bei Kapitalgesellschaften im Anhang zusätzliche Angaben zu machen, es ist nicht die Bilanzierung zu ändern! (§ 264 II S. 2 HGB)
- Bei Nichterfüllung nach **IFRS** gibt es die Möglichkeit, von einem Standard abzuweichen und zur neuen Bilanzierung umfangreiche Angaben zu machen („Override" IAS 1.19-21). Ersatzweise wird die „irreführende" Bilanzierung beibehalten und durch weitere Zusatzinformationen – analog zu HGB - geheilt (IAS 1.23).

7.2.3 Detailinformationen zu Abschlussposten

Um beispielsweise die Bilanz nicht zu umfangreich und unübersichtlich zu machen, werden viele Details in den Anhang verlagert. Querverweise bei den entsprechenden Bilanz- und GuV-Posten stellen den nötigen Bezug her (auch IAS 1.113). Man spricht auch von der sog. Substitutionsfunktion des Anhangs.

§ 284 I HGB verlangt:

In den Anhang sind diejenigen Angaben aufzunehmen, die zu den einzelnen Posten der Bilanz oder der Gewinn- und Verlustrechnung vorgeschrieben oder die im Anhang zu machen sind, weil sie in Ausübung eines Wahlrechts nicht in die Bilanz oder in die Gewinn- und Verlustrechnung aufgenommen wurden.

IAS 1.112 führt hierzu aus:

112. Der Anhang soll:

(a) ...

(b) die nach den IFRS erforderlichen Informationen offen legen, die nicht in den anderen Abschlussbestandteilen ausgewiesen sind, und

(c) Informationen liefern, die nicht in anderen Abschlussbestandteilen ausgewiesen werden, für das Verständnis derselben jedoch relevant sind.

Man kann also unterscheiden:

- Angaben, bei denen hinsichtlich des Ausweisorts ein Wahlrecht zwischen der Bilanz, GuV, Eigenkapitalveränderungsrechnung, Kapitalflussrechnung und dem Anhang besteht
- Angaben, die nur im Anhang angegeben werden können

Beispiele:

- Dividenden, die als Ausschüttungen an die Eigentümer erfasst werden, sowie der betreffende Betrag je Anteil können entweder ein Teil der Eigenkapitalveränderungsrechnung sein oder im Anhang angegeben werden (IAS 1.107).
- Eine feinere Untergliederung von Bilanzposten kann in der Bilanz selbst oder im Anhang geschehen (IAS 1.77).
- Die näheren Informationen zu den Rückstellungen nach IAS 37.84 lassen sich nur im Anhang sinnvoll darstellen.

Damit entspricht die Regelung nach IFRS im Prinzip der Vorschrift des § 284 I HGB. Allerdings verlangen die Internationalen Rechnungslegungsstandards insgesamt deutlich mehr Angaben als das HGB. Folgend einige Beispiele von Bestandteilen eines HGB-Anhangs:

Beispiel: Weiterführende Differenzierung nach HGB

- Erläuterung der sonstigen Vermögensgegenstände und Verbindlichkeiten insoweit, als rechtlich noch nicht entstandene Beträge ausgewiesen werden und diese einen größeren Umfang haben (§ 268 IV, V HGB)
- Erläuterung der unter dem Posten „sonstige Rückstellungen“ ausgewiesenen Rückstellungen, wenn sie einen nicht unerheblichen Umfang haben (Erläuterungspflicht entfällt für kleine KapGes) (§ 285 Nr. 12 HGB)
- Erläuterung der außerordentlichen Aufwendungen und Erträge, wenn sie für die Beurteilung der Ertragslage von Bedeutung sind (§ 277 IV HGB)
- Aufgliederung der Umsatzerlöse nach Tätigkeitsbereichen und geografisch bestimmten Märkten (Aufgliederung entfällt für kleine und mittelgroße KapGes) (§ 285 Nr. 4 HGB)
- Bei Anwendung des Umsatzkostenverfahrens gesonderter Ausweis des Material- und Personalaufwands im Geschäftsjahr (gesonderter Materialaufwand entfällt bei kleinen KapGes) (§ 285 Nr. 8 HGB)
- Zuordnung der Ertragsteuern auf das Ergebnis aus gewöhnlicher Geschäftstätigkeit und das außerordentliche Ergebnis (§ 285 Nr. 6 HGB)

Beispiel: Pflichtangaben mit wahlweisem Ausweis im Anhang oder einem anderen Bestandteil des Abschlusses nach HGB

- Entwicklung des Anlagevermögens (Anlagespiegel) (§ 268 II HGB)
- jährliche Abschreibungen beim Anlagevermögen (§ 268 II S. 3 HGB)
- Angabe der außerplanmäßigen Abschreibungen auf Anlagevermögen und Abschreibungen auf Umlaufvermögen, wenn diese nicht in der GuV gesondert ausgewiesen sind (§ 277 III HGB)
- Angabe eines im Bilanzgewinn/Bilanzverlust enthaltenen Gewinn- oder Verlustvortrags (§ 268 I HGB)
- Angabe des in den ARAP enthaltenen Disagios (§ 268 VI HGB)

- Ausweis der Haftungsverhältnisse nach § 251 unter Angabe der gewährten Pfandrechte und sonstigen Sicherheiten; gesonderter Ausweis solcher Verpflichtungen gegenüber verbundenen Unternehmen (Eventualverbindlichkeiten) (§ 268 VII HGB)
- Aufgliederung der einzelnen Verbindlichkeiten insoweit, als sie eine Restlaufzeit von mehr als fünf Jahren aufweisen oder sie durch Pfandrechte oder ähnliche Rechte gesichert sind (Aufgliederung entfällt für kleine KapGes) (§ 285 Nr. 2 HGB)

Ferner sind im Anhang sonstige finanzielle bzw. vertragliche Verpflichtungen anzugeben bei denen keine Bilanzierung erfolgt. Dabei kann es sich z.B. um Miet-, Kredit- oder Wartungsverträge, Investitionsvorhaben und/oder Leasingverträge handeln. Zu nennen sind hier auch Verpflichtungen aus öffentlich rechtlichen Rechtsverhältnissen nach § 285 Nr. 3(a) HGB.

Im Anhang werden auch Angaben über den Umgang mit Finanzinstrumenten und nahe stehenden Personen getätigt. So enthält der Anhang Angaben über den Verzicht auf die Abschreibung des Finanzanlagevermögens bei vorübergehender Wertminderung. Zudem sollten Informationen über die Corporate Governance Erklärung, Vorstandsvergütung, Prüferhonorare, Anteilsbesitz, Arbeitnehmerzahlen oder auch Mindestangaben für nicht marktübliche Geschäfte mit nahe stehenden Personen enthalten sein.

7.2.4 Eventualschulden und finanzielle Verpflichtungen

Manche Verpflichtungen sind noch nicht so wahrscheinlich, dass sie zur Bildung einer Rückstellung führen. Dennoch ist ihre Kenntnis für die Bilanzadressaten nützlich.

Beispiele:

- gegebene Bürgschaften
- Begebung und Übertragung von Wechseln
- mögliche Verpflichtungen aus Gewährleistungsverträgen
- Haftungsverhältnisse aus der Bestellung von Sicherheiten für fremde Verbindlichkeiten
- Rechtsstreitigkeiten

Der Anhang nach **IFRS** muss gemäß IAS 37.28 in Verbindung mit IAS 37.86 Informationen über so genannte Eventualschulden umfassen. Eventualschulden sind immer dann im Anhang anzugeben, wenn die Wahrscheinlichkeit des Nutzenabflusses kleiner gleich 50% ist, d.h., wenn eine Rückstellung nicht angesetzt werden darf, der Nutzenabfluss aber dennoch nicht völlig auszuschließen ist. Da IFRS nach Rechtsformen nicht diskriminiert, sind die finanziellen Auswirkungen und möglichen Fälligkeitszeitpunkte unabhängig der Rechtsform im Anhang zu nennen. Bei sehr geringen Wahrscheinlichkeiten des Nutzenabflusses sind jedoch keine Angaben über die Eventualschuld zu machen.

Das **HGB** ordnet für bestimmte Arten von Eventualverbindlichkeiten eine Vermerkpflicht unter der Bilanz an (§ 251 HGB). Man bezeichnet dies auch als Ausweis „unter dem Strich“. Die Haftungsverhältnisse sind auch anzugeben, wenn ihnen gleichwertige Rückgriffsrechte gegenüberstehen (§ 251 S. 2 HGB).

- Kaufleute, die weder Kapitalgesellschaften sind, noch dem Publizitätsgesetz unterliegen, können alle Eventualverbindlichkeiten auch in einem Betrag zusammengefasst ausweisen
- Kapitalgesellschaften müssen die in § 251 HGB genannten Haftungsverhältnisse jeweils gesondert ausweisen. Die gewährten Pfandrechte und sonstigen Sicherheiten sind anzugeben. Kapitalgesellschaften können die Informationen unter der Bilanz oder im Anhang darstellen (§ 268 VII HGB)

Ein eventueller **Fehlbetrag der handelsrechtlichen Pensionsrückstellungen** ist nach Art. 28 II EGHGB anzugeben.

Die Grenzen von verpflichtend zu bilanzierenden „ungewissen Verbindlichkeiten“ (Rückstellungen) und nicht zu bilanzierenden „Eventualverbindlichkeiten“ sind fließend und nur rein theoretisch, d.h. subjektiv zu ziehen. Eine Orientierungshilfe bietet die 50%-ige Wahrscheinlichkeit des Nutzenabflusses. Allerdings kann man den Nutzenabfluss häufig sehr subjektiv bewerten.

Finanzielle Verpflichtungen

Von Bedeutung für die Finanzlage sind auch Verträge, die künftig zu Auszahlungen führen, ohne dass dies schon zu einer Passivierung geführt hat.

Beispiele:

- langfristige Verpflichtungen aus Miet- und Leasingverträgen
- langfristige Abnahmeverträge
- schwebende Bestellungen von Sachanlagen
- immaterielles Vermögen

IAS 1.114(d) (i) fordert die Angabe solcher nicht bilanzierter vertraglicher Verpflichtungen.

Damit ähnelt diese Vorschrift sehr der Angabe der „sonstigen finanziellen Verpflichtungen" nach § 267 II, III und § 285 Nr. 3 HGB bei mittelgroßen und großen Kapitalgesellschaften.

§ 285 Nr. 3a HGB verlangt als Angabe den

Gesamtbetrag der sonstigen finanziellen Verpflichtungen, die nicht in der Bilanz enthalten und nicht nach § 251 oder Nummer 3 anzugeben sind, sofern diese Angabe für die Beurteilung der Finanzlage von Bedeutung ist;

Die HGB-Regelung umfasst allerdings nicht nur vertragliche, sondern auch faktische Verpflichtungen wie z.B. den wirtschaftlichen Zwang, ein begonnenes Bauvorhaben noch weiterzuführen. Ohne Fertigstellung wäre ein Gebäude häufig Witterungseinflüssen schutzlos ausgeliefert und dies würde zu seiner Zerstörung führen.

Da nur relativ undifferenzierte Angaben gefordert werden, ist der Erkenntnisgewinn äußerst gering. Nach h.M. ist daher ein „Verpflichtungsspiegel" aufzustellen, der die Zahlungsüberschüsse nach Art der jeweiligen Verpflichtung im nächsten und in den Jahren zwei bis fünf darstellen sollte. Aber in Wirklichkeit ist wegen mangelnder Vorschriften eine Fälligkeitsanalyse hinsichtlich der Spaltung der Gesamtbeträge oftmals nicht gefordert.

7.2.5 Vorgänge nach Ende des Geschäftsjahres

Das Stichtagsprinzip verhindert die Bilanzierung von Vorgängen nach Ende des Geschäftsjahrs. Einzelheiten wurden bereits im Rahmen der Bilanzierungsgrundsätze besprochen.

Dennoch sind für den Bilanzleser auch wesentliche Vorgänge nach Ende des Geschäftsjahres, die nicht zu einer Bilanzierung führen, interessant.

Die entsprechenden Informationen erfolgen bei der Internationalen Rechnungslegung gemäß IAS 10.21 im Anhang. Nach HGB übernimmt der **Lagebericht** dieselben Aufgaben (§ 289 II Nr. 1 HGB).

§ 289 II Nr. 1 HGB:

„Der Lagebericht soll auch eingehen auf: 1. Vorgänge von besonderer Bedeutung, die nach dem Schluss des Geschäftsjahres eingetreten sind;“

IAS 10.21:

„Sind nicht zu berücksichtigende Ereignisse nach dem Bilanzstichtag wesentlich, könnte deren unterlassene Angabe die auf der Grundlage des Abschlusses getroffenen wirtschaftlichen Entscheidungen der Adressaten beeinflussen. Demzufolge hat ein Unternehmen folgende Informationen über jede bedeutende Art von nicht zu berücksichtigenden Ereignissen nach dem Bilanzstichtag anzugeben:

(a) die Art des Ereignisses; und

(b) eine Schätzung der finanziellen Auswirkungen oder eine Aussage darüber, dass eine solche Schätzung nicht vorgenommen werden kann.

7.2.6 Konzernverweise und Organe

Im HGB-Einzelabschluss einer Kapitalgesellschaft finden sich auch Verweise auf andere Unternehmen, die eine möglicherweise existierende Zugehörigkeit zu einem Konzern erkennen lassen. Daneben werden Informationen zu den Organen des Unternehmens gegeben.

Verweise auf untergeordnete Unternehmen (Top-Down)

- Angaben über Beteiligungen von mindestens 20% der Anteile (ggf. separate Aufstellung) und Angaben über Höhe des Anteils an Kapital, Höhe des Eigenkapitals und Ergebnis des letzten Geschäftsjahres, für das ein Jahresabschluss vorliegt (§ 285 Nr. 11 HGB)
- bei börsennotierten Kapitalgesellschaften alle Beteiligungen an großen KapGes, die 5% der Stimmrechte übersteigen (§ 285 Nr. 11 HGB)
- Name, Sitz und Rechtsform der Unternehmen, deren unbeschränkt haftender Gesellschafter die KapGes ist (§ 285 Nr. 11a HGB)
- bei Kapitalgesellschaften & Co (i.S.v. § 264a I HGB) Name und Sitz der Gesellschaften, die persönlich haftender Gesellschafter sind, sowie deren gezeichnetes Kapital (§ 285 Nr. 15 HGB)

Verweise auf übergeordnete Unternehmen (Bottom-Up)

- Name und Sitz des Mutterunternehmens der Kapitalgesellschaft, das den Konzernabschluss für den größten Kreis von Unternehmen aufstellt, und ihres Mutterunternehmens, das den Konzernabschluss für den kleinsten Kreis von Unternehmen aufstellt, sowie, im Falle der Offenlegung der von diesen Mutterunternehmen aufgestellten Konzernabschlüsse, der Ort, an dem diese erhältlich sind (§ 285 Nr. 14 HGB)

Angaben zu Organen und Arbeitnehmern

- Namentliche Nennung der Mitglieder des Geschäftsführungsorgans und des etwaigen Vorsitzenden sowie eines Aufsichtsrates, dessen Vorsitzenden und dessen Stellvertreter (§ 285 Nr. 10 HGB)
- Angabe der Gesamtbezüge, die an gegenwärtige und frühere Mitglieder der Geschäftsführungs- und Aufsichtsorgane geleistet werden (jeweils für jede Personengruppe) (Angaben entfallen für kleine KapGes) (§ 285 Nr. 9a, Nr. 9b HGB)
- Angabe über Vorschüsse und Kredite an Mitglieder der Unternehmensorgane mit Angabe der Konditionen, sowie die zu Gunsten dieser Personen eingegangenen Haftungsverhältnisse (§ 285 Nr. 9c HGB)

- Angabe, dass die gem. § 161 AktG vorgeschriebene Erklärung zum Corporate Governance Kodex abgegeben wurde (§ 285 Nr. 16 HGB)
- Angabe der durchschnittlichen Arbeitnehmerzahl getrennt nach Gruppen während des Geschäftsjahres (Angabe entfällt für kleine KapGes) (§ 285 Nr. 7 HGB)

Für **IFRS-Abschlüsse** verlangt **IAS 24 „Angaben über Beziehungen zu nahe stehenden Unternehmen und Personen"** (Related Party Disclosures) umfassende Informationen. Der Kreis, welche Personen und Unternehmen als nahe stehend betrachtet werden, findet sich in IAS 24.9.

Alle zu Mutterunternehmen oder Tochterunternehmen existierenden Beziehungen sind anzugeben. Dies gilt auch wenn gar keine Geschäftsvorfälle stattgefunden haben (IAS 24.12). Zusätzlich sehen IAS 27, IAS 28 und IAS 31 eine sachgerechte Aufstellung und Beschreibung der wesentlichen Beteiligungen an Tochterunternehmen, assoziierten Unternehmen und gemeinschaftlich geführten Unternehmen vor.

Haben Transaktionen mit nahe stehenden Unternehmen oder Personengruppen stattgefunden (IAS 24.20), so sind umfangreiche Angaben zu machen.

Berichtspflichtige Transaktionen werden sehr umfassend aufgefasst.

Beispiele:

- Käufe und Verkäufe von fertigen oder unfertigen Gütern
- Käufe und Verkäufe von Grundstücken, Bauten und sonstigen Vermögenswerten
- Geleistete und bezogene Dienstleistungen
- Leasingverhältnisse
- Transfers von Dienstleistungen im Bereich Forschung und Entwicklung
- Transfers auf Grund von Lizenzvereinbarungen
- Gewährung von Bürgschaften und Sicherheiten

Zu den **notwendigen Angaben** (IAS 24.17) gehören

- die Art der Beziehung zu den nahe stehenden Personen
- Informationen über die Art der Geschäfte (z.B. Einkauf von Rohstoffen)

- der Betrag der Geschäfte im Geschäftsjahr
- der Betrag der offenen Positionen (z.B. bestehende Verbindlichkeiten), sowie deren Konditionen (z.B. zinslos, zahlbar innerhalb 3 Monaten)
- eventuelle Garantien, sowie
- Wertberichtigungen auf zweifelhafte Forderungen

Die Frage der **Angemessenheit** der Transaktionen braucht allerdings nicht beantwortet werden.

Die Angabepflichten nach IFRS gehen somit deutlich über die Publizitätspflichten nach HGB hinaus.

7.2.7 Finanzrisikomanagementziele und -methoden

Risiken können die künftige Existenz von Unternehmen gefährden oder vernichten. Die Arten von Risiken, denen sich ein Unternehmen gegenübersieht, hängen jedoch sehr vom Einzelfall ab.

Zu einer guten Unternehmensführung gehört auch ein systematischer und bewusster Umgang mit Risiken (Risikomanagement, § 91 II AktG).

Die Vorschriften in

- § 289 II Nr. 2 HGB (hier im **Lagebericht**!) und
- IAS 1.114(d) (ii) i.V.m IFRS 7

verlangen in der Rechnungslegung bestimmte Angaben zum speziellen Teilbereich des Finanzrisikomanagements:

- Ziele des Finanzrisikomanagements
- Methoden des Finanzrisikomanagements

  abgesicherte Sachverhalte (vorhandene Vermögenswerte,

  künftige Cashflows, kompletter ausländischer Geschäftsbetrieb)

  Art der abgesicherten Risiken (z.B. Währung, Zins, Kurs, Ausfall)

  Sicherungsbeziehungen und eingesetzte Finanzinstrumente

  verbleibende Risiken

Damit soll der Abschlussleser in die Lage versetzt werden, zu beurteilen, ob das Unternehmen eine eher defensive oder offensive Risikopolitik verfolgt und wie sie konkret umgesetzt wird.

Nicht zu den Finanzrisiken gehören aber z.B. folgende Bedrohungen:

- es kommt zu Produkthaftungsfällen wegen eines Konstruktionsfehlers
- Produktionsfehler führen zu teueren Garantieleistungen
- der Kundengeschmack ändert sich und es werden daher keine Produkte mehr gekauft
- Konkurrenten entwickeln ein technisch überlegenes, patentgeschütztes Ersatzprodukt
- Kostensteigerungen (Rohstoffe, Energie) machen das Unternehmen unrentabel
- der Geschäftsführer, dessen informelle persönliche Kontakte immer wieder zu Aufträgen geführt haben, stirbt bei einem Autounfall
- wichtige Mitarbeiter des Unternehmens kündigen und wechseln zur Konkurrenz

7.2.8 Lageberichterstattung nach HGB

Der Lagebericht ist nach HGB ein eigenständiger Teil der Rechenschaftslegung (**§ 289 HGB**), der neben dem Jahresabschluss einer Kapitalgesellschaft steht und diesen durch Zusatzinformationen eher verbaler Art ergänzen soll. Bei kleinen Kapitalgesellschaften ist kein Lagebericht erforderlich (§ 264 I S. 3 1. HS HGB).

Einige Informationen des HGB-Lageberichts (§ 289 II HGB) werden jedoch **bereits im IFRS-Anhang** dargestellt. Dazu gehören, wie bereits erläutert:

- Vorgänge nach Ende des Geschäftsjahres
- Risikomanagementziele und –methoden

Der **namensgebende Hauptteil des Lagebericht i.e.S.** wird durch § 289 I HGB geregelt. Die sog. Lageberichterstattung verlangt insbesondere:

- eine Analyse des Geschäftsverlaufs und der Lage des Unternehmens
- eine Abschätzung der voraussichtlichen Entwicklung mit ihren wesentlichen Chancen und Risiken

Beide Informationen sind außerordentlich wertvoll für die Bilanzadressaten. Bilanz sowie GuV können zwar die aktuelle Vermögens-, Finanz- und Ertragslage abbilden. In ihnen fehlt jedoch jegliche Erklärung der Gründe hierfür.

Beispiel:

Aus dem Abschluss ist ein deutlicher Einbruch der Gewinne zu erkennen. Ohne nähere Angaben kann dieser Rückgang auf ganz unterschiedlichen Ursachen beruhen:

- hohe Aufwendungen zur Erschließung neuer Märkte
- umfangreiche Forschungsanstrengungen
- zunehmende ausländische Konkurrenz
- zurückhaltende Nachfrage wegen Unsicherheit über anstehende Gesetzesänderungen

Die **Analyse des Geschäftsverlaufs und der Lage** des Unternehmens stellt sowohl externe Umwelteinflüsse als auch Veränderungen des internen Unternehmensgeschehens dar und macht damit die Ursachen der Abschlusszahlen deutlich.

Für die geforderte ausgewogene und umfassende Analyse, die auch dem Umfang und der Komplexität der Geschäftstätigkeit entspricht (§ 289 I S. 2 HGB), verlangt das HGB inzwischen konkrete Zwischenstufen bzw. Hilfsmittel:

finanzielle Leistungsindikatoren (§ 289 I S. 3 HGB)

z.B. EK-Rendite, Umsatzrendite, Umsatzwachstum, Kapitalstruktur, Liquiditätsgrade, Vermögensumschlag, ...

nicht-finanzielle Leistungsindikatoren (nur bei großen KapGes, § 289 III HGB)

insbes. Umwelt, Arbeitnehmer

Aussagen zur **voraussichtlichen Entwicklung** eröffnen den Bilanzlesern bessere Möglichkeiten zur Prognose der künftigen Überschüsse.

Durch die genannten **Chancen und Risiken** können sie abschätzen, ob sich die Situation tendenziell eher verbessern oder verschlechtern wird. Außerdem wird ein Vergleich zwischen der Höhe des Gewinns und den Risiken, die hierfür in Kauf genommen werden müssen, erleichtert. Möglich ist auch eine Darstellung in einer SWOT-Analyse.

Für kapitalmarktorientierte Unternehmen (§ 264d HGB) schreibt der § 289 V HGB Erläuterungen zu den rechnungslegungsbezogenen internen Kontroll- und Risikomanagementsystem (IKS) vor. Das gleiche gilt für den Konzernlagebericht (§ 315 II Nr, 5 HGB)

Börsennotierte und solche Aktiengesellschaften, die andere Wertpapiere als Aktien am organisierten Markt zum Handel ausgegeben haben sind, umfangreich über die **Corporate Governance** und die Unternehmensführungspraktiken in einer sogenannten "Erklärung zur Unternehmensführung" informieren (§ 289a HGB).

Neben den oben genannten Pflichtangaben gibt es auch sog. Sollangaben (§ 289 II HGB).

- Vorgänge nach Ende des Geschäftsjahres (wesentliche wertbeeinflussende Tatsachen)
  Bestandteil der IFRS Anhangs (IAS.10.21)
- Risikomanagementziele/ -methoden (Risikomanagementsysteme)
  Bestandteil des IFRS Anhangs (IAS 1.114(d) (ii) i.V.m. IFRS 7
- Sonstiges (Angaben über Forschung und Entwicklung, Vergütungssysteme, Zwangsniederlassungen bei Aktiengesellschaften)

7.2.9 Lageberichterstattung nach IFRS

Nach heutiger Rechtslage verlangen die IFRS-Standards keine Angaben, die dem Lagebericht i.e.S. nach § 289 I HGB entsprechen. Allerdings wird er gemäß IAS 1.13 empfohlen.

Für IFRS-Abschlüsse in der EU gilt allerdings ergänzend das EU-Recht. Für Deutschland ist das Fortbestehen der Lageberichterstattung im HGB verankert:

- IFRS-Einzelabschluss: § 325 IIa Satz 4 HGB verlangt weiterhin eine Lageberichterstattung gemäß § 289 HGB
- IFRS-Konzernabschluss: § 315a fordert die zusätzliche Aufstellung des Konzernlageberichts in § 315 HGB

Ausblick: Management Commentary (MC)

Das IASB hat am 23.06.2009 unter der Bezeichnung "Management Commentary" einen Entwurf zur künftigen Lageberichterstattung nach IFRS veröffentlicht, der inhaltlich mit der deutschen Lageberichterstattung vergleichbar ist. Da der MC jedoch nicht als regulärer IFRS-Standard vorgehsehen ist, sondern als unverbindlicher Leitfaden, bleibt seine Anwendung freiwillig. Die Erstellung des MC ist dabei aus der Sicht des Managements unter Einbezug von unternehmensinternen Daten vorzunehmen (sog. Management Approach).

Zielsetzung des Management Commentary

Ziel des MC ist die zusätzliche Bereitstellung entscheidungsnützlicher Informationen, die Einblicke in die Unternehmensstrategien bieten, über die mit der zukünftigen Geschäftstätigkeit verbundenen Chancen und Risiken informieren und vergangenheits- und zukunftsbezogene Informationen über die Finanz-, Vermögens- und Ertragslage des Unternehmens aufzeigen. Daher kann ihm eine Erweiterungs- und Ergänzungsfunktion für den eher vergangenheitsorientierten Abschluss zugesprochen werden.

Adressaten und Zwecke des Management Commentary

Bei der Frage der inhaltlichen Ausgestaltung des MC müssen insbesondere die Informationsbedürfnisse der existierenden und potenziellen Kapitalgeber in Betracht gezogen werden, demnach auch die Belange von Fremdkapitalgebern. Berichterstattungsobjekt ist dabei nicht nur die gegenwärtige Unternehmenssituation, sondern auch die vergangene und insbesondere die zukünftige Unternehmensentwicklung sowie die hauptsächlichen Trends und deren Einflussfaktoren. Damit soll es den Kapitalgebern ermöglicht werden, die Geschäftszahlen aus den IFRS-Abschlüssen auch in ihrem ökonomischen Kontext unter Berücksichtigung des Unternehmensumfelds zu verstehen und Einblicke in die Sicht des Managements über die zukünftige Unternehmensperformance sowie deren Treiber zu erhalten. Ein MC soll die Investoren in die Lage versetzen, die Zahlen des Jahresabschlusses zu beurteilen und die Strategien des Unternehmens sowie deren Erfolgswahrscheinlichkeit einschätzen zu können, um deren Informationsgrundlage für Dispositionsentscheidungen zu verbessern. Der MC sollte über die bisherige Finanzberichterstattung hinaus daher z.B. Informationen zu folgenden Punkten enthalten:

- Informationen über Risiken, das Risikomanagement sowie dessen Wirksamkeit
- Informationen über nicht-bilanzierte Geschäftsvorfälle und deren potenziellen Auswirkungen auf die Unternehmensentwicklung
- Informationen über den Einfluss nicht-finanzieller Informationen und deren Auswirkungen auf die im Rahmen des IFRS-Abschlusses berichteten Daten.

Aufstellungsgrundsätze

Dazu soll der MC nach folgenden Grundsätzen, die zu einer entscheidungsnützlichen Kommentierung des Abschlusses beitragen, aufgestellt werden:

- Unternehmensanalyse aus der Sicht des Managements (**management approach**)
- Ergänzung und Erweiterung der Jahresabschlussinformationen
- Zukunftsorientierung.

Inhaltselemente des Management Commentary

Die folgenden Elemente des Management Commentary stehen in einem unmittelbaren **Wirkungszusammenhang** und sollten im Rahmen des MC daher nicht isoliert voneinander behandelt werden.

- **Geschäft und Rahmenbedingungen**

Im MC sollen eine Darstellung der Geschäftstätigkeit des Unternehmens und deren Rahmenbedingungen erfolgen. Dies trägt zu einem besseren Verständnis des Unternehmens und seiner Geschäftszahlen bei und unterstützt die Interpretation und Beurteilung des Abschlusses vor dem Hintergrund der relevanten Branchen und Märkte. Hierunter können bspw. folgende Informationen fallen:

  - die Branchen, Segmente und Hauptmärkte, in denen das Unternehmen tätig ist
  - die Wettbewerbsposition in diesen Märkten
  - die wichtigsten Produkte, Dienstleistungen und Distributionskanäle
  - Geschäftsform und -prozesse sowie die Organisationsstruktur des Unternehmens
  - Eigenschaften der wesentlichen Einflussfaktoren aus dem rechtlichen, makroökonomischen und regulatorischem Umfeld

- **Ziele und Strategien des Unternehmensmanagements**

Im Rahmen des MC sind Angaben zu Zielen und der gewählten Unternehmensstrategie zu deren Erreichung zu tätigen. So kann das Management im Rahmen des MC erläutern, wie es auf bestimmte Marktentwicklungen und die damit einhergehenden Chancen und Risiken reagieren will. Damit sollen sich die Nutzer der Rechnungslegung ein Bild über die zukünftige Unternehmensentwicklung machen können. Ebenfalls sollte angegeben werden, mit welchem Maßstab das Management den Grad der Zielerreichung misst.

- **Ressourcen, Risiken und Beziehungen des Unternehmens**

Als weiteres Element gilt die Berichterstattung über die wichtigsten Ressourcen, Risiken und Unternehmensbeziehungen, die für die langfristige Wertentwicklung des Unternehmens von Bedeutung sind.

Im MC soll sowohl auf finanzielle als auch nicht-finanzielle Schlüsselressourcen und deren Bedeutung für die angegebenen Unternehmensziele eingegangen werden. Ein mögliches Beispiel für eine entscheidungsnützliche Informationspolitik im Rahmen dieses Punkts stellt eine Analyse der Angemessenheit von Kapitalstruktur, Liquidität und Cashflow dar. Unter nicht-finanzielle Ressourcen fallen materielle und immaterielle sowie nicht bilanzierungsfähige Ressourcen wie Humankapital, Reputation, Prozesse und Distributionskanäle.

Damit die Rechnungslegungsadressaten das Unternehmensrisiko besser einschätzen können, sind Informationen über diese Risiken sowie über das im Unternehmen vorhandene Risikomanagementsystem als auch über dessen Effektivität bereit zu stellen. Es sind hierbei vor allem die Schlüsselrisiken, die die Wertentwicklung des Unternehmens massiv beeinträchtigen können, gemäß den im ED vorformulierten Kategorien anzugeben. Bei der Erläuterung der Risikoposition sollten dabei nicht nur negative Konsequenzen, sondern auch potenzielle Chancen erläutert werden. Die Risikokategorisierung ist wie folgt vorzunehmen:

- strategische Risiken
- ökonomische Risiken
- operative Risiken
- finanzielle Risiken

Im MC soll zudem über wichtige Unternehmensbeziehungen mit Stakeholdern (bspw. Kunden, Mitarbeiter oder Lieferanten) und deren Einfluss auf die Entwicklung des Unternehmens und dessen Wert sowie über das Management dieser Beziehungen berichtet werden.

Beispiel:

Bei diesem Punkt können u.a. Abhängigkeiten von wichtigen Kunden(gruppen), deren Verlust an ein Konkurrenzunternehmen ein massives Risiko für das Unternehmen bedeuten könnte, dargestellt werden. Eine Angabe des auf die größten Kunden entfallenden Umsatzanteils (bspw. der drei größten Kunden) im Zusammenhang mit der allgemeinen Marktkonzentration würde den Rechnungslegungsadressaten wertvolle Hinweise über das Wettbewerbsumfeld und bestehende Kundenrisiken geben.

- **Geschäftsergebnis und Geschäftsaussichten**

Der MC soll eine klare Analyse des Geschäftsverlaufs und der Geschäftsaussichten unter Beschreibung der finanziellen und nicht-finanziellen Wertentwicklung erhalten. Es soll insbesondere erläutert werden, inwieweit von der aktuellen auf die zukünftige Geschäftsentwicklung geschlossen werden kann und wie das Management die zukünftige Unternehmensentwicklung einschätzt.

Zur Kommentierung des Geschäftsergebnisses soll auf die Entwicklung des Unternehmens über die Berichtsperiode und die Lage zum Periodenende eingegangen werden. Hierbei kann eine Erläuterung und Analyse der signifikantesten Änderungen der Finanzlage, Liquidität oder Ergebnissituation im Vergleich zur Vorperiode den Rechnungslegungsadressaten wichtige Informationen darüber liefern, inwieweit die vergangene Geschäftsentwicklung für die zukünftigen Geschäftsaussichten indikativ ist. Im Rahmen der Erläuterungen des Geschäftsergebnisses sollen dem Rechnungslegungsadressaten Einflussfaktoren und Trends sowie deren Einfluss auf das Unternehmen erläutert werden.

Beispiel:

Ein Chemieunternehmen könnte den Einfluss des Ölpreises auf die Geschäftstätigkeit beschreiben. Eine Analyse der Auswirkung von Ölpreisänderungen auf das Unternehmen in der Vergangenheit und eine Darstellung der Erwartungen der Unternehmensleitung zur zukünftigen Preisentwicklung kann dem Rechnungslegungsadressaten bedeutende Informationen vermitteln. So werden die Abhängigkeiten des Geschäftsergebnisses vom Ölpreis und dessen Auswirkung auf die weitere Unternehmensentwicklung besser abschätzbar.

Eine Analyse der Zukunftsaussichten, die Zielvorgaben für finanzielle und nicht-finanzielle Größen erhält, wird den Rechnungslegungsadressaten zu einem besseren Verständnis der langfristigen Unternehmensstrategien und deren Umsetzung verhelfen. Falls im Rahmen der Prognose eine Quantifizierung der zukünftigen Ergebnisse stattfindet, soll das Management zudem auch Unsicherheiten und die grundlegenden Annahmen erläutern, damit die Rechnungslegungsadressaten über ausreichend Informationen zur Beurteilung dieser Zukunftsprognosen verfügen.

- **Leistungsmaßstäbe und -indikatoren**

Die wesentlichen (finanziellen oder nicht-finanziellen) Leistungsmaßstäbe und Indikatoren, die das Management zur Bewertung der Geschäftsentwicklung und zur Steuerung des Unternehmens heranzieht, sollen vor dem Hintergrund der Unternehmensziele und -strategien im MC dargestellt werden. Dadurch können die Rechnungslegungsadressaten den Grad der Zielerreichung abschätzen. Während Leistungsmaßstäbe quantifizierbare Größen (quantified measurements) darstellen, sind unter Indikatoren eher verbale Aussagen (narrative evidence) über die Geschäftsentwicklung oder ein indirekt auf die Zielgröße hinwirkender quantitativer Leistungsmaßstab zu verstehen.

Im Rahmen der MC-Berichterstattung sollten die Maßstäbe oder Indikatoren verwendet werden, die das Unternehmen auch selbst zur internen Steuerung verwendet. Diese werden von der Branche des Unternehmens abhängen. Hierbei wird die Vergleichbarkeit erhöht, wenn die verwendeten Kennzahlen generell oder zumindest in der jeweiligen Branche anerkannt und verbreitet sind und dementsprechend auch von vergleichbaren Unternehmen angewendet und veröffentlicht werden. Zur besseren periodischen Vergleichbarkeit sollten die verwendeten Kennzahlen und Indikatoren, sofern sie noch für das Unternehmen relevant sind, auch in nachfolgenden Jahren konsistent angewendet werden. Falls Kennzahlen im MC verwendet werden, die nicht in den IFRS definiert sind, oder im Vergleich zum Jahresabschluss angepasst werden, sollten diese erläutert und, falls möglich, zu dem in den IFRS-Abschlüssen verwendeten Datenmaterial übergeleitet werden.

8 IFRS für kleine und mittlere Unternehmen (KMU)

Lernziele

Sie lernen die Notwendigkeit zur Entstehung der IFRS für kleine und mittlere Unternehmen (IFRS für KMU), sowie die wichtigsten Unterschiede zu den Full-IFRS kennen. Hierzu zählen insbesondere:

- die Entstehungsgeschichte der IFRS für KMU
- der Aufbau und die grundlegenden Konzeptionen der IFRS für KMU
- die Notwendigkeit und die Ziele der Entwicklung dieser Standards
- die Konzepte und Bilanzierungsgrundsätze der IFRS für KMU
- die Bestandteile eines Abschlusses unter Anwendung der IFRS für KMU
- die wichtigsten Unterschiede bzw. Erleichterungen bei der Bilanzierung
- die Abwägung von Vor- und Nachteilen bezüglich der Anwendung

8.1. Überblick

Am 09.07.2009 hat das IASB die International Financial Reporting Standard for Small and Medium-sized Entitites (IFRS for SMEs) verabschiedet. Bei den IFRS for SMEs handelt es sich um ein geschlossenes Regelwerk, durch welches entsprechend der Zielsetzung der Satzung der IASC Foundation eigenständige, auf die spezifischen Bedürfnisse von kleinen und mittleren Unternehmen (KMUs) zugeschnittene, qualitativ hochwertige international vergleichbare und durchsetzbare Rechnungslegungsnormen etabliert werden sollen. Den Ausgangspunkt für die Entwicklung der IFRS bildeten die Full-IFRS, welche im Hinblick auf die Anforderungen der Anwender sowie bezüglich Kosten-Nutzen-Aspekten angepasst wurden. Wesentliche Unterschiede zu den Full-IFRS bestehen darin, dass für KMUs nicht relevante Themengebiete weggelassen wurden und die IFRS for SMEs bei bestimmten Sachverhalten, für welche die Full-IFRS-Bilanzierungs- und/oder Bewertungswahlrechte einräumen, ausschließlich die „leichtere" Alternative gestatten. Zudem wurden die Grundsätze zum Ansatz und zur Bewertung von Vermögenswerten, Schulden, Aufwendungen und Erträgen vereinfacht sowie der Umfang der zu veröffentlichenden Angaben reduziert.

Da noch keine verpflichtende Anwendung dieser Standards gegeben ist, entfalten sie noch keine unmittelbare Rechtswirkung und es ist den jeweiligen nationalen Gesetzgebern überlassen, über die Anwendung zu entscheiden. Aus diesem Grund bleibt abzuwarten, ob Unternehmen in Deutschland und Europa die Standards zukünftig anwenden werden. Gerade in Deutschland ist noch nicht absehbar, ob sich eine Anwendung der IFRS für KMU durchsetzen kann. Mit dem Inkrafttreten des Gesetzes zur Modernisierung des Bilanzrechts (BilMoG) wurde bereits versucht, die nationalen handelsrechtlichen Rechnungslegungsvorschriften international konkurrenzfähig zu machen. Gerade für kleine und mittlere Unternehmen soll damit eine Alternative zur Anwendung der IFRS geschaffen werden. Inwieweit dieser Intention Rechnung getragen werden kann, bleibt abzuwarten und wird sich erst in Zukunft zeigen. Für international tätige Unternehmen wird es allerdings kaum Alternativen zur Anwendung internationaler Standards geben und somit nach dem möglichen Endorsement auch die Anwendung der IFRS für KMU.

8.2. Grundlagen der IFRS für KMU

Die IFRS für KMU stellen ein **eigenständiges Regelwerk** dar, wurden aber auf der Basis der Full-IFRS entwickelt. Daraus folgt, dass die wesentlichen Grundsätze des Rahmenkonzepts, sowie bestimmte Definitionen und Regelungen der Full-IFRS übernommen wurden. Anpassungen bzw. Erleichterungen finden sich vor allem dann, wenn sie dem IASB unter Kosten-Nutzen-Aspekten sinnvoll erschienen. Die IFRS für KMU sind in 35 Abschnitte gegliedert, von denen Abschnitt 1 den Anwendungsbereich folgendermaßen definiert:

Die IFRS für SMEs sind für eine Anwendung durch kleine und mittelgroße Unternehmen gedacht. Das IASB definiert dabei KMUs als Unternehmen, die

- nicht öffentlich rechenschaftspflichtig sind und
- die Abschlüsse für externe Adressaten veröffentlichen.

Ausgeschlossen von der Anwendung sind somit gemäß der Definition des IASB öffentlich rechenschaftspflichtige Unternehmen, unter welche sowohl kapitalmarktorientierte Unternehmen als auch Unternehmen gefasst werden, die als eine Hauptgeschäftstätigkeit für einen breiten Kreis an Dritten treuhänderisch Vermögenswerte verwalten, wie z.B. Banken oder Versicherungsunternehmen. Hintergrund dessen ist, dass sich die Anforderungen an Abschlüsse zwischen kapitalmarktorientierten Unternehmen und kleinen bzw. mittleren Unternehmen unterscheiden.

Der Verzicht auf die Festlegung international einheitlicher Größenkriterien zur Abgrenzung von großen Unternehmen wird vom IASB damit begründet, dass es nahezu unmöglich erschien, international anwendbare Größengrenzen zu definieren. Die genaue Festlegung soll vielmehr durch die nationalen Gesetzgeber erfolgen.

8.3. Bilanzierungsgrundsätze der IFRS für KMU

8.3.1 Grundsätze

Abschnitt 2 der IFRS für KMU legen die Rahmengrundsätze der Abschlusserstellung fest. Diese Grundsätze sind an das Rahmenkonzept angelehnt und damit, **anders als bei den Full-IFRS, ein Teil der verbindlichen Standards**. Zu den Grundsätzen zählen:

- Verständlichkeit (understandability)
- Entscheidungsrelevanz (relevance)
- Wesentlichkeit (materiality)
- Verlässlichkeit (reliability)
- Vollständigkeit (completeness)
- Vergleichbarkeit (comparability)

Zudem wurden die Definitionen der zu erfassenden Posten wie Vermögenswerte, Schulden, Eigenkapital, Erträge und Aufwendungen, sowie die grundsätzlichen Anforderungen an Ansatz und Bewertung von Abschlussposten aus dem Rahmenkonzept übernommen. Diese sind im Abschnitt 2 allerdings **ausführlicher** als im Rahmenkonzept.

Die Abschnitte 2.36 und 2.52 konstatieren außerdem den Grundsatz der periodengerechten Erfolgsermittlung und das generelle Verbot zur Saldierung von Vermögenswerten und Schulden sowie von Erträgen und Aufwendungen, sofern andere Abschnitte der IFRS für KMU nicht ausdrücklich eine Saldierung erlauben oder verlangen.

Das IASB unterstellt, dass mit einer normenkonformen Anwendung dieser Bilanzierungsgrundsätze eine **faire Darstellung** der Vermögens- Finanz- und Ertragslage der kleinen und mittleren Unternehmen erreicht werden kann. Diese faire Darstellung ist als „overriding principle" zu verstehen, sodass in seltenen Fällen Zusatzangaben gemacht werden müssen bzw. von der Anwendung der IFRS für KMU abgesehen werden muss, wenn keine verständliche Abbildung der Unternehmenssituation erreicht werden kann.

8.3.2 Abschlussbestandteile

Abschnitt 3.17 zählt die Bestandteile auf, die zur Aufstellung eines vollständigen Abschlusses nötig sind:

- Bilanz (statement of financial position)
- Gesamtergebnisrechnung (statement of comprehensive income)
- Eigenkapitalveränderungsrechnung (statement of changes in equity)
- Kapitalflussrechnung (statement of cash flows)
- Anhang (notes)

Der Umfang des Anhangs wurde dabei deutlich reduziert. Anstatt eines Eigenkapitalveränderungsrechnung kann gem. 3.18 i.V.m. 6.4-6.5 ein sog. statement of income and retained earnings aufgestellt werden, wenn sich das Eigenkapital nur um Periodenergebnis, Dividenden sowie Eigenkapitalveränderungen resultierend aus der Korrektur von Fehlern und Änderungen von Bilanzierungs- und Bewertungsmethoden verändert hat. Außerdem ist nach 3.19 eine Gewinn und Verlustrechnung anstatt einer Gesamtergebnisrechnung ausreichend, wenn in den zu berücksichtigenden Perioden keine Bestandteile des sonstigen Ergebnisses (OCI) angefallen sind.

8.3.3 Ansatz

Die Überprüfung, ob ein Ansatz von Vermögenswerten oder Schulden stattfindet, wird entsprechend den Full-IFRS in zwei Stufen vorgenommen:

- Erfüllung der Definition des Vermögenswertes oder der Schuld
- Wahrscheinlichkeit des Nutzenzu- bzw. -abflusses sowie die Möglichkeit einer zuverlässigen Bewertung

Zusätzlich sind noch postenspezifische Ansatzkriterien zu beachten.

8.3.4 Bewertung

Die **Erstbewertung** erfolgt gemäß Abschnitt 2.46 zu historischen Kosten.

Hinsichtlich der **Folgebewertung** kommt es zu einer Unterscheidung zwischen finanziellen und nicht-finanziellen Vermögenswerten und Schulden. Konkrete Vorgaben zur Bewertung werden nicht getroffen, sondern es erfolgt ein Verweis auf die postenspezifische Vorgehensweise in den folgenden Abschnitten der Standards.

Beispiel:

Bezüglich der nicht-finanziellen Schulden erfolgt z.B. regelmäßig die Bewertung mit dem Betrag, der nach besten Schätzungen notwendig ist, um die Verpflichtung zum Abschlussstichtag zu erfüllen (Abschnitt 2.51).

8.4. Bilanzierungserleichterungen

Verschiedene **konzeptionelle** Änderungen sind verantwortlich für die Verringerung der Komplexität der Full-IFRS und für die Anpassung der Standards an die Bedürfnisse kleiner und mittlerer Unternehmen. Zu diesen konzeptionellen Änderungen zählen vor allem:

- Eigenständigkeit der IFRS für KMUs durch den Verzicht auf alle Querverweise zu den Full-IFRS (Ausnahme: Verweis auf IAS 39, der für die Bilanzierung von Finanzinstrumenten optional zu den beiden relevanten Abschnitten der IFRS für KMU angewendet werden kann.)
- Eliminierung komplexer Wahlrechte und Ergänzung verbleibender Wahlrechte durch Anwendungsleitlinien
- Verzicht auf Regelungen von KMU-untypischen Sachverhalten und Verzicht auf damit verbundene Querverweise auf die Full-IFRS
- Verzicht auf die Vorwegnahme möglicher künftiger Änderungen der Full-IFRS
- Beseitigung des Verweises auf die Normen anderer Standardsetter für die Ableitung von Bewertungs- und Bilanzierungsmethoden bei Regelungslücken

- Aufnahme aller im IFRS 1 enthaltenen Ausnahmeregelungen für die erstmalige Anwendung der IFRS für KMU
- Einarbeitung der Interpretationen aus IFRIC und SIC

Neben diesen konzeptionellen Änderungen, finden sich im IFRS für KMU eine Reihe von **Ansatz- und Bewertungserleichterungen**, die speziell den Bedürfnissen der kleinen und mittleren Unternehmen gerecht werden sollen. Grundsätzlich ist festzuhalten, dass die IFRS für KMU in einfacherer und klarerer Sprache verfasst wurden und hinsichtlich verschiedener Grundsätze der Full-IFRS weniger strikte Anweisungen enthalten.

Sofern innerhalb der IFRS für KMU keine Erleichterungen zu finden sind, ist im wesentlichen Identität mit den Full-IFRS gegeben. Trotzdem wird auf Verweise verzichtet, um die Eigenständigkeit des Regelwerks nicht zu gefährden. Entscheidend ist, dass es sich bei den verschiedenen Regelungen um deutlich einfachere Vorgaben handelt, als die Full-IFRS sie machen. Die kleinen und mittleren Unternehmen sollen Standards vorgelegt werden, die ihren Bedürfnissen entspricht.

Beispiele

- Die viergliedrige Klassifikation von Finanzinstrumenten nach IAS 39 entfällt. Es gibt lediglich zwei Unterscheidungen.
- Die Restbuchwerte, Nutzungsdauern und Abschreibungsmethoden sind nur dann auf ihre Angemessenheit zu prüfen, wenn daran nach dem letzten Abschlussstichtag Zweifel aufgekommen sind. Die jährliche Überprüfung entfällt.
- Verzicht auf Bilanzansatzwahlrecht von Entwicklungskosten, auf die Neubewertungsmethode, auf den Impairment-only-Ansatz für bestimmte immaterielle Vermögenswerte und den Goodwill
- Reduzierung der Anhangsangaben

8.5. Umstellung von HGB auf IFRS für KMU

8.5.1 Überblick

Solang kein gesetzlicher Anwendungsbereich existiert, und es den Unternehmen insofern nur möglich ist, den IFRS für KMU ausschließlich auf freiwilliger Basis anzuwenden, stellt sich die Frage, welcher Nutzen für deutsche nicht-kapitalmarktorientierte Unternehmen mit einer freiwilligen Anwendung einhergehen würde.

Grundsätzlich kann für KMUs das Bedürfnis einer Bilanzierung nach internationalen Vorschriften bestehen, wenn grenzüberschreitende Tätigkeiten zum Geschäftsfeld gehören und/oder die wesentlichen (aktuellen oder potentiellen) Geschäftspartner Rechnungslegungsdaten in IFRS-Form erwarten. Eine allgemeine Verbesserung hinsichtlich Vergleichbarkeit und Kommunikation würde allerdings hauptsächlich dann eintreten, wenn sämtliche KMUs (verpflichtend oder freiwillig) den IFRS for SMEs anwenden würden und bei den nationalen Anerkennungsverfahren keine **unterschiedliche Größengrenzen** hinsichtlich des Anwendungsbereichs definiert werden.

Eine Umstellung von HGB auf IFRS für KMU könnte den betreffenden Unternehmen eventuell einen Vorteil bei der Unternehmensfinanzierung eröffnen. Eine im Vergleich zum HGB nach Umsetzung des BilMoG bessere Darstellung der wirtschaftlichen Lage mit Konsequenzen für ein günstigeres Rating und damit einhergehend besseren Aussichten bei möglichen Kreditvergabeentscheidungen ist jedoch nur noch bedingt gegeben, Zumindest wird aber für den Zugang zum internationalen Kapitalmarkt ein Abschluss auf der Grundlage internationaler Rechnungslegungsstandards erwartet.

8.5.2 Vergleich

Beim Vergleich der Regelungen von HGB und den IFRS für KMU fällt auf, dass die verpflichtenden Bestandteile des Jahresabschlusses deutlich umfangreicher sind und somit zu einer höheren Belastung bei den mittelständischen Unternehmen führen würden. Zudem beinhaltet der IFRS für KMU auch Regelungen zur Bilanzierung und Bewertung, die komplexer als die korrespondierenden HGB-Vorschriften sind und folglich ebenfalls zu einer größeren **Arbeitsbelastung** führen könnten:

- Die Vorschriften zum Komponentenansatz bei Sachanlagen und zu den als Finanzinvestition gehaltene Immobilien sind zu berücksichtigen
- Die Anwendung der percentage of completion method bei den langfristigen Fertigungsaufträgen ist das aufwendigere System
- Bestimmte Kategorien bei den Finanzinstrumenten erfordern eine fair value-Bewertung und die Abgrenzung von Eigen- und Fremdkapital kann problematisch sein
- Die Vorschriften zur ZGE sind bei Wertminderungstests zu beachten
- Es besteht eine umfassendere Differenzierung bei den sale and lease back-Transaktionen und die Bewertung von finance leases beim Leasingnehmer ist aufwendiger
- Für Pensionsverpflichtungen besteht keine Vereinfachungsregelung hinsichtlich des Diskontierungssatzes

Es könnten sich für KMUs aber auch primär in den folgenden Bereichen **Erleichterungen** im Rahmen der Bilanzierung und Bewertung ergeben:

- Bei den immateriellen Vermögenswerte besteht ein Aktivierungsverbots für selbsterstellte immaterielle Vermögenswerte (Entwicklungskosten) und es wird eine fiktiven Nutzungsdauer von 10 Jahren unterstellt
- Das Kriterium der Dauerhaftigkeit ist bei sonstigen nicht-finanziellen Vermögenswerten kein Bestandteil des Wertminderungstests
- Für Pensionsverpflichtungen bestehen Vereinfachungsregelungen hinsichtlich der Bewertung

Inwieweit die Entwicklung der IFRS für KMU tatsächlich eine **Erleichterung** für diese Unternehmen bringen wird, ist noch nicht absehbar. Erste freiwillige Anwendungen werden in der Zukunft zeigen, ob die Intention des IASB sich durchsetzen konnte und die damit einhergehenden Ziele der Erleichterung der Rechnungslegung der kleinen und mittleren Unternehmen erreicht werden konnten.

Literaturverzeichnis

Adler, Hans/Düring, Walther/Schmaltz, Kurt (Hrsg.), Rechnungslegung und Prüfung der Unternehmen, neu bearbeitet von Forster, Karl-Heinz/Goerdeler, Reinhard/Lanfermann, Josef/Müller, Hans-Peter/Siepe, Günter/Stolberg, Klaus, 6. Aufl., 8 Bände, Stuttgart 1995/2001, Schäffer-Poeschel Verlag

Baetge, Jörg/Kirsch, Hans-Jürgen/Thiele, Stefan: Bilanzen, 10. Aufl., Düsseldorf 2009, IDW-Verlag

Ballwieser, Wolfgang: IFRS-Rechnungslegung. Konzept, Regeln und Wirkungen, 2. Aufl., München 2009, Vahlen Verlag

Ballwieser, Wolfgang/Beine, Frank/Hayn, Sven/Peemöller, Volker H./Schruff, Lothar/Weber, Claus-Peter (Hrsg.), Kommentar zu internationalen Rechnungslegung nach IFRS, 5. Aufl., Weinheim 2009, Wiley-VCH-Verlag

Böcking, Hans-Joachim/Castan, Edgar/Heymann, Gerd/Ordelheide, Dieter/Pfitzer, Norbert/Scheffler, Eberhard (Hrsg.), Beck'sches Handbuch der Rechnungslegung, München 1986/2006, Beck-Verlag

Buchholz, Rainer: Grundzüge des Jahresabschlusses nach HGB und IFRS, 5. Aufl., München 2009, Vahlen Verlag

Coenenberg, Adolf G. Jahresabschluss und Jahresabschlussanalyse, 21 Aufl., Stuttgart 2009, Schäffer-Poeschel Verlag

Ellrott, Helmut/Förschle, Gerhart/Hoyos, Martin (Hrsg.), Beck'scher Bilanzkommentar (gebundene Ausgabe), 7. Aufl., München 2010, Beck Juristischer Verlag

Fischer, Daniel T.: Der Standardentwurf „Measurement of Liabilities in IAS 37" (ED/2010/1), PiR 2010, S. 53 - 55

Henselmann, Klaus/Klein, Martin./Wiese, Maren: IFRS for SMEs – Eine Alternative der Rechnungslegung aus Sicht des Deutschen Mittelstandes?, Working Papers in Accounting Valuation Auditing Nr. 2010-6

Henselmann, Klaus/Roos, Benjamin: IFRS for SMEs - Eine interessante Option für deutsche KMUs auf dem Gebiet der Konzernrechnungslegung?, Working Papers in Accounting Valuation Auditing Nr. 2009-2

Jehle. Nadja: ED Income Tax – Vorgeschlagene Neuregelungen, PiR 2009, S. 153 - 159

Küting, Karlheinz/Weber, Claus-Peter (Hrsg.), Handbuch der Rechnungslegung, 5. Aufl., Stuttgart 2002/2004, Schäffer-Poeschel Verlag

Lüdenbach, Norbert/Hoffmann, Wolf-Dieter, IFRS-Kommentar, 7. Aufl., Freiburg im Breisgau 2009, Haufe Verlag

Pellens, Bernhard/Fülbier, Rolf U./Gassen, Joachim: Internationale Rechnungslegung, 7. Aufl., Stuttgart 2008, Schäffer-Poeschel Verlag

Rapp, Matthias J: Wertberichtigung auf Kundenforderungen nach dem „incurred loss model", PiR 2010, S. 47 - 50

Rhiel, Raimund: Das Diskussionspapier des IASB zur Bilanzierung von Pensionen, PiR 2008, S. 156 - 162

Ruhnke, Klaus: Rechnungslegung nach IFRS und HGB, 2. Aufl., Stuttgart 2008, Schäffer-Poeschel Verlag

Sigloch, Jochen: Rechnungslegung. Jahresabschluss nach Handels- und Steuerrecht und internationalen Standards, 6. Auflage, Bayreuth 2008, Schriftenreihe des Vereins Unternehmensrechnung und Steuern Uni Bayreuth e.V.

Wagenhofer Alfred: Internationale Rechnungslegungsstandards – IAS/IFRS, 6. Aufl., München 2009, mi-Wirtschaftsbuch